普通高等教育“十二五”规划教材

智能化仪器仪表原理及应用
（基于Proteus及C51程序设计语言）

贾振国　许琳　编著

中国水利水电出版社
www.waterpub.com.cn

内 容 提 要

本书基于MCS－51单片机及C51程序设计语言，通过大量课内外实训项目介绍了智能化仪器仪表的基本结构，结合Proteus仿真详细讲解了输入输出、中断、定时计数器、显示与键盘、AD与DA转换、串行通信等功能单元的基本工作原理和设计方法。

本书是作者多年从事智能化仪器仪表教学与科研工作的总结，在写法上以实训项目贯穿各个章节，各章内容相对独立又互相渗透。在每一章的基础理论讲解后，辅以基于Proteus仿真的课内实训内容，各实训项目内容都有详尽的硬件电路、软件流程和程序代码，努力使读者达到边学边做、边做边学、学中做、做中学的目标，既有启发性也会激发读者的兴趣。全书理论与实践紧密结合，可以帮助读者巩固所学知识并达到举一反三的目的。

本书适合于工科院校相关专业“智能化仪表原理及应用”和“单片机原理及接口技术”的教学用书，也可作为工程技术人员和单片机爱好者的自学用书。

图书在版编目（CIP）数据

智能化仪器仪表原理及应用：基于Proteus及C51程序设计语言/贾振国，许琳编著．—北京：中国水利水电出版社，2011.1（2014.7重印）
普通高等教育“十二五”规划教材
ISBN 978－7－5084－8082－4

Ⅰ.①智… Ⅱ.①贾…②许… Ⅲ.①智能仪器-程序设计-高等学校-教材 Ⅳ.①TP216

中国版本图书馆CIP数据核字（2011）第008209号

书　　名	普通高等教育“十二五”规划教材 **智能化仪器仪表原理及应用**（基于Proteus及C51程序设计语言）
作　　者	贾振国　许琳　编著
出版发行	中国水利水电出版社 （北京市海淀区玉渊潭南路1号D座　100038） 网址：www.waterpub.com.cn E－mail：sales@waterpub.com.cn 电话：（010）68367658（发行部）
经　　售	北京科水图书销售中心（零售） 电话：（010）88383994、63202643、68545874 全国各地新华书店和相关出版物销售网点
排　　版	中国水利水电出版社微机排版中心
印　　刷	北京市北中印刷厂
规　　格	184mm×260mm　16开本　19.5印张　462千字
版　　次	2011年1月第1版　2014年7月第2次印刷
印　　数	3001—6000册
定　　价	**39.00**元

前言

QIANYAN

随着电子技术与计算机应用技术的不断发展，在工业测量和控制领域内智能化仪器仪表的应用越来越广泛。仪器仪表的智能化不仅可以增强仪器仪表的测量功能，提高测量精确度，还可以实现测量的自动化和无人值守。可以说，智能化是现代仪器仪表的发展趋势。

本书旨在从工科类本科、专科培养目标和学生的特点出发，以激发学生兴趣为着眼点，认真组织内容，精心设计实训项目，力求浅显易懂，以达到理论与实践相结合。书中引入 Proteus 与 Keil μVersion 仿真与开发环境作为教学平台，强调在应用中学习和在学习中应用，将抽象的理论与所见即所得的实践过程相结合，引领读者学中做、做中学、边学边做、边做边学。

本书以智能化仪器仪表设计理论和方法为基础，依托 MCS－51 微处理器和 C51 程序设计语言，将经典的智能化仪器仪表设计理论与前沿的嵌入式系统应用相结合，以项目驱动教学方法贯穿教材始终，由浅入深地将智能化仪器仪表的设计理念与实际应用系统地、全面地展示给读者。

全书共分 16 章，第 1 章概述了智能化仪器仪表的概念、发展趋势等内容；第 2 章和第 3 章主要介绍 Proteus 和 Keil μVersion 仿真与开发平台的使用方法；第 4 章到第 6 章对智能化仪器仪表的核心——MCS－51 微处理器基础知识进行了介绍，涉及微处理器的选型、存储器组织和复位电路等；第 7 章到第 8 章介绍了简单输入输出接口的设计方法；第 9 章到第 10 章着重结合实例分析讲解中断和定时计数器的基本概念和使用方法；第 11 章介绍并行扩展的基础知识；第 12 章和第 13 章通过实例讲解键盘与显示接口的设计方法；第 14 章介绍模拟量的处理方法；第 15 章介绍了串行通信基础知识和智能化仪器仪表中常用的 ModBus 总线、ZigBee 无线通信等内容；第 16 章介绍了智能化仪器仪表的可靠性、电磁兼容性基本概念和常用抗干扰方法。

为了使本书能够适应不同专业、不同层次、不同教学学时数的需要，在内容编排上各章既相互衔接又自成体系，可以根据实际情况选择性使用。

本书由长春工程学院贾振国副教授、许琳副教授编著，其中第 1 章、第 9～16 章由贾振国编写，第 2～8 章由许琳编写。

虽然我们力求编写一本理论与实践能够相辅相成的智能化仪器仪表精品教材，但是限于水平，书中难免存在缺点和错误，诚恳地希望读者提出批评和改进意见。

编　者
2010 年 10 月
于长春工程学院

目 录

MULU

第1章 智能化仪器仪表概述

1.1 智能化仪器仪表及嵌入式系统

1.1.1 现代仪器仪表在当今社会的重要作用

先进制造业的规模和水平是衡量一个国家综合实力和现代化程度的主要标志。当代经济最发达的国家，几乎都是制造业最发达的国家。美国的强大主要是因为它有发达的制造业。航天器、人造卫星、飞机、舰船等尖端科技的发展，是建立在先进科学技术基础上的制造业制造出来的。面对激烈的国际竞争，要使我国从一个“制造大国”转变成一个具有自主创新能力的“制造强国”，必须实施信息化带动工业化的战略。没有先进的仪器仪表业的支持，是不可能完成这个任务的。

人类进入21世纪，信息技术已经成为推动国民经济和科学技术迅速发展的关键技术。著名科学家钱学森明确指出：“信息技术包括测量技术、计算机技术和通信技术。测量技术是关键和基础。”而现代仪器仪表是对物质世界的信息进行测量与控制的基础手段和设备，可见，现代仪器仪表在当今社会具有极为重要的作用。

在工业生产中，仪器仪表是“倍增器”。美国商务部国家标准局20世纪90年代中期发布的调查数据表明，美国仪器仪表产业的产值约占工业总产值的4%，而它拉动的相关经济的产值却达到社会总产值的66%，仪器仪表发挥出“四两拨千斤”的巨大的“倍增”作用。

在科学研究中，仪器仪表是“先行官”。离开了科学仪器，一切科学研究都无法进行。在重大科技攻关项目中，几乎一半的人力财力都是用于购置、研究和制作测量与控制的仪器设备。诺贝尔奖设立至今，众多获奖者都是借助于先进仪器的诞生才获得重要的科学发现，甚至许多科学家直接因为发明科学仪器而获奖。据统计，近80年来，与科学仪器有关的诺贝尔获奖者达38人。诺贝尔奖获得者R. R. Ernst说过：“现代科学的进步越来越依靠尖端仪器的发展。”基因测量仪器的问世，使世界基因研究计划提前6年完成就是最好的证明。要加快科学研究和高技术的发展，仪器仪表必须先行。

在军事上，仪器仪表是“战斗力”。现代战争中，夺取技术优势已经成为军事战略的根本目标。其中最主要目标是全球监视与通信和精确打击固定及瞬变目标。1991年的海湾战争，美国使用的精密制导炸弹和导弹只占8%，12年后伊拉克战争中，美国使用的精密制导炸弹和导弹提高到了90%以上，这些先进武器都是靠一系列先进的测量与控制仪器仪表装备来实现其功能的。

现代仪器仪表还是当今社会的“物化法官”。检查产品质量、监测环境污染、查检违禁药物、侦破刑事案件等，无一不依靠仪器仪表进行“判断”。

在居民生活中，环顾我们的四周，从洗衣机、空调、电视机、电冰箱到电饭锅、电磁炉、微波炉、手机等都属于仪器和仪表的范畴。未来十几年内，智能家居、物联网将成为人们生活的伴侣，可以说仪器仪表将要或者已经遍及“吃穿用、农轻重、海陆空”，无所不在。

现代仪器仪表的发展水平，是国家科技水平和综合国力的重要体现，仪器仪表制造水平反映出国家的文明程度。为此，世界发达国家都高度重视和支持仪器仪表的发展。前面已经反复提到了美国对发展仪器仪表的重视和支持；日本科学技术厅把测量传感器技术列为 21 世纪首位发展的技术；“欧共体”制定第三个科技发展总体规划，将测量和检测技术列为 15 个专项之一。我国政府在国民经济和社会发展计划纲要中明确指出“把发展仪器仪表放到重要位置”，国家发展和改革委员会（以下简称发改委）和科学技术部（以下简称科技部）列专项支持仪器仪表发展并给予了高度的重视。

1.1.2　智能化仪器仪表与嵌入式系统

纵观仪器仪表的发展历程主要经历了三个阶段。

第一阶段是指针式的仪器仪表，如至今还在使用的指针式万用表、电压表、电流表、功率表以及用于居民电能计量的电能表等。这些仪表是基于电磁测量原理并用指针来指示测量值的。

第二阶段是数字式的仪器仪表，这类仪器仪表适应于快速响应和高精度的要求。目前这类仪器仪表已很普及，如数字电压表、数字功率表、电子式电能表等。这类仪表的基本原理是将模拟信号的测量转化为数字信号的测量，并以数字显示或者打印最终结果。

第三阶段是智能化仪器仪表。随着大规模集成电路制造技术的发展、微处理器的问世和 3C 技术（即计算机技术、通信技术和控制技术）的发展，人们开始将微处理器应用于仪器仪表中，使仪器仪表具备了分析、判断、推理和组网等功能。

智能化是指模拟人类大脑的思维过程，进行分析、综合和逻辑推理。信息技术革命是当代工程技术发展的最重要的趋势。信息工业的要素包括信息的获取、存取、传输和利用，而信息的获取正是靠仪器仪表来实现的。如果获取的信息是错误的或不准确的，那么随后的存储、处理、传输都是毫无意义的。仪器仪表作为信息工业的源头，是以电脑和微处理器技术为核心技术，以计算机、网络、系统、通信、图像显示、自动控制理论为共性关键技术基础。这些信息技术应用到仪器仪表中，促成仪器仪表产品升级为智能化仪器仪表，发展成为信息工业领域中一大系列产品群体。

现代智能化仪器仪表的生产和飞速发展是与计算机技术、网络通信技术和测量传感器技术以及集成电路制造技术的飞速发展分不开的。计算机技术、网络通信技术和测量传感器技术的迅速发展，推动着工业自动化仪表和工业自动化控制系统的技术革命。传统的模拟信号传送方式将逐步被双向、串行、多点的数字通信现场总线信号所取代。模拟与数字信号的分散型控制系统、可编程逻辑控制器系统将在更新换代的技术变革中逐步消失。这种变革的成果将导致产生新一代基于现场总线的智能化仪器仪表和现场总线控制系统，也将成为 21 世纪仪器仪表工业的主体。

目前智能化仪器仪表的体现形式主要有两种：一是基于单片机加监控程序的独立式仪器仪表，如在电力系统中普遍采用的多路温度巡检仪、自动准同期装置等；二是基于嵌入式微处理器加嵌入式实时操作系统的形式，如智能型家庭消费电子产品、汽车电子产品、高性能武器控制系统、航空航天电子设备、机器人等。这两种形式的智能化仪器仪表都可以纳入到嵌入式仪器或称嵌入式系统的范畴。

嵌入式系统是指根据生产过程实际需求而量身定做的硬件和软件的可编程的专用电子信息应用系统，并对功能、可靠性、成本、体积、功耗、速度、工作温度范围、电磁兼容性等多方面有不同程度的特定要求。嵌入式系统是计算机应用的一种模式，或者说嵌入式系统是被嵌入到电子设备中的专用计算机系统。

智能化仪器仪表是嵌入式系统应用的一个分支，一般采用单片机（ARM、DSP）等微处理器加监控程序的组成模式。其硬件通常都是利用单片机作为核心部件构成单片机应用系统，软件则以监控程序形式从底层用汇编语言或高级语言（如C、C＋＋语言等）编写，监控程序是由采用循环结构的主程序加上一系列的终端服务程序构成。开发使用的工具包括硬件仿真器或软件模拟器以及编程器等。这种形式的智能化仪器仪表能够满足一般工业控制的应用，在我国目前的智能化仪器仪表应用中仍占有比较大的市场份额。

1.1.3 智能化仪器仪表的基本特征

智能化仪器仪表的核心一般是单片机或者嵌入式微处理器，但是采用了单片机或者嵌入式微处理器还不能称其为完全的智能化仪器仪表。仪器仪表的智能化一般包含两个方面的含义：一是采用“人工智能”的理论、方法和技术；二是具有“拟人智能”的特性或功能，例如自适应、自学习、自校正、自协调、自组织、自诊断、自修复等。这可作为衡量是不是智能化仪器仪表的性能标准。也就是说，利用计算机来代替人的一部分脑力劳动，具有运用知识进行判断、推理、学习、联想和解决问题的能力是智能化仪器仪表的基本特征。

1. 智能化仪器仪表的基本结构形式

由单片机或嵌入式微处理器构成的简单智能化仪器仪表的基本结构如图1.1所示。由图1.1可见，智能化仪器仪表实际上是一个微型计算机系统。单片机或嵌入式微处理器是其核心部件，智能化的功能也由该核心部件承担；传感器及其调理电路完成被测信号的转换与规范化，通过I/O接口和总线送给单片机或嵌入式微处理器；同时，智能化仪器仪表还具有完成人—机联系功能的键盘和显示器；具有存储程序和数据的程序存储器（ROM）和数据存储器（RAM）以及完成通信、设备驱动等功能的相应I/O接口电路等。

不同功能的智能化仪器仪表由不同部件组合而成。智能化仪器仪表的监控程序固化在程序存储器（ROM）中，被测参量通过传感器将非电量变换成电量，然后经过信号处理和模/数转换后变为微处理器能直接识别的数字信号。所采集的数据或从键盘上输入的数据以及经过一定的算法运算后的数据均暂存于数据存储器（RAM）中。通过键盘输入各种操作命令和控制信息。智能化仪器仪表的控制部分一般分两种情况：一种是微处理器接收键盘输入的命令后，不需经过数/模转换器，直接由I/O接口输出控制信息和数据信息，控制某些执行机构，如打印机、具有与PC机通信功能的RS232C接口等；另一种是微处理器经过处理后输出的数字信息通过数/模转换器和驱动电路去驱动模拟执行机构，如控制绘图仪等。

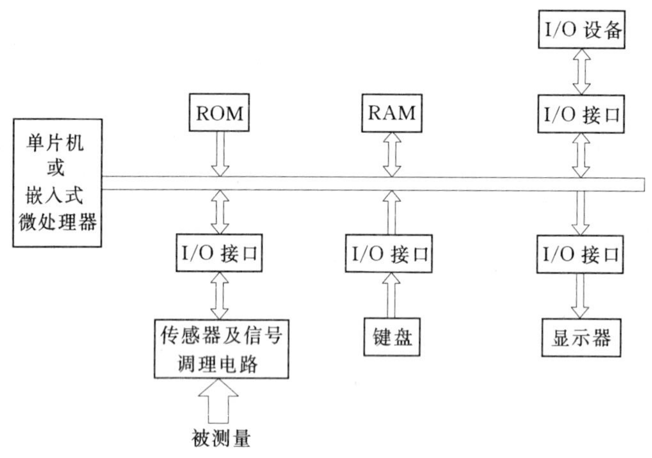

图 1.1　简单智能化仪器仪表结构示意图

2. 智能化仪器仪表的特点

与传统仪器仪表相比，智能化仪器仪表具有以下特点。

(1) 操作自动化。智能化仪器仪表的整个测量过程如键盘扫描、量程选择、数据采集、传输与处理以及显示打印等都用单片机或微处理器来控制操作，实现测量过程的全部自动化。

(2) 具有自校准、自诊断及自维护能力。包括自动调零、自动故障与状态检验、量程自动转换等，极大地方便了仪器的维护。

(3) 具有进行复杂数据处理能力。这是智能化仪器仪表的主要优点之一。由于采用了单片机或微处理器，使得许多原来用硬件逻辑难以解决或根本无法解决的问题，现在可以用软件非常灵活地加以解决，并可以将模糊控制、神经网络技术等先进的控制理论应用于仪器仪表中，提高仪器仪表的智能化和拟人化。

(4) 具有友好的人机交互能力。智能化仪器仪表使用键盘或触摸屏代替传统仪器中的切换开关，操作人员只需通过键盘或触摸屏输入命令，就能实现某种测量功能。与此同时，智能化仪器仪表还通过显示屏将仪器的运行情况、工作状态以及对测量数据的处理结果及时告知操作人员，使仪器的操作更加方便、直观。

(5) 具有丰富的对外接口。一般智能化仪器仪表根据应用场合的不同都配有 GPIB、RS232C、RS485、USB、红外通信、蓝牙通信、电力线载波通信、ZigBee 短距离无线通信等标准通信接口，可以很方便地与 PC 机和其他仪器仪表一起组成用户所需要的多种功能的自动测量系统，来完成更复杂的测试任务。

(6) 性价比高。采用常规技术构成的仪器仪表往往需要大量的硬件电路，占用线路板的面积比较大，使得仪器仪表的体积也相应的比较大，这势必会增加硬件成本。智能化仪器仪表由于采用了单片机或微处理器技术，将原来由硬件电路实现的逻辑关系改为由软件实现，在减少硬件开支的同时还可以由软件实现更多的功能，降低了仪器仪表的总体成

本，提高了性能价格比。

(7) 便于产品的升级换代。新研发的智能化仪器仪表在投放市场的初期，必然会在应用中发现这样或那样的问题，或者由用户提出新的功能要求。由于智能化仪器仪表具有“以软带硬”的技术特点，因此其功能增加或修正完善要远比非智能化的仪器仪表简单得多，所耗费的二次研发和升级换代的时间也相对比较短，在完善产品系列和占领市场方面具有明显的优势。

1.1.4 智能化仪器仪表的基本功能

随着信息技术的发展，智能化仪器仪表的功能也在不断的补充和完善，其基本功能应该包括以下几方面。

1. 量程的自动选择功能

智能化仪器仪表不同于常规的仪器仪表，它的量程选择是通过软件来完成的。相比之下，具有元件少、可靠性高、转换速度快、灵活方便、能实现更为复杂的控制等优点。

2. 增益自动切换功能

传统的仪器仪表在被测参数变化范围较大时，由于采用了固定增益，可能使信号溢出或使电路过载，降低了测量精度。而智能化仪器仪表中放大的增益可以自动切换和调节，从而保证了系统始终工作在最佳电平区域内。

3. 自校正零点漂移功能

仪器仪表在进行测量时最常见的问题是长期工作时的不稳定性及零点漂移，这主要是由于传感器或者放大器的零点漂移造成的。就零点漂移（以下简称零漂）的误差性质而言，它可能是系统误差或随机误差，通常用以下方法减少零漂。

(1) 选用高质量的元器件组成高稳定性的传感器，或对传感器的零漂采用适当的补偿。

(2) 对放大器的零漂可选用高稳定性的电子元器件和各种校正线路，也可增加各种补偿装置。

(3) 对随机性误差，可采用多次测量求均值的方法予以修正。

4. 测量数据实时处理分析功能

目前应用在智能化仪器仪表上的计算机主要是用来完成对测量过程的控制及对测量数据进行实时处理与分析。由于实现了对测量数据实时的处理与分析，以及对测量误差的修正与补偿，因而极大地克服了仪器本身的局限性，提高了测量精度、测量效率和信噪比，拓宽了仪器的测量范围和功能。

5. 自诊断和容错功能

智能化仪器仪表优于传统仪器仪表的一个很重要的特点在于它的自诊断和容错能力，使其能够及时处理所发生的故障和问题，提高了仪器仪表的稳定性和可靠性。

6. 测量过程的自动化和实时控制功能

测量过程的自动化和实时控制是现代测量的基本要求，它适应了现代化大规模生产高质量、高效率的要求，这也是智能化仪器仪表一个非常重要的研究和发展方向。

7. 人工智能技术的应用

完成上述数据处理和自动控制等的智能化仪器仪表还只是具备了较为低级的智能化。对于诸如问题求解、自然语言理解、对答系统等则是更为高级的智能化要求。目前，智能化仪器仪表所具有的智能还并不高，特别是在视觉（图形及颜色判读）、听觉（语音识别及语言理解）、思维（推理、判断、学习）等方面的能力仍十分有限，所以如何使仪器仪表具有更为高级的智能便成为今后仪器仪表发展中的一个重要的课题。

人工智能还处于发展的初级阶段，随着它的不断进步和发展，及时地把已经取得的成果更多地应用到仪器仪表智能化这一领域是非常必要的，这必将促进仪器仪表的智能化向更高级的阶段发展。

1.1.5　智能化产业及智能化仪器仪表的发展趋势

为适应现代测量、控制、自动化生产与物联网技术的需求，智能化仪器仪表的功能和结构形式也在发生着潜移默化的变化，具体体现在以下几个方面。

（1）智能化仪器仪表正逐步向多功能化方向发展。具有简单计算、推理、判断的智能化仪器仪表已经不能满足现代生产过程监控的需求。例如要实现水轮发电机组发、供、配电设备的状态检修，要求所配备的仪器仪表除了具有计算、推理、判断、存储与数据传送的功能外，还要求其具备模式识别、自学习与自组织和多联协调等能力，这就要求现代智能化仪器仪表的功能应该具有多元化的性质。

（2）高精度化。奥林匹克运动的口号是“更高、更快、更强”，智能化仪器仪表在提高检测控制技术指标上也是永远追求高精度。从测量控制的技术范围指标方面来说，如电压从纳伏至100万V、电阻从超导至$10^{14}\Omega$、谐波测量到51次、加速度从$10^{-4}g$至$10^{4}g$、频率测量至10^{10}Hz、压力测量至10^{8}Pa、温度测量从接近绝对零度至10^{10}℃等；从提高测量精度指标方面来说，工业参数测量提高至0.02%以上、航空航天参数测量达到0.005%以上；从提高测量灵敏度方面来说，更是向单个粒子、分子、原子级发展；从提高测量速度（响应速度）方面来说，静态从0.1ms至0.2ms、动态为1μs；从提高可靠性方面来说，一般要求为2万～5万h，高可靠要求可达25万h等。

（3）跨学科渗透，技术密集化。智能化仪器仪表作为人类认识物质世界、改造物质世界的第一手工具，是人类进行科学研究和工程技术开发的最基本工具。人类很早就懂得“工欲善其事，必先利其器”的道理，新的科学研究成果和发现如信息论、控制论、系统工程理论，微观和宏观世界研究成果及大量高新技术如微弱信号提取技术、计算机软硬件技术、网络技术、激光技术、超导技术、纳米技术等均成为智能化仪器仪表和测量控制科学技术发展的重要动力，现代仪器仪表不仅本身已成为高技术的新产品，而且利用新原理、新概念、新技术、新材料和新工艺等最新科技成果集成的装置和系统层出不穷。

（4）传感、变送、远传一体化。早期的智能化仪器仪表，传感器、变送器是分离的，这已经不能满足高精度测量的需求。4～20mA的模拟信号传送方式或者简单组网的数字信号传送方式已不能适应远距离跨区域信号传送的需求。因此，集传感器、变送器、远传或网络部件于一体的新型智能化仪器仪表是21世纪智能化仪器仪表发展的必然趋势。

（5）无线网络化。随着生产规模越来越大，生产过程中需要测量的点位也越来越多，

如以700MW水轮发电机组为例，单台机组需要监测的信号量就有几千个，即使采用分层分布式计算机监控系统的结构形式，也要将这上千个信号量通过电缆传送到现地控制单元中，电缆敷设和电缆维护的工作量巨大。随着工业无线通信技术的发展，将各个测控点搭建成无线网络，形成一个有机的无线测控网络系统，是指日可待的事情。

(6) 微型化与“傻瓜化”。微型智能化仪器仪表是指将微电子技术、微机械技术、信息技术等应用于仪器仪表的生产中，从而使仪器仪表成为体积小、功能全的智能仪器。它能够完成信号的采集、数字信号处理、控制信号的输出、放大、与其他仪器的接口、与人的交互等功能。微型智能化仪器仪表随着微电子机械技术的不断发展，其技术不断成熟，价格不断降低，因此其应用领域也将不断扩大。它不但具有传统仪器仪表的功能，而且能在自动化技术、航天、军事、生物技术、医疗领域起到独特的作用。

物联网技术是未来20年具有很大潜力的产业，物联网的构成需要众多的能够嵌入到各类物体中的微型智能化仪器仪表，这类部件往往是集传感、变送、无线网络于一体的，不仅要求其低功耗、长寿命，同时也要求其具备自组织、免维护、操作简单等性能，也就是所谓的微型化与“傻瓜化”。

1.1.6 智能化仪器仪表发展的关键技术及我国的发展现状

1.1.6.1 智能化仪器仪表发展的关键技术

1. 传感技术

传感技术不仅是智能化仪器仪表实现检测的基础，也是智能控制的基础。传感技术必须感知三方面的信息，它们是客观世界的状态和信息、被测控系统的状态和信息以及操作人员需了解的状态信息和操控指示。应注意到，客观世界无穷无尽，测控系统对客观世界的感知主要集中于与目标相关的客观环境，既定目标环境之外的环境信息可通过其他方法采集。被测控系统可以是简单的物或单一的样本，可以是复杂的无人直接操纵的自动系统，可以是有人在内操作的大型自动化系统或社会活动系统，也可以是人体（以人体健康、生理、心理状态为目标的传感技术是医疗诊治仪器的基础和核心)。操作人员可以是单人，但在系统化、网络化的情况下常为不同岗位下的操作人员群体。

2. 系统集成技术

系统集成技术直接影响智能化仪器仪表和测量控制科学技术的应用广度和水平，特别是对大工程、大系统、大型装置的自动化程度和效益有决定性影响，它是系统级层次上的信息融合控制技术，包括系统的需求分析和建模技术、物理层配置技术、系统各部分信息通信转换技术、应用层控制策略实施技术等。

3. 智能控制技术

智能控制技术是人类以接近最佳方式，通过测控系统以接近最佳方式监控智能化工具、装备、系统达到既定目标的技术，是直接涉及测控系统的效益发挥的技术，是从信息技术向知识经济技术发展的关键。智能控制技术可以说是测控系统中最重要和最关键的软件资源。智能控制技术包括仿人的特征提取技术、目标自动辨识技术、知识的自学习技术、环境的自适应技术、最佳决策技术等。

人机界面技术包括显示技术、硬拷贝技术、人机对话技术、故障人工干预技术等。随着智能化仪器仪表的系统化、网络化发展，识别特定操作人员、防止非操作人员的介入技术也日益受到重视。

4. 可靠性技术

随着仪器仪表和测控系统应用领域的日益扩大，可靠性技术特别是在一些军事、航空航天、电力、核工业设施，大型工程和工业生产中起到提高战斗力和维护正常工作的重要作用。这些部门一旦出现故障，将导致灾难性的后果。因此装置的可靠性、安全性、可维性、特别是包括受测控系统在内的整个系统的可靠性、安全性、可维性显得特别重要。

智能化仪器仪表和测控系统的可靠性技术除了测控装置和测控系统自身的可靠性技术外，同时还要包括受测控装置和系统出现故障时的故障处理技术。测控装置和系统的可靠性包括故障的自诊断、自隔离技术，故障自修复技术，容错技术，可靠性设计技术、可靠性制造技术等。

1.1.6.2 我国智能化仪器仪表发展的现状

经过几十年的发展，特别是近十年来的建设与发展，我国智能化仪器仪表已经初步形成产品门类品种比较齐全，具有一定生产规模和研发能力的产业体系。但是，我们也应当清醒地看到，虽然我国智能化仪器仪表产业有了较大的发展，但还远远不能满足国民经济、科学研究、国防建设以及社会发展等各个方面日益增长的迫切需求。和发达国家相比，我国在智能化仪器仪表产品技术方面的差距主要体现在以下三个方面。

（1）产品的可靠性还处于较低水平。

（2）产品的性能、功能相对滞后。

（3）产品技术更新的周期较长。

由前面的分析可见，智能化仪器仪表是计算机科学、电子学、数字信号处理、人工智能等新兴技术与传统的仪器仪表技术的结合。随着专用集成电路、个人仪器等相关技术的发展，智能化仪器仪表将会得到更加广泛的应用，并且具有无限的生机和商机。

1.2 单片机在智能化仪器仪表中的作用

1.2.1 单片机及其种类

1. 单片机的定义

谈到智能化仪器仪表不能不提起单片机，单片机是早期智能化仪器仪表的核心部件，也正因为在仪器仪表中嵌入了单片机才使其具有了智能，成为智能化仪器仪表，那么到底什么是单片机呢？

单片机是一种集成电路芯片，采用超大规模技术把具有数据处理能力（如算术运算、逻辑运算、数据传送、中断处理）的微处理器（CPU）、随机存取数据存储器（RAM）、只读程序存储器（ROM）、输入输出电路（I/O口），可能还包括定时计数器、串行通信口、显示驱动电路（LCD或LED驱动电路）、脉宽调制电路（PWM）、模拟多路转换器及A/D转换器、USB接口等电路集成到一块芯片上，构成一个最小而完善的计算机系统。这些电路能在软件的控制下准确、迅速、高效地完成程序设计者事先规定的任务。概

括地讲，单片机就是由一块集成电路芯片构成的计算机。它体积小、质量轻、价格便宜，为学习、应用和开发提供了便利条件。图 1.2 是个人计算机示意，图 1.3 是典型单片机芯片。

图 1.2　个人计算机

图 1.3　单片机芯片

2. 单片机的种类

目前单片机渗透到我们生活的各个领域，几乎很难找到哪个领域没有单片机的踪迹。导弹的导航装置、飞机上各种仪表的控制、计算机的网络通信与数据传输、工业自动化过程的实时控制和数据处理、广泛使用的各种智能 IC 卡、民用豪华轿车的安全保障系统、录像机、摄像机、全自动洗衣机的控制以及程控玩具、电子宠物等，这些都离不开单片机。根据应用领域的不同可供选择的单片机的种类和型号也各不相同。这里仅以按厂家分类的形式向读者简要介绍常用的不同类型的单片机及其主要特点。

（1）Atmel 公司单片机。Atmel 公司生产的单片机是增强型 RISC 内载 Flash 的单片机，芯片上的 Flash 存储器可随时进行编程和修改，使用户的产品设计更加容易，更新换代更加方便。其中 AVR 单片机采用增强的 RISC 结构，具有高速处理能力，在一个时钟周期内可执行复杂的指令。AVR 单片机工作电压为 2.7～6.0V，可以实现低功耗运行。AVR 单片机广泛应用于计算机外部设备、工业实时控制、通信设备、家用电器等各个领域的智能化仪器仪表中。

（2）Motorola 单片机。Motorola 是世界上最大的单片机制造厂商，从 M6800 开始，开发了广泛的单片机品种，如 4 位、8 位、16 位和 32 位的单片机产品。其中典型的代表型号有：8 位机 M6805、M68HC05 系列，8 位增强型 M68HC11、M68HC12 系列，16 位机 M68HC16 系列，32 位机 M683××系列等。Motorola 单片机的特点之一是在同样的速度下所用的时钟频率较其他类单片机低得多，可降低高频噪声，提高抗干扰能力，更适合于工控领域及恶劣的环境。

（3）MicroChip 单片机。MicroChip 8 位单片机的主要产品是 PIC 16C 系列和 17C 系列，其 CPU 采用 RISC 结构，采用 Harvard 双总线结构，具有运行速度快、工作电压低、功耗低、直接驱动能力强、价格便宜、体积小等特点，适用于用量大、中低档次、价格敏感的产品。在办公自动化设备、消费电子产品、电讯通信、汽车电子、金融电子、工业控制等不同领域都有广泛的应用。

（4）EPSON 单片机。EPSON 单片机以低电压、低功耗和内置 LCD 驱动器特点著称，尤其是 LCD 驱动部分做得很好。EPSON 单片机广泛用于工业控制、医疗设备、家用电器、仪器仪表、通信设备和手持式消费类产品等领域。

(5) 东芝单片机。东芝单片机门类齐全，4 位机在家电领域有很大市场，8 位机主要有 870 系列、90 系列等。该类单片机允许使用慢模式，采用 32K 时钟功耗可降至微安数量级。东芝的 32 位单片机采用 MIPS 3000A RISC 的 CPU 结构，面向 VCD、数码相机、图像处理等市场。

(6) 华邦单片机。华邦公司的 W77、W78 系列 8 位单片机的引脚和指令集与 MCS－51 单片机兼容，但每个指令周期只需要 4 个时钟周期，速度比 MCS－51 单片机提高了三倍，工作频率最高可达 40MHz。华邦单片机增加了 WatchDog Timer，具有 6 组外部中断源、双 UART 通信接口、双数据指针。

(7) TI 公司单片机。近年来，美国 TI 公司的单片机在智能化仪器仪表和各类电子产品中得到了广泛的应用。其中 MSP430 系列是一个超低功耗类型的单片机，采用 16 位的精简指令架构，特别适合于电池应用的场合或低功耗手持设备。同时，该系列将大量的外围模块整合到片内，也特别适合于设计片上系统；有丰富的不同型号的器件可供选择，给设计者带来很大的灵活性。

(8) MCS－51 单片机。MCS－51 系列单片机最早由 Intel 公司推出，其后多家公司购买了 MCS－51 单片机的内核，结合自身产品的特点生产出各具特色的 MCS－51 单片机，并得以在世界范围内广泛应用。MCS－51 系列单片机虽然为 8 位机，但由于其结构简单、性能稳定、技术成熟、成本低廉，受到了广大研发人员的青睐，在一定时期内仍将是中、低端智能化仪器仪表的首选。MCS－51 系列单片机品种很多，有基本型、增强型、低功耗型、在系统可编程型（ISP）、在应用可编程型（IAP）和 JTAG 调试型等。本书将以 MCS－51 单片机为技术基础讲解智能化仪器仪表的基本结构和设计方法。

1.2.2　单片机的应用领域

单片机广泛应用于仪器仪表、家用电器、医用设备、航空航天、专用设备的智能化管理及过程控制等领域，大致可分如下几个范畴。

1. 在智能仪器仪表上的应用

单片机具有体积小、功耗低、控制功能强、扩展灵活、微型化和使用方便等优点，广泛应用于仪器仪表中，结合不同类型的传感器，可实现诸如电压、功率、频率、湿度、温度、流量、速度、厚度、角度、长度、硬度、元素、压力等物理量的测量。采用单片机控制实现了仪器仪表的数字化、智能化和微型化，且功能比采用电子或数字电路的仪器仪表更加强大。

2. 在工业控制中的应用

用单片机可以构成形式多样的控制系统、数据采集系统。例如工厂流水线的智能化管理、水电厂计算机监控系统中的现地控制单元、电梯智能化控制、各种报警系统，与计算机联网构成的二级控制系统等。

3. 在家用电器中的应用

可以这样说，现在的家用电器基本上都采用了单片机控制，从电饭煲、洗衣机、电冰箱、空调机、彩电、其他音响视频器材，再到电子称量设备，五花八门，无所不在。

4. 在计算机网络和通信领域中的应用

现代的单片机普遍具备通信接口，可以很方便地与计算机进行数据通信，为在计算机网络和通信设备间的应用提供了极好的物质条件，现在的通信设备基本上都实现了单片机智能控制，从手机，电话机、小型程控交换机、楼宇自动通信呼叫系统、列车无线通信，再到日常工作中随处可见的移动电话、集群移动通信、无线电对讲机等。

5. 单片机在医用设备领域中的应用

单片机在医用设备中的用途亦相当广泛，例如医用呼吸机、各种分析仪、监护仪、超声诊断设备及病床呼叫系统等。

此外，单片机在工商、金融、科研、教学、国防、航空航天等领域都有着十分广泛的用途。

1.3 智能化仪器仪表的设计原则及过程

1.3.1 智能化仪器仪表的设计原则

智能化仪器仪表的研制开发是一个较为复杂的过程。为完成其功能指标，提高研制效率，并能取得一定的研制效益，应遵循正确的设计原则、按照科学的研制步骤来开发智能化仪器仪表。

智能化仪器仪表的可靠性是最突出也是最重要的，应采取各种措施提高仪器仪表的可靠性，从而保证仪器仪表能长时间稳定工作。

硬件可靠性设计：智能化仪器仪表所用器件的质量和仪器结构工艺是影响可靠性的重要因素，故应合理选择元器件和采用在极限情况下进行试验的方法。所谓合理选择元器件是指在设计时对元器件的负载、速度、功耗、工作环境等技术参数应留有一定的余量，并对元器件进行老化和筛选。而极限情况下的试验是指在研制过程中，样机要承受低温、高温、冲击、振动、干扰、烟雾等试验，以保证其对环境的适应性。

软件可靠性设计：采用模块化设计方法，不仅易于编程和调试，也可减小软件故障率和提高软件的可靠性。同时，对软件进行全面测试也是检验错误、排除故障的重要手段。

在硬件或软件设计时，把复杂的、难处理的问题，分为若干个较简单的、容易处理的问题，然后再一个个地加以解决。设计人员根据仪器功能和设计要求提出设计的总体任务，并绘制硬件和软件总框图，然后将任务分解成一批可独立表征的子任务，这些子任务还可以再向下分解，直到每个低级的子任务足够简单，可以直接而且容易地实现为止。这批低级子任务可采用某些通用模块，并可作为单独的实体进行设计和调试，能够以最低的难度和最高的可靠性组成高一级的模块。

智能化仪器仪表的造价，取决于研制成本、生产成本、使用成本。设计时不应盲目追求复杂、高级的方案。在满足性能指标的前提下，应尽可能采用简单成熟的方案。就第一台样机而言，主要的花费在于系统设计、调试和软件开发，样机的硬件成本不是考虑的主要因素。

1.3.2　智能化仪器仪表的设计过程

1. 确定设计任务

根据仪器仪表设计目标，编写设计任务说明书，明确仪器应具备的功能和应达到的技术指标。设计任务说明书是设计人员设计的基础，应力求准确简洁。

2. 拟制总体设计方案

先依据设计要求提出几种可能的方案，每个方案应包括仪器仪表的工作原理、采用的技术、重要元器件的性能等；然后对各方案进行可行性论证，包括重要部分的理论分析与计算以及必要的模拟实验，以验证方案是否能达到设计的要求；最后再兼顾各方面因素选择其中之一作为仪器仪表的设计方案。

3. 确定仪器仪表工作总框图

采用自上而下的方法，把仪器仪表划分成若干个便于实现的功能模块，并绘制出相应的硬件和软件工作框图。设计者应该根据仪器仪表的性能价格比、研制周期等因素对硬件、软件的选择做出合理安排。软件和硬件的划分往往需要经过多次折中才能取得满意的结果，设计者应在设计过程中进行认真权衡。

4. 硬件和软件的设计与调试

一旦工作总框图确定之后，硬件和软件的设计工作就可以齐头并进。

硬件设计：先根据仪器仪表硬件框图按模块分别对各单元电路进行电路设计；然后将各单元电路按硬件框图组合在一起，构成完整的整机硬件电路图。在完成电路设计之后，即可绘制印刷电路板，然后进行装配与调试。部分硬件电路调试可以先采用某种信号作为激励，通过检查电路能否得到预期的响应来验证电路；智能化仪器仪表大部分电路功能调试需要编制一些小调试程序分别对各硬件单元电路的功能进行检查，而整机功能测试须在硬件和软件设计完成之后才能进行。

本书将以 Proteus 仿真软件进行硬件和软件的仿真调试，仿真调试通过后再对硬件电路进行必要的修正，这样可以尽早地发现硬件电路存在的问题，提高设计效率，节约前期试验调试成本。

软件设计：先进行软件总体结构设计并将程序划分为若干个相对独立的模块，接着画出每个程序模块的流程图并编写程序，最后按照软件总体结构框图，将其连接成完整的程序。

软件调试：先按模块采用 Proteus 和 Keil 软件进行分别调试，然后再连接起来进行总调。智能化仪器仪表的软件和硬件是一个密切相关的整体，在调试过程中，设计者要做到“软硬兼施”统筹安排。

5. 整机联调

硬件、软件分别装配调试合格后，就要对硬件、软件进行联合调试。调试中可能会遇到各种问题，若属于硬件故障，应修改硬件电路的设计；若属于软件问题，应修改相应程序；若属系统问题，则应对软件、硬件同时进行修改，如此往复，直至合格。

联调中必须对设计所要求的全部功能进行测试和评价，以确定仪器仪表是否符合预定的性能指标，若发现某一功能或指标达不到要求，则应变动硬件或修改软件，重新调试，

直至满意为止。图 1.4 给出了智能化仪器仪表设计调试的基本流程。

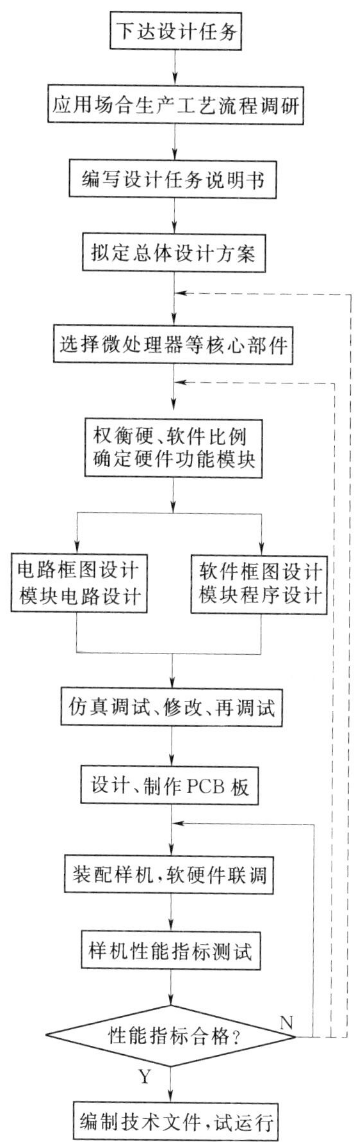

图 1.4 智能化仪器仪表设计调试流程

经验表明：智能化仪器仪表的性能及研制周期同总体设计是否合理、硬件芯片选择是否得当、程序结构的好坏以及开发工具是否完善等因素密切相关；其中，软件编制及调试往往占系统开发周期的 50%以上，因此，应该采用结构化和模块化的程序设计方法，这对查找错误、排除错误和调试是极为有利的。

设计、研制一台智能化仪器仪表大致需要上述几个阶段，实际设计时，阶段不一定要划分得非常清楚，视设计内容的特点，有些阶段的工作可以结合在一起进行。

第 2 章　Proteus 仿真软件的使用

常言道："工欲善其事，必先利其器"，智能化仪器仪表课程是一门多学科实践性很强的课程。该课程的学习中需要建立起必要的实践教学环境，只有这样才能变抽象为具体，起到由兴趣引导学习，在学习中进一步培养兴趣的作用，达到学中做、做中学、边学边做、边做边学的良性学习效果。

Proteus 和 Keil μVersion 两款软件便能够起到这样的作用。我们将用两章的篇幅介绍这两款软件的初步使用方法。

2.1　Proteus 仿真软件简介

Proteus 是英国 Labcenter Electronics 公司开发的一款电路仿真软件，能够实时仿真包括单片机、ARM 在内的多种微处理器系统，是目前世界上比较先进和完整的嵌入式系统硬件和软件仿真平台，可以实现数字电路、模拟电路及微控制器系统与外设的混合电路系统的电路仿真、软件仿真、系统协同仿真和 PCB 设计等功能，是目前能够对各种处理器进行实时仿真、调试与测试的 EDA 工具之一。微处理器系统相关的仿真需建立编译和调试环境，Keil μVersion 软件支持众多不同公司的微处理器芯片，集编辑、编译和程序仿真于一体，同时还支持 PLM、汇编和 C 语言的程序设计，它的界面友好易学，在调试程序、软件仿真方面具有很好的功能。

Proteus 软件由两部分组成：一部分是智能原理图输入系统 ISIS（Intelligent Schematic Input System）和虚拟模型系统 VSM（Virtual Model System）；另一部分是高级布线及编辑软件 ARES（Advanced Routing and Editing Software），用于设计印刷线路板（PCB）。

2.1.1　Proteus 软件的特点

本书适用的 Proteus 软件的版本为 V7.5，和以往的版本比较，新版本支持的仿真器件更多，功能更加强大，具有如下一些特点。

1. 智能原理图设计

（1）具有丰富的器件库：可仿真元器件数量超过 8000 种，并且可方便地创建和添加新元件。

（2）智能的器件搜索：通过模糊搜索可以快速定位所需要的器件。

（3）智能化的连线功能：自动连线功能使连接导线简单快捷，缩短了绘图时间。

（4）支持总线结构：使用总线器件和总线布线功能，使电路设计更加简明清晰。

(5) 可输出高质量图纸：通过个性化设置，可以生成印刷质量的 BMP 图纸，可以方便地供 Word、PowerPoint 等多种文档使用。

2. 完善的仿真功能

(1) ProSPICE 混合仿真：基于工业标准 SPICE3F5，实现数字/模拟电路的混合仿真。

(2) 超过 8000 个仿真器件：可以通过内部原型或使用厂家的 SPICE 文件自行设计仿真器件，Labcenter 也在不断地发布新的仿真器件，还可导入第三方发布的仿真器件。

(3) 多样的激励源：包括直流、正弦、脉冲、分段线性脉冲、音频（使用 wav 文件）、指数信号、单频 FM、数字时钟和码流，还支持文件形式的信号输入。

(4) 丰富的虚拟仪器：13 种虚拟仪器供选择，面板操作逼真，如示波器、逻辑分析仪、信号发生器、直流电压/电流表、交流电压/电流表、数字图形发生器、频率计/计数器、逻辑探头、虚拟终端、SPI 调试器、I^2C 调试器等。

(5) 生动的仿真显示：用色点显示引脚的数字电平，导线以不同颜色表示其对地电压大小，结合动态器件（如电机、显示器件、按钮）的使用可以使仿真更加直观、生动。

(6) 高级图形仿真功能：基于图标的分析功能，可以精确分析电路的多项指标，包括工作点、瞬态特性、频率特性、传输特性、噪声、失真、傅里叶频谱分析等，还可以进行一致性分析。

(7) 独特的单片机协同仿真功能：

1) 支持主流的 CPU 类型，如 ARM7、8051/51、AVR、PIC10/12、PIC16/18、HC11、BasicStamp 等，CPU 类型随着版本升级还在不断增加。

2) 支持通用外设模型，如字符 LCD 模块、图形 LCD 模块、LED 点阵、LED 七段码显示模块、键盘/按键、直流/步进/伺服电机、RS232 虚拟终端、电子温度计等。

3) 实时仿真支持 UART/USART/EUSART 仿真、中断仿真、SPI/I^2C 仿真、MSSP 仿真、PSP 仿真、RTC 仿真、ADC 仿真、CCP/ECCP 仿真等。

4) 支持单片机汇编语言的编辑/编译/源码级仿真，内带 8051、AVR、PIC 的汇编编译器，也可以与第三方集成编译环境（如 IAR、Keil 和 WAVE 等）结合，进行高级语言的源码级仿真和调试。

3. 实用的 PCB 设计平台

(1) 原理图到 PCB 的快速通道：原理图设计完成后，一键便可进入 ARES 的 PCB 设计环境，实现从概念到产品的完整设计。

(2) 先进的自动布局/布线功能：支持无网格自动布线或人工布线，利用引脚交换/门交换可以使 PCB 设计更为合理。

(3) 完整的 PCB 设计功能：最多可设计 16 层 PCB 板，包括 2 个丝印层，4 个机械层，灵活的布线策略供用户设置，自动进行设计规则检查。

(4) 多种输出格式的支持：可以输出多种格式文件，包括 Gerber 文件的导入或导出，便于其他 PCB 设计工具的互转（如 protel）和 PCB 板的设计和加工。

2.1.2　Proteus 软件的运行环境及安装

1. Proteus 的运行环境

安装和运行 Proteus 软件时，对计算机的配置有如下要求。

(1) CPU 的主频在 200MHz 及以上。

(2) 操作系统为 Windows 98/Me/2000/XP 或更高版本。

(3) 磁盘空间不小于 64MB。

(4) 内存不小于 64MB。

2. Proteus 的安装

Proteus 软件分为网络版和单用户版，网络版 Proteus 服务器端需要有一个硬件 USB 加密狗、一个 License Key 和一个 License key server。客户端与服务器端的认证和通信都是通过 Windows 的 DCOM 进行的。本书的讲解主要针对单用户版。

2.2　Proteus ISIS 的基本操作

2.2.1　Proteus ISIS 的编辑环境

2.2.1.1　进入 Proteus ISIS

双击桌面上的 ISIS 7 Professional 图标或者单击屏幕左下方的"开始"→"程序"→"Proteus 7 Professional"→"ISIS 7 Professional"，出现如图 2.1 所示屏幕，表明正在进入 Proteus ISIS 集成环境。

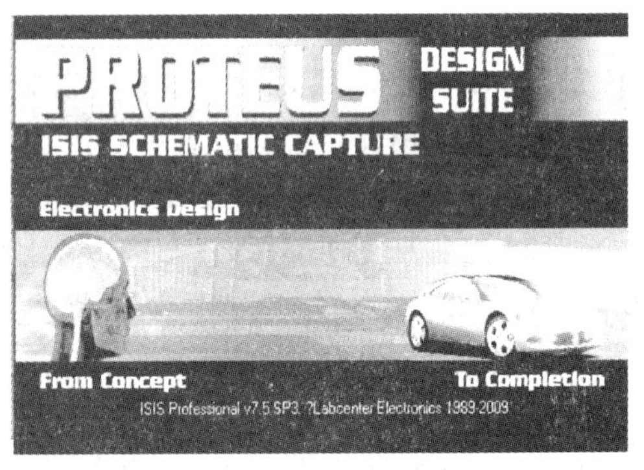

图 2.1　Proteus 启动屏幕

2.2.1.2　Proteus ISIS 的工作界面说明

Proteus ISIS 的工作界面是一种标准的 Windows 界面，如图 2.2 所示。工作界面包括标题栏、主菜单、标准工具栏、绘图工具栏、状态栏、对象选择按钮、预览对象方位控制按钮、仿真进程控制按钮、预览窗口、对象选择器窗口、图形编辑窗口。

1. 图形编辑窗口

在图形编辑窗口内完成电路原理图的编辑和绘制。图形编辑窗口内有点状的栅格，可以通过 View 菜单的 Grid 命令在打开和关闭间切换。点与点之间的间距由当前捕捉的设置决定。捕捉的尺度可以由 View 菜单的 Snap 命令设置，或者直接使用快捷键 F4、F3、F2 和 CTRL+F1，如图 2.3 所示。

若键入 F3 或者选中 View 菜单的 Snap 100^{th}命令，当鼠标在图形编辑窗口内移动时，坐标值是以固定的步长 100^{th}变化，称为捕捉。如果想要确切地看到捕捉位置，可以使用 View 菜单的 X－Cursor 命令，选中后将会在捕捉点显示一个小的或大的交叉"十"字。

当鼠标指针指向器件管脚末端或者导线时，鼠标指针将会捕捉到这些物体，这种功

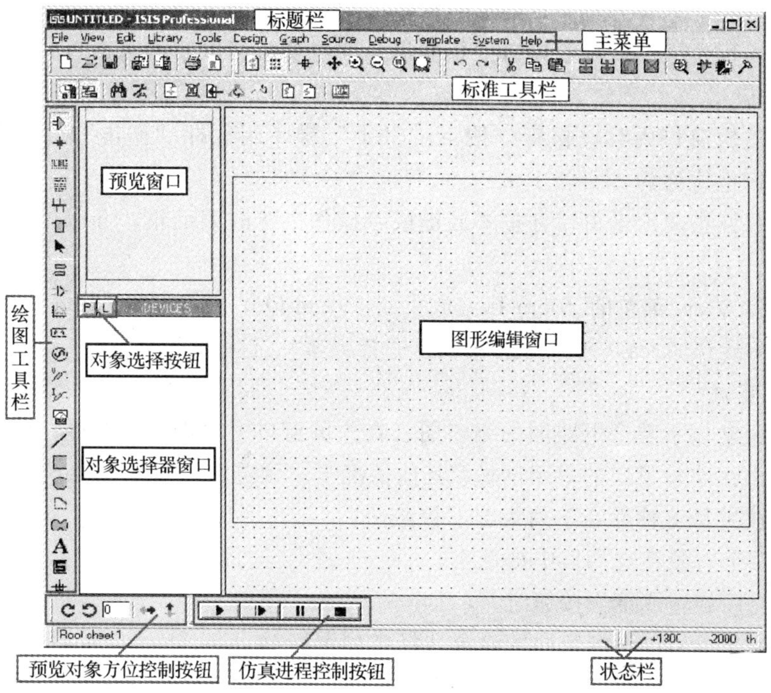

图 2.2　Proteus ISIS 的工作界面

能被称为实时捕捉（Real Time Snap）。实时捕捉功能可以方便地实现导线和管脚的连接。可以通过 Tools 菜单的 Real Time Snap 命令或者 CTRL＋S 切换该功能，如图 2.4 所示。

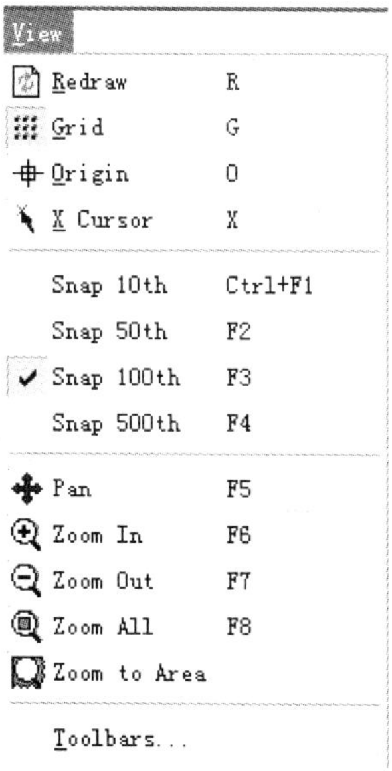

View
Redraw　R
Grid　G
Origin　O
X Cursor　X
Snap 10th　Ctrl+F1
Snap 50th　F2
Snap 100th　F3
Snap 500th　F4
Pan　F5
Zoom In　F6
Zoom Out　F7
Zoom All　F8
Zoom to Area
Toolbars...

图 2.3　View 菜单项

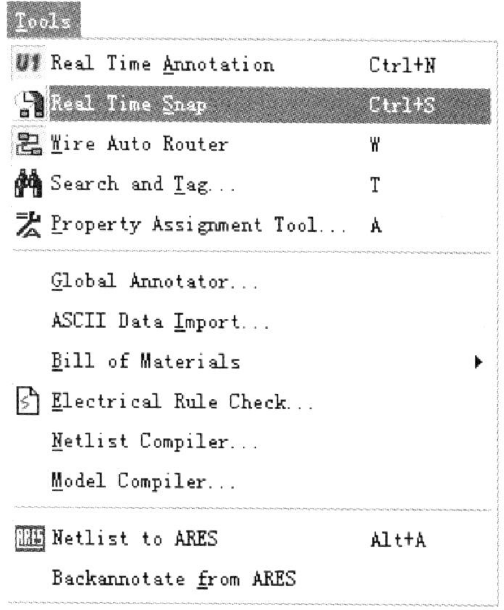

图 2.4　Tools 菜单项

可以通过如下几种方式实现图形编辑窗口中视图的缩放操作：

（1）用鼠标左键单击预览窗口中想要显示的位置，可以使编辑窗口显示以鼠标单击处为中心的内容。

（2）在编辑窗口内移动鼠标，按下“Shift”键，用鼠标“撞击”边框，会使显示内容平移，我们把这称为 Shift－Pan。

（3）用鼠标指向编辑窗口并按缩放键或者操作鼠标的滚动轮，会以鼠标指针位置为中心缩放显示。

（4）通过 View 菜单的 Zoom In（放大）、Zoom Out（缩小）、Zoom All（放大至适合屏幕）和 Zoom to Area（放大所选区域至适合屏幕）选项进行操作。

2. 预览窗口

该窗口通常显示整个电路图的缩略图。在预览窗口上单击鼠标左键，将会有一个矩形蓝绿框标示出在编辑窗口的显示区域。其他情况下，预览窗口显示将要放置的对象的预览图形。这种放置预览特性在下列情况下被激活：

（1）当一个对象在选择器中被选中。

（2）当使用旋转或镜像按钮时。

（3）当为一个可以设定朝向的对象选择类型图标时。

（4）当放置对象或者执行其他非以上操作时，放置预览会自动消除。

（5）对象选择器根据由图标决定的当前状态显示不同的内容。显示对象的类型包括：设备、终端、管脚、图形符号、标注和图形等。

（6）在某些状态下，对象选择器有一个 Pick 切换按钮，单击该按钮可以弹出库元件选取窗体。通过该窗体可以选择元件并置入对象选择器。

3. 对象选择器窗口

对象选择窗口通过对象选择按钮，从元件库中选择对象，并置入对象选择器窗口，供绘图时使用，如图 2.5 所示。

4. 仿真工具栏

仿真工具栏提供仿真进程控制按钮，各控制按钮功能说明如图 2.6 所示。

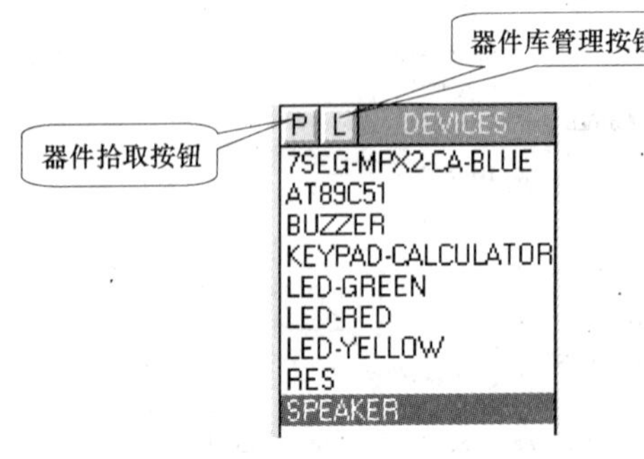

图 2.5　对象选择窗口

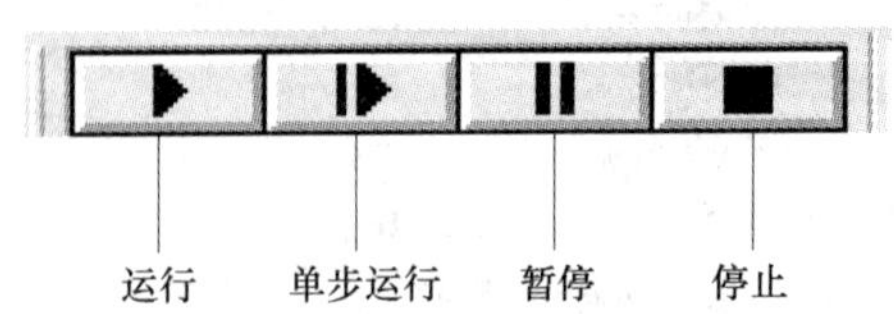

图 2.6　仿真工具栏及功能

5. 绘图工具栏

绘图工具栏中提供了许多图标工具按钮，这些图标按钮对应的操作功能如图 2.7 标注

所示。

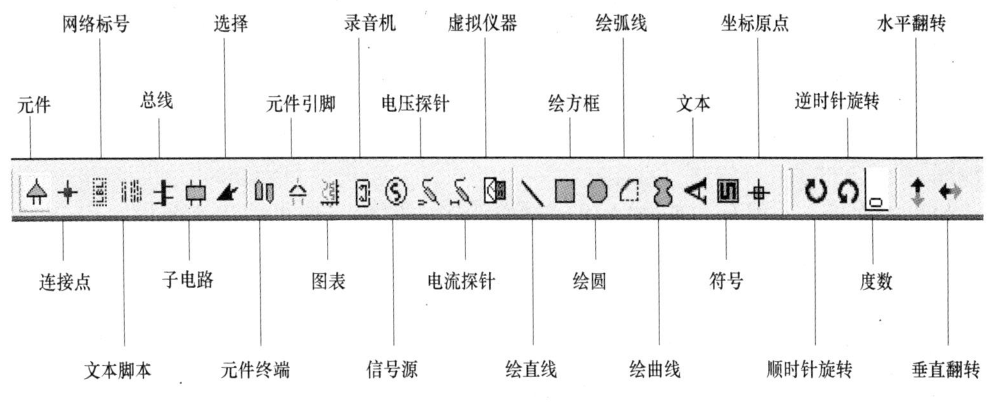

图 2.7 绘图工具栏及功能

6. 其他工具栏

Proteus 的工作界面上还提供了与其他 Windows 软件界面相似的标题栏、状态栏、菜单栏和快捷工具栏等，这些工具栏的功能和使用方法在此不再赘述。

2.2.2 Proteus ISIS 的基本操作

Proteus ISIS 提供了丰富的原理图绘图、编辑等操作功能，在此仅对一些基本操作加以讲解，其他复杂的操作可以参考相关的参考资料并在实践中不断的摸索和总结。

1. 对象放置操作

在绘图工作区中放置对象的步骤如下：

(1) 根据对象的类别在工具箱选择相应模式的图标。

(2) 根据对象的具体类型选择子模式图标。

(3) 如果对象类型是元件、端点、管脚、图形、符号或标记，从对象选择器中选择所需要的对象的名字。对于元件、端点、管脚和符号，可能首先需要从库中调出元件，然后再进行选择。

(4) 如果对象是有方向的，将会在预览窗口显示出来，可以通过预览对象方位按钮进行调整。

(5) 鼠标指向编辑窗口并单击鼠标左键放置对象。

2. 选中对象操作

(1) 在绘图工作区中用鼠标指向对象并单击右键可以选中该对象。该操作选中对象并使其高亮显示，然后可以进行编辑。选中对象时该对象上的所有连线同时被选中。

(2) 要选中一组对象，可以通过依次在每个对象处右击选中每个对象的方式。也可以通过右键拖出一个选择框的方式，但只有完全位于选择框内的对象才可以被选中。

(3) 在空白处单击鼠标右键可以取消所有对象的选择。

3. 删除对象操作

在绘图工作区中用鼠标指向选中的对象，单击右键可以删除该对象，删除该对象的同时也删除了对象的所有连线。

4. 拖动对象操作

在绘图工作区中用鼠标指向选中的对象并用左键拖曳可以拖动该对象。该方式不仅对整个对象有效，而且对对象中单独的标签也有效。

如果自动布线（Wire Auto Router）功能被激活，被拖动对象上所有的连线将会重新布线，这将花费一定的时间，尤其在对象有很多连线的情况下，这时鼠标指针将显示为一个沙漏。

如果误拖动一个对象，所有的连线都变成了一团糟，可以使用恢复（Undo）命令撤销操作，恢复原来的状态。

5. 拖动对象标签操作

许多类型的对象有一个或多个属性标签附着。例如，每个元件有一个“reference”标签和一个“value”标签。可以很容易地移动这些标签，使电路图看起来更加美观。

移动标签的步骤如下：

（1）选中对象。

（2）用鼠标指向标签，按下鼠标左键。

（3）拖动标签到所需要的位置。如果想要定位得更精确，可以在拖动时改变捕捉的精度（使用 F4、F3、F2、Ctrl+F1 键）。

（4）释放鼠标。

6. 调整对象大小操作

子电路、图表、线、框和圆可以调整大小。当选中这些对象时，对象周围会出现黑色小方块，称为“手柄”，可以通过拖动这些“手柄”来调整对象的大小。

调整对象大小的步骤如下：

（1）选中对象。

（2）如果对象可以调整大小，对象周围会出现“手柄”。

（3）用鼠标左键拖动这些“手柄”到新的位置，可以改变对象的大小。在拖动的过程中手柄会消失。

7. 调整对象方向操作

许多类型的对象可以调整朝向为 0°、90°、180°、270°和 360°，或通过 x 轴 y 轴镜像。当该类型对象被选中后，“Rotation and Mirror”图标会由蓝色变为红色，然后就可以改变对象的朝向。

调整对象朝向的步骤如下：

（1）选中对象。

（2）用鼠标左键单击 Rotate Anti _ Clockwise 图标可以使对象逆时针旋转，用鼠标右键单击 Rotate Clockwise 图标可以使对象顺时针旋转。

（3）用鼠标左键单击 X－Mirror 图标可以使对象按 x 轴镜像，用鼠标右键单击 Y－Mirror 图标可以使对象按 y 轴镜像。

8. 编辑对象属性操作

许多对象具有图形或文本属性，这些属性可以通过一个对话框进行编辑，这是一种很常见的操作，有多种实现方式。

编辑单个对象时，首先在对象上单击鼠标右键选中对象，然后用鼠标左键单击对象，会弹出如图 2.8 所示的对象编辑窗口。

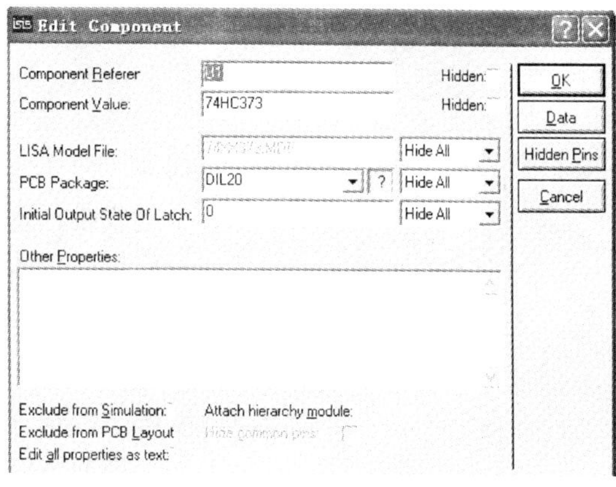

图 2.8　对象编辑窗口

需要修改的主要项目有：

Component Reference：元器件在原理图中的参考号，如 U1、U2、…。

Component Value：元器件参数，如电阻值 10k、20k、…。

Hidden：相对应的项是否在原理图中隐藏。

9. 拷贝多元件电路块操作

在设计中往往有些电路块是重复的，这时可以采用电路块拷贝操作。拷贝由多个元件构成的电路块的方法如下：

(1) 选中需要的对象。

(2) 用鼠标左键单击“Copy Tagged Object”图标。

(3) 把拷贝的轮廓拖到需要的位置，单击鼠标左键放置拷贝。

(4) 重复步骤 (3) 放置多个拷贝。

(5) 单击鼠标右键结束。

当一组元件被拷贝后，标注自动重置为随机态，用来为下一步的自动标注做准备，防止出现重复的元件标注。

10. 移动多元件电路块操作

当绘制电路过程中需要移动多个元件构成的电路块时，可以采用移动电路块操作，具体操作步骤如下：

(1) 选中需要的对象。

(2) 用鼠标左键单击“Move Tagged Object”图标。

(3) 把电路块的轮廓拖到需要的位置，单击鼠标左键。

11. 画导线操作

Proteus 的智能化可以在想要画线的时候进行自动检测。当鼠标指针靠近一个对象的连接点时，鼠标指针处就会出现一个“×”号，用鼠标左键单击元器件的连接点，移动鼠标（不用一直按着左键），连接线会发生颜色改变（如由粉红色变成了深绿色）。如果想让软件自动确定连线路径，只需左键单击另一个连接点即可。这就是 Proteus 的线路自动路径功能（简称 WAR），如果只是在两个连接点用鼠标左键单击，WAR 将选择一个合适的路径。WAR 可通过使用快捷栏里的“WAR”命令按钮来关闭或打开，也可以在菜单栏的“Tools”菜单下找到这个图标。如果想自己决定走线路径，只需在想要的拐点处单击鼠标左键即可。在此过程中的任何时刻，都可以按 Esc 或者单击鼠标的右键放弃画线。

12. 画总线及总线分支线操作

为了简化原理图，我们可以用一条导线代表数条并行的导线，这就是所谓的总线。点

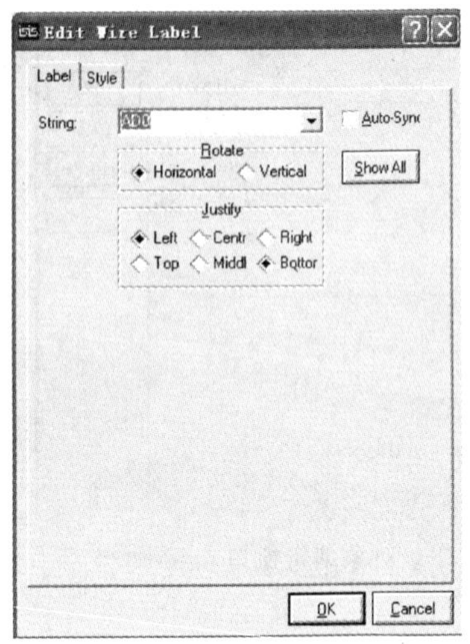

图 2.9　编辑网络标号窗口

击工具箱的总线按钮（如图 2.7 所示），即可在编辑窗口画总线。

总线分支线是用来连接总线和元器件管脚的。为了与一般的导线相区分，通常用斜线来表示分支线。画好分支线后，还需要给分支线起个名字即网络标号。放置网络标号的方法是，用鼠标单击工具栏中的“Wire Label”图标，在需要标注的分支线上单击鼠标左键，弹出如图 2.9 所示的窗口，在窗口中的“Srring”项填入命名的网络标号（如 AD0），单击“OK”按钮即可。

前面所述内容仅是 Proteus 的最基本操作。由于 Proteus 本身是一个复杂而庞大的电子电路及微处理器仿真系统，其功能和使用方法众多，在这里笔者仅想通过前面的描述和下面的实例教学起到抛砖引玉的作用。只有很好地掌握学习的工具，才能很好地完成课程的学习任务，这一点对于本课程的学习尤为重要。

2.3 Proteus 仿真实例

本节我们设计一个简单的单片机控制红、绿发光二极管（LED）交替闪烁的电路，通过这个电路引导大家使用 Proteus 来绘制电路和加载程序并进行仿真运行。

2.3.1 在 Proteus 中绘制电路原理图

1. 建立新设计

运行 Proteus ISIS，单击菜单“File（文件）”→“New Design（新设计）”，弹出如图 2.10 所示的“Create New Design（创建新设计）”窗口，选择“DEFAULT”模板，单击“OK”后，一个新设计窗体被创建，如图 2.11 所示。保存文件名为“L2_1.DSN”。

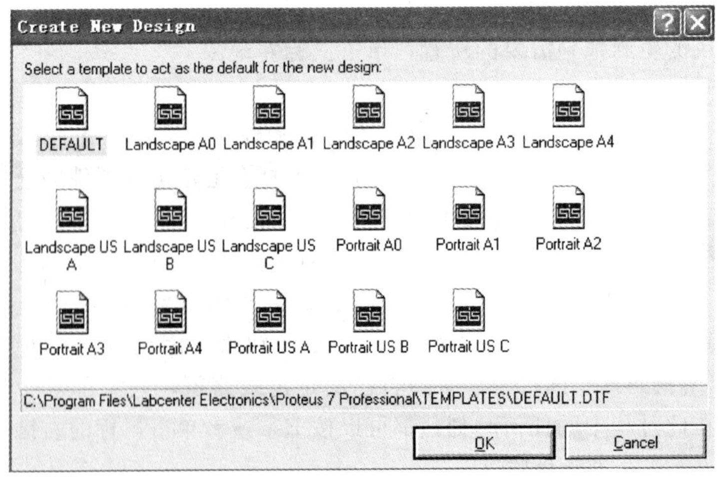

图 2.10　新建设计窗口

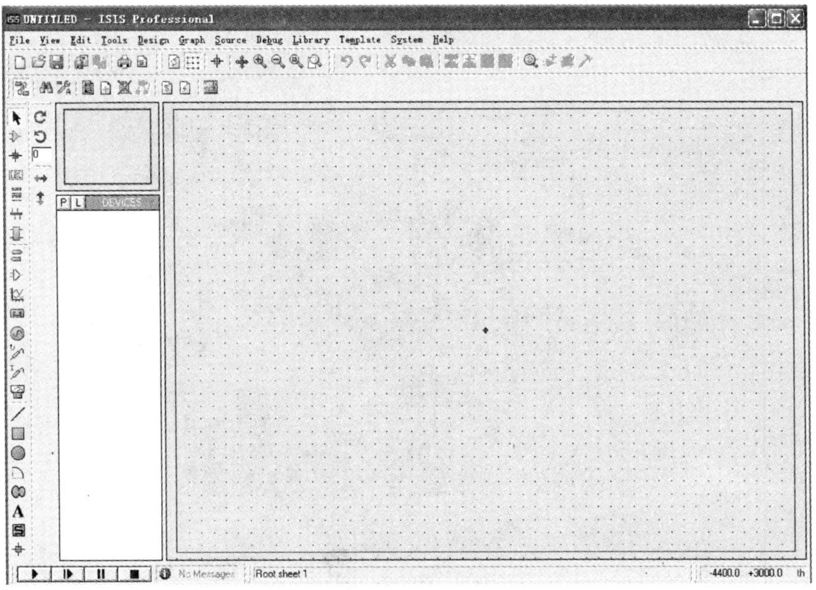

图 2.11 创建新设计窗口

2. 添加和放置元器件

在对象选择器窗体上单击"P（器件拾取）"按钮，或执行菜单命令"Library"→"Pick Device/Symbol"，添加如表 2.1 所示的元件。

表 2.1 实例 L2_1 所用元件

序号	元件名称	元件性质	元件参数	所在库名称
1	AT89C51	单片机		Microprocessor ICs
2	CAP	瓷片电容	30pF	Capacitors
3	CRYSTAL	晶振	12MHz	Miscellaneous
4	RES	电阻	200Ω，10kΩ	Resistors
5	BUTTON	按钮开关		Switches&Relays
6	LED-RED	红色 LED		Optoelectronics
7	LED-YELLOW	黄色 LED		Optoelectronics
8	CAP-ELEC	电解电容	1μF	Capacitors

在对象选择器中，单击鼠标左键选择器件，然后在绘图工作区中单击左键，相应元器件便被放置在绘图工作区中，一一将上述元件摆放于工作区中，如果需要调整元件位置或改变元件参数，可以通过上节所述的方法实现。放置完毕的原理图如图 2.12 所示。

3. 添加和放置电源与接地符号

电源和接地符号需要在工具箱的端子工具（Terminals Mode）中选择，其中"POWER"为电源，"GROUND"为地。需要说明的是，这里所选择的电源是"+5V"电源，如果需要其他电压等级的电源，需要在工具箱"Generators"中选择。

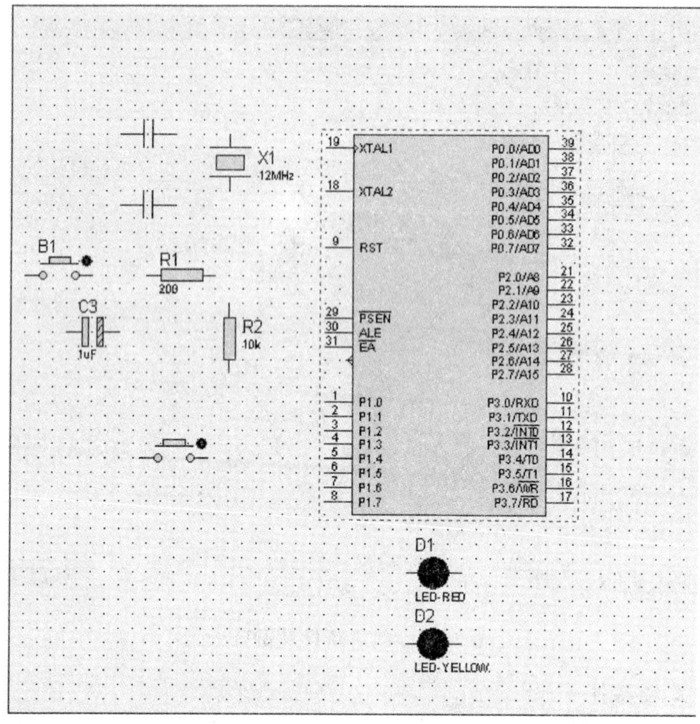

图 2.12　实例 L2 _ 1 元器件放置后界面

4. 连接电路

按照前一节所述画导线的方法将电路连接完整并存盘，如图 2.13 所示。

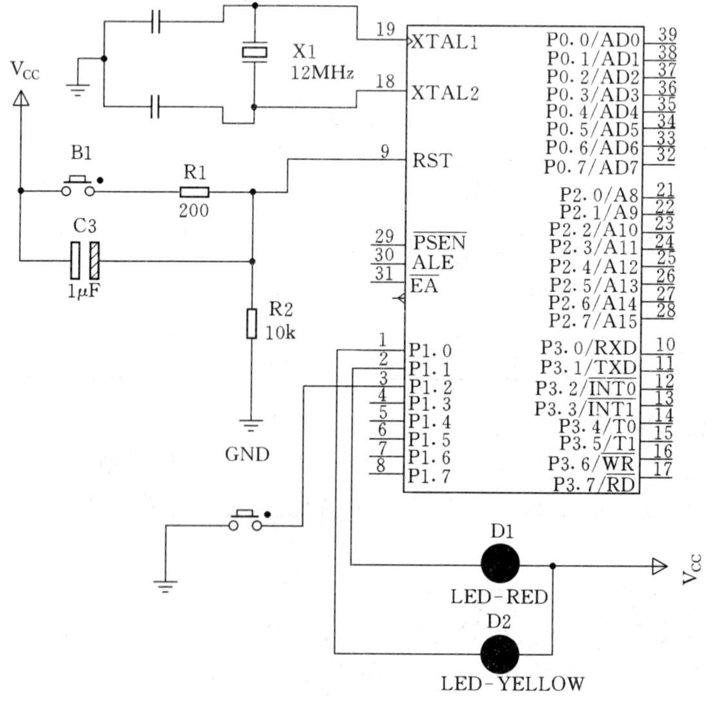

图 2.13　连接完整的实例 L6 _ 1 电路

2.3.2 装载程序及仿真运行

1. 程序的编写与编译

本书采用 C51 进行程序设计。关于 C51 程序的编辑环境与编辑、编译方法将在下一章中讲解，这里仅给出实例 L2 _ 1 的程序流程图（如图 2.14 所示）和完整的源代码，以便建立起对 C51 程序的初步认识。

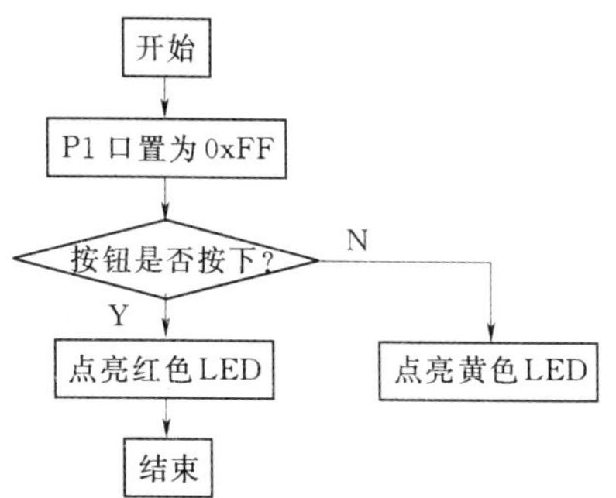

图 2.14 实例 L2 _ 1 程序流程

实例 L2_1 C51 源程序：

```
#include <reg51.h>
#define uint unsigned int
#define uchar unsigned char
sbit  BUTTON=P1^2;
sbit  yellowLED=P1^0;
sbit  redLED=P1^1;
void main(void)
{
   P1=0xFF;
   while(1)
   {
   if(BUTTON==1)
      {  redLED=0;yellowLED=1; }
      else
      {  yellowLED=0;redLED=1; }
   }
}
```

程序编写完成后，要经过编译生成 .HEX 文件，才能装载到单片机中运行。本书采用的源程序编辑、编译软件为 Keil C μVersion3 集成开发环境。关于该软件的使用，请参阅第 3 章相关内容。

2. 程序的装载

实例 L2 _ 1 的源程序经过编译后生成 L2 _ 1. HEX 文件，这个文件才是最终要装载到单片机中运行的文件。

在 Proteus ISIS 的绘图窗体上，用鼠标右键单击 U1 AT89C51 选中器件，再单击鼠标左键，将弹出如图 2.15 所示的器件编辑窗口。

在“Program File”对话框中填入前面编译生成 L2 _ 1. HEX 文件的路径和完整文件名，或者通过该对话框右侧的“浏览”按钮选择 L2 _ 1. HEX 文件。在“Clock Frequency”对话框中填入单片机的工作主频，例如本例中采用的是 12MHz 主频，之后单击“OK”按钮，即完成程序的装载工作。这里需要特别说明的是，Proteus 在仿真单片机器件时，工作频率需要在器件编辑窗体中设定，而不是由原理图中的晶振频率决定。换句话说，Proteus 在仿真时并不仿真单片机的时钟电路。程序装载完毕就可以仿真运行了。

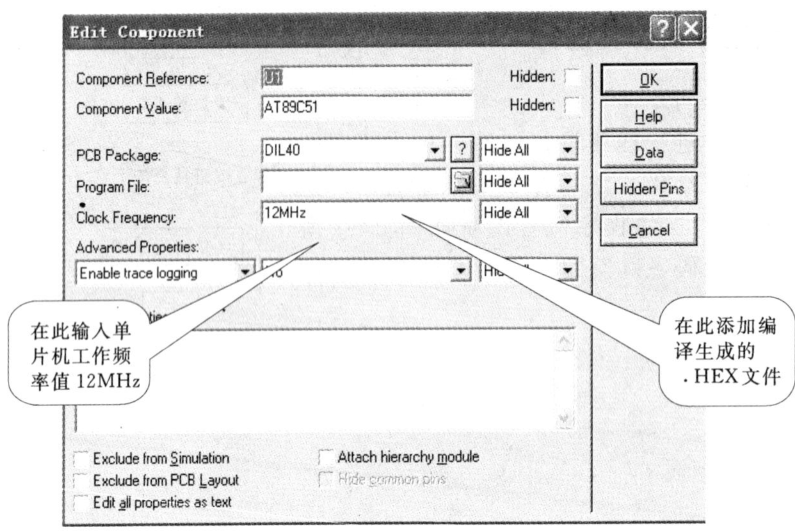

图 2.15　器件编辑窗口

3. 仿真运行

将程序 L2 _ 1. HEX 装载到单片机后，就可以单击仿真运行按钮进行仿真运行了。当按钮开关没有按下时，红色 LED 被点亮，黄色 LED 处于熄灭状态；当按下按钮开关后，红色 LED 熄灭，黄色 LED 被点亮。第一个简单智能灯光控制器就这样设计成功了。

第3章　Keil软件开发环境及C51程序设计基础

智能化仪器仪表研发过程中，除了必要的硬件支撑外，同样离不开软件。编写的汇编语言源程序要变为CPU可以执行的机器码有两种方法：一种是手工汇编；另一种是机器汇编。目前已极少使用手工汇编的方法了。

机器汇编是通过汇编软件将源程序汇编为机器码。不同微处理器的汇编软件也不同。针对MCS-51单片机，早期的A51便是其中之一。

单片机开发软件也在不断发展，Keil软件是目前最流行的MCS-51系列单片机开发软件之一。Keil C51是美国Keil Software公司出品的针对51系列兼容单片机的C语言软件开发系统，其集成开发环境为Keil C μVersion。

Keil C μVersion提供了包括C51编译器、宏汇编、连接器、库管理和一个功能强大的仿真调试器等在内的完整开发方案。Keil C μVersion的运行环境要求如下：

(1) Pentium或以上的CPU。

(2) 16MB以上内存。

(3) 20MB以上硬盘空间。

(4) WIN98/NT/WIN2000/XP或以上操作系统。

掌握Keil C μVersion软件的使用对于采用MCS-51系列单片机构建智能化仪器仪表是十分必要的。由于大部分读者都学习过C语言程序设计知识，那么采用Keil C μVersion构建基于51单片机的软件开发环境也是十分方便的。

上一章中介绍的Proteus软件主要用于构建智能化仪器仪表的硬件环境，本章介绍的Keil软件主要用于构建软件环境，两者还具有联合调试的功能，这样就可以构建一个智能化仪器仪表的虚拟开发平台。其方便易用的集成环境、强大的软件仿真调试功能将会令研发取得事半功倍的效果。

3.1　Keil μVersion集成开发环境

3.1.1　Keil μVersion集成开发环境简介

1. 文件夹结构说明

安装程序复制开发工具到基本目录的各个子目录中。默认的基本目录是C:\KEIL。表3.1列出的文件夹结构是包括所有8051开发工具的全部安装信息。如果需要将软件安装到其他文件夹，需要在软件安装过程中调整路径名以适应安装。

μVision IDE 是一个基于 Windows 的开发平台，其中包含一个高效的编辑器、一个项目管理器和一个 MAKE 工具。

表 3.1　**Keil C51 文件夹结构**

文件夹路径及名称	内容描述
C：\ KEIL \ C51 \ ASM	汇编 SFR 定义文件和模板源程序文件
C：\ KEIL \ C51 \ BIN	8051 工具的执行文件
C：\ KEIL \ C51 \ EXAMPLES	示例应用文件
C：\ KEIL \ C51 \ RTX51	完全实时操作系统文件
C：\ KEIL \ C51 \ RTX _ TINY	小型实时操作系统文件
C：\ KEIL \ C51 \ INC	C 编译器包含文件
C：\ KEIL \ C51 \ LIB	C 编译器库文件，启动代码和常规 I/O 资源文件
C：\ KEIL \ C51 \ MONITOR	目标监控文件和用户硬件的监控配置文件
C：\ KEIL \ UV2	普通 μVision2 文件

μVision 支持所有的 Keil 8051 工具，包括 C 编译器、宏汇编器、连接/定位器、目标代码到 HEX 的转换器。μVision 通常具有以下主要特性：

（1）全功能的源代码编辑器。

（2）器件库用来配置开发工具设置。

（3）项目管理器用来创建和维护项目。

（4）集成的 MAKE 工具可以完成程序的汇编、编译和连接。

（5）所有开发工具的设置都采用标准对话框形式。

（6）真正的源代码级 CPU 和外围器件调试器。

（7）高级 GDI（AGDI）接口用来在目标硬件上进行软件调试以及和 Monitor－51 进行通信功能。

2. μVision3 集成开发环境

μVision3 界面提供一个菜单、一个可以快速选择命令的快捷按钮工具栏，另外还有源代码的显示与编辑窗口、对话框和信息显示窗口、项目工程窗口等。μVision3 集成开发环境的布局如图 3.1 所示。

3. 采用 Keil 及 μVision 集成开发环境进行软件开发的流程

本书主要以 MCS－51 单片机为例讲解智能化仪器仪表的组成，不论采用哪一种微处理器，凡是用高级语言编写的程序最终都要转换成由二进制“0”和“1”构成的机器语言才能被微处理器所认知和执行。由于把机器语言全部记下来并进行相应的排列是非常困难的事情，因此，在智能化仪器仪表的开发过程中往往是先用易于理解的高级语言（例如 C51）编写程序，然后再通过编译和连接转换成机器语言代码。

用带有 μVision 集成开发环境的 Keil 工具进行软件开发的流程如图 3.2 所示。

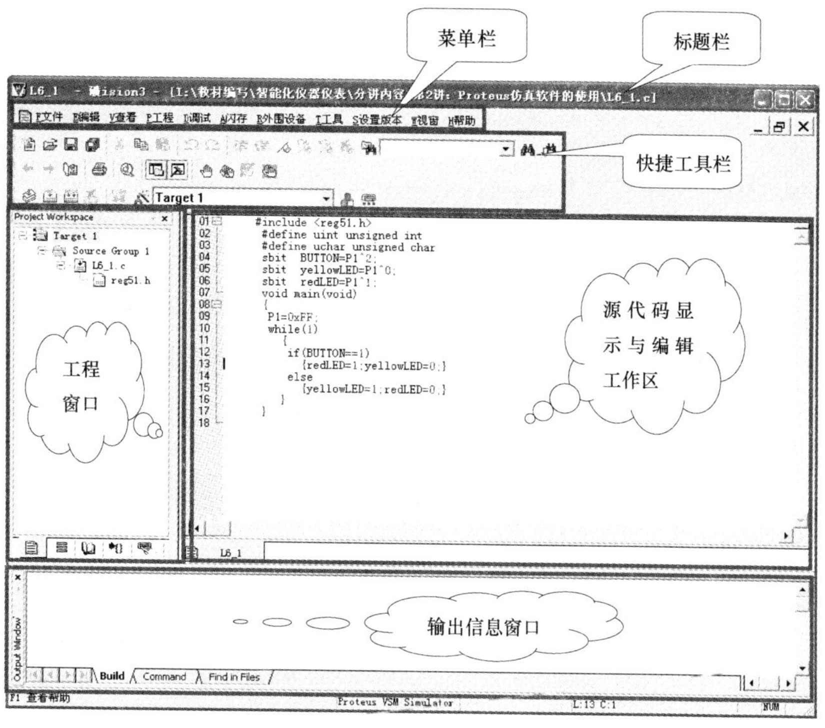

图 3.1 μVision3 IDE 界面

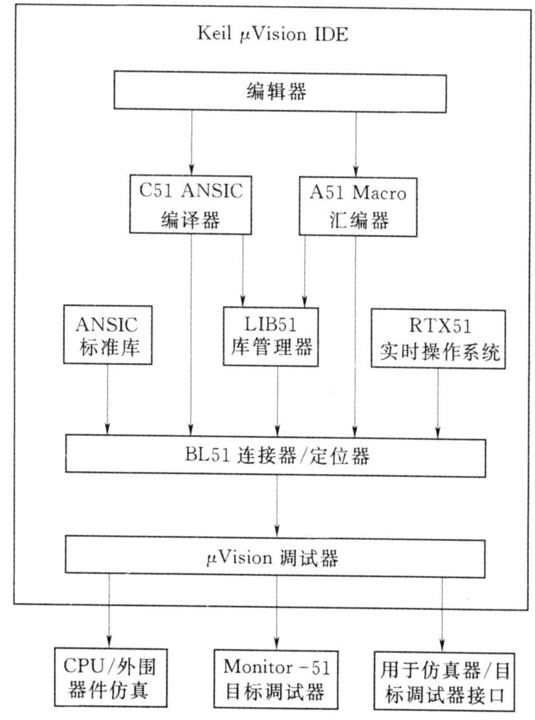

图 3.2 采用 Keil 及 μVision 进行软件开发流程

3.1.2　使用 Keil μVersion 进行软件开发入门

Keil μVision 是一款功能强大的工具软件，对于初学者来说有些过于庞杂而无从入手。这里结合第 2 章中用 Proteus 创建的用按钮控制点亮红色和绿色 LED 的实例，引领读者学会使用 μVision3 创建属于自己的应用。

3.1.2.1　启动 μVision3 并创建一个项目

μVision3 启动以后，程序窗口的左边会出现一个项目管理窗口（Project Workspace），如图 3.3 所示。

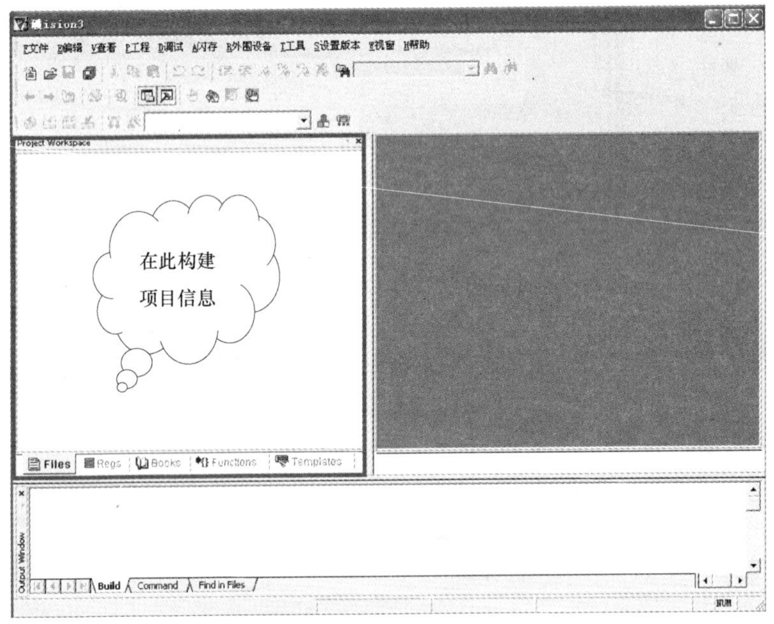

图 3.3　μVision3 的项目管理窗口

项目管理窗口的底部有 5 个如图 3.4 所示的标签页，分别是“Files”、“Regs”、“Books”、“Functions”和“Templates”。其中“Files”用于显示当前项目的文件结构；“Regs”用于显示 CPU 的寄存器及部分特殊功能寄存器的值；“Books”用于显示所选 CPU 的附加说明文件；“Functions”用于显示项目文件中的函数构成；“Templates”用于显示 C51 的关键字并提供快捷输入方式。

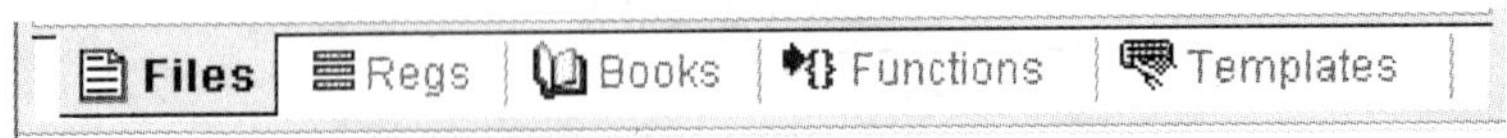

图 3.4　μVision3 项目管理窗口的标签页

1. 创建新项目

使用“工程（Project）”→“新建工程（New Project）”菜单创建一个新的项目，弹出如图 3.5 所示创建新项目对话框。在“文件名”框中为新项目命名，默认的项目文件扩展名为 .uv2。为了与上一章中的实例电路相适应，将新项目命名为 L2_1.uv2。

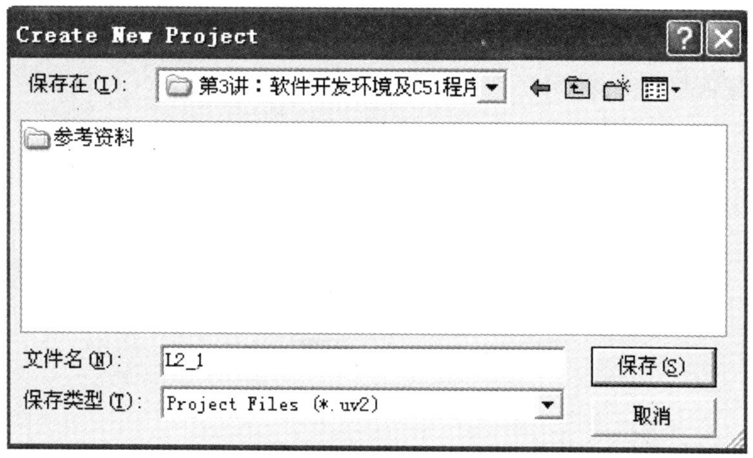

图 3.5 创建新项目对话框

单击“保存”按钮，弹出第二个对话框，如图 3.6 所示。这个对话框要求选择目标 CPU，即用户使用的微处理器芯片型号，从图 3.6 可以看出，Keil 支持的 CPU 种类繁多，几乎所有目前流行芯片厂家的 CPU 型号都包括在内。这里我们选择“Atmel”公司生产的 AT89C51 单片机。选好以后单击“确定”返回主界面，此时在项目管理窗口的文件页中，出现了“Targets1”，前面有“+”号，单击“+”号展开，可以看到下一层的“Source Group1”，这时的项目还是空的，里面一个文件也没有，需要手动将已经编写好的源程序加入项目中。

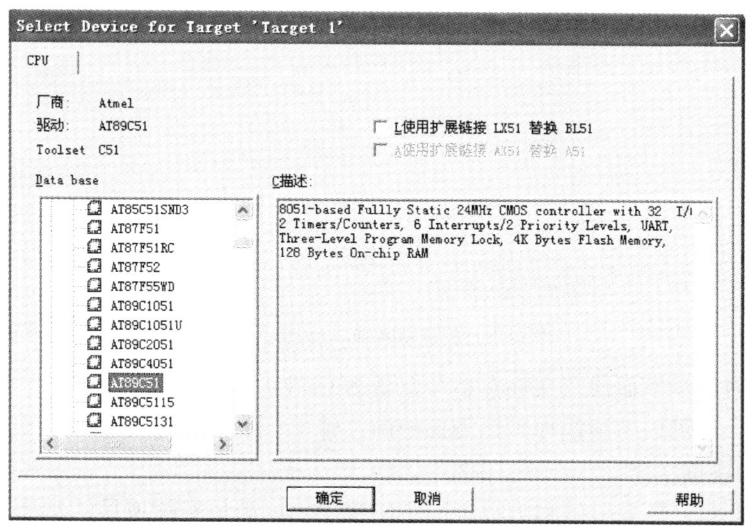

图 3.6 创建新项目对话框

2. 为项目添加文件

单击“Source Group1”使其高亮显示，然后，单击鼠标右键，弹出如图 3.7 所示的下拉菜单。选中其中的“Add files to Group ‘Source Group1’”，将弹出另一个对话框，要求添加源文件，如图 3.8 所示。选择已经编写好的源程序 L2 _ 1. C。添加完成后在项目管理窗口中的“Source Group1”下面将显示出“L2 _ 1. c”，单击“L2 _ 1. c”，源代码将显示在源代码显示与编辑窗体中，如图 3.9 所示。

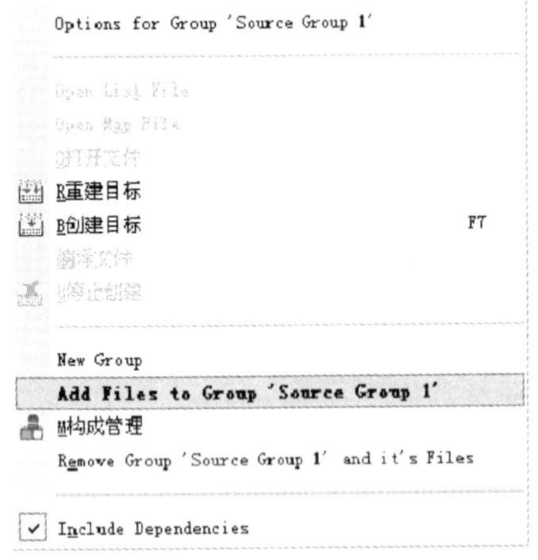

图 3.7　创建新项目对话框

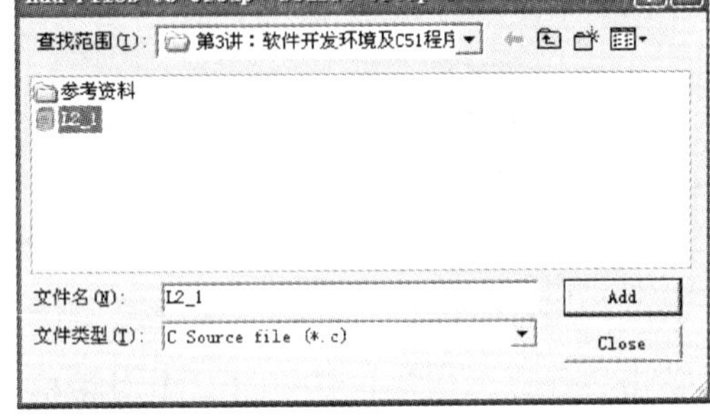

图 3.8　添加源文件对话框

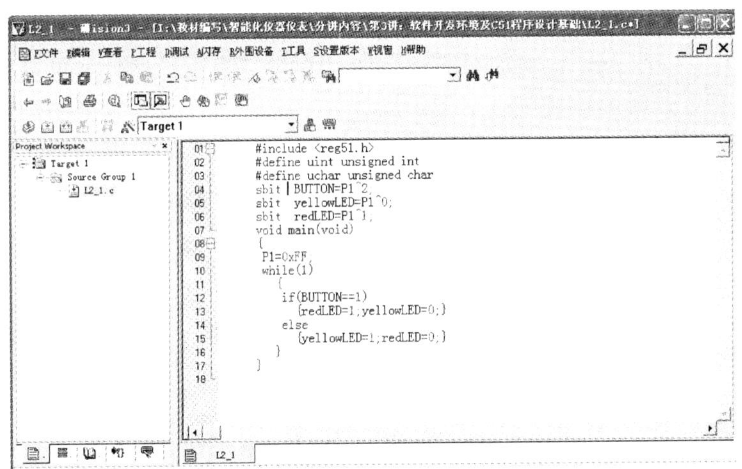

图 3.9　添加源文件后的用户界面

注意，该对话框下面的“文件类型”默认为 C 语言源文件（*.C），一个文件被加入到项目中以后，还可以继续添加其他需要的源文件。

3.1.2.2　项目设置

项目建立好后，需要对项目进行进一步的设置，以满足实际项目的要求。项目设置在“Options for Target”对话框中。可以通过快捷菜单直接进入“Options for Target”对话框，也可以通过右键单击项目管理窗口中“Target1”，在弹出菜单中选择进入。“Options for Target”对话框如图 3.10 所示。

“Options for Target”对话框由 10 个页面构成，绝大部分的设置取系统默认值即可。下面针对需要设置的页面的内容加以简单的描述。

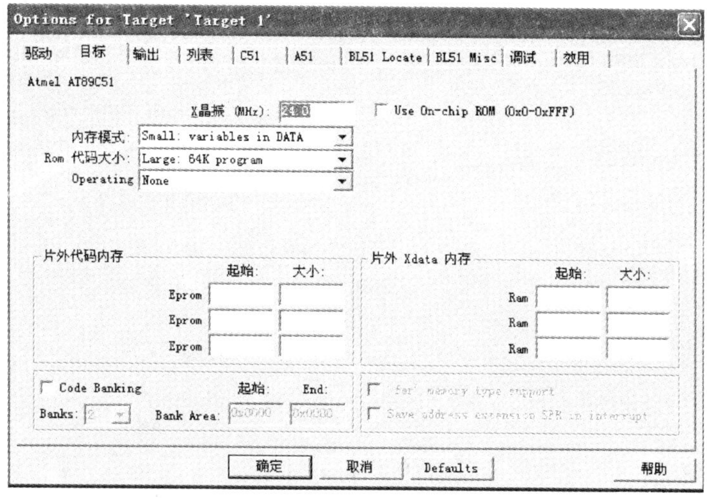

图 3.10 项目设置对话框

1. 驱动 (Device) 页面

驱动 (Device) 页面如图 3.11 所示，主要用于选择应用系统所用的微处理器型号。

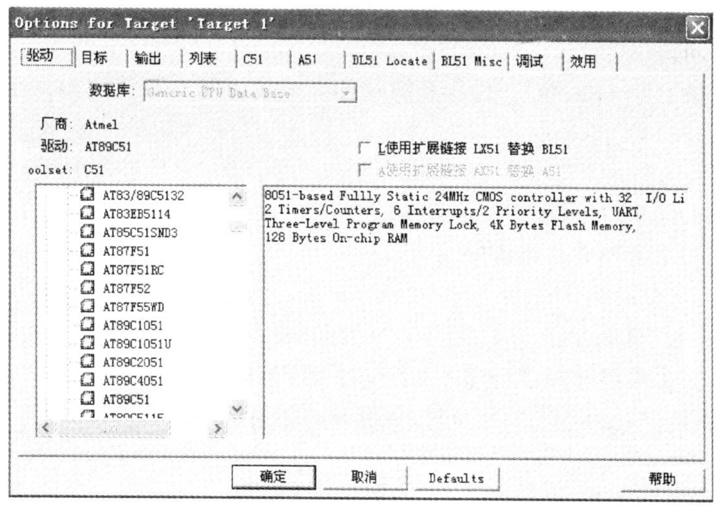

图 3.11 驱动 (Device) 页面

2. 目标 (Target) 页面

目标 (Target) 页面如图 3.12 所示。需要设置的主要包括以下内容。

(1) 晶振 (Xtal)：后面的数值是晶振频率值，默认值是所选择目标微处理器的最高可用频率值，该数值与最终产生的目标代码无关，仅用于软件模拟调试时显示程序执行时间。正确设置该参数值可使显示时间与实际所用时间一致，一般将其设置为实际开发的硬件所选用的晶振频率。

(2) 内存模式 (Memory Model)：用于设置 RAM 的使用范围，有 3 个项目供选择，“Small” 表示所有变量都在微处理器内部 RAM 中；“Compact” 表示可以使用一页外部扩展 RAM；“Large” 表示可以使用全部外部扩展 RAM。

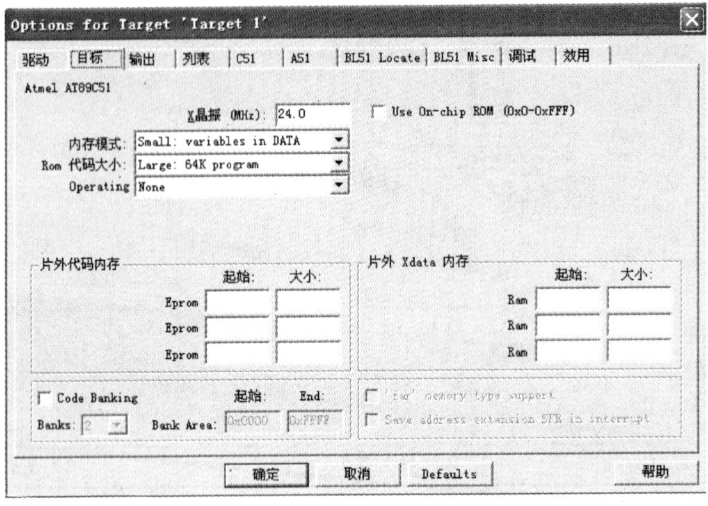

图 3.12　目标（Target）页面

（3）ROM 代码大小（Code ROM Size）：用于设置 ROM 空间的使用。选择“Small”模式时，只使用低于 2KB 的程序空间；选择“Compact”模式时，单个函数的代码不能超过 2KB，但整个程序可以使用 64KB 的全部程序空间；选择“Large”模式时，可用全部 64KB 程序空间。

（4）操作系统（Operating）：操作系统选择。一般情况下不使用操作系统，可以保持默认值“None”。

（5）片外代码内存（Off _ chip Code memory）：用于确定系统扩展 ROM 的地址范围。

（6）片外 Xdata 内存（Off _ chip XData memory）：用于确定系统 RAM 的地址范围，这些选择项必须根据所用硬件来决定。

3. 输出（Output）页面

输出（Output）页面如图 3.13 所示。由于 Proteus 仿真选件需要装载的是 HEX 文件，因此在本页面中需要选择“创建 HEX 文件 HEX 格式（Create HEX file)”选项，生

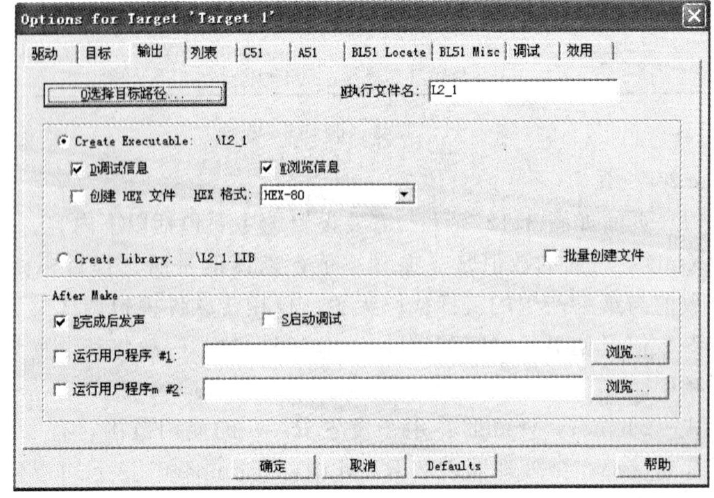

图 3.13　输出（Output）页面

成的可执行文件名一般和项目文件名一致。

4. 调试（Debug）页面

调试（Debug）页面如图 3.14 所示。本页面的大部分选项可以保持默认设置，需要注意到的是，在与 Proteus 进行联合调试时，必须对使用的“调试工具（Use）”选项进行重新设置。关于 Keil 与 Proteus 的联调将在后面的章节中加以介绍。

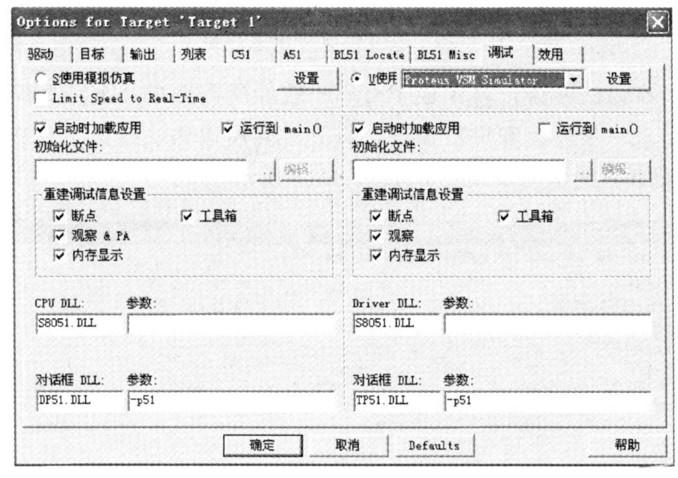

图 3.14 调试（Debug）页面

3.1.2.3 编译与连接

项目建立并设置好以后，就可以对项目进行编译了。如果一个项目包含多个源程序文件，而仅对某一个文件进行了修改，则不用对所有文件进行编译，仅对修改过的文件进行编译即可。编译可以通过“工程（Project）”菜单进行操作，如图 3.15 所示，也可以通过快捷工具栏中的快捷按钮操作，如图 3.16 所示。

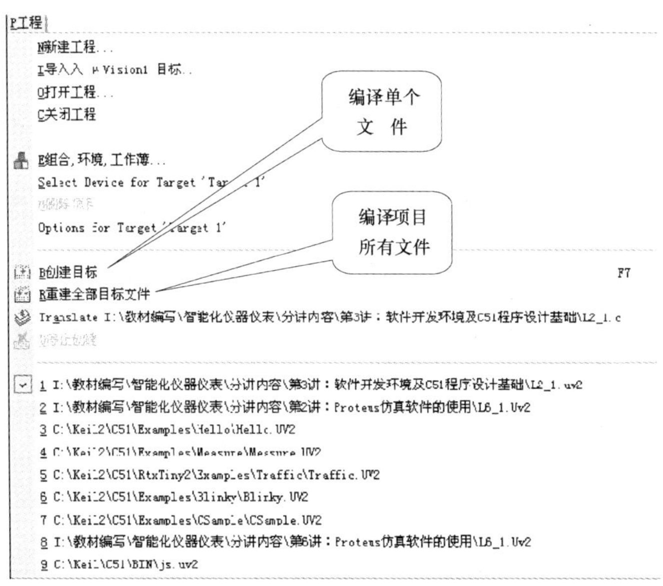

图 3.15 通过“工程（Project）”菜单进行编译

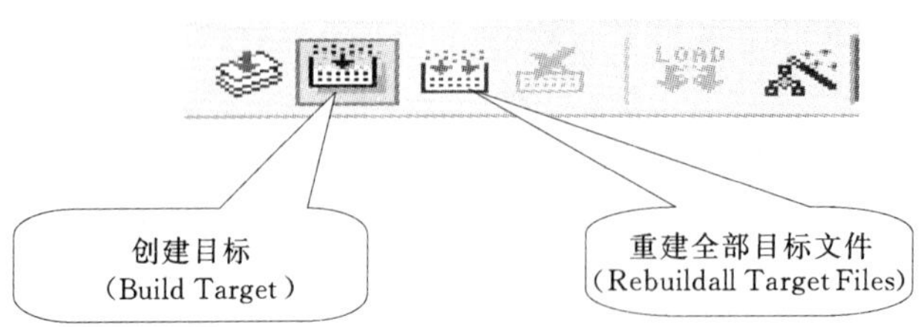

图 3.16　通过快捷按钮进行编译

如果源程序没有语法错误，将生成 Proteus 软件所需要的 HEX 文件。如果源程序有语法错误，则需要进一步修改和重新编译，直到排除所以语法错误。每次编译的错误信息将显示在 IDE 界面下方的输出窗口中，如图 3.17 所示。

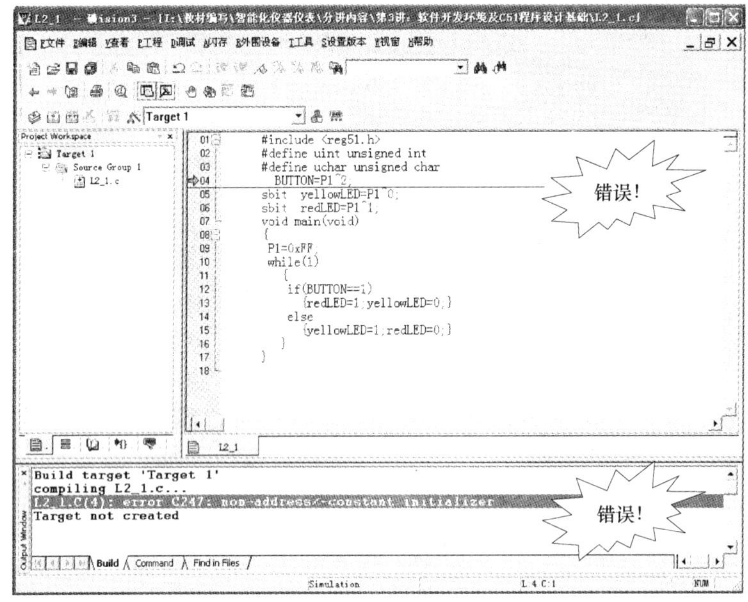

图 3.17　错误信息提示

3.2　Keil μVersion 与 Proteus 的联合调试

在第 2 章中介绍的 Proteus 软件是目前较好的微处理器仿真软件，Keil 则在软件模拟调试方面具有明显的优势。虽然由 Keil 或第三方编译器生成的 HEX 文件可以加载到 Proteus 设计的硬件微处理器中进行软硬件联合调试。但是，若想实现第三方编译器与 Proteus 结合进行单步调试等是极其困难的。Proteus 和 Keil μVersion 均提供了与第三方调试软件的接口功能，经过简单的设置便可以实现二者的联合调试。

3.2.1　联合调试的设置

要想实现 Proteus 和 Keil μVersion 的联合调试，需要对两个软件进行必要的设置。

实践中我们发现，不同的 Proteus 和 Keil μVersion 版本的设置过程略有不同。下面分别以 Proteus6.7 以下和 Proteus7.0 以上版本为例加以介绍。

1. Proteus 6.7 与 Keil μVersion 的联合调试设置

(1) 安装 Proteus 6.7 或以下版本和 Keil C51 μVersion2 软件。其中 Keil 的默认安装路径为 C:\KEIL。

(2) 将 C:\Program Files\Labcenter Electronics\Proteus 6 Professional\MODELS\目录下的 VDM51.dll 文件复制到 C:\Keil\C51\BIN 文件夹下。这里的路径都是安装时默认的，可以根据实际安装的目录进行修改。

(3) 用记事本打开 Keil 根目录下的 TOOLS.INI 配置文件，在 [C51] 栏目下加入 TDRV8=BIN\VDM51.DLL (“Proteus VSM Simulator”)，其中“TRV8”中的“8”要根据实际情况改写，不要和原来的重复。修改后的 TOOLS.INI 配置文件如图 3.18 所示。

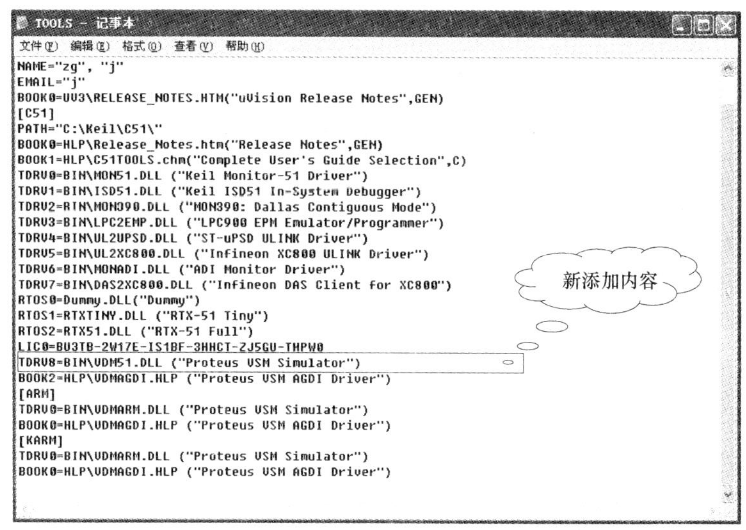

```
TOOLS - 记事本
文件(F) 编辑(E) 格式(O) 查看(V) 帮助(H)
NAME="zg", "j"
EMAIL="j"
BOOK0=UV3\RELEASE_NOTES.HTM("uVision Release Notes",GEN)
[C51]
PATH="C:\Keil\C51\"
BOOK0=HLP\Release_Notes.htm("Release Notes",GEN)
BOOK1=HLP\C51TOOLS.chm("Complete User's Guide Selection",C)
TDRV0=BIN\MON51.DLL ("Keil Monitor-51 Driver")
TDRV1=BIN\ISD51.DLL ("Keil ISD51 In-System Debugger")
TDRV2=BIN\MON390.DLL ("MON390: Dallas Contiguous Mode")
TDRV3=BIN\LPC2EMP.DLL ("LPC900 EPM Emulator/Programmer")
TDRV4=BIN\UL2UPSD.DLL ("ST-uPSD ULINK Driver")
TDRV5=BIN\UL2XC800.DLL ("Infineon XC800 ULINK Driver")
TDRV6=BIN\MONADI.DLL ("ADI Monitor Driver")
TDRV7=BIN\DAS2XC800.DLL ("Infineon DAS Client for XC800")
RTOS0=Dummy.DLL("Dummy")
RTOS1=RTXTINY.DLL ("RTX-51 Tiny")
RTOS2=RTX51.DLL ("RTX-51 Full")
LIC0=BU3TB-2W17E-IS1BF-3HHCT-ZJ5GU-THPW0
TDRV8=BIN\VDM51.DLL ("Proteus VSM Simulator")
BOOK2=HLP\VDMAGDI.HLP ("Proteus VSM AGDI Driver")
[ARM]
TDRV0=BIN\VDMARM.DLL ("Proteus VSM Simulator")
BOOK0=HLP\VDMAGDI.HLP ("Proteus VSM AGDI Driver")
[KARM]
TDRV0=BIN\VDMARM.DLL ("Proteus VSM Simulator")
BOOK0=HLP\VDMAGDI.HLP ("Proteus VSM AGDI Driver")
```


图 3.18 修改后的 TOOLS.INI 配置文件

(4) 进入 Keil μVersion，按前面所述的方法新建一个项目，命名为 L2_1.UV2，并为该工程选择一个合适的 CPU (如 AT89C51)，加入源程序 L2_1.C。需要特别说明的是，要将 Keil μVersion 创建的工程文件与 Proteus 的原理图文件放在同一个文件夹内。

(5) 单击快捷工具栏的“option for target”按钮，或者单击“工程 (Project)”菜单→“Options for Target1”选项，弹出如图 3.19 所示的对话框。选中“调试 (Debug)”选项卡，然后在右上部的下拉菜单里选中“Proteus VSM Simulator”，最后选中其前面的“使用 (Use)”单选项。

如果是在网络中的两台计算机上进行调试，则需要配置通信端口，单击图 3.19 中的“设置 (Setting)”按钮，弹出如图 3.20 所示的通信配置对话框。在“Host”后面的文本框中添加另一台电脑的 IP 地址，在“Port”后面的文本框中添加“8000”。设置好后单击

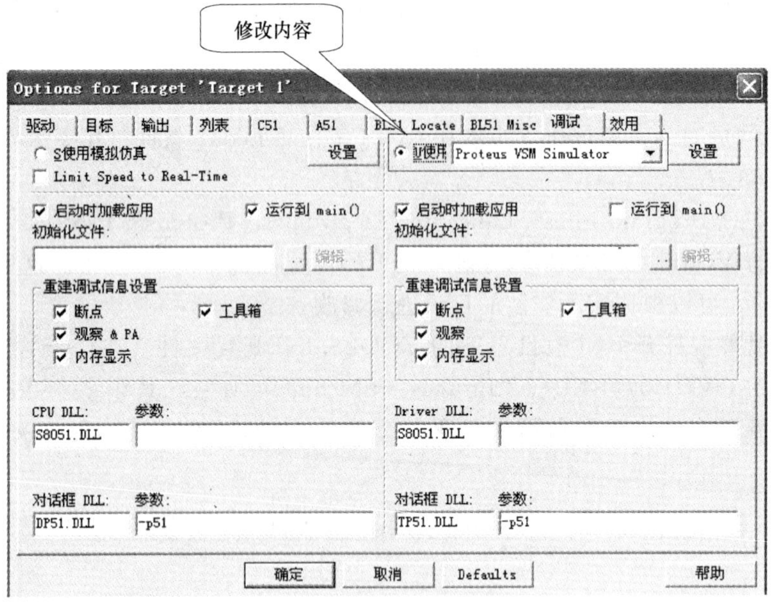

图 3.19　修改调试（Debug）选项

"OK"按钮即可。

如果 Keil μVersion 和 Proteus 软件安装在同一台计算机上运行，则通信配置选项不需要进行修改。

（6）运行 Proteus ISIS，单击菜单"Debug"，选中"Use Romote Debuger Monitor"项，如图 3.21 所示。

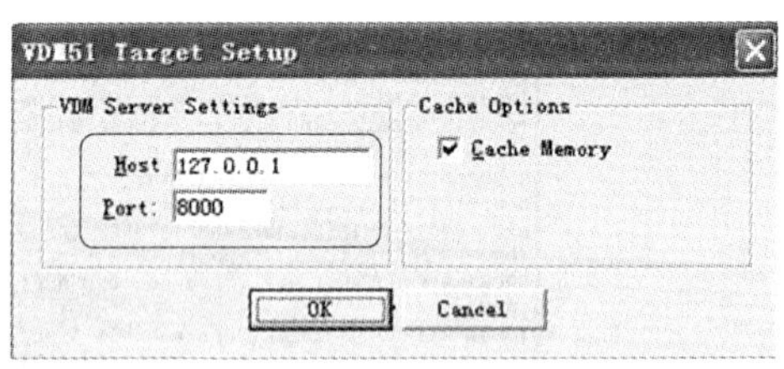

图 3.20　通信配置窗口

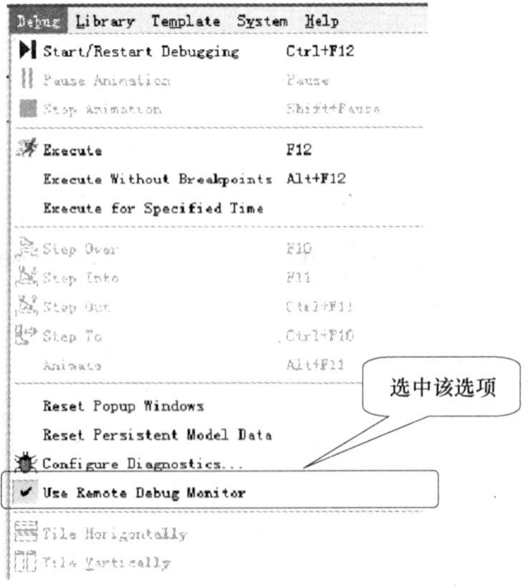

图 3.21　Proteus 的远程调试选项

（7）将 Keil μVersion 中的项目进行编译，进入调试状态，再看看 Proteus，已经发生变化了。这时再执行 Keil μVersion 中的程序，Proteus 已经在进行仿真了，并且可以单步、设置断点和全速执行程序。

2. Proteus 7 与 Keil μVersion 的联合调试设置

Proteus 软件从 6.9 版本开始不再单独提供 VDML. DLL，这一功能已经集成到 Keil 的驱动安装文件 vdmagdi. exe 功能之中，因此，实现 Proteus 7 及以上版本与 Keil μVersion 的联合调试设置更为简单快捷，具体步骤如下：

（1）安装 Proteus 7 以上版本和 Keil μVersion 软件。

（2）运行 vdmagdi. exe 文件，在 C：\ KEIL \ C51 \ BIN 下将自动生成 VDML. DLL 文件，同时 C：\ KEIL 文件夹下的 TOOLS. INI 文件也将自动完成。

（3）其他设置与 Proteus 6.7 版本相同。

3.2.2　Proteus 与 Keil μVersion 联合调试实例

3.2.2.1　编译与装载程序

下面我们以前面已经在 Proteus 和 Keil μVersion 中分别建立起来的原理图 L2 _ 1. DSN 和项目 L2 _ 1. UV2 为例进一步说明 Proteus 与 Keil μVersion 联合调试的方法。这里采用的软件版本分别为 Proteus7.5 和 Keil μVersion3。

第一步，在 Keil μVersion3 中调出前面已经创建的 L2 _ 1. UV2 项目，加入项目源文件 L2 _ 1. C，经过编辑、修改和编译后生成 L2 _ 1. HEX 文件，如图 3.22 所示。

图 3.22　已经通过编译的项目 L2 _ 1

第二步，在 Proteus ISIS 中打开已经绘制好的原理图文件 L2 _ 1. DSN，按照前面所述方法将 Keil μVersion3 中生成 L2 _ 1. HEX 文件装载到单片机中，如图 3.23 所示。

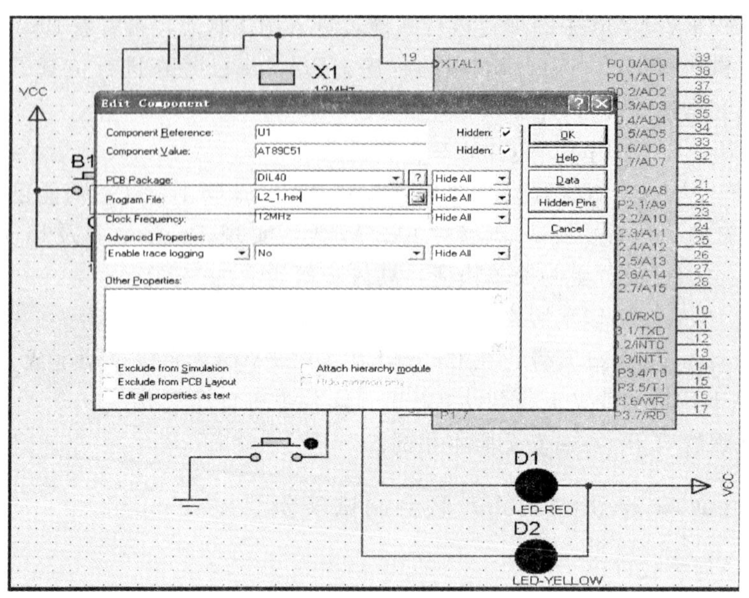

图 3.23　为单片机装载程序

3.2.2.2　仿真运行

完成 Proteus 与 Keil μVersion 联合调试的相关设置以后，在 Keil μVersion 中便可以启动调试功能对硬件和软件进行联合调试了。

1. Keil μVersion3 的调试选项说明

Keil μVersion3 的“调试（Debug)”菜单如图 3.24 所示。各菜单项的主要功能见表 3.2。

图 3.24　Keil μVersion3 的调试（Debug）菜单

表 3.2　　Keil μVersion3 调试（Debug）菜单主要项目及功能

菜 单 项	功 能 描 述
Start/Stop Debug Session	启动或停止 μVersion3 调试模式
运行（Go）	运行程序，直到遇到断点
跟踪（Step）	单步执行程序，遇到子程序（函数）调用跟踪进入其内部执行
单步（Step Over）	单步执行程序，遇到子程序（函数）调用一步执行完
运行到光标行（Run to Curor Line）	执行程序到光标所在行
停止运行（Stop Running）	停止运行程序
断点（Breakpoint）	打开断点对话框
插入/删除断点（Inser/Remove Breakpoint）	设置/取消当前行的断点
删除所有断点（Kill All Breakpoint）	删除程序中的所有的断点

2. *启动运行*

在 Keil μVersion3 的“调试（Debug）”菜单中选择“Start/Stop Debug Session”，启动调试功能，然后选择“运行（Go）”，可以看到 Proteus 中的仿真功能也自动启动了，并且 Keil μVersion3 的单步运行等功能也为有效状态，实现了 Keil μVersion 与 Proteus 真正意义上的联合调试，这和硬件仿真调试差不多，实例 L2 _ 1 的联合调试运行结果界面如图 3.25 所示。

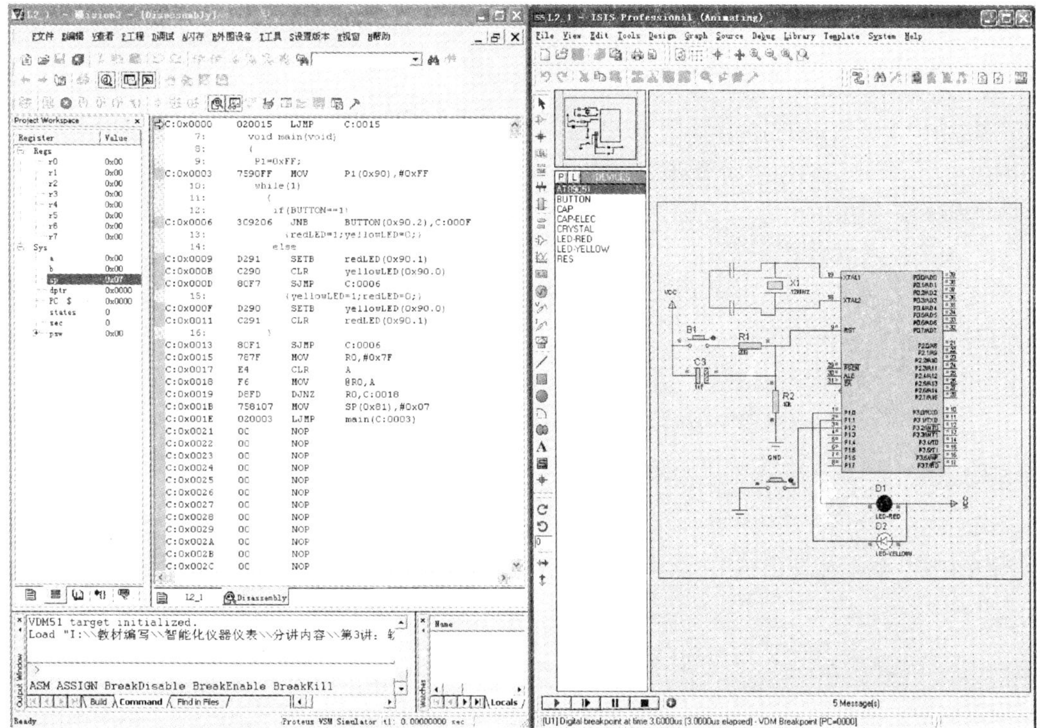

图 3.25　实例 L2 _ 1 μVersion 与 Proteus 联合调试结果

3.3 初步认识 Keil C51

C 语言是一种通用编程语言。它提供高效代码、结构化编程元素及丰富的运算符。C 语言不是为特定领域内的应用而设计的。C 的普遍性使它可以为各种不同的软件任务提供便利有效的编程方案。许多应用设计使用 C 比其他专门语言更有效。C 语言是编译型程序设计语言，它兼顾了多种高级语言的特点，并具备汇编语言可以针对硬件进行底层操作的功能，因此也将 C 语言称为是介于高级语言与低级语言之间的“中级语言”。

Keil 的 C51 优化交叉编译器（MS-DOS 版）是完全符合 ANSI（美国国家标准协会）标准的 C 语言工具。基于 51 单片机的智能化仪器仪表采用 C 语言进行程序设计比采用汇编进行程序设计具有明显的优点：

（1）不需要了解处理器的指令集，对 MCS-51 的存储器结构甚至也不必透彻的了解。

（2）寄存器分配和寻址方式由编译器自动进行处理。

（3）可使用与人的思维更相近的关键字和操作函数。

（4）与使用汇编语言编程相比，程序的开发和调试时间大大缩短。

（5）库文件可提供许多标准的例程，例如格式化输出、数据转换和浮点运算等。

（6）通过 C 语言可实现模块化编程，从而将已编制好的程序加入到新程序中。

（7）C 语言可移植性好，C 编译器几乎适用于所有的目标系统。已完成的软件项目可以很容易地转换到其他的处理器或环境中。

3.3.1 Keil C51 程序的基本结构

和标准 C 语言一样，C51 的程序也是由函数构成的，其中主程序也是由主函数 main（　）开始的，其他的每个函数可以是完成某一独立功能的模块。C51 是一种非常模块化的程序设计语言，用 C51 所设计的程序的基本结构如图 3.26 所示。

1. 头文件及宏定义

“头文件”也称包含文件（*.h)，是包含预先定义好的基本数据的文件，如与所用微处理器内部资源相关的信息等，在 reg51.h 中定义了所有 51 单片机的特殊功能寄存器及中断等信息，程序中只有包含了该文件，编译器才能够识别 51 单片机的资源。头文件以“#include”语句来包含，头文件的扩展名为 .h，其书写格式为：

```
#include<头文件名>或#include“头文件名”
```

“#define CONST 40”是一条宏定义语句，定义了一个值为 40 的符号常量 CONST。在后面的程序中，凡是出现 CONST 的地方，都代表常量 40。#define 宏定义的基本语句格式为：

```
#define 标识符 常量或者表达式
```

2. 变量及函数声明

程序中所用的变量、函数在使用前必须先声明。在选择头文件之后，可声明程序中所使用的变量、函数等，其作用域范围为整个程序，包括主程序与所有函数，这样声明的变

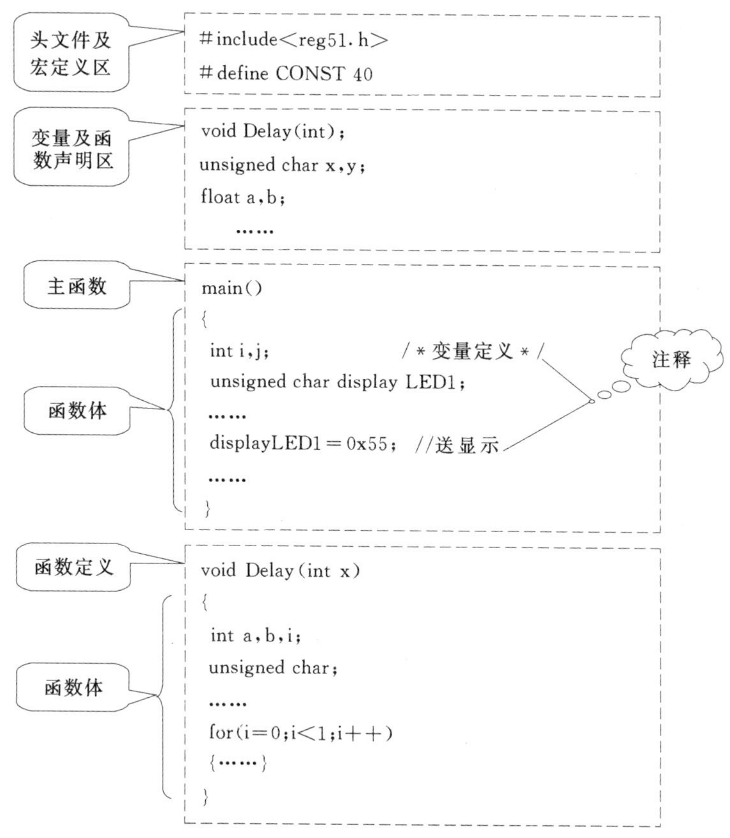

图 3.26 C51 程序的基本结构

量称为全局变量。在函数之内声明的变量，其作用域仅为该函数，称为局部变量。

3. 函数定义

函数是一种具有相对独立功能的程序，其结构与主函数类似。函数间可以进行参数传递，即主调函数可将要处理的数据传入被调函数，被调函数处理完成后的结果也可以传回主调函数。函数的基本定义格式为：

返回值数据类型 函数名（参数列表）

若函数无返回值和参数，则可以指定返回值和参数为“void”，例如：

```
void StartCounter(void)
{……
}
```

4. 注释

所谓“注释”就是说明，属于编译器不处理的部分。C51 的注释方法有两种形式：一种是以“/*”开始，以“*/”结束的形式（多行注释），表明“/*”、“*/”之间的内容为注释；另一种是以“//”开头的形式（单行注释），表明该符号右边整行都是注释。

3.3.2　变量、常量与数据类型

3.3.2.1　常量

在 C51 中，常量和变量都是为某个数据指定的存储器位置，其中常量是在指定存储单元存放固定不变的数据。常量根据其书写格式不同，可以分为整型常量（如 0、20、－123、0x123 等）、浮点型常量（如 0.0、0.32、.3456、123e4、－7.0e－8 等）、字符型常量（如 'a'、'\n' 等）和字符串型常量（如 "ABCD"、"1234" 等）。

为了提高程序的可读性，程序中通常采用符号型常量的形式使其具有一定的意义。符号型常量要先定义后使用，其定义格式如下：

```
#define 常量名称 常量值
```

3.3.2.2　变量及其声明

在 C51 中，变量是指在指定的存储单元存放的数据是可变的。变量要先声明后再使用，声明变量的格式如下：

```
数据类型 变量名称 [=初始值];
```

其中 [=初始值] 是可选项，既可以在声明时赋初值，也可以在以后使用中赋初值，例如：

```
unsigned char Counter=1;
unsigned int Temp;
```

"；"是变量声明的结束符，若要同时声明多个变量，则变量名称之间以"，"分隔，如：

```
float Voltage=220.0, Currunt=12.0, Frequency=50.0;
```

由上述声明常量或变量的格式中可知，在数据类型之后就是变量名称。变量名称除了从方便理解和记忆的角度来命名外，还要遵守下面的命名规则：

（1）可使用大、小写字母、数字或下划线，其中大、小写是区别对待的。例如 A 与 a 是两个不同的变量。

（2）变量名称的第一个字符只能是字母或下划线。

（3）不能使用标准 C 或 Keil C 中的保留字。所谓"保留字"是指编译程序将该字符串保留为其他用途，标准 C 和 Keil C 的保留字如表 3.3 所示。

表 3.3　标准 C 和 Keil C 的保留字

标准 C 保留字	asm	auto	break	case	char	const
	continue	default	do	double	else	entry
	enum	extern	float	for	fortran	goto
	int	long	register	return	short	signed
	sizeof	static	struct	switch	typedef	union
	unsigned	void	volatile	while		

续表

Keil C 保留字	_at_	_prioroty	_task_	alien	bdata	bit
	code	compact	data	far	idata	interrupt
	large	pdata	reentrant	sbit	sfr	Sfr16
	small	using	xdata			

3.3.2.3 数据类型

不管是常量还是变量都要占用存储单元，那么不同的变量到底占用多少个存储单元呢？作为智能化仪器仪表的设计者必须做到心中有数，因为智能化仪器仪表中的存储器是极其宝贵的资源，必须做到合理的分配和使用。在 Keil C 中提供的数据类型可分为两类。

1. 通用数据类型

通用数据类型适用于标准 C 语言中，包括字符型（char）、整型（int）、浮点型（float）与无类型（void）等，其中字符型与整型又可分为有符号型（signed）和无符号型（unsigned）两类，如表 3.4 所示。

表 3.4　　标准 C 通用数据类型

数据类型	含　义	位　数	表　达　范　围
char	字符型	8	－128～＋127
unsigned char	无符号字符型	8	0～255
enum	枚举型	8/16	－128～＋127/－32768～＋32767
short	短整型	16	－32768～＋32767
unsigned short	无符号短整型	16	0～65535
int	整型	16	－32768～＋32767
unsigned int	无符号整型	16	0～65535
long	长整型	32	$-2^{31}\sim+2^{31}-1$
unsigned long	无符号长整型	32	$0\sim2^{32}-1$
float	浮点型	32	$\pm1.175494\times10^{-38}\sim3.402823\times10^{38}$
double	双精度浮点型	32	$\pm1.74\times10^{308}$
void	无类型	0	无

2. 针对 51 单片机特殊数据类型

针对 51 单片机的硬件资源所设置的数据类型有 4 种，分别是 bit、sbit、sfr 及 sfr16，如表 3.5 所示。

表 3.5　　51 单片机特殊数据类型

数 据 类 型	含　义	位　数	表 达 范 围
bit	位变量	1	0、1
sbit	可位寻址位变量	1	0、1
sfr	8 位特殊功能寄存器	8	0～255
sfr16	16 位特殊功能寄存器	16	0～65535

3.3.3　存储器类型与模式

基于 51 单片机的智能化仪器仪表程序设计属于硬件驱动程序设计，程序中使用的变量与 51 单片机的内部资源息息相关，特别是在存储器的使用上，访问内部数据存储器将比访问外部数据存储器快得多。由于这个原因，应该把频繁使用的变量放置在内部数据存储器中，把很少使用的变量放在外部数据存储器中。因此，有必要了解存储器的类型和存储模式。

3.3.3.1　存储器类型

Keil C51 编译器支持 51 及其派生类型的结构，能够访问 51 单片机的所有存储器空间。具有如表 3.6 列出的存储器类型的变量都可以被分配到某个特定的存储器空间。

表 3.6　　51 单片机存储器类型及描述

存储器类型	存 储 空 间 描 述
code	程序空间（64 KB）；通过汇编指令 MOVC @A+DPTR 访问
data	直接访问的内部数据存储器（128B）
idata	间接访问的内部数据存储器，可以访问所有的内部存储器空间（256 B）
bdata	可位寻址的内部数据存储器，可以按字节方式也可以按位方式访问（16B）
xdata	外部数据存储器（64 KB），通过汇编指令 MOVX @DPTR 访问
pdata	分页的外部数据存储器（256 B），通过汇编指令 MOVX @Rn 访问

在变量的声明中，可以包括存储器类型，例如：

```
char data var1;
char code text[] = "ENTER PARAMETER";
unsigned long xdata array[100];
float idata x,y,z;
unsigned int pdata dimension;
unsigned char xdata vector[10][4][4];
char bdata flags;
```

如果在变量的声明中，没有包括存储器类型，将自动选用默认的存储器类型。默认的存储器类型适用于所有的全局变量和静态变量，还有不能分配在寄存器中的函数参数和局部变量。默认的存储器类型由编译器指定的存储模式 SMALL、COMPACT 及 LARGE 决定。

3.3.3.2　存储模式

Keil C 提供 SMALL、COMPACT、及 LARGE 三种存储器模式，用来决定未标明存储器类型的变量的存储模式。

1. 小型模式（SMALL）

小型模式将所有变量都默认存储在 51 单片机的内部数据存储器中。这与用 data 存储器类型声明变量作用相同。在此模式下，变量访问是非常快速的。然而，所有数据对象，包括堆栈都必须放在内部 RAM 中。因为堆栈所占用空间的多少依赖于各个子程序的调用嵌套深度，因此，堆栈空间面临溢出的危险。在典型应用中，如果具有代码分段功能的 BL51 连接

/定位器被配置成覆盖内部数据存储器中的变量时，SMALL 模式是最好的选择。

2. 紧凑模式（COMPACT）

在这种存储模式中，所有变量都默认存储在 51 单片机的外部数据存储器的一页中。地址的高字节往往通过 51 单片机的 P2 口输出。其值必须在启动代码中设置，编译器不会自主设置。这与用 pdata 存储器类型声明变量作用相同。此模式最多只能提供 256 字节的变量。这种模式不如 SMALL 模式高效，所以变量的访问不够快。

3. 大模式（LARGE）

在大模式下，所有的变量都默认存储在外部数据存储器中。这与用 xdata 存储器类型声明变量作用相同。在这种模式下，虽然可分配的变量存储空间大小可达 64KB，但其存取效率最低。

存储模式的选择在 Keil μVersion 集成开发环境的“Options for Target”选项中设置，其默认设置为 SMALL 模式，如图 3.27 所示。

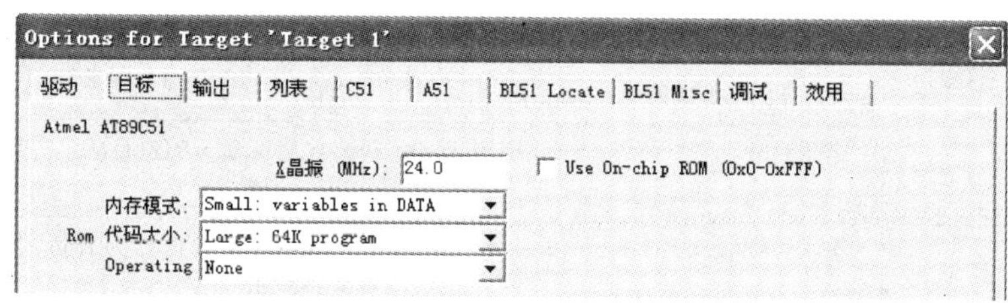

图 3.27 存储模式设置

3.3.4 Keil C51 的运算符

C51 对数据有很强的表达能力，具有十分丰富的运算符。运算符是完成某种特定运算的操作符号，由运算符及运算对象（如常量、变量、函数等）所组成的具有特定含义的式子称为表达式。C51 是一种表达式语言，在任意一个表达式的后面加一个分号“；”就构成了一个表达式语句。由运算符和表达式可以组成 C51 程序的各种语句。

Keil C 的运算符按其在表达式中所起的作用可以分为以下几种。

1. 算术运算符

顾名思义，算术运算符就是执行算术运算的操作符号。除了一般人所熟悉的四则运算外，还有取余运算和取负运算，如表 3.7 所示。

表 3.7　算术运算符

符号	功能	范　例	运算规则说明
+	加	3.4+2 的结果为 5.2，7+2 的结果为 9	符合一般算术运算规则
−	减	3.4−2 的结果为 1.2，7−2 的结果为 5	符合一般算术运算规则
*	乘	3.4 * 2 的结果为 6.8，7 * 2 的结果为 14	符合一般算术运算规则
/	除	3.4/2 的结果为 1.7，7/2 的结果为 3	只要有一个运算对象是浮点型，结果即为浮点型；若两个运算对象均为整型，结果一定为整型（只取商）

续表

符号	功能	范　　例	运算规则说明
%	取余	7%2 的结果为 1	要求两个运算对象必须均为整型，结果为二者相除后的余数（整型）
－	取负	若 x＝－3.4，则－x 结果为 3.4	取运算对象的负值（只有一个运算对象）

2. 自增和自减运算符

自增（＋＋）和自减（－－）运算符是 C51 语言提供的一种特殊算术运算符，该运算符只有一个运算对象，且这个运算对象必须是变量，不能是常量或表达式，如表 3.8 所示。

表 3.8　　自增和自减运算符

符号	功能	运算符位置	范　　例	运算规则说明
＋＋	自增 1	前缀	若 x＝3.4，则 y＝＋＋x；相当于 x＝x＋1；y＝x；，即结果 x＝4.4，y＝4.4	先将变量 x 的值自加 1，再将 x 的值作为表达式的值
		后缀	若 x＝3.4，则 y＝x＋＋；相当于 y＝x；x＝x＋1；，即结果 y＝3.4，x＝4.4	先将变量 x 值作为表达式的值，再将 x 的值自加 1
－－	自减 1	前缀	若 x＝3.4，则 y＝－－x；相当于 x＝x－1；y＝x；，即结果 x＝2.4，y＝2.4	先将变量 x 的值自减 1，再将 x 的值作为表达式的值
		后缀	若 x＝3.4，则 y＝x－－；相当于 y＝x；x＝x－1;，即结果 y＝3.4，x＝2.4	先将变量 x 值作为表达式的值，再将 x 的值自减 1

自增和自减运算符的运算口诀归纳如下：

(1) 前缀用法：先改变，后使用。

(2) 后缀用法：先使用，后改变。

3. 关系运算符

关系运算符用于处理两个运算对象间的大小关系，通常用来判断某个比较条件是否满足，其运算结果只有 0 和 1 两种值。当所比较的条件满足时，结果为 1（代表“真”）；条件不满足时，结果为 0（代表“假”），如表 3.9 所示。

表 3.9　　关系运算符

符号	功能	范例	运算规则说明
＝＝	相等	x＝＝y	比较 x 与 y 的值是否相等，相等则结果为 1，不相等则为 0
!＝	不相等	x!＝y	比较 x 与 y 的值是否不相等，不相等则结果为 1，相等则为 0
＞	大于	x＞y	若 x 的值大于 y 的值，其结果为 1，否则为 0
＜	小于	x＜y	若 x 的值小于 y 的值，其结果为 1，否则为 0
＞＝	大于或等于	x＞＝y	若 x 的值大于或等于 y 的值，其结果为 1，否则为 0
＜＝	小于或等于	x＜＝y	若 x 的值小于或等于 y 的值，其结果为 1，否则为 0

4. 逻辑运算符

逻辑运算就是执行逻辑运算功能的操作符号，通常用来求某个条件式的逻辑值，用逻辑运算符将关系表达式或逻辑量连接起来就是逻辑表达式。逻辑运算包括“逻辑与”、“逻

辑或”和“逻辑非”，其运算结果只有 0 和 1 两种值，如表 3.10 所示。

表 3.10 **逻辑运算符**

符号	功能	范例	运算规则说明
&&	逻辑与运算	x&&y	若 x 和 y 均为“真”（非 0 值），其结果为 1，否则为 0
‖	逻辑或运算	x‖y	若 x 和 y 均为“假”（0 值），其结果为 0，否则为 1
！	逻辑非运算	！x	若 x 为“真”（非 0 值），其结果为 0，否则为 1

特别说明：

（1）进行“逻辑与”运算时，当第一个运算对象为“假”（0 值）时，则不再判断第二个运算对象，而直接给出逻辑运算结果为 0。

（2）进行“逻辑或”运算时，当第一个运算对象为“真”（非 0 值）时，则不再判断第二个运算对象，而直接给出逻辑运算结果为 1。

程序范例：

```
main()
{   int A,B,C,x,y,z;
    x=3;
    y=4;
    z=2;
    A=(x>y)&&(y>z);
    B=(x= =y)||(y<z);
    C=! (x<z);
}
```

程序结果：

$A=0$，$B=0$，$C=1$

5. 位运算符

位运算符与逻辑运算符非常相似，它们之间最大的区别在于位运算符针对运算对象中的每一个位，逻辑运算符则是对整个运算对象进行操作（即“字节”操作）。

能对运算对象进行按位操作是 C51 的一大特点，正是由于这一特点，使 C51 具有了汇编语言的一些功能，从而使之能对计算机硬件直接进行操作。C51 中共有 6 种位运算符，如表 3.11 所示。

表 3.11 **位运算符**

符号	功能	范例	运算规则说明
&	按位与运算	x&y	将 x 与 y 的每个位进行“与”运算
|	按位或运算	x|y	将 x 与 y 的每个位进行“或”运算
^	按位异或运算	x^y	将 x 与 y 的每个位进行“异或”运算
～	按位取反运算	～x	将 x 的每个位进行“非”运算
<<	按位左移运算	x<<n	将 x 的值左移 n 位
>>	按位右移运算	x>>n	将 x 的值右移 n 位

表 3.12 列出了按位取反、按位与、按位或和按位异或的逻辑真值。

表 3.12　　按位取反、按位与、按位或和按位异或的逻辑真值

运算对象		运算结果				
x	y	～x	～y	x&y	x | y	x^y
0	0	1	1	0	0	0
0	1	1	0	0	1	1
1	0	0	1	0	1	1
1	1	0	0	1	1	0
运算口诀		1 变 0 0 变 1		一 0 则 0 全 1 则 1	一 1 则 1 全 0 则 0	相同则 0 不同则 1

表 3.13 列出了按位左移和按位右移的运算规则（以移一位为例，即 $n=1$）。

表 3.13　　按位左移和按位右移的运算规则

符号	功能	范例	运算规则说明	
<<	按位左移运算	x<<1	将 x 的二进制位值向左移动 1 位，最左端位值丢弃，最右端位值补“0”	
>>	按位右移运算	x>>1	x 为无符号数	将 x 的二进制位值向右移动 1 位，最右端位值丢弃，最左端位值补“0”
			x 为有符号数	将 x 的二进制位值向右移动 1 位，最右端位值丢弃，最左端位值补原值（即保持原来的符号不变）

图 3.28 所示为位运算范例的运算示意图。

ABD(按位与运算)
x=0x35=00110101
y=0xe3=11100011
z=x&y=00100001=0x21

OR(按位或运算)
x=0x35=00110101
y=0xe3=11100011
z=x|y=11110111=0xf6

XOR(按位异或运算)
x=0x35=00110101
y=0xe3=11100011
z=x^y=11010111=0xd6

NOT(按位取反运算)
x=0x35=00110101
z=～x=11001010=0xca

≪(按位左移运算)
x=0x35=00110101
z=x≪2=11010100=0xd4

≫(按位右移运算)
x=0x35=00110101
z=x≫1=00011010=0xla

图 3.28　位运算范例运算示意图

6. 赋值运算符

赋值运算符（“=”）的作用是将一个表达式的运算结果赋给一个变量。在 C51 程序中，通常的用法是在赋值表达式的后面加一个分号“；”，构成赋值语句。赋值语句的格式为：

```
变量=表达式；
```

该语句的意义是先计算出右边表达式的值，然后将该值赋给左边的变量。例如：

```
x=9；          /*将常量 9 赋给变量 x*/
```

```
x=y=8;   /*将常量8赋给变量y,再将y的值赋给变量x*/
```

在赋值运算符“=”的前面加上其他运算符，就构成了复合赋值运算符，如表3.14所示。

表3.14　　赋值运算符

符号	功　能	范例	运算规则说明
=	赋值	x&=y	将y的值赋给变量x
+=	加法赋值	x+=y	将x和y的值相加，其和赋给变量x（即相当于x=x+y）
-=	减法赋值	x-=y	将x和y的值相减，其差赋给变量x（即相当于x=x-y）
*=	乘法赋值	x*=y	将x和y的值相乘，其积赋给变量x（即相当于x=x*y）
/=	除法赋值	x/=y	将x和y的值相除，其商赋给变量x（即相当于x=x/y）
%=	取余赋值	x%=y	将x和y的值相除，其余数赋给变量x（即相当于x=x%y）
&=	按位与赋值	x&=y	将x与y的每个位进行“与”运算，其结果赋给变量x（即相当于x=x&y）
|=	按位或赋值	x! =y	将x与y的每个位进行“或”运算，其结果赋给变量x（即相当于x=x|y）
^=	按位异或赋值	x^=y	将x与y的每个位进行“异或”运算，其结果赋给变量x（即相当于x=x^y）
<<=	按位左移赋值	x<<=n	将x的值左移n位，其结果赋给变量x（即相当于x=x<<n）
>>=	按位右移赋值	x>>=n	将x的值右移n位，其结果赋给变量x（即相当于x=x>>n）

注意：在使用赋值运算符“=”时应注意不要与关系运算符“= =”相混淆，关系运算符“= =”用来进行相等关系运算。

7. 运算符的优先级和结合性

程序中的表达式可能使用了不止一个运算符，而多个运算符放在一个表达式中，必须要有规则才不会弄错！就像数学中的四则运算一样，我们很自然地遵守“先乘除后加减”的原则，所以“3×2+8÷2”，应该先计算3×2和8÷2，再把这两项操作的结果相加。这样的运算原则规定的就是运算符的优先级，优先级高的运算符先运算，优先级低的运算符后运算。但是如果两个运算符的优先级相同（如乘和除、加和减），就需要根据运算符的结合性规定的原则进行计算，所以应该先计算3×2，再计算8÷2，因为乘、除运算符是自左向右结合的。

在程序设计语言中，也完全遵从这些原则。但是需要特别注意的是：程序中的运算符要比数学中的多一些，比如++、--、%等运算符就是一般数学运算中所没有的。另外数学运算符的结合性一般都是自左向右的，但程序中的运算符有些是自右向左结合的。C51中运算符的优先级和结合性如表3.15所示。

表3.15　　运算符的优先级和结合性

优先级	运　算　符	结合性
1	( )	自左向右
2	~，!，++，--，-（取负）	自右向左

续表

<table>
<tr><th>优先级</th><th>运　算　符</th><th>结合性</th></tr>
<tr><td>3</td><td>* , / , %</td><td rowspan="9">自左向右</td></tr>
<tr><td>4</td><td>+ , −（减）</td></tr>
<tr><td>5</td><td><< , >></td></tr>
<tr><td>6</td><td>< , > , <= , >= , == , !=</td></tr>
<tr><td>7</td><td>&</td></tr>
<tr><td>8</td><td>^</td></tr>
<tr><td>9</td><td>|</td></tr>
<tr><td>10</td><td>&&</td></tr>
<tr><td>11</td><td>||</td></tr>
<tr><td>12</td><td>= , += , −= , *= , /= , %= , &= , |= , ^= , <<= , >>=</td><td>自右向左</td></tr>
</table>

3.3.5　Keil C51 的流程控制

总的说来，程序的结构是由上而下逐行执行。然而在实际生活中，并非所有的事情都是可以这样按部就班地进行，程序也是这样。为了适应各种情况的变化，经常需要转移或者改变程序的顺序。Keil C51 所提供的流程控制语句主要分为三种，即选择（分支）语句、循环语句和跳转语句。

3.3.5.1　选择语句

选择语句的功能是根据条件决定程序的流程，Keil C51 所提供的选择语句有 if 语句和 switch 语句。

1. if 语句

(1) 单分支语句 —— if 语句。

语句格式：

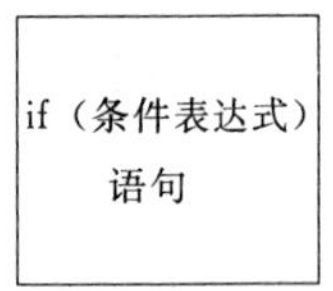

执行流程：

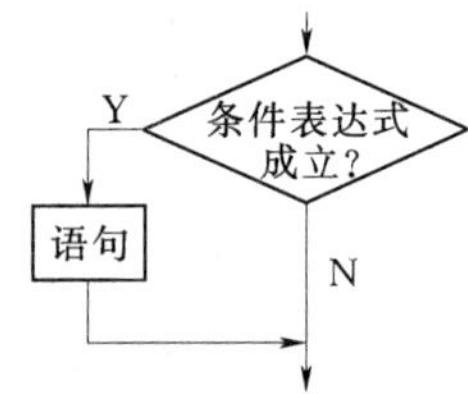

(2) 双分支语句 —— if−else 语句。

语句格式：

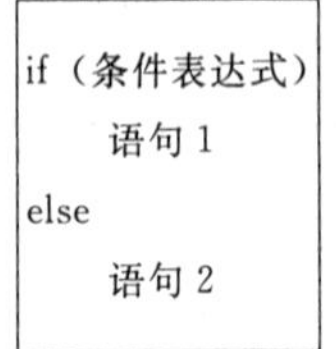

执行流程：

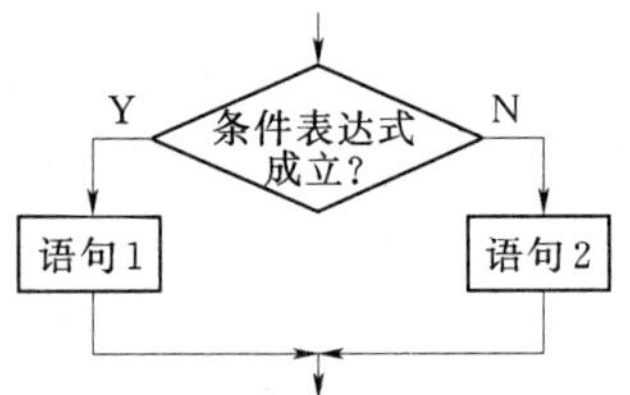

(3) 多分支语句 —— if—else if 语句。

语句格式：

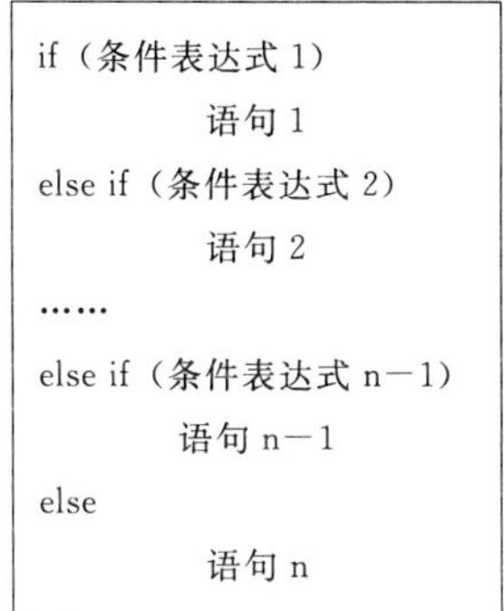

```
if (条件表达式 1)
        语句 1
else if (条件表达式 2)
        语句 2
……
else if (条件表达式 n—1)
      语句 n—1
else
        语句 n
```

执行流程：

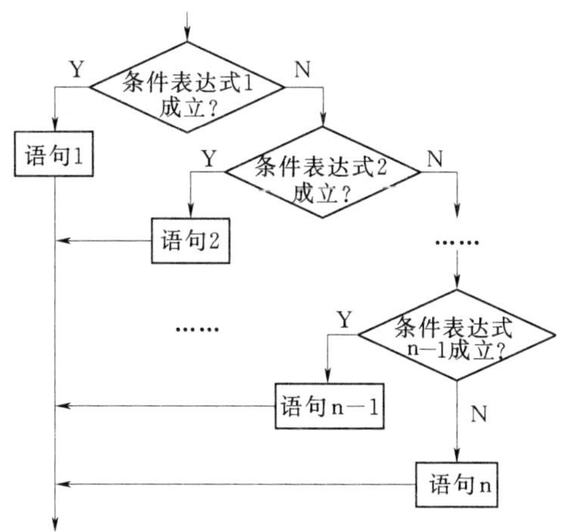

2. switch 语句 —— 开关语句

语句格式：

```
switch (表达式)
{case  常数 1:
        语句 1
        break;
case  常数 2:
        语句 2
        break
        ……
[defaule:
        语句 n
        break;
}
```

执行流程：

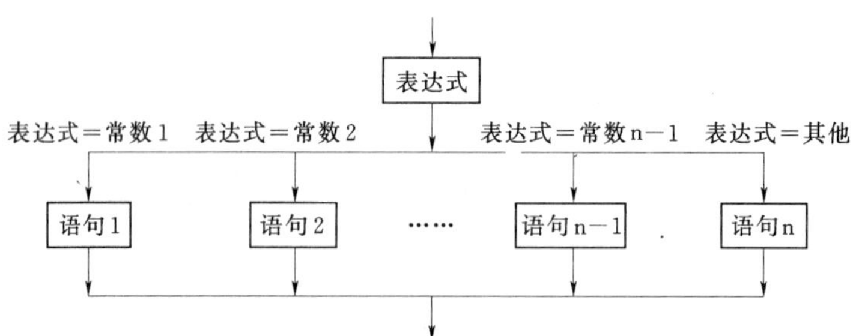

3.3.5.2　循环语句

1. while 语句 —— 前测试型循环

语句格式：

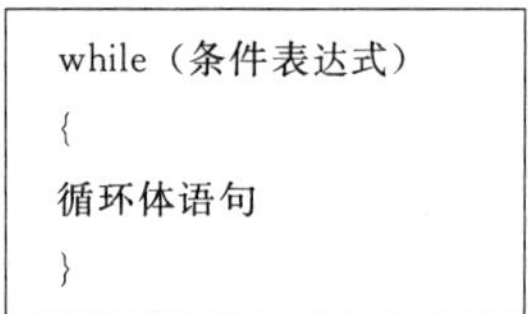

```
while (条件表达式)
{
循环体语句
}
```

执行流程：

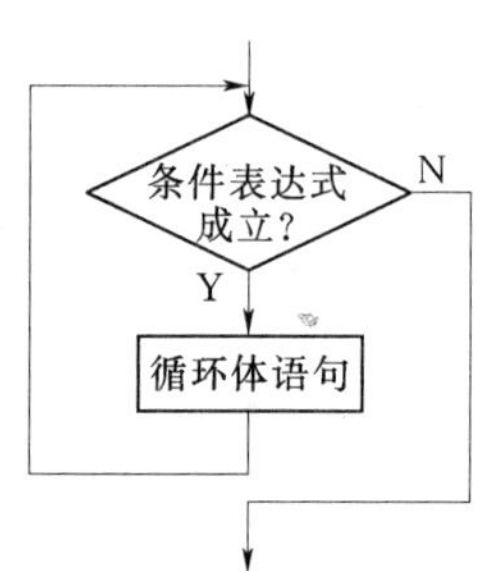

2. do—while 语句 —— 后测试型循环

语句格式：

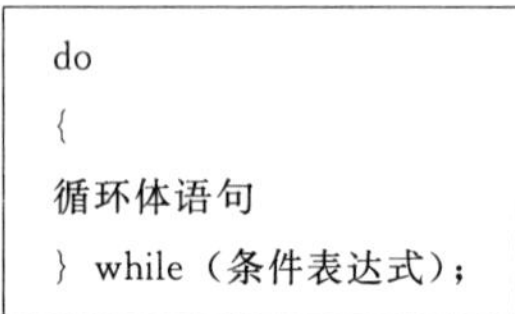

```
do
{
循环体语句
} while (条件表达式);
```

执行流程：

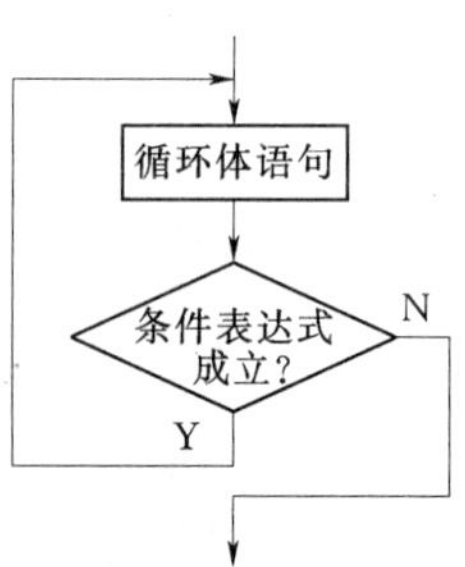

3. for 语句 —— 前测试型计数循环

说明：

(1) 表达式 1：循环初始值。

(2) 表达式 2：循环条件。

(3) 表达式 3：循环变量修改。

语句格式：

```
for（表达式 1；表达式
2；表达式 3）
{
循环体语句
}
```

执行流程：

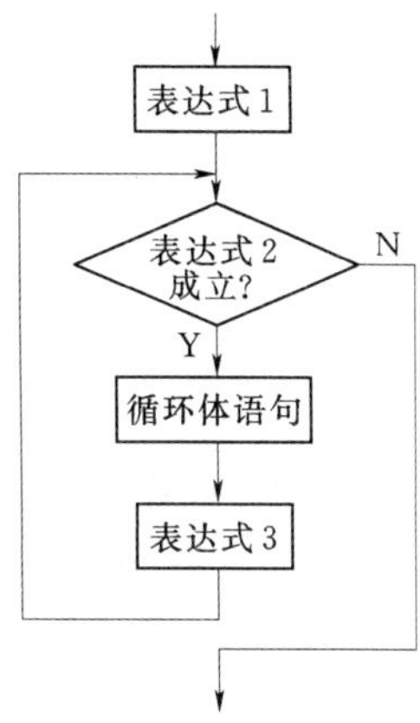

3.3.5.3 跳转语句

Keil C51 中提供了三个跳转语句，即 break 语句、continue 语句和 goto 语句。这些语句的功能都是无条件地改变程序的流程，但它们所能嵌入的语句和跳转方法均不相同。通常情况下，我们都将这三个语句和 if 语句一起使用，使其满足一定条件再做相应跳转。

1. break 语句

break 语句只能嵌入在 switch 语句和循环语句中，它的功能是终止当前 switch 语句或当前循环语句。对于多重循环，break 语句只能跳出它所处的那一层循环。

2. continue 语句

continue 语句只能嵌入在循环语句中，它的功能是结束本次循环，即跳过循环体中下面尚未执行的语句，把程序流程转移到当前循环语句的下一个循环周期，并根据循环控制条件确定是否继续执行循环语句。

3. goto 语句

goto 语句可以嵌入在任何语句中，可以无条件地跳转到已经标识好的位置上。其格式如下：

```
goto 标号；
```

当 goto 语句嵌入在循环语句中时，可以跳出多重循环。需要注意的是，只能用 goto 语句从内层循环跳到外层循环，而不允许从外层循环跳到内层循环。另外还要注意，在进行实际程序设计时，为了保证程序具有良好的结构，应尽可能少地采用 goto 语句，以使程序结构清晰易读。

第 4 章　MCS－51 单片机的内部结构及引脚

通过前面几章的学习，我们已经建立起了采用 MCS－51 单片机进行智能化仪器仪表研发的硬件和软件仿真环境。那么，MCS－51 单片机内部到底有哪些具体部件可以供我们使用呢？又如何让这些部件很好地为我们服务呢？为了更好地从事实践活动，掌握一些必需的理论知识还是极其必要的。

4.1　MCS－51 单片机的内部结构

和微型计算机的基本组成一样，MCS－51 单片机的核心部分也由三部分构成，即中央处理器 CPU（包括运算器和控制器）、存储器和输入/输出（I/O）接口。当然，为了保证这三部分的协调工作和提供更多的功能，其内部还集成了定时/计数器、串行口、中断系统以及定时控制逻辑等电路，MCS－51 单片机内部结构如图 4.1 所示。

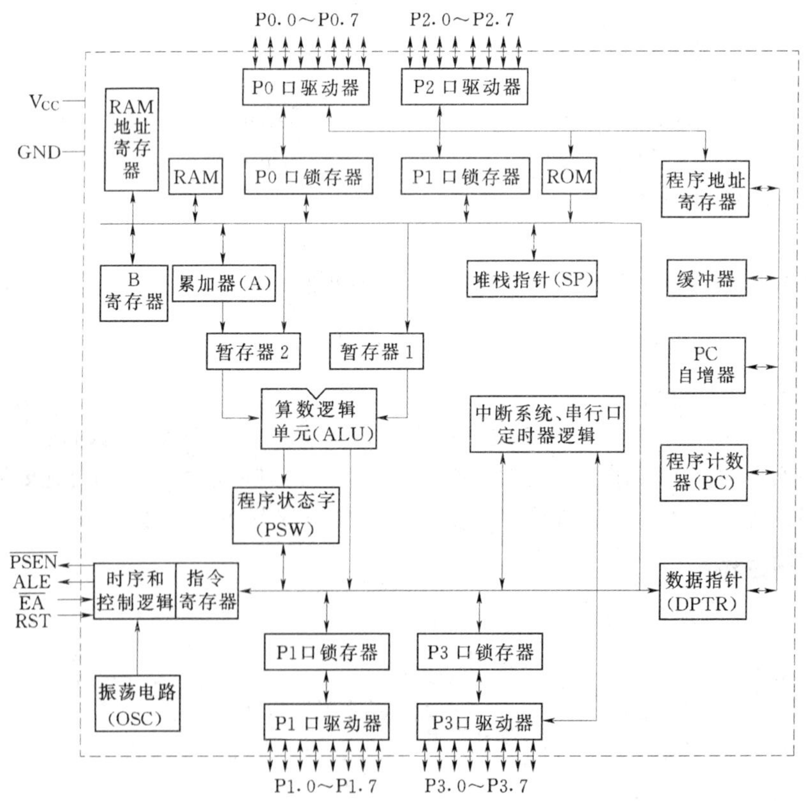

图 4.1　51 单片机内部结构框图

4.1.1　中央处理单元（CPU）

中央处理器（CPU）是整个单片机的核心部件，MCS－51单片机的CPU是8位数据宽度的处理器，即按8位二进制数为1字节进行数据处理。CPU负责控制、指挥和调度各个单元系统的协调工作，用来完成运算、控制和输入输出等功能。

CPU由运算器和控制器等部件组成。

1．运算器

运算器即算术逻辑单元（ALU：Arithmetic and Logical Unit），是CPU的核心。运算器主要由累加器A、两个暂存器及一个布尔处理器组成，其主要特点如下。

（1）运算器在MCS－51单片机中的主要功能是按指令对8位二进制数进行各种算术运算、逻辑运算、移位控制、条件判断等操作。运算结果的状态由程序状态字PSW（Program Status Word）保存。

（2）运算器按8位二进制数（即1字节）处理数据时，可进行加法、减法、乘法和除法四则运算。需要说明的是，ALU的四则运算是采用补码形式进行的。

（3）运算器在进行与、或、非等逻辑运算时，可以有字节操作和位操作，即可按字节进行逻辑比较，也可对某一位进行逻辑比较。

（4）运算器还包含一个布尔处理器，用来处理位操作，可执行置位、复位、取反、位判断转移和位逻辑运算等操作。

2．控制器

控制器主要由指令部件、时序部件和微操作控制部件等组成。控制器的主要功能是按一定顺序从存储器（内存）中取出指令进行解释，并按解释结果发布操作命令，使单片机的各部分按相应的节拍产生相应的动作。具体地说，就是完成取指令、分析指令和执行指令的处理过程。

（1）指令部件：是一种对指令进行分析、处理和产生控制信号的逻辑部件，主要包括如下部件。

1）PC（Program Counter）：16位寄存器，用于存放将要执行指令在程序存储器中的16位地址，PC具有自动加1功能，其内容决定了程序的走向。

2）指令寄存器IR（Instruction Register）：用于暂存当前指令的指令码（8位）。

3）指令译码器ID（Instruction Decoder）：用于对指令码进行分析、解释，产生各种控制电平，送往时序部件。

（2）时序部件：用于产生微操作部件所需的定时脉冲信号，主要包括如下部件。

1）时钟系统（Clock Circuit）：产生机器的时钟脉冲序列。

2）节拍发生器（Beat Generator）：产生节拍电压和节拍脉冲。

（3）微操作控制部件：主要功能是为ID输出信号配上节拍电位和节拍脉冲，组合外部控制信号，产生微操作控制序列，完成规定的操作。

4.1.2　存储器

存储器用于存放程序和数据，半导体存储器由一个个存储单元构成，每个单元有个编号（称为地址），一个单元可以存放 8 个二进制位即 1 个字节的数据，当一个数据多于 8 位时，就需要多个 8 位的单元来存放。MCS－51 单片机的芯片内部存储器主要包括程序存储器（ROM）和数据存储器（RAM）两部分，有的单片机还包括可在线进行读写的非易失性存储器，如 E^2PROM 或 FLASH、FRAM 等。关于各类存储器的特征、用途以及 MCS－51 单片机存储器组织将在第 5 章中加以介绍。

不同型号的 MCS－51 单片机所配置各类存储器的容量是不同的，应该根据实际需要加以选择。表 4.1 列出了常用 MCS－51 系列单片机存储器的配置情况。

表 4.1　　常用 MCS－51 单片机存储器配置

公司	型　号	程序存储器	数据存储器	非易失存储器	最高时钟
Atmel	AT89C51	4KB	128B	—	24MHz
	AT89C52	8KB	256B	—	24MHz
	AT89C55	20KB	256B	—	24MHz
	AT89C1051	1KB	64B	—	24MHz
	AT89C2051	2KB	128B	—	24MHz
	AT89C4051	4KB	128B	—	24MHz
	AT89S51	4KB	128B	—	33MHz
	AT89S52	8KB	128B	—	33MHz
	AT89S53	12KB	256B	—	24MHz
	AT89S5252	2KB	256B	2KB	12MHz
Intel	80（C）31	—	128B	—	24MHz
	80（C）51	4KB	128B	—	24MHz
	87（C）51	4KB	128B	—	24MHz
	80（C）32	—	256B	—	24MHz
	80（C）52	8KB	256B	—	24MHz
	87（C）52	8KB	256B	—	24MHz
	80（C）58	32KB	256B	—	33MHz
	87（C）54	16KB	256B	—	33MHz
	87（C）58	32KB	256B	—	33MHz
Cygnal	C8051F005	32KB	2304B	—	25MHz
	C8051F020	64KB	4352B	—	25MHz
	C8051F120	128KB	8448B	—	100MHz
	C8051F221	8KB	256B	—	25MHz
	C8051F310	16KB	1280B	—	25MHz

4.1.3　输入/输出接口（I/O）

单片机与外部设备（输入设备如键盘等，输出设备如显示器等）数据交换时，外部设备不能直接连接到 CPU 的数据线上，要通过一个过渡电路相连，这个连接 CPU 与外部

设备之间的逻辑电路称为接口电路（简称接口或I/O口），用于连接输入设备的接口称为输入接口，用于连接输出设备的接口称为输出接口，如图4.2所示。

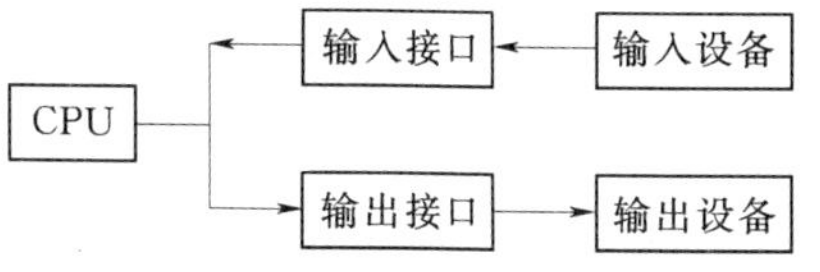

图4.2 输入接口和输出接口

1. 设置接口电路的原因

MCS-51系统中，CPU工作的逻辑电平统一为TTL电平，数据格式为并行数据格式，而外设的种类繁多，电平各异，信息格式各不相同，因此必须进行转换使之匹配。转换的任务主要由接口电路来完成。同时，由于CPU的总线是外设或储存器与CPU进行数据传输的公共通道，为了不造成使用总线的冲突，协调快速的CPU和慢速的外设之间可靠的交换信息，CPU和外设之间必须有接口电路。接口电路的设计也是智能化仪器仪表设计的重要任务之一。

2. 接口电路的功能

接口电路是CPU与外部设备进行数据交换的“桥梁”。CPU的输入/输出数据是靠执行输入/输出指令完成的，一条指令的执行时间只有若干纳秒或微秒，外部设备（如键盘、显示器、打印机等）的动作时间至少是毫秒以上，输出指令执行完毕，外设可能还没来得及接收，总线上的信息就已经发生了变化。为了避免这种情况的发生，可以在CPU与外部设备间增加锁存器，CPU将数据先通过锁存器锁存起来，外部设备从锁存器中取出数据或指令，而此时CPU已经可以执行其他任务了；当CPU的数据格式和外部设备需要的数据格式不一致时或者CPU的逻辑电平与外部设备的逻辑电平不一致时，接口电路还承担着信息格式转换或电平转换的功能；接口电路还能够检测外部设备是否处于忙碌或就绪等工作状态，协调CPU和外部设备的执行时刻。

因此，接口电路的功能是缓存、锁存数据、电平转换、地址译码设备识别、信息格式转换、发布命令和传递状态等。

3. 接口的类型

I/O接口的品种繁多，有通用型接口（一般的数字电路芯片，如三态缓冲器、锁存器等）和专为计算机设计的专用接口芯片（一般都有三总线引脚），这些芯片中有并行接口（简称并口）、串行接口（简称串口）、定时/计数器（简称T/C）、A/D、D/A等。用户需要根据外设的不同情况和要求来选择不同的接口芯片。其中，可编程接口是多功能的，通过初始化程序选择相应功能。

不管哪种单片机（包括ARM、DSP等），内部都集成有并口、串口、定时/计数器，有的内部还集成了A/D、D/A等，不同的嵌入式芯片之间只有接口多少的不同，使用方法大同小异，本章介绍集成在MCS-51单片机内部的并行接口，主要用于和外设进行并行数据的传送。

4.1.4 总线（Bus）

就像工厂中各部位之间的联系渠道一样，总线实际上是一组导线，是各种公共信号线的集合，用来作为单片机中所有各组成部分传输信息所共同使用的“公路”。

根据总线传送信息性质的不同，将总线分为数据总线DB（Data Bus）、地址总线AB

（Address Bus）和控制总线 CB（Control Bus）。其中，数据总线用来传输数据信息，地址总线用于传送 CPU 发出的地址信息，控制总线用来传送控制信号、时序信号和状态信号等。

4.2　MCS－51 单片机的信号引脚

MCS－51 单片机芯片共有 40 条引脚，其中 I/O 接口引脚 32 条、控制引脚 4 条、电源引脚 2 条、时钟引脚 2 条。只有熟练地掌握这些引脚的功能、特点和使用方法才能够正确地运用单片机，设计出性能优良的智能化仪器仪表。图 4.3 是常用 MCS－51 单片机芯片引脚图，图 4.4 是常用 MCS－51 单片机实物图片。

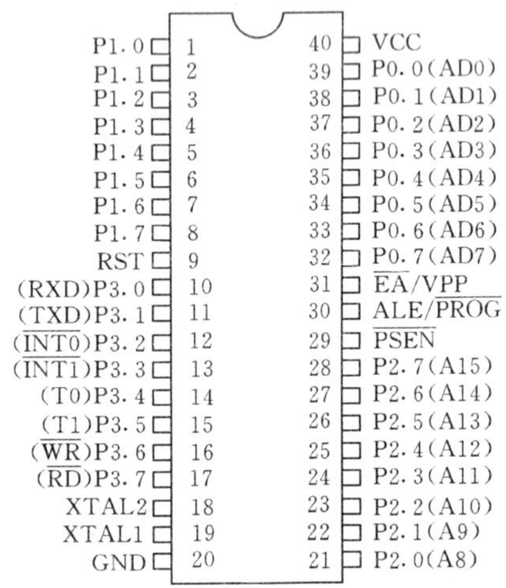

图 4.3　MCS－51 单片机 DIP 封装引脚图

在产品研发阶段最常用的 MCS－51 系列单片机是 40 引脚双列直插式封装芯片，简称 DIP40。在这种封装形式的中，俯视图左上方有圆形标记所对应的引脚为第 1 脚，按照逆时针顺序排列分别为第 2、3、…、40 脚。相邻引脚间距为 0.1in 即 100mil（2.54mm），了解引脚间距对印刷线路板布线时确定线条宽度和引脚间走线条数很重要。

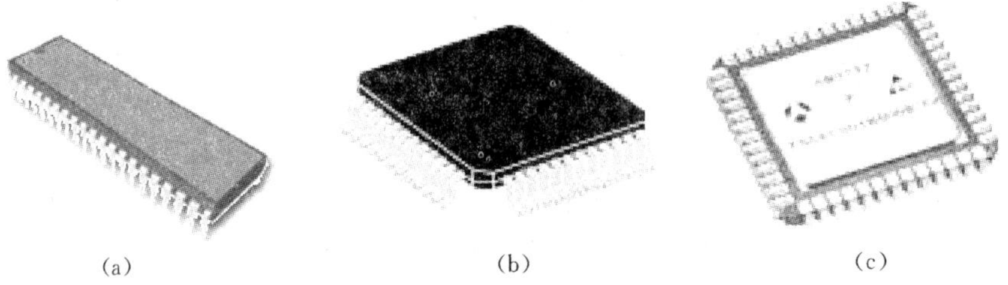

(a)　　(b)　　(c)

图 4.4　不同封装形式的 MCS－51 单片机

(a) DIP 封装；(b) QFP 封装；(c) LDCC 封装

4.2.1　电源引脚（2 条）

几乎所有的集成电路都需要提供电源才能工作，DIP40 封装的 MCS－51 单片机和大部分数字集成电路的电源引脚相似，右上角即 40 脚为正电源 VCC，接＋5V 工作电源，左下角即 20 脚为参考地 GND，必须做接地处理。

MCS－51 单片机能够正常工作的电源电压范围为额定电压的±10%，即 4.5～5.5V 之间。记住这两点对维修由单片机构成的智能化仪器仪表会有所帮助。

4.2.2　输入/输出接口（I/O）引脚（4×8＝32 条）

对单片机的控制，其实就是对 I/O 口的控制，无论单片机对外界进行何种控制，或

接受外部的何种控制，都是通过 I/O 口完成的。51 单片机内部有 P0、P1、P2、P3 四个 8 位双向 I/O 口，因此，外设可直接连接于这几个接口线上，而无须另加接口芯片。P0～P3 的每个端口可以按字节输入或输出，也可以按位进行输入或输出，这 32 根口线，用于位控制十分方便。P0 口为三态双向口，能带 8 个 TTL 电路。P1、P2、P3 口为准双向口，负载能力为 4 个 TTL 电路，如果外设需要的驱动电流大，可加接驱动器。

四个端口的位结构如图 4.5 所示，同一个端口的各位具有相同的结构。由图 4.5 可见，四个端口的结构有相同之处，都有两个输入缓冲器，分别受内部读锁存器和读引脚信号的控制，都有锁存器（即特殊功能寄存器 P0～P3）及场效应管输出驱动器。依据每个端口的不同功能，内部结构亦有不同之处，下面分别加以介绍。

4.2.2.1 P0 口（P0.0～P0.7）

芯片的第 32～39 引脚。根据设计需要，P0 口可以提供两种功能：一是做通用输入/输出接口使用，简称通用 I/O 口；二是做地址/数据总线使用。

1. 通用 I/O 口

在应用系统不扩展外部存储器或并行接口时，P0 口就是普通的输入/输出接口，但由于其内部结构的不同，P0 口在做通用 I/O 口使用时，需要外接上拉电阻，这一点在后面的讲解和应用中还要反复的提到。

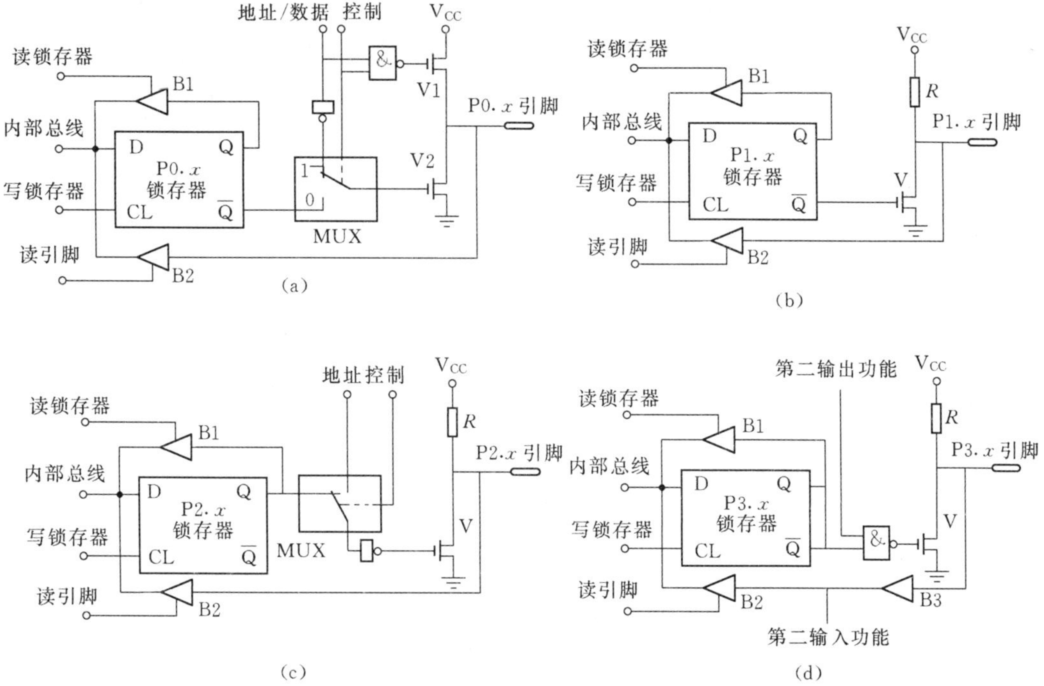

图 4.5 四个端口的位结构

(a) P0 口位结构；(b) P1 口位结构；(c) P2 口位结构；(d) P3 口位结构

P0 口字节地址为 80H，位地址为 80H～87H。图 4.5（a）给出了 P0 口的某位 P0.x（x=0～7）结构图。

P0 口逻辑电路主要包括：由 D 触发器构成的锁存器、由上拉场效应管 V1 和驱动场效应管 V2 组成的驱动电路、两个三态输入缓冲器（B1、B2）以及由一个与门、一个非门和一个多路复用开关（MUX）组成的控制电路。

2. 地址/数据总线

从图 4.5 中可以看出，P0 口既可以作为 I/O 口使用，也可以作为地址/数据总线使用，即在控制信号作用下，由 MUX 实现锁存器输出和地址/数据线之间的接通转接。

在系统扩展有外部存储器或者并行接口芯片时，P0 口用于分时提供访问扩展存储器或者并行接口的低 8 位地址和 8 位数据信息，即做分时复用的地址/数据总线使用。P0 口可以驱动 8 个 TTL（三极管—三极管逻辑）负载。具体工作方式在存储器扩展一章中加以介绍。

概括地讲 P0 口的特点包括：

(1) P0 口的 8 位皆为漏极开路输出，每个引脚可驱动 8 个 LS 型 TTL 负载。

(2) 当 P0 口作为通用 I/O 口使用时，CPU 发控制电平“0”封锁与门，使 V1 管截止，输出驱动级是漏极开路电路，此时，P0 口内部无上拉电阻，所以执行输出功能时，外部必须接上拉电阻（10kΩ 即可），否则 V2 管无电源供电而无法工作。

(3) 若要实现输入功能，必须先输出高电平（“1”），使场效应管 V2 截止，才能正确读取该端口所连接的外部数据。

(4) 若系统连接外部存储器，则 P0 口可作为地址总线（A0～A7）及数据总线（D0～D7）的多功能引脚，此时内部具有上拉电阻（即场效应管 V1 为导通状态），不用外接上拉电阻。

4.2.2.2　P1 口（P1.0～P1.7）

芯片的第 1～8 引脚。P1 口是内部带有上拉电阻的通用双向 I/O 口，每只引脚均可当成输入脚或输出脚使用，可以驱动 4 个 TTL 负载。

P1 口字节地址为 90H，位地址为 90H～97H。P1 口只能作为通用数据 I/O 口使用，所以在电路结构上与 P0 口有些不同。其电路逻辑如图 4.5（b）所示。

P1 口特点：

(1) P1 口内部具备约 30kΩ 的上拉电阻 R，实现输出功能时，不需外接上拉电阻。

(2) P1 口的 8 位类似漏极开路输出，但已经内接了上拉电阻，每个引脚可驱动 4 个 LS 型 TTL 负载。

同 P0 口一样，若要执行输入功能，必须先输出高电平（“1”），才能正确读取该端口所连接的外部数据。

4.2.2.3　P2 口（P2.0～P2.7）

芯片的第 21～18 引脚。和 P1 口一样，P2 口也是内部带有上拉电阻的通用双向 I/O 口，每只引脚均可当成输入或输出使用，可以驱动 4 个 TTL 负载。P2 口同时还具有第二功能，当使用 16 位地址对外部扩展存储器或并行接口芯片进行访问时，此时 P2 口被用来输出地址的高 8 位信息，即做高 8 位地址总线使用。

P2 口字节地址为 A0H，位地址为 A0H～A7H。P2 口既可作为系统高位地址线使用，也可作为通用 I/O 口使用，所以 P2 口的电路逻辑与 P0 口类似，也有一个多路复用开关

MUX，如图4.5（c）所示。

P2口特点：

（1）当P2口作为通用I/O口使用时，其特点与P1口相同。

（2）若系统连接外部存储器，而外部存储器的地址线超过8根时，P2口可作为地址总线（A8～A15）引脚。此时CPU发控制电平“0”，使多路开关MUX转向“地址”端，输出的地址信号通过反相器驱动V2管完成信息传送。

注意：当P2口的某几位作为地址线使用时，剩下的P2口线不能作为I/O口线使用。

4.2.2.4 P3口（P3.0～P3.7）

芯片的第10～17引脚。P3口也是内部具有上拉电阻的通用双向I/O口，也可以驱动4个TTL负载。P3口各引脚第二功能如表4.2所示。

P3口字节地址为B0H，位地址为B0H～B7H。虽然P3口可以作为通用I/O口使用，但在实际应用中，它的第二功能信号更为重要。为适应口线第二功能的转换需要，在口线电路中增加了第二功能控制逻辑。P3口电路逻辑如图4.5（d）所示。

P3口特点：

（1）当P3口作为通用I/O口使用时，第二输出功能端保持为“1”，打开“与非”门，“与非”门的输出取决于口锁存器的状态。

当P3口作为第二功能使用时，每一位的功能定义见表4.2。

表4.2　　P3口的第二功能

端口引脚	第二功能	说　明
P3.0	RXD	串行输入线
P3.1	TXD	串行输出线
P3.2	$\overline{\text{INT0}}$	外部中断0输入线
P3.3	$\overline{\text{INT1}}$	外部中断1输入线
P3.4	$\overline{\text{T}}$0	定时器0外部计数脉冲输入
P3.5	$\overline{\text{T}}$1	定时器1外部计数脉冲输入
P3.6	$\overline{\text{WR}}$	外部数据存储器“写选通”信号输出
P3.7	$\overline{\text{RD}}$	外部数据存储器“读选通”信号输出

（2）由于第二功能信号中有输入和输出两类信号，因此，要分两种情况进行介绍。

1）P3口线作为第二功能输出时，相应的口锁存器必须为“1”状态（Q端），此时，“与非”门的输出状态由第二输出功能控制线的状态确定，反映了第二输出功能电平状态。

2）为适应输入第二功能信号的需要，在P3口线的输入通路上增加了一个缓冲器B3，输入方向的第二功能信号就从这个缓冲器进入第二输入功能端。

注意：在应用中，P3口的各位如不设定为第二功能，则自动处于第一功能，在更多情况下，根据需要可以把几条口线设为第二功能，剩下的口线仍可作为第一功能（通用 I/O）使用，此时，宜采用位操作形式。

4.2.3　时钟引脚（2 条）

芯片的第 18、19 引脚。MCS－51 单片机内部有一个用于构成振荡器的高增益反相放大器，引脚 XTAL1 和 XTAL2 分别是此放大器的输入端和输出端，即 XTAL1 为反相振荡放大器的输入引脚，XTAL2 为反相振荡放大器的输出引脚。

当使用内部振荡电路时，XTAL1 和 XTAL2 引脚外接石英晶体和微调电容，如图 4.6 所示；当使用外部时钟时，用于连接外部时钟脉冲信号，如图 4.7 所示。

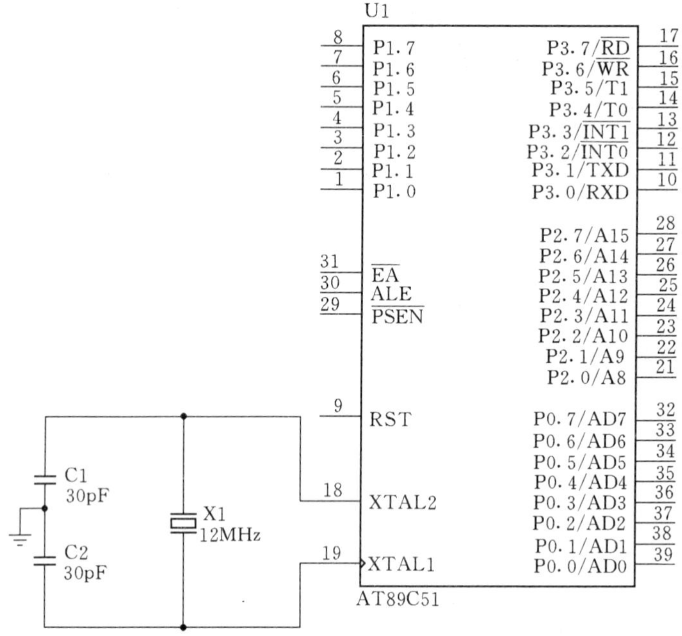

图 4.6　外接石英晶体振荡电路

4.2.4　控制引脚（4 条）

芯片的第 9、29～31 引脚。这些引脚具有独立的功能，分别描述如下。

1. 复位引脚 RST/VPD

对于所有的微处理器都需要复位操作，MCS－51 单片机也不例外，只要在复位引脚（RST/VPD）上施加一个时间超过 2μs 的高电平信号，即可产生复位操作。同时该引脚还具备连接备用电源的第二功能，当 V_{CC} 掉电后，此引脚提供的备用电源可保持单片机内部数据存储器中的内容不丢失。

2. 外部 ROM 读选通引脚 $\overline{\text{PSEN}}$

该引脚输出读外部程序存储器的选通信号。通常此引脚连接至扩展外部程序存储器的输出允许引脚，当单片机读取外部存储器的数据时，此引脚会输出一个低电平信号。

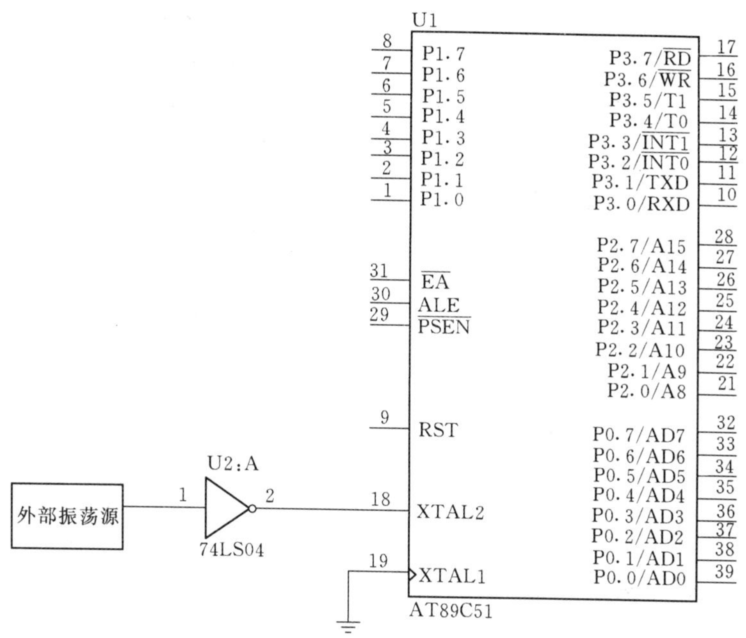

图 4.7　外接时钟电路

3. 地址锁存/编程引脚 ALE/$\overline{\text{PROG}}$

该引脚是地址锁存允许/编程脉冲输入引脚，配合 P0 口引脚的第二功能使用。当访问片外存储器时，此引脚输出地址锁存允许脉冲，用以控制把地址低 8 位锁存到锁存器中，以实现低 8 位地址和 8 位数据的分时传送；当对单片机内部的程序存储器进行编程时，此引脚作为编程脉冲输入引脚使用。在通常的操作中，该引脚会以晶振频率 1/6 的频率输出连续的脉冲信号，但是在每次访问片外数据存储器时，会有丢失 1 个脉冲的现象。

4. 访问外部程序存储器/编程电源输入引脚$\overline{\text{EA}}$/VPP

当该引脚接低电平时，单片机只访问扩展的外部程序存储器。对于内部没有程序存储器的单片机（如 8031 单片机）而言，该引脚必须接地。对内部带有程序存储器的单片机（如 AT89C51 单片机），该引脚应接高电平，但若地址值超过单片机内部程序存储器的范围，将自动访问扩展的外部程序存储器。

在对某些单片机内部程序存储器编程期间，编程操作的电源 V_{PP}需要连接至该引脚。

4.3　MCS－51单片机的应用选型

通过前面的讲解，我们已经初步了解了 MCS－51 单片机的内部结构、引脚功能和特点。下面从以下几个方面介绍具体应用中该如何选择单片机。

4.3.1　功能的选择

目前，以 MCS－51 单片机为内核的单片机种类繁多，很多厂家购买 MCS－51 单片机内核的同时，在产品中增加了一些特定的功能，形成了功能各具特色的与 MCS-51 内核兼容的单片机产品系列，例如 Atmel 公司结合自身 Flash 存储器的特长，在芯片中增加了 Flash 程序存储器和数据存储器（如 AT89C51、AT89S51 等）；Philips 公司在原 MCS-51 内核的基础上增加了 A/D 转换和 I²C 总线功能（如 P87LPC767、P8XC591 等）；Winbond 公司生产的具有双串口的 W77E58 等。因此，在实际应用中需要根据具体产品的功能需求选择单片机，尽量使产品的功能通过单片机芯片内部的电路实现，这样不仅可以减小线路板面积、节约产品成本，还可以提高系统的抗干扰能力和电磁兼容性。

4.3.2　存储器容量的选择

内部带有程序存储器的单片机是应用系统设计的首选。一般根据估算的系统所需存储容量，按预留 50%的裕度选择，例如，若估计系统代码约需要 4KB 存储容量，在选择时应该选择 6KB 以上的产品，如果没有刚好为 6KB 容量的产品，可向上选择 8KB 的产品。

4.3.3　芯片材料工艺的选择

MCS-51 系列单片机有 HMOS（高性能金属氧化物半导体器件）工艺和 CHMOS（互补金属氧化物半导体器件）工艺之分，后者在单片机型号中以字母“C”加以区分。两者的区别在于：

(1) CHMOS 为高速低功耗产品，工作频率不能太低（>0.5MHz）。

(2) 逻辑电平不同，例如 CHMOS 输出高电平为大于 4.5V，而 HMOS 输出高电平为大于 2.4V。

(3) 带负载能力不同，HMOS 的带负载能力优于 CHMOS。

(4) 空闲引脚处理方式不同，CHMOS 芯片空闲引脚不应该浮空，必须作上拉或下拉处理，否则可能出现引脚电平的翻转，并可能影响到其他引脚的电平状态。

4.3.4　适用环境温度的选择

根据仪器仪表工作位置处的环境温度，选择相应等级的产品。一般按照温度等级划分为民用级、工业级和军工级。其中民用级产品适用的温度范围为 0～+70℃，工业级产品适用的温度范围为−40～+85℃，军工级产品适用的温度范围为−65～+125℃。

4.4　实训项目 1：用三极管驱动的秒闪烁 LED

现在，我们已经有足够的知识来创作一个自己的作品了，制作一个由 MCS-51 单片机控制的秒闪烁 LED 控制器。

4.4.1　要求与知识点描述

1. 基本要求

(1) 在 Proteus 环境下，设计基于 MCS-51 单片机（采用 AT89C51）电路，用

AT89C51 的 P1.0 口控制 NPN 型三极管 9013 的导通与截止。

（2）在三极管 9013 的集电极（C）与电源间接入发光二极管 LED。

（3）在 Keil μVersion 环境中编写 C51 程序，实现 P1.0 口以 1s 为间隔循环输出高低电平，从而控制 LED 的秒闪烁。

2. 知识点

（1）了解 MCS－51 单片机的基本结构。

（2）掌握 MCS－51 单片机的引脚分布及功能特点。

（3）回顾三极管电路的连接与调整方法。

（4）熟悉采用 Proteus ISIS 设计和调试电路的方法。

（5）熟悉 Keil μVersion 软件设计过程和方法。

（6）回顾 C 语言相关语句与程序设计方法。

（7）初步熟悉在 Keil μVersion 中进行 C51 程序编辑、编译、排错和调试方法。

4.4.2　创建文件

1. 在 Proteus ISIS 中绘制原理图

（1）启动 Proteus ISIS，新建设计文件 L4_1.DSN。

（2）在对象选择窗口中添加如表 4.3 所示的元器件。

（3）在 Proteus ISIS 工作区绘制原理图并设置如表 4.3 中所示各元件参数，绘制好的 Proteus 原理图如图 4.8 所示。

表 4.3　　L4_1 项目所用元器件

序号	器件编号	Proteus 器件名称	器件性质	参数及说明	数量
1	U1	AT89C51	单片机	12MHz	1
2	X1	CRYSTAL	晶振	12MHz	1
3	C1、C2	CAP	瓷片电容	30pF	2
4	C3	CAP－ELEC	电解电容	1μF	1
5	R1	RES	电阻	10kΩ	1
6	R2、R3	RES	电阻	200Ω	2
7	R4	RES	电阻	2kΩ	1
8	LED1	LED－YELLOW	发光二极管	黄色	1
9	B1	BUTTON	按钮开关		1
10	Q1	NPN	三极管	9013	1

2. 在 Keil μVersion 中创建项目及文件

（1）启动 Keil μVersion3，新建项目 L4_1.UV2，选择 AT89C51 单片机，不加入启动代码。

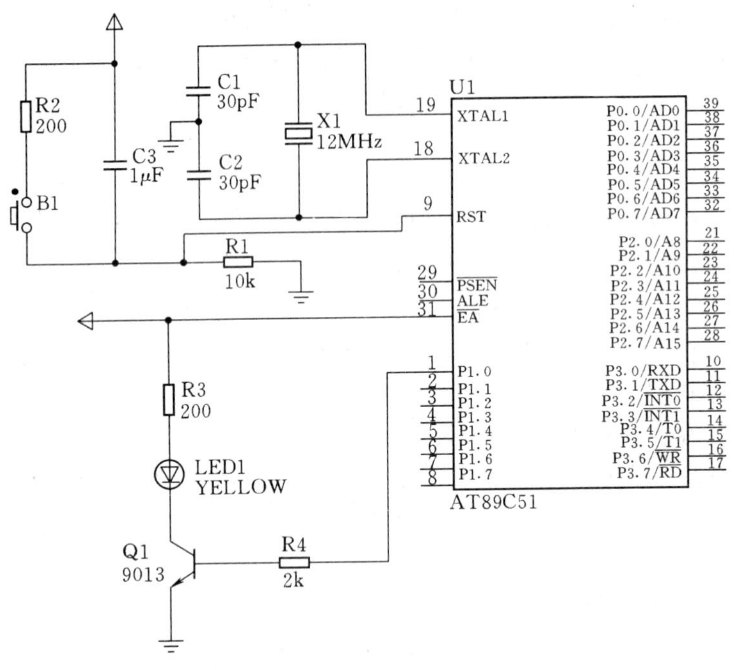

图 4.8　实训项目 1 原理图（L4 _ 1. DSN）

（2）新建文件 L4 _ 1. C，将文件添加入项目文件中，在 Keil μVersion3 的项目管理窗口将显示如图 4.9 所示信息。

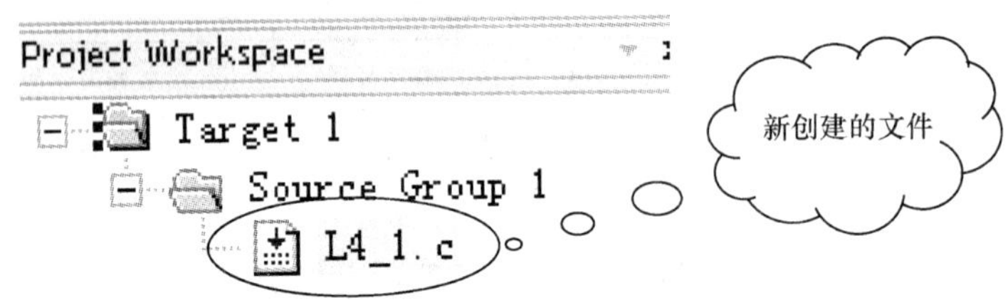

图 4.9　添加文件后的项目管理窗口

（3）参照第 3 章的方法为新创建的项目配置编译输出 HEX 文件，如图 4.10 所示。

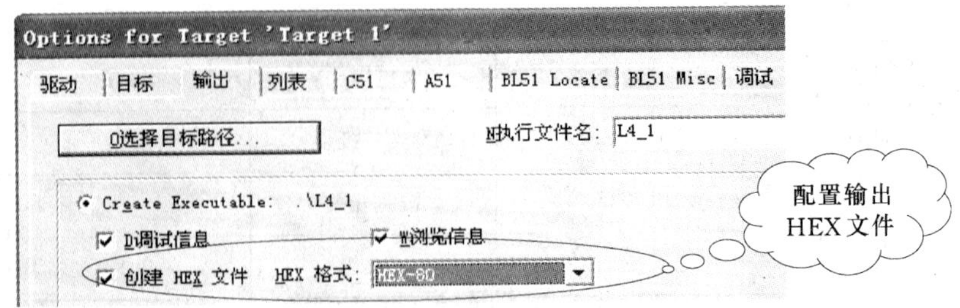

图 4.10　配置输出 HEX 文件

（4）配置 Keil 与 Proteus 联调选项，如图 4.11 所示。

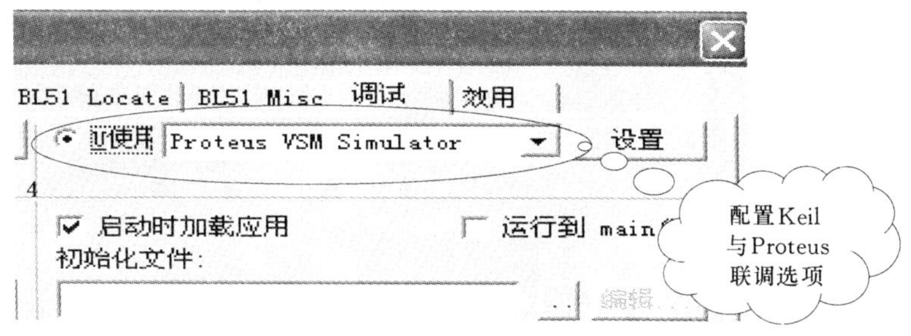

图 4.11 配置 Keil 与 Proteus 联调选项

4.4.3 软件设计

4.4.3.1 流程图设计

程序流程图是人们对解决问题的方法、思路或算法的一种描述。流程图采用简单规范的符号和画法来描述程序的处理步骤、逻辑条件和程序走向等，一般用方框来表示一个处理步骤，用菱形框来表示一个逻辑条件，用箭头来表示程序走向。流程图具有结构清晰、逻辑性强、容易理解的优点。在编写程序代码之前，应该养成绘制程序流程图的习惯。

根据本项目的具体要求，画出程序的流程图，如图 4.12 所示。

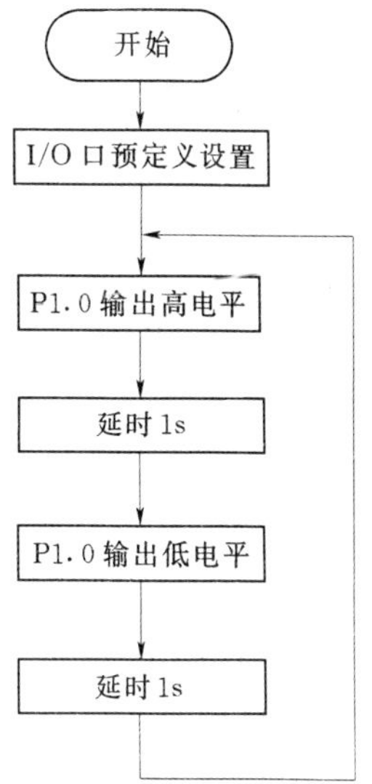

图 4.12 项目 L4_1 程序流程图

4.4.3.2 编写程序

1. I/O 口预定义设置

由于在 Keil C51 中不允许使用“.”作为变量名或端口名，因此，要为 P1.0 赋一个新的名称，在本书中我们统一用下划线“_”作为各端口的引脚标识，通过“sbit”进行定义，如对 P1.0 采用如下的定义：

```
sbit P1_0 = 0x90;
```

其中“0x90”是 P1.0 在单片机中的位地址，关于位地址，在后面的教学中将会详细讲解，这里我们暂且这样来使用。

2. I/O 口操作

在 Keil C51 中，对 I/O 口的操作可以采用赋值语句实现，因此，P1.0 输出高电平和低电平可以采用如下语句实现。

```
P1_0 = 1; // P1.0 输出高电平
P1_0 = 0; // P1.0 输出低电平
```

3. 延时 1s 的实现

可以采用两种方法实现 1s 延时：一是编写一个延时 1s 的函数实现；二是使用单片机内部的定时/计数器实现。这里采用第一种方法，编写和调试一个延时 1ms 的函数 Delay1ms () 和一个可延时任意毫秒的函数 DelayXms ()，DelayXms () 通过参数传递实现任意毫秒延时，当然，这种方式的延时精度是有限的。

```
void DelayXms(unsigned int ms)          //延时 Xms 函数定义
{                                        //延时 Xms 函数体起始
 unsigned int k;                         //变量声明
 for(k=0;k<ms;k++)                       //循环条件判断
  {Delay1ms();}                          //循环体,根据条件调用 1ms 延时函数
}                                        //延时 Xms 函数体结束
void Delay1ms(void)                      //延时 1ms 函数定义
{                                        //延时 1ms 函数体起始
 unsigned char i;                        //变量声明
 for(i=0;i<=140;i++)                     //循环条件判断
  {_nop_();}                             //调用空操作函数
}                                        //延时 1ms 函数体结束
```

在 Keil μVersion3 中，首先采用模拟调试方法调试好这两个延时函数，使其达到期望的精度。

4. 编写完整的项目程序 L4 _ 1. C

```
#include <reg51.h>                       // 51 单片机资源包含文件
#include <intrins.h>                     // Keil C 外部函数库包含文件,_nop_() 函数在此库中
void DelayXms(unsigned int);             // 声明 Xms 延时函数
void Delay1ms(void);                     // 声明 1ms 延时函数
sbit P1_0=0x90;                          // 定义 P1_0 为 P1.0
main()                                   // 主函数
{                                        // 主函数起始
  while(1)                               // while 死循环
    {                                    // while 循环体起始
    P1_0=1;                              // P1.0 输出高电平,LED 被点亮
    DelayXms(1000);                      // 延时 1000ms 即 1s
    P1_0=0;                              // P1.0 输出低电平,LED 熄灭
    DelayXms(1000);                      // 延时 1000ms 即 1s
    }                                    // while 循环体结束
}                                        //主函数结束
void DelayXms(unsigned int ms)           //延时 Xms 函数定义
{                                        //延时 Xms 函数体起始
  unsigned int k;                        //变量声明
  for(k=0;k<ms;k++)                      //循环条件判断
    {Delay1ms();}                        //循环体,根据条件调用 1ms 延时函数
}                                        //延时 Xms 函数体结束
void Delay1ms(void)                      //延时 1ms 函数定义
{                                        //延时 1ms 函数体起始
  unsigned char i;                       //变量声明
  for(i=0;i<=140;i++)                    //循环条件判断
    {_nop_();}                           //调用空操作函数
}                                        //延时 1ms 函数体结束
```

4.4.4 Keil μVersion3 与 Proteus 联合调试

程序编写完成以后，便可以按下列步骤进行调试了。

(1) 在 Keil μVersion3 编辑、编译程序，排除语法错误。图 4.13 是项目 L4 _ 1 编译通过后的 Keil μVersion3 界面。

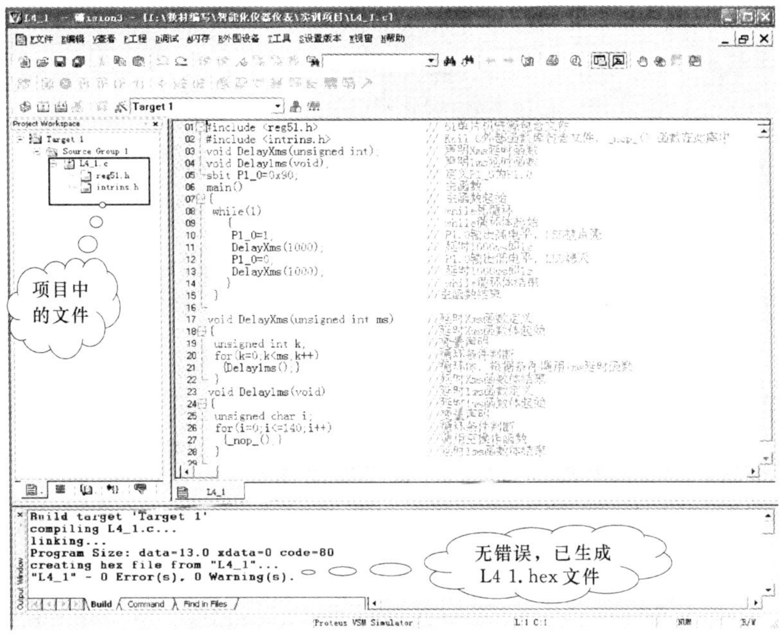

图 4.13 编译通过的 L4 _ 1 项目

(2) 程序调试通过以后，在 Proteus 的单片机中加载 L4 _ 1. HEX 文件和仿真运行了。这里我们进一步的来说明 Keil μVersion3 和 Proteus 联合调试的方法。

1) 在 Proteus 中设置好"远程调试"选项（通过选择菜单"Debug"→"Use Remote Debug Monitor"实现），然后，为单片机加载 L4 _ 1. HEX 文件，如图 4.14 所示。

2) 在 Keil μVersion3 中启动调试功能（通过选择菜单"调试"→"Start/Stop Debug Session"实现）。如果各项设置正确，"调试"菜单中或工具栏中的各运行选项将变成有效状态（否则为灰色无效状态），如图 4.15 所示。

3) 选择单步运行（快捷键 F10），当执行到"P1 _ 0=0;"语句时，Proteus 中的 LED 指示灯也随之熄灭了，而当执行到"P1 _ 0=1;"语句时，LED 指示灯又被点亮了。选择全速运行（快捷键 F5），LED 指示灯便 1s 亮、1s 灭地周而复始闪烁了。至此这个项目就大功告成了。

4.4.5 在 Proteus 中使用电流探针

Proteus 中提供了电压探针、电流探针、示波器和信号发生器等虚拟仪器。这里以使用电流探针测量流过 LED 电流为例说明虚拟仪器的使用方法。

(1) 在 Proteus 工具栏中选择电流探针（详见第 2 章中的说明），将其放置在被测线路

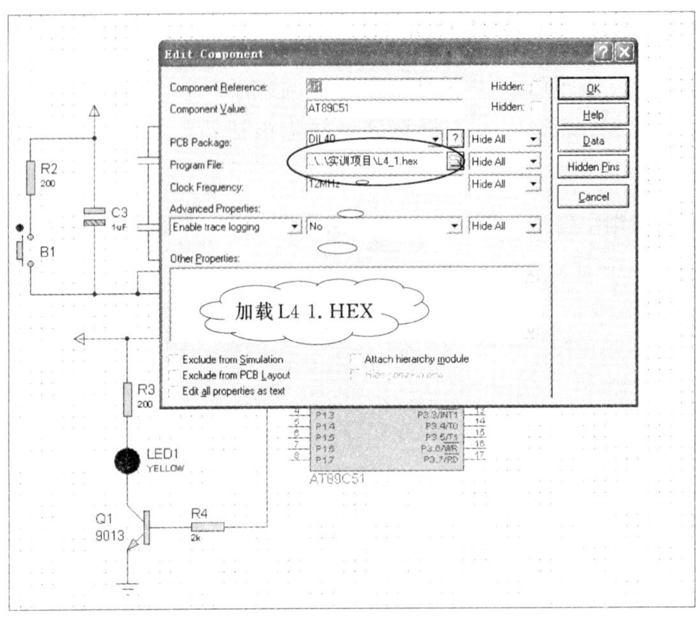

图 4.14　在 Proteus 中加载 L4 _ 1. HEX 文件

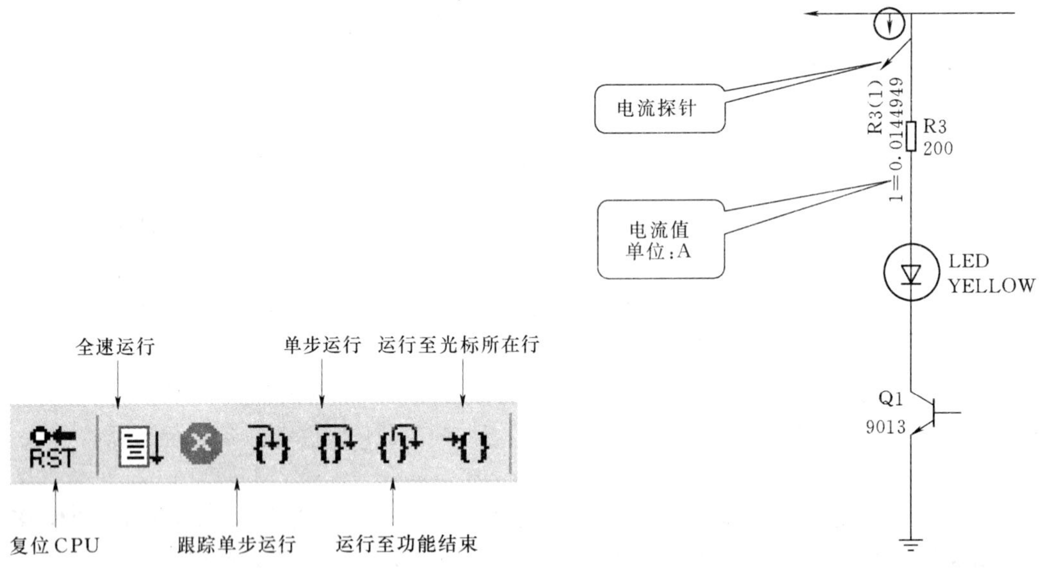

图 4.15　和运行相关的快捷按钮

图 4.16　用电流探针测量线路电流

上，旋转方向，使其旁边圆圈中的箭头与电路电流方向一致。

(2) 仿真运行，在电流探针旁边会出现一串数字，这就是流过 LED 的电流值，单位为安培（A），随着 LED 的亮、灭，可以看到电流值也在变化，LED 被点亮时的电流值为 0.0144949A，即约为 14.5mA，如图 4.16 所示。

(3) 如果想改变流过 LED 的电流大小，可以通过调整限流电阻 R3 的阻值来实现，在仿真的状态下是不用担心烧毁器件的。

第5章　MCS-51单片机的存储器组织

存储器（Memory）是计算机系统中的记忆设备，用来存放程序和数据。计算机中的全部信息，包括输入的原始数据、程序、中间运行结果和最终运行结果都保存在存储器中，它根据控制器指定的位置存入和取出信息。有了存储器，计算机及其产品才有了记忆功能，才能保证正常工作。

5.1　存储器基础知识

5.1.1　存储器

5.1.1.1　存储器的构成

构成存储器的存储介质，目前主要采用半导体器件和磁性材料。存储器中最小的存储单位就是一个双稳态半导体电路或一个CMOS晶体管或磁性材料的存储元，它可存储一个二进制代码。由若干个存储元组成一个存储单元，然后再由许多存储单元组成一个存储器。

一个存储器包含许多存储单元，每个存储单元可存放一个字节（按字节编址）。每个存储单元的位置都有一个编号，即地址，一般用十六进制表示。一个存储器中所有存储单元可存放数据的总和称为它的存储容量。假设一个存储器的地址码由20位二进制数（即5位十六进制数）组成，则可表示2^{20}个存储单元地址。

5.1.1.2　存储器的常用单位

1. 位（bit）

开关的闭合或电位器电平的高低，可以代表两种状态：0和1。因此可以把一个开关或电位器称之为一“位”，用bit表示。位是计算机中所能表示的最基本和最小的数据单位。

2. 字节（Byte）

一个开关可以表示“0”或“1”，两个开关可以表示“00”、“01”、“10”、“11”四种状态，即可以表示0～3，计算机中通常用8位同时计数，就可以表示0～255。这8位二进制数就称为一个字节（Byte），即1Byte＝8bit。为了表达方便，常用“B”表示“Byte”，而用“b”表示“bit”，则1B＝8b。

计算机中的数据是以字节为单位进行存放的。通常把2^{10}即1024个字节称为1KB（即千字节1KB＝1024B），更大的表达单位还有MB（兆字节），1MB＝1024KB＝2^{20}B；GB（吉字节），1GB＝1024MB＝2^{30}B；TB（太字节），1TB＝1024GB＝2^{40}B。

3. 字（Word）

计算机中作为一个整体来处理或运算的一串二进制数字，称为一个计算机字，简称字。一个字由若干个字节组成。

4. 字长

计算机的每个字所包含的二进制位数称为字长。不同的计算机系统的字长是不同的，常见的有 8 位、16 位、32 位、64 位等。字长越长，计算机一次处理的信息位就越多，精度就越高，字长是衡量计算机性能的一个重要指标。

5.1.1.3　存储器的基本工作原理

存储器是用来存放数据的地方，它其实是利用电平的高或低来存放数据的，也就是说，它实际上存放的是电平的高或低的状态，而不是我们所习惯上认为的“1234”这样的数字。那么它是如何工作的呢？图 5.1 是存储器的内部结构示意图，一个存储器就像一个小抽屉，一个小抽屉里有 8 个小盒子，每个小盒子用来存放 1 位“电荷”，电荷通过与它相连的导线传进来或释放掉，至于电荷在小盒子里是怎样存放的，我们不必深究，可以把导线想象成水管，小盒子里的电荷就像是水，那就好理解了。

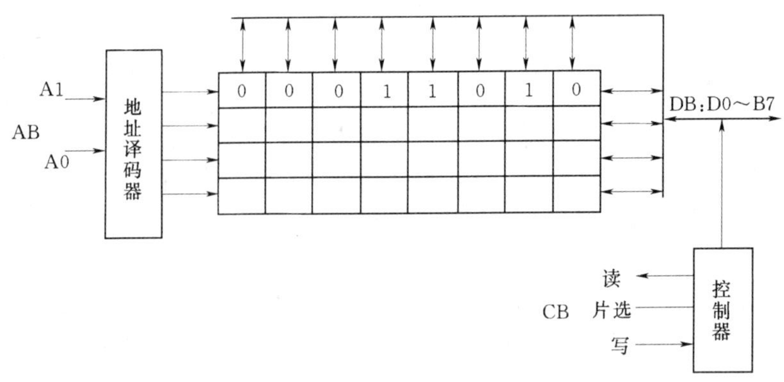

图 5.1　存储器的工作原理图

把存储器中的 1 个小抽屉称之为 1 个“单元”，相当于 1 个字节，而 1 个小盒子就相当于 1 位。有了这么一个构造，就可以开始存放数据了，比如要放进一组数据“00011010”，只要把第 1 号、第 3 号和第 4 号小盒子里存满电荷，而其他小盒子里的电荷给放掉就行了。可是问题又出来了，一个存储器有好多相同的单元，导线是并联着的（图 5.1 中的 DB），在放入电荷的时候，会将电荷放入所有的字节单元中，而释放电荷的时候，会把每个单元中的电荷都放掉，这样的话，不管存储器有多少个字节单元，都只能放同一个数，这当然不是我们所希望的。因此，我们要在结构上稍作变化，在每个单元上有根线与地址译码器相连，当要把数据放进哪个单元，就通过地址译码器给哪个单元发一个信号，由地址译码器通过这根线把相应的开关打开，这样，电荷就可以自由地进出了。那么，这样是不是就能随意地向存储器写入或者读出数据了呢？其实还不能，图 5.1 中与 D0～D7 相连的还有一个控制器，它是用来干什么的呢？D0～D7 与控制器之间的这根线叫写入/读出控制线，当我们向存储器写入数据时，必须先把这个开关切换到“写”入端；而要读出数据时，就得先把开关切换到“读”出端；而“片选”端则是为了区分不同的存

储器设置的。

5.1.2 智能化仪器仪表中常用存储器类型

半导体存储器的分类方法有很多，如可以按照信息存取方式分为随机存储器和只读存储器；按照一次存取数据的位数可以分为并行存储器和串行存储器；按照断电后信息的可保存性可以分为易失性存储器和非易失性存储器等。这里仅就智能化仪器仪表中常用的存储器类型加以介绍。

1. 随机存储器（RAM）

如果存储器中任何存储单元的内容都能被随机存取，且存取时间与存储单元的物理位置无关，则这种存储器称为随机存储器（Random Access Memory，RAM）。RAM 主要用来存放各种现场的输入输出数据、中间运算结果、与外存交换的信息以及作为堆栈使用，它的存储单元的内容按照需要既可以读出，也可以写入或改写。其特点是访问速度快，但断电后将丢失其内部存储的信息，故主要用于存储短时间使用的程序和数据。

RAM 按器件制造工艺不同又可分为双极型 RAM 和 MOS 型 RAM。

（1）双极型 RAM 采用晶体管触发器作为基本存储电路。其特点是存取速度快，但结构复杂，集成度较低，适合于作小容量的高速缓存器使用，如微型计算机 CPU 内部的高速缓存（Catch）。

（2）MOS 型 RAM 采用场效应管（MOS 管）作为基本存储电路，具有集成度高、功耗低、价格便宜等优势，是半导体存储器中的主流产品。MOS 型 RAM 按照信息的存储方式又可分为静态 RAM（SRAM）和动态 RAM（DRAM）两种，其主要区别在于非断电情况下 SRAM 保存的信息不会因为时间的推移而丢失，而 DRAM 存储的信息经过一段时间会自动丢失，因此动态 RAM 需用专门的动态刷新电路来保证信息的不丢失。在智能化仪器仪表中往往采用 SRAM 作为数据存储器使用，例如单片机内部的数据存储器便属于 SRAM。

2. 只读存储器（ROM）

只读存储器（Read－Only Memory，ROM）一般是装入整机前事先写好的，整机工作过程中只能对其进行读操作，而不能进行写操作的一类存储器。其编程（写入）操作一般要通过专门的编程器，采用一定的编程工具软件进行。为便于使用和大批量生产，进一步发展了可重写的只读存储器。

按内容写入方式，ROM 一般分为三种：掩膜 ROM（MROM）、紫外线擦除 ROM（EPROM）和电擦除 ROM（EEPROM 或 E^2PROM）。

ROM 电路比 RAM 简单、集成度高，成本低，是一种非易失性存储器，因而常用于存储各种固定程序和数据。在智能化仪器仪表中常把一些管理、监控程序、成熟的用户程序或表格存放在 ROM 中。

3. 闪速存储器（Flash Memory）

Flash Memory 是 Intel 公司于 1988 年推出的新一代 E^2PROM，它具有 E^2PROM 擦除的快速性，结构又有所简化，进一步提高了集成度和可靠性，从而降低了成本，近年来发展很快，大有取代 E^2PROM 的趋势。

自学小常识

1. 掩膜 ROM

掩膜是一种生产工艺。对于存储器而言，就是将其存储的信息在芯片生产过程中采用光刻的形式固化在芯片内部，信息一旦被固化便不能再进行修改。因此，掩膜 ROM 适合于大批量的定型生产，其优点是可靠高、成本低廉；缺点是每次修改程序都需要由厂家重新进行掩膜生产，不同程序不能同时生产，供货周期较长。由于掩膜 ROM 所存信息不能修改，断电后信息不消失，所以常用来存储固定的程序和数据，如在计算机中，用来存放监控、管理等专用程序。

2. 紫外线擦除 ROM（EPROM）

EPROM（Erasable Programmable Read－Only Memory）内容的改写不像 RAM 那么容易，在使用过程中，EPROM 的内容是不能擦除重写的，所以仍属于只读存储器。要想改写 EPROM 中的内容，必须将芯片从电路板上拔下，放到紫外线灯光下照射数分钟，使存储的数据消失。数据的写入可用软件编程，生成电脉冲来实现。

EPROM 存储器之所以可以多次写入和擦除信息，是因为采用了一种浮栅雪崩注入 MOS 管 FAMOS（Floating gate Avalanche injection MOS）来实现的。FAMOS 的浮动栅本来是不带电的，所以在 S、D 之间没有导电沟道，FAMOS 管处于截止状态。如果在 S、D 间加入 10～30V 左右的电压使 PN 结击穿，这时产生高能量的电子，这些电子有能力穿越 SiO_2 层注入由多晶硅构成的浮动栅上。于是浮栅被充上负电荷，在靠近浮栅表面的 N 型半导体形成导电沟道，使 MOS 管处于长久导通状态。FAMOS 管作为存储单元存储信息，就是利用其截止和导通两个状态来表示“1”和“0”的。EPROM 内信息的写入要用专用的编程器，并且往芯片中写内容时必须要加一定的编程电压（随不同的芯片型号而定）。

要擦除写入信息时，用紫外线照射氧化膜，可使浮栅上的电子能量增加从而逃逸浮栅，于是 FAMOS 管又处于截止状态。擦除时间大约为 10～30min，视型号不同而异。为便于擦除操作，在器件外壳上装有透明的石英盖板，便于紫外线通过。在写好数据以后应使用不透明的纸将石英盖板遮蔽，以免受到周围环境的紫外线照射而使信息受损。

3. 电擦除 ROM（E^2PROM）

E^2PROM（Electrically Erasable Programmable Read－Only Memory）是一种电写入电擦除的只读存储器，擦除时只要加入 10ms、20V 左右的电脉冲即可完成擦除操作。与 EPROM 芯片不同，E^2PROM不需从系统中取出即可修改其内容，即 E^2PROM 可以在电脑上或专用设备上擦除已有信息，重新编程。所以，E^2PROM 使用起来比 EPROM 方便得多，改写、重新编程也节省时间。在智能化仪器仪表中常用于存储设置信息等掉电需要保存的信息或数据等。

E^2PROM 之所以具有这样的功能，是因为采用了一种浮栅隧道氧化层 MOS 管 Flotox（Floating gate Tunnel Oxide）。在 Flotox 管的浮栅与漏区之间有一个 20nm 左右，十分薄的氧化层区域，称为隧道区，当这个区域的电场足够大时，可以在浮栅与漏区出现隧道效应，形成电流，可对浮栅进行充电或放电。放电相当写“1”，充电相当写“0”。擦除操作实际上是对 E^2PROM 进行写“1”操作，而且是全部存储单元均写为“1”状态，编程时只要将相关部分写为“0”即可。

Flash 译成中文为“闪烁”的意思，又由于这种存储器的读写速度很快，因此称其为闪速存储器（简称闪存或 Flash 存储器）。由于该类存储器集成度高、读取速度快（速度

已接近动态 RAM)、单一供电、可重复编程等特点，近年来在智能化仪器仪表中也得到了广泛的应用。其缺点是同一单元的写入次数有限制，一般不超多 100 万次。

自学小常识

闪存是不用电池供电的、高速耐用的非易失性半导体存储器，它以性能好、功耗低、体积小、重量轻等特点活跃于便携机（膝上型、笔记本型等）存储器市场，但价格较贵。

闪存是 E^2PROM 的变种，闪存数据的删除（擦出）不是以单个的字节为单位而是以固定的区块为单位，区块大小一般为 256KB～20MB。这样闪存就比 E^2PROM 的更新速度快。由于其断电时仍能保存数据，因此闪存通常被用来保存设置信息，如电脑中的 BIOS（基本输入输出程序）、PDA（个人数字助理）和数码相机中的资料等。另外，闪存不像 RAM（随机存取存储器）一样以字节为单位改写数据，因此不能取代 RAM。

闪存具有 E^2PROM 的特点，即可以在计算机内进行擦除和编程，它的读取时间与 DRAM 相似，而写时间与磁盘驱动器相当。闪存有 5V 或 12V 两种供电方式。对于便携机来讲，用 5V 电源更为合适。闪存操作简便，编程、擦除、校验等工作均已编成程序，可由配有闪存系统的中央处理机予以控制。

闪存可替代 E^2PROM，在某些应用场合还可取代 SRAM，尤其是对于需要配备电池后援的 SRAM 系统，使用闪存后可省去电池。闪存的非易失性和快速读取的特点，能满足固态盘驱动器的要求，同时，可替代便携机中的 ROM，以便随时写入最新版本的操作系统。快擦型存储器还可应用于激光打印机、条形码阅读器、各种仪器设备以及计算机的外部设备中。典型的芯片有 27F256/28F016/28F020 等。

闪存卡（Flash Card）是利用闪存技术存储电子信息的存储器，一般应用在数码相机、掌上电脑、MP3 等小型数码产品中作为存储介质。根据不同的生产厂商和不同的应用，闪存卡大概有 SmartMedia（SM 卡）、Compact Flash（CF 卡）、MultiMediaCard（MMC 卡）、Secure Digital（SD 卡）、Memory Stick（记忆棒）、XD-Picture Card（XD 卡）和微硬盘（MICRODRIVE）等几种。这些闪存卡虽然外观、规格不同，但是技术原理都是相同的。

在智能化仪器仪表中用的较多的是 Intel 公司推出的 28F 系列，如 28F020（256K×8 位）和 Atmel 公司推出的 AT29 系列，如 AT29C040A（512K×8 位）等。

4. 铁电存储器（FRAM）

铁电存储技术早在 1921 年就已经提出，直到 1993 年美国 Ramtron 公司才成功开发出第一个 4K 位的铁电存储器（FRAM）产品。目前所有的 FRAM 产品均由 Ramtron 公司制造或授权。最近几年，FRAM 又有新的发展，采用了 0.35μm 工艺，推出了 3V 低功耗产品。FRAM 已经在仪表（如家庭水、电、煤气三表系统等）、汽车（安全气囊、车身控制系统等）、消费类电子（家电、机顶盒、等离子电视机等）、计算机（网络附属存储设备、办公设备等）、工业控制（发动机控制、电梯控制、酒店门锁控制等）等产品中得到了初步的应用，并取得了较好的应用效果。

FRAM 的特点是读写速度快，能够像 RAM 一样操作，读写功耗极低，不存在如 E^2PROM、Flash 等的最大写入次数限制问题。但受铁电晶体特性制约，FRAM 仍有最大访问（读）次数的限制，一般最大访问（读）次数可达到 10^{10} 次，即 100 亿次，这已经能够满足常用智能化仪器仪表的寿命周期需求。表 5.1 和表 5.2 分别列出了在智能化仪器仪表中常用的并行和串行 FRAM 芯片。

自 学 小 常 识

FRAM 利用铁电晶体的铁电效应实现数据存储。铁电效应是指在铁电晶体上施加一定的电场时，晶体中心原子在电场的作用下运动，并达到一种稳定状态；当电场从晶体移走后，中心原子会保持在原来的位置。这是由于晶体的中间层是一个高能阶，中心原子在没有获得外部能量时不能越过高能阶到达另一稳定位置，因此 FRAM 保持数据不需要电压，也不需要像 DRAM 一样周期性刷新。由于铁电效应是铁电晶体所固有的一种偏振极化特性，与电磁作用无关，所以 FRAM 存储器的内容不会受到外界条件诸如磁场等因素的影响，能够同普通 ROM 存储器一样使用，具有非易失性的存储特性。

表 5.1　常用并行 FRAM 芯片

序号	器件型号	存储容量（位）	访问时间（ns）	电源电压（V）
1	FM1608	8K×8	120	5
2	FM1808	32K×8	70	5
3	FM28V020	32K×8	60	2.0～3.6
4	FM28V100	128K×8	60	2.0～3.6
5	FM21L16	128K×16	60	2.7～3.6
6	FM22L16	256K×16	55	2.7～3.6

表 5.2　常用串行 FRAM 芯片

序号	器件型号	存储容量（位）	最高频率（MHz）	电源电压（V）
1	FM24C04A	4K	1	4.5～5.5
2	FM24C16A	16K	1	4.5～5.5
3	FM24CL32	32K	1	2.7～3.6
4	FM24C64	64K	1	4.5～5.5
5	FM24V02	256K	3.4	2.0～3.6
6	FM24V10	1M	3.4	2.0～3.6

5.2　MCS－51 单片机的存储器组织

微型计算机的存储器有两种基本结构：一种是在通用微型计算机中广泛采用的将程序和数据合用一个存储器空间的结构，称为普林斯顿（Princeton）结构；另一种是将程序存储器和数据存储器截然分开，分别寻址的结构，称为哈佛（Harward）结构。图 5.2 是微型计算机的存储器的两种结构形式。Intel 的 MCS－51 系列单片机采用哈佛结构。

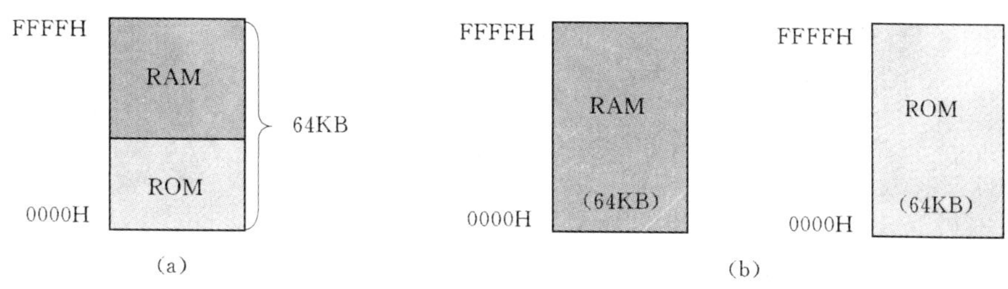

图 5.2 微型计算机的存储器的两种结构形式
(a) 普林斯顿结构；(b) 哈佛结构

除了无 ROM 型的 8031 和 8032 外，MCS－51 的存储器包括程序存储器（ROM）与数据存储器（RAM）两部分，这两部分一般是独立的。标准的 8x51 系列具有 4KB 程序存储器、128B 数据存储器，而标准的 8x52 系列具有 8KB 程序存储器、256B 数据存储器，刚好是 8x51 系列的两倍。不管是 8x51、8031、8032 或 8x52，其外部可直接扩展的程序存储器或数据存储器最多为 64KB。

MCS－51 的兼容单片机都增大了其内部程序存储器与数据存储器的容量。例如 Atmel 半导体公司的 TS83C51RB2，其内部有 16KB 程序存储器、256B 数据存储器；TS83C51RC2，其内部有 32KB 程序存储器、256B 数据存储器；TS83C51RD2，其内部有 64KB 程序存储器、768B 数据存储器。尽管如此，我们在此仍探讨基本的 MCS－51 单片机的标准存储器结构。

从物理地址空间看，MCS－51 有 4 个存储器地址空间，即片内程序存储器（简称片内 ROM）、片外程序存储器（片外 ROM）、片内数据存储器（片内 RAM）和片外数据存储器（片外 RAM）。

由于片内、片外程序存储器统一编址，因此从逻辑地址空间看，MCS－51 有 3 个存储器地址空间，即片内 RAM、片外 RAM 及片内、片内片外统一编址的 ROM。

5.2.1 程序存储器

顾名思义，程序存储器（ROM）主要是用来存放程序的，另外也可以存储一些始终保留的固定表格、常量等信息。程序存储器以程序计数器 PC 作为地址指针，通过 16 位地址总线，可寻址 64KB 的地址空间。设计时可以选择使用片内 ROM 或片外 ROM，具体说明如下。

(1) 若使用 8031 或 8032，由于内部没有 ROM，一定要使用片外 ROM，所以单片机的 $\overline{EA}$ 引脚必须接地，强制 CPU 从外部程序存储器读取程序。

(2) 对于有片内 ROM 的单片机，在正常运行时，应将 $\overline{EA}$ 引脚接高电平，使 CPU 先从片内 ROM 中读取程序。当 PC 值超过片内 ROM 的容量时，才会自动转向片外 ROM 读取程序。

(3) 对于有片内 ROM 的单片机，若把 $\overline{EA}$ 引脚接地，CPU 将直接从片外 ROM 中读取程序，而片内 ROM 形同虚设。可利用这一特点进行程序调试，即把要调试的程序放在与片内 ROM 空间重叠的片外 ROM 中，以便进行调试和修改。

MCS－51 的程序存储器结构如图 5.3 所示。

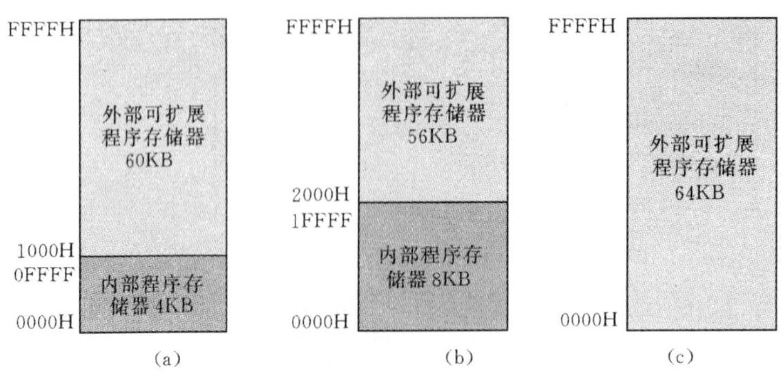

图 5.3　MCS－51 的程序存储器结构

(a) $\overline{EA}$=1 (8x51)；(b) $\overline{EA}$=1 (8x52)；(c) $\overline{EA}$=0

当 CPU 复位后，程序将从程序存储器 0000H 位置开始执行，如没有遇到跳转指令，则程序将顺序执行。当然，程序存储器前面几个位置还有一些玄机，留待中断处理部分再详细说明。

5.2.2　数据存储器

MCS－51 的程序存储器与数据存储器是分开的独立区域，所以访问数据存储器时，所使用的地址并不会与程序存储器发生冲突。相对于程序存储器，数据存储器的结构比较复杂，其示意图如图 5.4 所示。

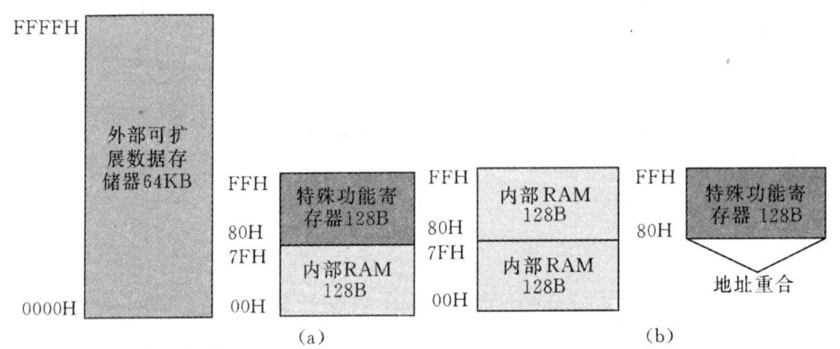

图 5.4　MCS－51 的数据存储器结构

(a) 8x51 型；(b) 8x52 型

数据存储器也称为随机存取数据存储器（RAM）。MCS－51 单片机的数据存储器在物理上和逻辑上都分为两个地址空间，一个内部数据存储区和一个外部数据存储区。MCS－51 内部 RAM 有 128 个或 256 个字节的用户数据存储（不同的型号有区别），它们是用于存放执行的中间结果和过程数据的。MCS－51 的数据存储器均可读写，部分单元还可以位寻址。

5.2.2.1　外部数据存储器

MCS－51 单片机中设置有一个专门的数据存储器的地址指示器——数据指针 DPTR，用于访问片外数据存储器。数据指针 DPTR 也是 16 位的寄存器，这样，就使 MCS－51 具有 64 KB 外部 RAM 和 I/O 端口扩展能力，外部 RAM 和外部 I/O 端口实行统一编址，并使用相同的选通控制信号，使用相同的汇编语言指令 MOVX 访问，使用相同的寄存器

间接寻址方式。

5.2.2.2 内部数据存储器

内部数据存储器是使用最多的地址空间，所有的操作指令（算术运算、逻辑运算、位操作运算等）的操作数只能在此地址空间或特殊功能寄存器（SFR，后面介绍）中存放。

自学小常识

在增强型 52 子系列单片机中，高 128 字节片内 RAM 和 SFR 的地址是重合的，究竟访问哪一块是通过不同的寻址方式加以区分的，访问高 128 字节片内 RAM 采用寄存器间接寻址，访问 SFR 则只能采用直接寻址。访问低 128 字节片内 RAM 时，两种寻址均可采用。

“直接寻址”与“间接寻址”在 C51 程序设计语言中是可以用数据类型来区分的。但如果要使用汇编语言编程，则必须详细了解寻址方式问题，读者可以查阅有关汇编语言程序设计的资料获得这方面的知识。

内部 RAM 地址只有 8 位，因而最大寻址范围为 256 个字节。如图 5.4 所示，它在物理上又分成两个独立的功能区。

（1）内部 RAM 区：对于普通型 51 子系列单片机，地址为 00H～7FH（128B 空间）；对于增强型 52 子系列单片机，地址为 00 H～FFH（256B 空间）。

（2）特殊功能寄存器（SFR）区：地址为 80 H～FFH（128B 空间）。

地址为 00H～7FH 的内部 RAM 使用分配见表 5.3。

表 5.3　内部 RAM 使用分配

BYTE（MSB）　　　　（LSB）

BYTE										
7FH ⋮ 30H									堆栈区 通用 数据	80 字节 只能字节寻址
2FH	7FH	7EH	7DH	7CH	7BH	7AH	79H	78H	位寻址区	16 字节 128 位 既可位寻址 又可字节寻址
2EH	77H	76H	75H	74H	73H	72H	71H	70H		
2DH	6FH	6EH	6DH	6CH	6BH	6AH	69H	68H		
2CH	67H	66H	65H	64H	63H	62H	61H	60H		
2BH	5FH	5EH	5DH	5CH	5BH	5AH	59H	58H		
2AH	57H	56H	55H	54H	53H	52H	51H	50H		
29H	4FH	4EH	4DH	4CH	4BH	4AH	49H	48H		
28H	47H	46H	45H	44H	43H	42H	41H	40H		
27H	3FH	3EH	3DH	3CH	3BH	3AH	39H	38H		
26H	37H	36H	35H	34H	33H	32H	31H	30H		
25H	2FH	2EH	2DH	2CH	2BH	2AH	29H	28H		
24H	27H	26H	25H	24H	23H	22H	21H	20H		
23H	1FH	1EH	1DH	1CH	1BH	1AH	19H	18H		
22H	17H	16H	15H	14H	13H	12H	11H	10H		
21H	0FH	0EH	0DH	0CH	0BH	0AH	09H	08H		
20H	07H	06H	05H	04H	03H	02H	01H	00H		

续表

1FH ⋮ 18H	R7 ⋮ R0	寄存器 3 组	通用寄存器区	4 组寄存器 共 32 字节 字节寻址 寄存器寻址 寄存器间址
17H ⋮ 10H	R7 ⋮ R0	寄存器 2 组		
0FH ⋮ 08H	R7 ⋮ R0	寄存器 1 组		
07H 00H	R7 R0	寄存器 0 组		

1. 通用寄存器区

（1）在 00H～1FH 之间的 32 个单元被均匀地分为四块，每块包含八个 8 位寄存器，均以 R0～R7 来命名，我们常称这些寄存器为通用寄存器。

（2）这四块中的寄存器都称为 R0～R7，那么在程序中怎么区分和使用它们呢？聪明的 Intel 工程师们又安排了一个寄存器——程序状态字（Program Status Word，PSW）寄存器来管理它们，CPU 只要定义这个 PSW 寄存器的第 3 和第 4 位（RS0 和 RS1），即可选中这四组通用寄存器。对应的编码关系如表 5.4 所示。

（3）一旦选中了一组寄存器，其他 3 组只能作为数据存储器使用，而不能作为寄存器使用。

（4）CPU 复位时，自动选中第 0 组。

表 5.4　　程序状态字与通用寄存器对应关系

RS1	RS2	寄 存 器 组	RS1	RS2	寄 存 器 组
0	0	0 组（00H～07H）	1	0	2 组（10H～17H）
0	1	1 组（08H～0FH）	1	1	3 组（18H～1FH）

2. 位寻址区

（1）内部 RAM 的 20H～2FH 单元为位寻址区，共有 16 个字节，128 个位，位地址为 00H～7FH，位地址分配如表 5.3 所示。

（2）通常访问存储器是以字节为单位，“可位寻址”是指 CPU 可以直接寻址这些位（bit）。在 MCS－51 的汇编语言里，可以使用位运算指令执行如置“1”、清“0”、求“反”、移位、传送和逻辑等位操作。我们常称 MCS－51 具有布尔处理功能，布尔处理的存储空间指的就是这些位寻址区。

（3）该区既可位寻址，也可作为一般数据单元用字节寻址，如 MOV C，20H，这里 C 是进位标志位 CY，该指令将 20H 位地址内容送 CY；而 MOV A，20H，即将字节地址为 20H 单元的内容送 A 累加器。可见，20H 是位地址还是字节地址要看另一个操作数的类型。

3. 通用数据与堆栈区

（1）30H～7FH 单元的 80 个字节地址为通用数据访问及堆栈区。由于 CPU 复位后，堆

栈指针（SP）指向 07H 位置（第 0 组通用寄存器的 R7 地址），为了确保数据的安全与程序执行的正确，如果在程序中进行了堆栈操作，最好能把堆栈指针移到 30H 以后的地址。

（2）通用寄存器区中，除选中的寄存器组以外都可以作为通用数据区使用。

5.3 MCS－51 单片机特殊功能寄存器

在 MCS－51 中，寄存器只是单片机内部特定地址的数据存储器而已。而在 80H～FFH 单元地址之间的 128B，正是特殊功能寄存器（Special Function Register，SFR）所在的位置。什么是“特殊功能寄存器”呢？特殊功能寄存器就是 MCS－51 内部的装置，它起着专用寄存器的作用，用来设置片内电路的运行方式，记录电路的运行状态，并表明有关标志等。此外，并行和串行 I/O 端口也映射到 SFR，对这些 SFR 的读/写，可实现从相应 I/O 端口的输入和输出操作。若用汇编语言编写程序，我们必须确切地掌握这些寄存器。若用 C51 语言编写程序，就不是那么重要了，其具体地址的声明放在 Keil C 所提供的“reg51.h”头文件里，我们只要把它包含在程序里即可，而不必记忆这些具体地址。

MCS－51 单片机共有 21 个 SFR，不连续地分布在 80H～FFH 之间的 128B 地址空间中，地址为×0H 和×8H 的寄存器是可位寻址的，见表 5.5，表中用“*”表示可位寻址的寄存器。

表 5.5　特殊功能寄存器的名称及主要功能（* 为可位寻址的 SFR）

D_7			位地址				D_0	字节地址	SFR	寄存器名
P0.7	P0.6	P0.5	P0.4	P0.3	P0.2	P0.1	P0.0	80H	P0	* P_0 端口
87H	86H	85H	84H	83H	82H	81H	80H			
								81H	SP	堆栈指针
								82H	DPL	数据指针
								83H	DPH	
			SMOD					87H	PCON	电源控制
TF1	TR1	TF0	TR0	IE1	IT1	IE0	IT0	88H	TCON	* 定时器控制
8FH	8EH	8DH	8CH	8BH	8AH	89H	88H			
GATE	C/$\overline{T}$	M1	M0	GATE	C/$\overline{T}$	M1	M0	89H	TMOD	定时器模式
								8AH	TL0	T_0 低字节
								8BH	TL1	T_1 低字节
								8CH	TH0	T_0 高字节
								8DH	TH1	T_1 高字节
P1.7	P1.6	P1.5	P1.4	P1.3	P1.2	P1.1	P1.0	90H	P1	* P_1 端口
97H	96H	95H	94H	93H	92H	91H	90H			
SM0	SM1	SM2	REN	TB8	RB8	TI	RI	98H	SCON	* 串行口控制
9FH	9EH	9DH	9CH	9BH	9AH	99H	98H			
								99H	SBUF	串行口数据
P2.7	P2.6	P2.5	P2.4	P2.3	P2.2	P2.1	P2.0	A0H	P2	* P_2 端口
A7H	A6H	A5H	A4H	A3H	A2H	A1H	A0H			

续表

D_7			位地址				D_0	字节地址	SFR	寄存器名
EA			ES	ET1	EX1	ET0	EX0	A8H	IE	* 中断允许
AFH	—	—	ACH	ABH	AAH	A9H	A8H			
P3.7	P3.6	P3.5	P3.4	P3.3	P3.2	P3.1	P3.0	B0H	P3	* P_3端口
B7H	B6H	B5H	B4H	B3H	B2H	B1H	B0H			
			PS	PT1	PX1	PT0	PX0	B8H	IP	* 中断优先权
—	—	—	BCH	BBH	BAH	B9H	B8H			
CY	AC	F0	RS1	RS0	OV	—	P	D0H	PSW	* 程序状态字
D7H	D6H	D5H	D4H	D3H	D2H	D1H	D0H			
ACC.7	ACC.6	ACC.5	ACC.4	ACC.3	ACC.2	ACC.1	ACC.0	E0H	ACC	* A 累加器
E7H	E6H	E5H	E4H	E3H	E2H	E1H	E0H			
								F0H	B	* B 寄存器
F7H	F6H	F5H	F4H	F3H	F2H	F1H	F0H			

21 个特殊功能寄存器的名称及主要功能介绍如下，详细的用法见后面各章的内容。

(1) ACC——累加器（Accumulator）。累加器 A 是一个最常用的特殊功能寄存器，汇编语言中大部分单操作数指令的一个操作数取自累加器，很多双操作数指令中的一个操作数也取自累加器。大部分的数据操作都会通过累加器 A 进行，它如同交通要道，在程序比较复杂的运算中，累加器成了制约软件效率的“瓶颈”，它的功能较多，地位也十分重要。以至于后来推出的单片机，有的集成了多累加器结构，或者使用寄存器阵列来代替累加器，即赋予更多寄存器以累加器的功能，目的是解决累加器的“交通堵塞”问题，提高单片机的软件执行效率。

(2) B——寄存器。寄存器 B 的主要功能是在汇编语言中配合累加器 A 进行乘、除法运算。

(3) PSW——程序状态字（Program Status Word）。程序状态字是一个 8 位寄存器，用于存放程序运行的状态信息，这个寄存器的一些位可由软件设置，有些位则是由硬件运行时自动设置的。寄存器的各位定义如下：

	7	6	5	4	3	2	1	0
PSW	CY	AC	F0	RS1	RS0	OV	—	P

1) PSW.7 (CY)：进、借位标志位。此位有两个功能：一是反映加、减运算中最高位有无进、借位情况（加法为进位，减法为借位）。有进、借位时，则本位将自动设为 1，即 CY=1；否则 CY=0。二是在位操作中作累加位使用，可以用软件将该位置 1 或清 0。

2) PSW.6 (AC)：辅助进、借位标志位。当进行加、减运算时，当有低 4 位向高 4 位进位或借位时，AC 置位，否则被清零。AC 辅助进、借位位也常用于十进制调整。

3) PSW.5 (F0)：用户标志位，供用户设置的标志位。

4) PSW.4、PSW.3 (RS1 和 RS0)：寄存器组选择位。可参见表 5.4 的定义。

5) PSW.2 (OV)：溢出标志位。补码运算的运算结果有溢出，OV=1，否则 OV=

0。OV的状态由补码运算中的最高位进位（D7位的进位CY）和次高位进位（D6位的进位CY_{-1}）的异或结果决定，即$OV=CY \oplus CY_{-1}$。

6）PSW.1：保留位，未使用。

7）PSW.0（P）：奇偶校验位。反映对累加器A操作后，A中“1”的个数的奇偶性。若A中有奇数个“1”则P置位，即P=1，否则P=0。

（4）SP——堆栈指针（Stack Pointer）。SP是一个8位寄存器，它指示堆栈顶部在内部RAM中的位置。系统复位后，SP的初始值为07H，使得堆栈实际上是从08H开始的。但我们从RAM的结构分布中可知，08H～1FH隶属1～3工作寄存器区，若编程时需要用到这些数据单元，必须对堆栈指针SP进行初始化，原则上设在任何一个区域均可，但一般设在30H～1FH之间较为适宜。

自学小常识

堆栈（stack）

堆栈是一种特殊的数据存储方式，数据写入堆栈称为入栈（PUSH），从堆栈中取出数据称为出栈（POP）。堆栈的最主要特征是其数据的操作顺序是“先进后出”（First In Last Out，FILO），即最先入栈的数据放在堆栈的最底部，而最后入栈的数据放在栈的顶部，因此，最后入栈的数据最先出栈。这和我们往一个箱子里存放书本一样，若要将最先放入箱底部的书取出，必须先取走最上层的书籍。

堆栈有何用途呢？堆栈的设立是为了中断操作和子程序的调用而用于保存数据的，即常说的断点保护和现场保护。微处理器无论是在转入子程序还是中断服务程序执行，执行完后，还是要回到主程序中来，在转入子程序和中断服务程序前，必须先将现场的数据保存起来，否则返回时，CPU并不知道原来的程序执行到哪一步，原来的中间结果如何？所以在转入执行其他子程序前，先将需要保存的数据压入堆栈中保存，以备返回时，再复原当时的数据，供主程序继续执行。

转入中断服务程序或子程序时，需要保存的数据可能有若干个，都需要一一地保留。如果微处理器进行多重子程序或中断服务程序嵌套，那么需保存的数据就更多，这要求堆栈还需要有相当的容量，否则会造成堆栈溢出，丢失应备份的数据。轻者使运算和执行结果错误，重则使整个程序紊乱。

MCS-51的堆栈是在RAM中开辟的，即堆栈要占据一定的RAM存储单元。同时MCS-51的堆栈可以由用户设置，SP的初始值不同，堆栈的位置则不同。不同的设计人员，使用的堆栈区可以不同，不同的应用要求，堆栈要求的容量也有所不同。堆栈的操作只有两种，即进栈和出栈，但不管是向堆栈写入数据还是从堆栈中读出数据，都是对栈顶单元进行的，SP就是即时指示出栈顶的位置（即地址）。在子程序调用和中断服务程序响应的开始和结束期间，CPU都是根据SP指示的地址与相应的RAM存储单元交换数据。

堆栈的操作有两种方法：第一种方式是自动方式，即在中断服务程序响应或子程序调用时，返回地址自动进栈。当需要返回执行主程序时，返回的地址自动交给PC，以保证程序从断点处继续执行，这种方式是不需要编程人员干预的。第二种方式是人工指令方式，使用专有的堆栈操作指令进行进、出栈操作。其中进栈为PUSH指令，在中断服务程序或子程序调用时作为现场保护；出栈操作POP指令，用于子程序完成时，为主程序恢复现场。

堆栈是一种特殊的数据存储方式，其数据的操作顺序是先进后出（First In Last Out，FILO）。当数据以 PUSH 命令送入堆栈时，SP 自动加 1；若以 POP 命令从堆栈取出数据时，SP 自动减 1。当然，使用 C 语言编写程序时，几乎可以不管这个寄存器。

（5）DPTR——数据指针（Data Pointer）。数据指针为 16 位寄存器，编程时，既可以按 16 位寄存器来使用，也可以按两个 8 位寄存器来使用，即高位字节寄存器 DPH 和低位字节寄存器 DPL。

DPTR 主要是用来保存 16 位地址，当对 64KB 外部数据存储器寻址时，可作为间址寄存器使用。

（6）P0～P3——I/O 端口（Port）寄存器。P0～P3 是 4 个并行 I/O 端口映射入 SFR 中的寄存器。通过对该寄存器的读/写，可实现从相应 I/O 端口的输入/输出。

下面这些特殊功能寄存器将在后面的相关内容中作详细介绍，这里仅给出寄存器的名称。

（7）IP——中断优先级控制（Interrupt Priority）寄存器。

（8）IE——中断允许控制（Interrupt Enable）寄存器。

（9）TMOD——定时/计数器方式控制（Timer/Counter Mode Control）寄存器。

（10）TCON——定时/计数器控制（Timer/Counter Control）寄存器。

（11）TH0、TL0、TH1、TL1——定时/计数器 0、定时/计数器 1 的计量寄存器。

（12）SCON——串行端口控制（Serial Port Control）寄存器。

（13）SBUF——串行数据缓冲器（Serial Buffer）。

（14）PCON——电源控制（Power Control）寄存器。

5.4　在 Keil C51 中使用存储器

通过对变量声明时附加存储器类型说明，Keil C51 编译器能够访问 MCS－51 单片机的所有存储空间，与 MCS－51 单片机相关的 C51 存储器类型说明符包括 code、data、idata、xdata 和 pdata，在这六种存储器类型中，使用较多的是 code 和 xdata，下面分别加以介绍。

5.4.1　对程序存储器（code）的访问

当使用 code 存储类型定义数据时，Keil C51 编译器会将其定义在程序存储空间（ROM）中。程序存储空间一般用于存放指令代码和其他非易变信息，如数据表、跳转向量和状态表等。调试完成的程序代码被写入单片机的片内或片外程序存储器中，在程序执行过程中，不会有信息写入这个区域，因为程序代码是不能自我改变的。

1. 用 code 存储类型定义数据

用 code 声明变量的格式如下，这里需要注意的是变量声明时就要为其赋值，因为这个变量的值被存储在程序存储器中，程序运行过程中是不能改变的。

```
数据类型 code 变量名称＝值；
```

例如：unsigned int code Volatage＝220；

```
unsigned char code Letter='A';
```

程序编译后，在程序存储器中将分配相应的存储单元用于存放“220”和字母“A”，在程序运行过程中这些单元的数据也不会发生变化。

2. 用 code 存储类型定义数据表

固定的数据表格可以使用 code 存储类型将其存储在程序存储器中，需要的时候通过查表获得需要的数据。例如，功率测量仪表中根据 $P=UI\cos\psi$ 求功率值时，可以将余弦表（$\cos\psi$）存储在程序存储器中，根据求得的相位角（ψ）值，通过在程序存储器中查表得到 $\cos\psi$ 值，然后进行功率计算。模糊控制仪器仪表中的模糊规则等也可以用数据表的形式存储在程序存储器中。这类数据表一般采用数组形式来定义，下面以一维数组为例加以说明。

```
数据类型 code 数组名称[元素个数] = { 数组元素初值 };
```

例如，在数码管显示电路中，用于送显示的字形代码就可以以一维数组形式存储在程序存储器中，共阳极数码管字形代码的定义方式如下：

```
unsigned char code table[10]={0xc0,0xf9,0xa4,0xb0,0x99,0x92,0x82,0xf8,0x80,0x90};
```

其中“0xc0，0xf9…”是对应显示数字“0，1，…，9”的字形代码。

5.4.2 对外部数据存储器（xdata）的访问

用 xdata 存储类型声明的变量，编译器将在单片机的外部数据存储器中分配存储单元，可以访问的空间范围是 64KB。

1. 用 xdata 存储类型定义变量

用 xdata 定义变量的格式如下：

```
数据类型 xdata 变量名称 [=初始值];
```

例如：(1) unsigned char xdata system _ status=0。

(2) int xdata Volatage。

(3) float xdata Temperature=25.08。

在上面的例（1）中，编译器将为变量 system _ status 在外部数据存储器中分配 1 个存储单元；为例（2）中的变量 Volatage 分配 2 个存储单元；例（3）中的变量 Temperature 为单精度浮点型，采用科学计数法表示，将在外部数据存储器中分配 4 个存储单元。

2. 对外部数据存储器的绝对地址访问

有时需要将某一变量存储在外部数据存储器的指定地址单元中，在扩展并行 I/O 口应用中，I/O 器件往往占据外部数据存储空间，这时就需要对外部数据存储器进行绝对地址访问。

对外部数据存储器或 I/O 接口器件寻址可通过指针或 Keil C51 提供的宏来实现。本书采用宏对外部数据存储器或扩展并行 I/O 接口器件进行绝对地址访问，因为这样使程序更具有可读性。采用绝对地址访问外部数据存储器需要包含 Keil C51 提供的“absacc.h”头文件，然后采用 XBYTE 来访问外部数据存储器的指定单元，下面是对外部数据存储器进行绝对地址访问的例子。

```
Temperture=XBYTE[0x4000];
    //从外部数据存储器 4000 单元读 1 字节数据赋给变量 Temperture
XBYTE[0x4001]=hour;
    //将 hour 变量写入到外部数据存储器 4001 单元中
```

这里的 XBYTE 在“absacc. h”头文件中被定义为指向外部数据存储器 xdata 的零地址指针。而 XBYTE [0x4000] 和 XBYTE [0x4001] 则是外部数据存储器 0x4000 和 0x4001 的绝对地址。

自学小常识

Keil C51 中的指针

Keil C51 支持“基于存储器的指针”和“一般指针”两种指针类型。

基于存储器的指针类型由 C 源代码中存储器类型决定，并在编译时确定，用这种指针可以高效访问对象且只需 1 至 2 个字节。例如：

char xdata ＊px;

在 xdata 存储器中定义了一个指向字符类型（char）的指针。指针自身在默认存储区中（决定于编译模式），长度为 2 字节（值为 0～0xFFFF）。采用基于存储器的指针必须保证指针不指向所声明的存储区以外的地方，否则会产生错误，而且很难调试。因此建议尽量采用一般指针来访问各存储器空间。

一般指针包括 3 个字节：2 字节偏移和 1 字节存储器类型，即

地 址	＋0	＋1	＋2
内容	存储器类型	偏移量高位	偏移量低位

其中，第一个字节代表了指针的存储器类型，存储器类型编码如下：

存储器类型	idata	xdata	pdata	data	code
值	1	2	3	4	5

在“absacc. h”头文件中采用宏定义的方式定义了针对各存储器类型的零地址指针，如前面使用的 XBYTE 宏定义如下：

＃define XBYTE ((unsigned char volatile ＊) 0x20000L)

其中，XBYTE 被定义为（unsigned char volatile ＊) 0x20000L，0x20000L 为一般指针，其存储类型为 2，即 xdata，偏移量为 0000。这里绝对地址被定义为 L（long）型常量，其低 16 位包含偏移量，而高 8 位表明了存储器类型。

采用上面的宏定义以后，XBYTE [0x4000] 则代表了外部数据存储器 0x4000 的绝对地址单元。

5.5　实训项目 2：采用查表方法的流水灯控制器设计

在第 4 章 4.4 实训项目 1 中已经设计了一个简单的秒闪烁 LED 灯控制器，在此基础

上，我们将 LED 灯增加为 8 只，并通过查表程序设计方法实现流水灯控制。

5.5.1　要求与知识点描述

1. 基本要求

(1) 在 Proteus 环境下，设计基于 MCS－51 单片机（采用 AT89C51）电路，用 AT89C51 的 P1 口实现对 8 只 LED 灯的亮、灭控制。

(2) 采用 ULN2803 作为 LED 驱动器件。

(3) 在 Keil μVersion 环境中编写 C51 程序，将 LED 亮、灭样式以 code 数组形式存储在程序存储器中，读取亮、灭样式数据，构成流水灯控制器。

2. 知识点

(1) 初步掌握 MCS－51 单片机的 I/O 口的使用方法。

(2) 了解驱动集成电路 ULN2803 的功能特点，掌握 ULN2803 的使用方法。

(3) 进一步熟悉采用 Proteus ISIS 设计和调试电路的方法。

(4) 进一步熟悉 Keil μVersion 软件设计过程和方法。

(5) 学会 C51 查表程序设计方法。

(6) 进一步熟悉在 Keil μVersion 中进行 C51 程序编辑、编译、排错和调试方法。

5.5.2　创建文件

1. 在 Proteus ISIS 中绘制原理图

(1) 启动 Proteus ISIS，新建设计文件 L5 _ 1. DSN。

(2) 在对象选择窗口中添加如表 5.6 所示的元器件。

(3) 在 Proteus ISIS 工作区绘制原理图并设置如表 5.6 中所示各元件参数，Proteus 原理图如图 5.5 所示。

表 5.6　　L5 _ 1 项目所用元器件

序号	器件编号	Proteus 器件名称	器件性质	参数及说明	数　量
1	U1	AT89C51	单片机	12MHz	1
2	U2	ULN2803	驱动 IC		1
3	X1	CRYSTAL	晶振	12MHz	1
4	C1、C2	CAP	瓷片电容	30pF	2
5	C3	CAP－ELEC	电解电容	1μF	1
6	R1	RES	电阻	10kΩ	1
7	R2～R10	RES	电阻	200Ω	9
8	LED1～LED8	LED－YELLOW	发光二极管	黄色	8
9	B1	BUTTON	按钮开关		1

2. 在 Keil μVersion 中创建项目及文件

(1) 启动 Keil μVersion3，新建项目 L5 _ 1. UV2，选择 AT89C51 单片机，不加入启

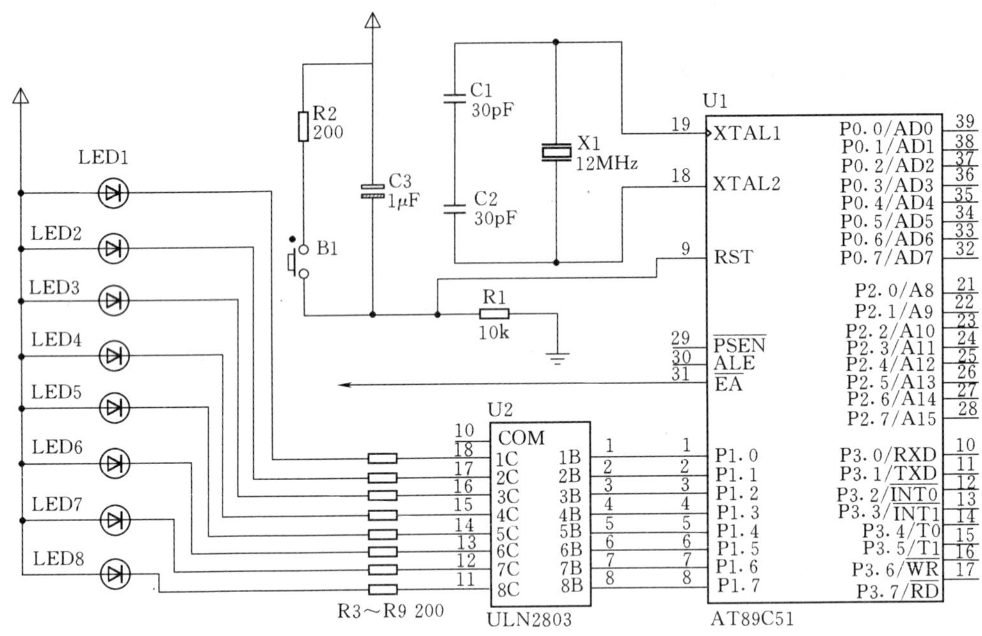

图 5.5　实训项目 2 原理图（L5 _ 1.DSN）

动代码。

（2）新建文件 L5 _ 1.C，将文件添加入项目文件中。

5.5.3　软件设计

5.5.3.1　流程图设计

根据本项目的具体要求，画出程序的流程图，如图 5.6 所示。

5.5.3.2　编写程序

1. P1 口预定义设置

采用 define 语句对 P1 口进行如下的宏定义，这样程序中凡是对 P1 口的操作都可以用 LED 来代替，以便增加程序的可读性。

```
#define LED P1
```

2. P1 口输出代码设定

由于采用 ULN2803 作为驱动电路，因此当 P1 口的相应引脚输出为高电平“1”时，ULN2803 相对应的输出引脚将输出低电平“0”，与其相连的 LED 将被点亮，为了达到流水灯效果，此时其他各 LED 应该处于熄灭状态，即与 P1 口相对应的引脚应该输出低电平“0”。轮流点亮 8 只 LED 的 P1 口输出代码如表 5.7 所示。

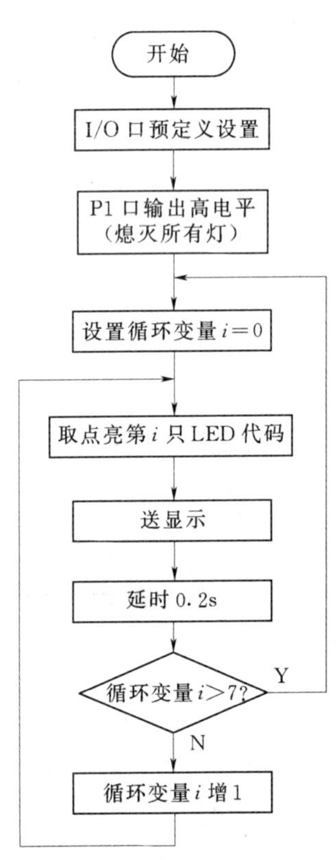

图 5.6　项目 L5 _ 1 程序流程图

表5.7　　P1 口 输 出 代 码

序号	LED状态								P1口输出代码	
	LED8	LED7	LED6	LED5	LED4	LED3	LED2	LED1	二进制	十六进制
1	×	×	×	×	×	×	×	×	00000000	0x00
2	×	×	×	×	×	×	×	○	00000001	0x01
3	×	×	×	×	×	×	○	×	00000010	0x02
4	×	×	×	×	×	○	×	×	00000100	0x04
5	×	×	×	×	○	×	×	×	00001000	0x08
6	×	×	×	○	×	×	×	×	00010000	0x10
7	×	×	○	×	×	×	×	×	00100000	0x20
8	×	○	×	×	×	×	×	×	01000000	0x40
9	○	×	×	×	×	×	×	×	10000000	0x80

注　×代表灯熄灭，○代表点亮。

P1口的9组输出代码在程序运行过程中是固定不变的，因此，可以将这组代码以如下数组的形式存储在程序存储器之中。

```
unsigned char code Display_Code[9] = {0x00, 0x01, 0x02, 0x04, 0x08, 0x10, 0x20, 0x40, 0x80};
```

程序运行过程中，通过控制循环变量i来读取点亮不同LED的状态代码，并将代码输出到P1口。

3. 编写项目程序L5_1.C

```
#include <reg51.h>             // 51单片机资源包含文件
#include <intrins.h>           // Keil C外部函数库包含文件,_nop_()函数在此库中
#define LED P1                 //宏定义
void DelayXms(unsigned int);   // 声明Xms延时函数
void Delay1ms(void);           // 声明1ms延时函数
unsigned char i;               //定义循环变量i
unsigned char code Display_Code[9]= {0x00, 0x01, 0x02, 0x04, 0x08, 0x10, 0x20, 0x40, 0x80};
main()                         // 主函数
{                              // 主函数起始
  LED=Display_Code[0];         //熄灭所有LED
  while(1)                     // while死循环
  {                            // while循环体起始
    for(i=0; i<=7; i++)
    { LED=Display_Code[i];
      DelayXms(200);           // 延时200ms
    }
    i=0;
  }                            // while循环体结束
}                              //主函数结束
void DelayXms(unsigned int ms) //延时Xms函数定义
{                              //延时Xms函数体起始
  unsigned int k;              //变量声明
```

```
  for(k=0; k<ms; k++)          //循环条件判断
     {Delay1ms();}             //循环体，根据条件调用 1ms 延时函数
}                              //延时 Xms 函数体结束
void Delay1ms(void)            //延时 1ms 函数定义
{                              //延时 1ms 函数体起始
  unsigned char i;             //变量声明
  for(i=0; i<=140; i++)        //循环条件判断
     {_nop_();}                //调用空操作函数
}                              //延时 1ms 函数体结束
```

4. 编译程序生成 L5 _ 1. HEX 并在 Proteus 中加载运行

在 Keil μVersion3 中编辑、编译程序，排除语法错误后，将编译生成的 L5 _ 1. HEX 文件加载至 Proteus 的单片机中，选择仿真运行，8 只 LED 是不是已经以流动方式被点亮了？试着调整一下程序中的延时函数的延时时间，LED 的灯的流动快慢也将发生变化。这里需要说明的是，每次对程序进行修正后，都需要重新生成 HEX 文件，同时也要在 Proteus 中停止单片机的运行，只有再次运行时，修改才能起作用。

自学小常识

驱动集成电路 ULN2803 介绍

ULN2803 是高电压大电流八晶体管阵列驱动集成电路。该阵列中包含 8 只 NPN 达林顿连接晶体管，可以作为指示灯、继电器和其他具有大电流高电压控制要求负载的接口器件，广泛用于计算机，工业和消费类电子产品中。ULN2803 内部集成有集电极开路输出达林顿三极管和用于瞬变抑制的续流钳位二极管。ULN2803 的设计与标准 TTL 电平兼容。图 5.7 是 ULN2803 的外形图和引脚排列图，图 5.8 是单路内部结构图。

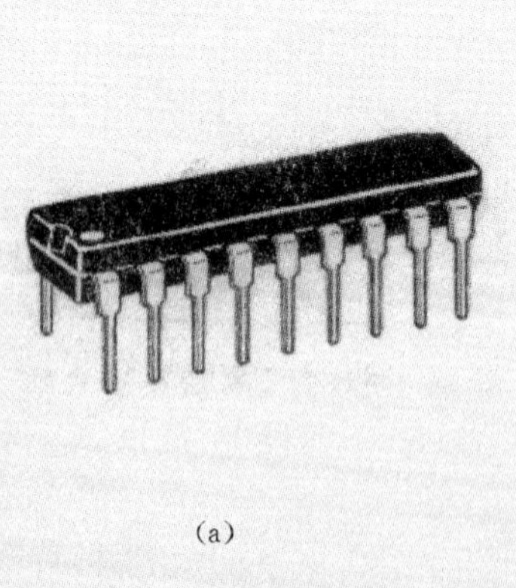

(a)

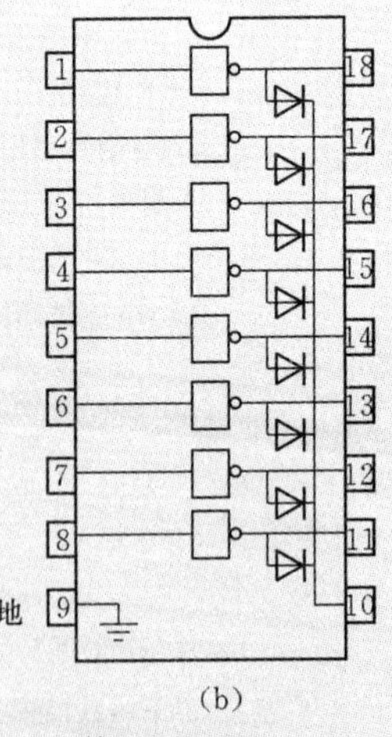

(b)

图 5.7　ULN2803 外形及引脚连接

(a) 外形图；(b) 引脚排列

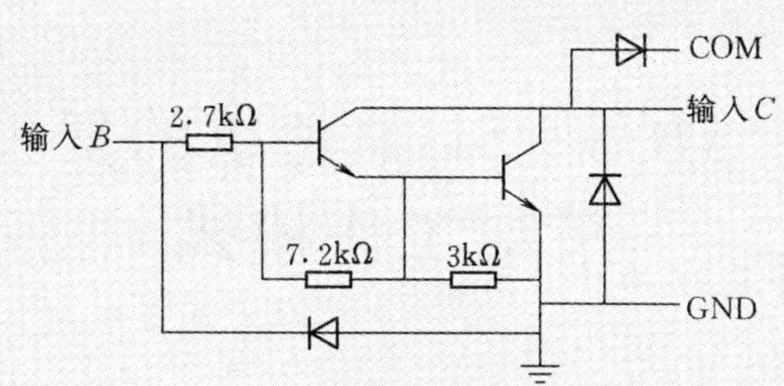

图 5.8　ULN2803 内部结构

ULN2803 的额定使用参数如表 5.8 所示。

表 5.8　　ULN2803 额定参数

额定参数名称	符号	参数值	单位
输出电压	V_O	50	V
输入电压	V_I	30	V
集电极电流（单路连续）	I_C	500	mA
基极电流（单路连续）	I_B	25	mA
工作环境温度范围	T_A	0～＋70	℃
储存温度	T_{stg}	－55～＋150	℃
PN 结温度	T_J	125	℃

第 6 章　MCS－51 单片机的复位电路及节电工作模式

6.1　MCS－51 单片机的复位及复位电路

随着生产过程自动化水平的提高，要求生产过程中的仪器仪表等必须能够在长期无人干预的条件下自动运行。因此，在设计以单片机为核心部件的智能化仪器仪表时，必须了解单片机的复位状态和常用复位电路的设计方法。

6.1.1　复位操作

1．复位操作的定义

微型计算机在运行过程中经常会因为这样或那样的原因发生死锁现象（俗称"死机"），单片机作为计算机的一个分支同样也不例外。MCS－51 单片机在执行程序时总是从地址 0000H 处开始，所以在单片机启动运行时必须对 CPU 进行初始化工作，使 CPU 和系统中其他部件处于一个确定的初始状态，并从这个状态开始工作；另外由于程序运行过程中的错误或操作失误也可能使系统处于死锁状态，为了摆脱这种状态，也需要进行一系列的操作使其恢复到某一初始状态。这种使单片机内部恢复到某种预先设定状态所实施的操作称为复位操作。简而言之，复位就是单片机的初始化操作。单片机本身是不能自动进行复位操作的，必须配合相应的外部电路才能实现。

表 6.1　　MCS－51 单片机的复位状态

寄　存　器	复 位 状 态	寄　存　器	复 位 状 态
PC	0000H	TMOD	00H
ACC	00H	TCON	00H
B	00H	TH0	00H
PSW	00H	TL0	00H
SP	07H	TH1	00H
DPTR	0000H	TL1	00H
P0～P3	00H	SCON	00H
IP	00H	SBUF	××××××××B
IE	00H	PCON	0×××0000B

注　×××为不确定。

2. MCS-51单片机的复位状态

MCS-51单片机复位的方法其实很简单，只要在RST（第9脚）引脚上施加一个持续时间为24个振荡周期（即2个机器周期）以上的高电平信号就可以了。为了保证系统可靠地复位，在设计复位电路时，通常使RST引脚保持10ms以上的高电平。只要RST引脚保持高电平，则MCS-51单片机就循环复位。当RST引脚从高电平变为低电平后，MCS-51单片机就从0000H地址开始执行程序。在复位有效期间，ALE、PSEN、P0～P3口引脚输出高电平，同时将程序计数器PC和其余的特殊功能寄存器清0（不确定的位除外）。复位不影响单片机内部的RAM状态。但上电复位时，由于是重新供电，RAM在断电时数据丢失，上电复位后RAM中为随机数。

复位以后单片机的初始状态如表6.1所示。

6.1.2 基本复位电路

通常单片机应用系统复位操作有上电复位和开关复位两种。

1. 上电复位

上电复位是单片机产品上电时的复位操作，上电复位要求接通电源后，自动实现复位操作。简单的上电复位电路是由电阻和电容构成的充放电电路，如图6.1所示。

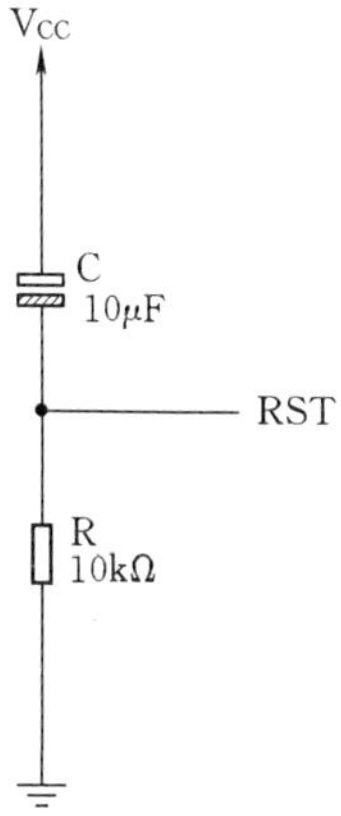

图6.1 简单的上电复位电路

当单片机的电源被接通以后，由于电容充电，使RST能够持续一段高电平时间。高电平持续时间取决于RC电路参数。为了保证系统能够可靠复位，RST端上的高电平信号必须有足够长的时间。

上电复位时间与电源电压的上升时间和单片机内部振荡器的起振时间有关，振荡器的起振时间又与振荡频率有关。对于MCS-51单片机而言，如振荡频率为12MHz，起振时间约为1ms。因此，复位时间应主要考虑RC电路的参数，通常选择电容$C=10\sim30\mu F$，电阻$R=10k\Omega$左右。

如果上述电路复位信号不仅要使单片机复位，而且还要使单片机的一些外围芯片也同时复位，那么上述电容电阻的参考值应进行适当调整。

2. 上电复位和开关复位组合电路

在智能化仪器仪表设计过程中，使用上电复位的同时，还要使用手动开关复位。为了简化复位电路，往往将上电复位和开关复位组合在同一电路中。简单的上电与开关复位组合电路如图6.2所示。

在上面的两种简单复位电路中，脉冲干扰信号容易串入到复位端，虽然在大多数情况下不会造成单片机的错误复位，但可能会引起单片机内部某些寄存器的错误复位。这时，可在复位引脚上接一只去耦合电容来吸收干扰脉冲。如果应用现场或整个系统干扰比较严重，时常引起单片机的误复位，还可以采用给单片机的引脚加屏蔽网等办法加以解决。实际应用中，为了保证复位电路的可靠工作，常将RC电路接施密特电路后，再与单片机的复位端相连，这种方式特别适合于应用现场干扰大、电压波动大的场合。常用的抗干扰复位电路如图6.3所示。

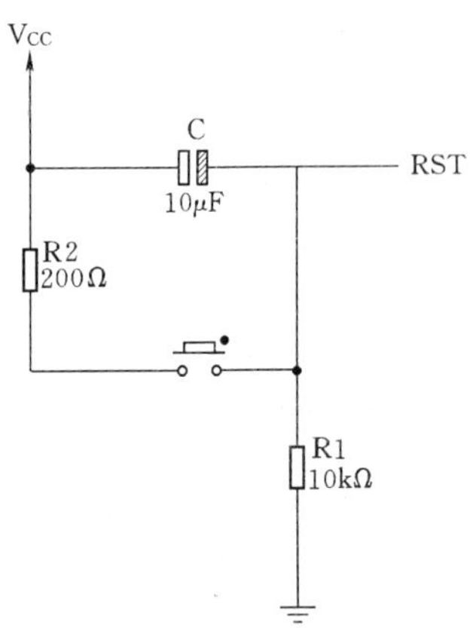

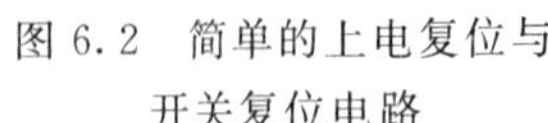
图 6.2　简单的上电复位与开关复位电路

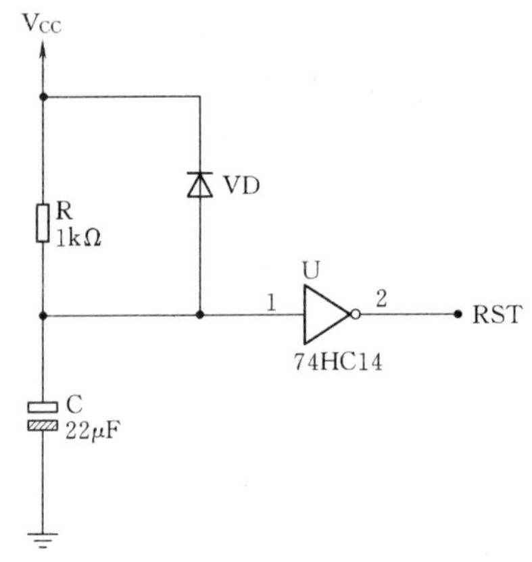

图 6.3　抗干扰上电复位电路

3. 复位电路的抗干扰设计

单片机复位端的干扰主要来自电源和复位开关传输线串入的噪声。这些噪声虽然不会完全导致单片机系统复位，但有时可能对单片机内的特殊功能寄存器产生影响。

虽然单片机复位开关一般不做长距离引出处理，但也常常将复位开关安装在操作面板上，因而传输线相对较长，容易引起电磁感应干扰，所以复位开关传输线一般采用双绞线，并要求远离交流用电设备。在复位端口，可并联 0.01μF 的高频电容，或配置施密特电路来提高对串入干扰的抑制能力。

供电电源的稳定过程对单片机的复位也有影响，若电源电压上升过慢，电源稳定过渡时间过长，将导致系统不能实现上电可靠复位。

在图 6.3 所示复位电路的中，放电二极管 VD 必不可少。当电源断电时，它可以使电容迅速放电，从而确保电源恢复时单片机能够可靠复位。若没有二极管 VD，当电源由于某种干扰瞬间断电时，由于电容不能迅速将电荷释放掉，待电源恢复时，单片机便不能上电自动复位，导致程序运行失控。电源瞬间断电干扰会导致程序停止正常运行，形成程序“跑飞”或进入“死循环”。这一点在应用于无人值守场合的智能化仪器仪表设计中应该引起足够的重视。

自学小常识

六反相斯密特触发器 74HC14

74HC14 是一款高速 CMOS 器件，74HC14 引脚兼容低功耗肖特基 TTL（LSTTL）系列，并遵循 JEDEC 标准 no. 7A。

74HC14 是 6 路施密特触发反相器，可将缓慢变化的输入信号转换成清晰、无抖动的输出信号。

74HC14 主要应用在波形、脉冲整形、非稳态多谐振荡、单稳态多谐振荡电路中，74HC14 引脚排列与内部结构如图 6.4 所示。

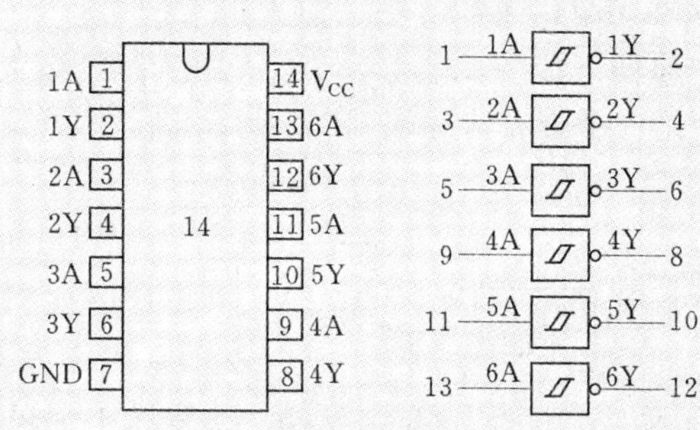

图6.4 74HC14引脚排列及内部结构示意

74HC14功能真值表见表6.2。

表6.2　　74HC14 真值表

输入（A）	输出（Y）
L（低电平）	H（高电平）
H（高电平）	L（低电平）

74HC14额定使用参数见表6.3。

表6.3　　74HC14 额定参数

额定参数名称	符号	最小	典型	最大	单位
电源电压	V_{CC}	4.75	5	5.25	V
正向输入阀值电压	V_{T+}	1.4	1.6	1.9	V
反向输入阀值电压	V_{T-}	0.5	0.8	1	V
高电平输出电流	I_{OH}	—	—	−0.4	mA
低电平输出电流	I_{OL}	—	—	8	mA
工作环境温度范围	T_A	0	—	+70	℃
储存温度	T_{stg}	−65	—	+150	℃

6.1.3 “看门狗（WatchDog）”的应用

以单片机等微处理器为核心的智能化仪器仪表除了具备上电复位和开关复位以外，往往还需要具备运行监视复位功能。所谓的运行监视复位是系统出现非正常情况下的复位，通常有电源监视复位和程序运行监视复位。电源监视复位是在电源下降到一定电平状态或电源未达到额定要求时的系统复位，程序运行监视复位则是程序运行失常时的系统复位。

运行监视复位通常由各种类型的程序监视定时器WDT（Watch Dog Timer），俗称“看门狗”电路来实现。WDT能够保证程序在“跑飞”、“死机”时及时自动进入复位状态。WDT可以采用以下几种方式实现。

（1）采用带有WDT功能单元的单片机。

（2）采用专用微处理器监视控制器件，这些器件中大多有WDT功能。

（3）在单片机外部设置 WDT。

6.1.3.1　WDT 基本工作原理

所谓的 WDT 实际上是一个带有清除端 CLR 及溢出信号 OF 输出的定时器，如图 6.5 所示。

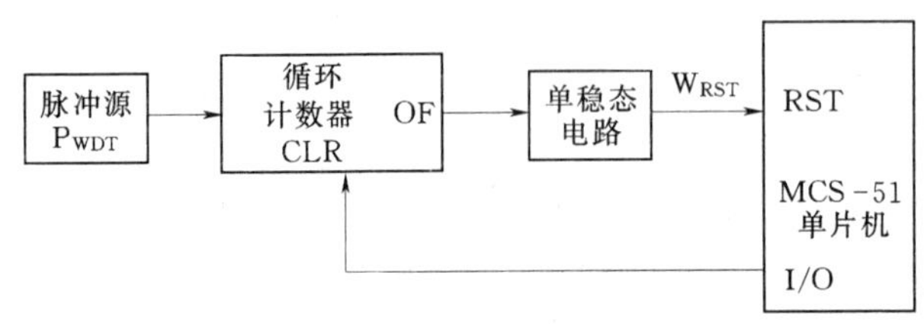

图 6.5　WDT 电路示意图

WDT 的工作原理如下。首先设计好定时器的定时时间 T_W，使 T_W 大于程序正常运行循环时间。程序正常运行时，在其路径上设置若干个循环计数器清零脉冲（CLR）输出指令，这样，在程序正常运行时，即在正常运行循环时间内，循环计数器不断被清零，不会产生溢出信号，单片机不会被复位。一旦程序运行失常导致死机时，单片机的 I/O 口无法再输出清零信号，定时器定时时间达到 T_W 时，产生溢出复位信号（OF），强迫单片机复位。

6.1.3.2　看门狗电路 DS1232 简介

1. DS1232 引脚功能及内部结构

DS1232 是由美国 DALLAS 公司生产的微处理器监控电路，采用 8 脚 DIP 封装，内含 WDT 电路，DS1232 引脚排列如图 6.6 所示，图 6.7 是 DS1232 的内部结构框图，DS1232 的引脚功能见表 6.4。

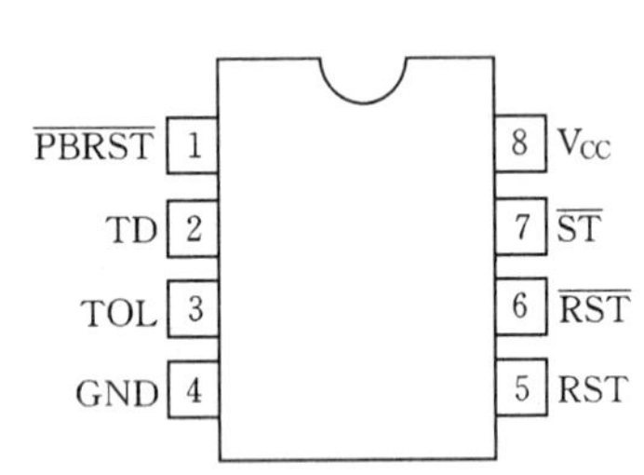

图 6.6　DS1232 引脚排列

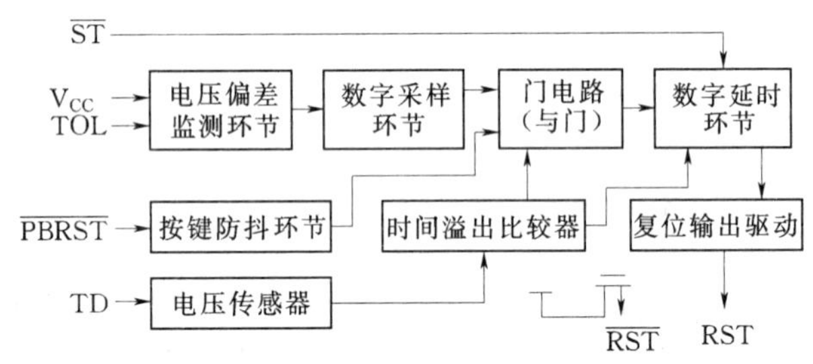

图 6.7　DS1232 内部结构框图

表 6.4　　　　DS1232 引脚功能描述

引脚号	名称	功能描述	引脚号	名称	功能描述
1	$\overline{PBRST}$	按钮复位输入端	5	RST	高电平有效复位输出端
2	TD	看门狗定时器延时设置端	6	$\overline{RST}$	低电平有效复位输出端
3	TOL	5%或 10%电压监测选择端	7	$\overline{ST}$	周期脉冲输入端
4	GND	电源地	8	V_{CC}	电源

2. DS1232 的特点

（1）具有 8 脚 DIP 封装和 16 脚 SOIC 贴片封装两种形式，可以满足不同设计要求。

（2）在微处理器失控状态下可以停止和重新启动微处理器。

（3）微处理器断电或电源电压瞬变时可自动复位微处理器。

(4) 精确的 5%或 10%电源供电电压监控。

(5) 不需要外加分立元件。

(6) 适应温度范围宽，为－40～＋85℃。

3. DS1232 的功能

(1) 电源电压监控。DS1232 能够实时监测向微处理器供电的电源电压，当电源电压 V_{CC} 低于预置值时，DS1232 的第 5 脚和第 6 脚输出互补复位信号 $\overline{RST}$ 和 RST。预置值通过第 3 脚（TOL）来设定，当 TOL 接地时，$\overline{RST}$ 和 RST 信号在电源电压跌落至 4.75V 以下时产生；当 TOL 与 V_{CC} 相连时，只有当 V_{CC} 跌落至 4.5V 以下时才产生 $\overline{RST}$ 和 RST 信号，当电源恢复正常后，$\overline{RST}$ 和 RST 信号至少保持 250ms，以保证微处理器的正常复位。

(2) 按键复位。在单片机产品中，最简单的按键复位电路是由电阻和电容构成的，如果系统扩展需要和微处理器同时复位的其他接口芯片，这种简单的阻容复位电路往往不能满足整体复位的要求。DS1232 提供了可直接连接复位按键的输入端 $\overline{PBRST}$（第 1 脚），在该引脚上输入低电平信号，将在 RST 和端输出至少 250ms 的复位信号。

(3) 看门狗定时器（WDT）。在 DS1232 内部集成有看门狗定时器，当 DS1232 的 $\overline{ST}$ 端在设置的周期时间内没有有效信号到来时，DS1232 的 RST 和 $\overline{RST}$ 端将产生复位信号以强迫微处理器复位。

看门狗定时器的定时时间由 DS1232 的 TD 引脚确定，周期脉冲输入信号 $\overline{ST}$ 可以从微处理器的地址信号、数据信号或控制信号中获得，不论哪种信号都必须能够周期性的访问 DS1232。

DS1232 定时时间的设置方法见表 6.5。

表 6.5　　DS1232 定时时间设置　　单位：ms

TD 引脚连接至	定时时间		
	最小值	典型值	最大值
地（GND）	62.5	150	250
浮空（不连接）	250	600	1000
电源（V_{CC}）	500	1200	2000

6.1.3.3 DS1232 的典型应用

DS1232 与 MCS-51 系列单片机的典型接口电路如图 6.8 所示。

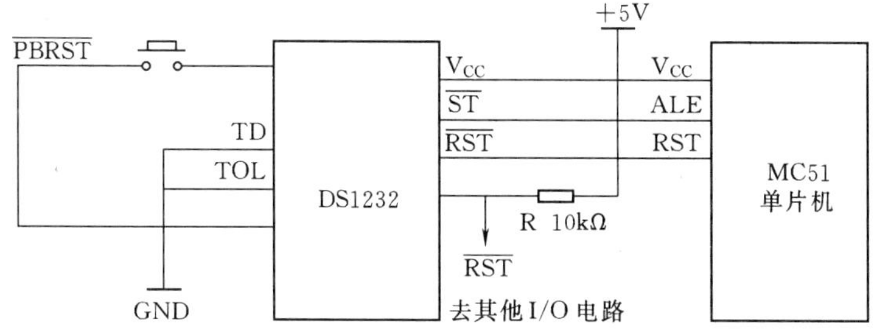

图 6.8　DS1232 与 MCS-51 单片机的接口

DS1232 虽然具有与微处理器接口简单的特点，但在使用中也应注意以下几点：

（1）$\overline{ST}$除了可以与 MCS－51 单片机的 ALE 引脚相连接外，也可以和其他信号线相连，但是必须保证在看门狗定时器计数溢出前复位看门狗定时器。

（2）DS1232 内部第 6 引脚没有上拉电阻，如果单片机的其他外围接口芯片需要用到低电平复位信号，则必须在该引脚上外接一个上拉电阻，如图 6.8 中的电阻 R。

（3）如果用仿真器调试用户目标板，并且$\overline{ST}$端与单片机的 ALE 相连，那么最好先不要插上 DS1232 芯片，因为在仿真器与 PC 机相连单步运行程序时，单片机的 ALE 信号并不是连续输出的，容易造成非正常复位，影响调试工作的进行。

6.2　MCS－51 单片机的节电工作模式

MCS－51 单片机有两种节电工作模式，即待机工作模式和断电工作模式。下面分别加以叙述。

6.2.1　待机工作模式

在待机工作模式下，CPU 停止工作，但时钟信号仍提供给 RAM、定时/计数器、中断系统和串行口等系统，此时，CPU 现场（即堆栈指针 SP、程序计数器 PC、程序状态字 PSW、累加器 ACC 等）、片内 RAM 和 SFR 中其他寄存器内容都被冻结起来，保持进入待机工作模式前的内容。单片机的电流消耗将从 24mA 降为 3.7mA 左右（针对 AT89C51 单片机而言），达到节电的目的。

通过对 PCON 特殊功能寄存器的 IDL 位置“1”操作，可以使单片机进入待机工作模式，采用 Keil C51 的语句如下：

```
IDL=1;
```

退出待机工作模式有两种方法：一种是产生中断，因为在待机工作模式下，中断系统仍在工作，任何被允许的中断发生时，均可使单片机退出待机工作模式；另一种办法是通过硬件复位，因为在待机工作模式下振荡器仍在工作，只要使复位信号满足复位时间要求，就可使单片机进入复位状态。

6.2.2　断电工作模式

在断电工作模式下，振荡器停止工作，时钟冻结，单片机的一切工作都停止，只有内部 RAM 的数据和 SFR 的内容被保持下来。断电工作模式下电源电压可以降到 2V（可以由电池供电），此时耗电仅 50μA 左右（针对 AT89C51 单片机而言）。

通过对 PCON 特殊功能寄存器的 PD 位置“1”操作，可以使单片机进入断电工作模式，采用 Keil C51 的语句如下：

```
PD=1;
```

退出断电工作模式的唯一方法是硬件复位。硬件复位应在电源电压恢复到正常值后再进行，复位时间要足够长（一般应大于 10ms）。这里需要说明的是，单片机被复位后，其

内部的SFR也将被重新初始化，但RAM中的内容保持不变。因此，若要使单片机断电后继续执行断电前的程序，必须在进入断电工作模式前，预先把SFR中的内容保护到片内RAM中，并在退出断电模式后，将SFR恢复到进入断电工作模式前的状态。

显然，断电工作模式和待机工作模式是两种不同的低功耗节电工作模式，前者可以在无外部事件触发时降低电源的消耗，而后者则在程序停止运行时才使用。同时，需要说明的是，MCS-51系列单片机不属于低功耗单片机范畴，在需要长时间电池供电的仪器仪表中，往往采用其他低功耗系列单片机，如MSP430系列等。

第7章 输出口的简单应用

通过前面各章的学习，我们已经对 MCS-51 单片机的内部资源有了初步的了解。在这一章里，我们将用实例来说明单片机输入输出口的硬件电路设计方法和软件设计方法。

7.1 常用输出器件

在智能化仪器仪表中，常用的输出器件可以分为如下几类：一是用于输出信息状态的指示器件，包括发光二极管（LED）指示器和其他指示器件；二是用于高电压、大电流的负载控制器件，包括机械触点继电器和无触点继电器等；三是用于数字及字符显示的器件，主要包括数码管显示器和液晶显示器等。这里主要介绍 LED、继电器及数码管显示器与 MCS-51 单片机的连接方法和程序设计方法。

7.1.1 LED 及其驱动

LED 是发光二极管的简称，其体积小、耗电量低，常作为智能化仪器仪表的输出设备，用以指示信号状态。近年来，LED 技术发展迅速，除了红色、绿色和黄色以外，还出现了蓝色与白色。随着节能减排工作的推进，高亮度的 LED 有望用于取代传统的照明器件。目前，在交通标志（红绿灯）、景观照明（景观灯）、夜间照明（路灯）等领域已经开始应用 LED 技术和产品，就连高级轿车的尾灯等也开始流行使用 LED 组件。

LED 与普通二极管一样，是由一个 PN 结构成的，也具有单向导电性。当给 LED 施加反向偏压时，LED 将不发光；当给 LED 施加正向偏压时，LED 将发光。图 7.1 是 LED 的实物照片，图 7.2 是 LED 的电路符号。

图 7.1 LED 实物照片

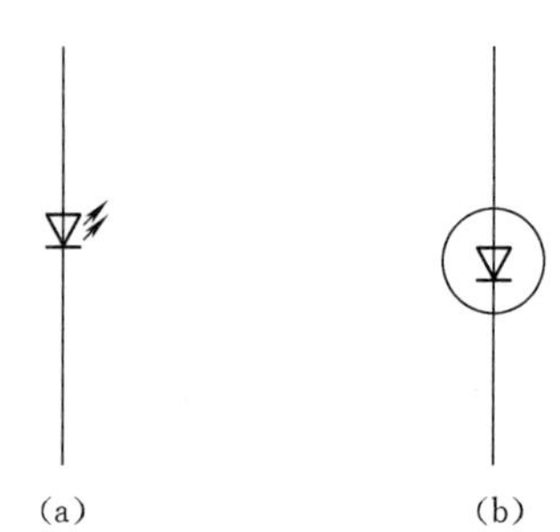

图 7.2 LED 电路符号
(a) 一般电路符号；(b) Proteus 中器件符号

在使用当中，随着流过 LED 正向电流的增加，LED 的亮度也会增加，当流过 LED

的电流过大时，LED 寿命也将缩短，因此，在使用当中，一般通过限流电阻将流过 LED 的电流控制在 10～20mA 之间。

MCS－51 单片机各输入输出口的驱动能力是有限的，通常情况下不能使用 I/O 口直接驱动 LED，而是通过三极管或专用驱动集成电路（如前面介绍的 ULN2803 等）来驱动 LED，如图 7.3 和图 7.4 所示。

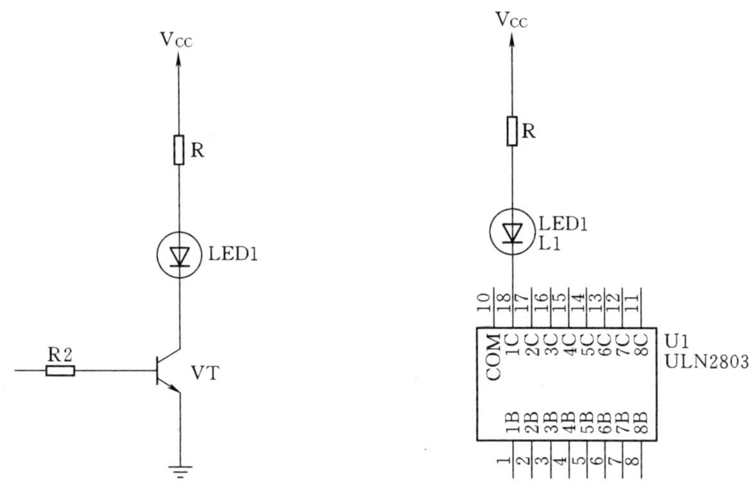

图 7.3　采用三极管驱动 LED　　　图 7.4　采用 ULN2803 驱动 LED

那么，电路中限流电阻 R 的值该如何选取呢？LED 正向导通时的压降要比普通二极管大，一般在 1.2～1.7V（不同类型的 LED 可能有所差别）。如果电源电压为 5V，流过 LED 的电流 $I_D=10mA$，忽略三极管或驱动电路的压降，则限流电阻 R 为：

$$R=\frac{5-1.7}{10}=330(\Omega)$$

若想要 LED 更亮一点，可将 I_D 提高到 15mA，则限流电阻 R 改为：

$$R=\frac{5-1.7}{15}=220(\Omega)$$

对于一般仪器仪表的指示电路而言，LED 所串接的限流电阻，大多在 200～330Ω 之间，限流电阻越小，LED 越亮。

自学小常识

LED 知识

LED 是英文 Light Emitting Diode（发光二极管）的缩写，通常是由镓（Ga）与砷（AS）、磷（P）的化合物制成的二极管，当电子与空穴复合时能辐射出可见光，因而可以用来制成发光二极管，在电路及仪器中作为指示灯，或者组成文字或数字显示。磷砷化镓二极管发红光，磷化镓二极管发绿光，碳化硅二极管发黄光。

LED的结构如图7.5所示。

仪器仪表中常用的LED可分为普通单色LED、高亮度LED、超高亮度LED、变色LED、闪烁LED、红外LED等。

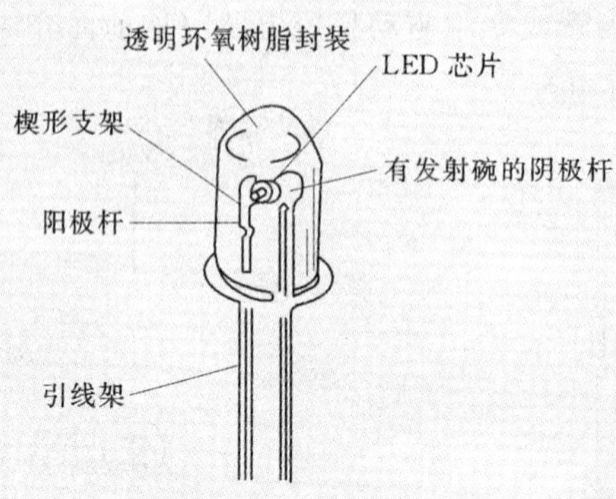

图7.5　LED结构符号

1. 普通单色LED

普通单色LED具有体积小、工作电压低、工作电流小、发光均匀稳定、响应速度快、寿命长等优点，可用各种直流、交流、脉冲等电源驱动点亮。它属于电流控制型半导体器件，使用时需串接合适的限流电阻。

2. (超) 高亮度LED

高亮度单色LED和超高亮度单色LED使用的半导体材料与普通单色LED不同，所以发光的强度也不同。

通常，高亮度单色LED使用砷铝化镓（GaAlAs）等材料，超高亮度单色LED使用磷铟砷化镓（GaAsInP）等材料，而普通单色LED使用磷化镓（GaP）或磷砷化镓（GaAsP）等材料。

3. 变色LED

变色LED是能变换发光颜色的LED。变色LED发光颜色种类可分为双色、三色和多色（有红、蓝、绿、白四种颜色）LED。

变色LED按引脚数量可分为二端、三端管、四端和六端变色LED等。

4. 闪烁LED

闪烁LED是一种由CMOS集成电路和LED组成的特殊发光器件，可用于报警指示及欠压、超压等指示。

闪烁LED在使用时，无须外接其他元件，只要在其引脚两端加上适当的直流工作电压即可闪烁发光。

5. 红外LED

红外LED也称红外线发射二极管，它是可以将电能直接转换成红外光（不可见光）并能辐射出去的发光器件，主要应用于各种光控及遥控发射电路中。

红外LED的结构、原理与普通LED相近，只是使用的半导体材料不同。红外发光二极管通常使用砷化镓（GaAs）、砷铝化镓（GaAlAs）等材料，采用全透明或浅蓝色、黑色的树脂封装形式。

7.1.2　继电器及其驱动

继电器是一种电子控制器件，它具有控制系统（又称输入回路）和被控制系统（又称输出回路），通常应用于智能化仪器仪表输出控制电路中。继电器实际上是用较小的电流去控制较大电流的一种“自动开关”，故在电路中起着自动调节、安全保护、转换电路等

作用。在仪器仪表中常用的小型继电器如图 7.6 所示，图 7.7 是 Proteus 中的电路符号。

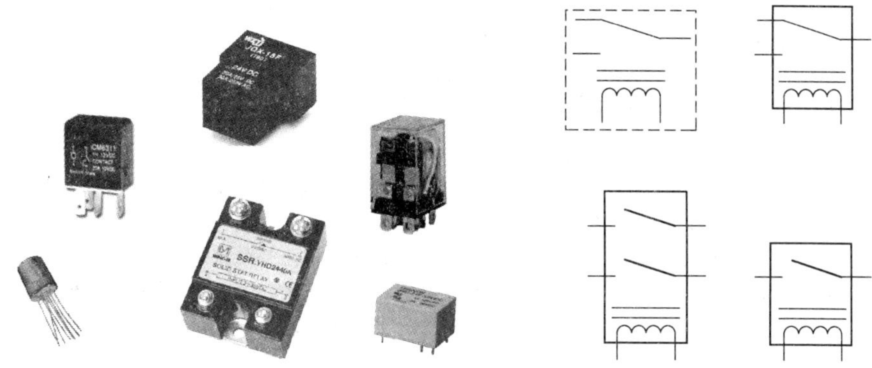

图 7.6 常用继电器外观　　图 7.7 Proteus 中继电器符号

当单片机的输出要控制不同电压或较大电流负载时，则可通过继电器实现控制的意图。若要驱动继电器，光靠 MCS－51 单片机的 I/O 口输出电流是不够的，况且驱动继电器线圈这种电感性负载，还要为电路提供一些必要的保护才行！在智能化仪器仪表中，通常采用三极管来控制继电器。下面以 MCS－51 驱动 DC 12V 继电器来加以说明，如图 7.8 所示。

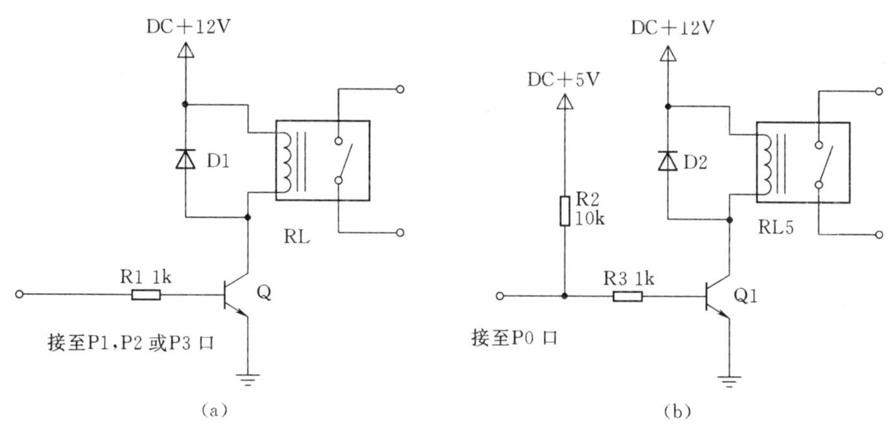

图 7.8 Proteus 中继电器符号

(a) P1、P2 和 P3 口适用电路；(b) P0 口适用电路

在这里，三极管仍然是被当做开关来使用的，即 MCS－51 输出高电平时，三极管工作于饱和导通状态；输出低电平时，三极管工作于截止状态。其中的二极管给继电器线圈提供放电回路，用来保护三极管。由于继电器的线圈属于电感性负载，当三极管截止时，$i_C=0$，而原本线圈上的电流 i_L 不可能瞬间衰减为 0，所以二极管 VD 就提供一个 i_L 的放电回路，使线圈不会产生高的感应电势，有效地避免三极管被反向击穿，该二极管被称为续流二极管。

另外，由于 P0 口的内部电路中没有上拉电阻，因此，使用 P0 口驱动时需要外接上拉电阻，上拉电阻一般取值为 10kΩ。

如果要同时驱动多个继电器，则可使用集电极开路（OC）的 ULN2803 等集成驱动器，在 ULN2803 中已经包含有续流二极管。

自学小常识

固态继电器(SSR)

固态继电器（SSR）与电磁继电器相比，是一种没有机械运动，不含机械零件的继电器，但它具有与电磁继电器本质上相同的功能。SSR 是一种全部由固态电子元件组成的无触点开关元件，是利用电子元器件的电、磁和光特性来完成输入与输出的可靠隔离。利用大功率三极管、功率场效应管、单向可控硅和双向可控硅等器件的开关特性，来达到无触点，无火花地接通和断开被控电路。

1. 固态继电器的组成

固态继电器由三部分组成：输入电路，隔离（耦合）电路和输出电路。按输入电压的不同类别，输入电路可分为直流输入电路、交流输入电路和交直流输入电路三种。有些输入控制电路还具有与 TTL/CMOS 兼容、正负逻辑控制和反相等功能。固态继电器的输入与输出电路的隔离和耦合方式有光电耦合和变压器耦合两种。固态继电器的输出电路也可分为直流输出电路、交流输出电路和交直流输出电路等形式。

2. 固态继电器的优点

固态继电器的优点有：① 高寿命，高可靠性。由于 SSR 没有机械零部件，因此能在高冲击、振动的环境下工作；② 灵敏度高，控制功率小，电磁兼容性好。SSR 输入电压范围较宽，驱动功率低，可与大多数逻辑集成电路兼容，不需加缓冲器或驱动器；③ 转换速度快，SSR 采用无触点开关器件，切换速度可从几毫秒至几微秒；④ 电磁干扰小，SSR 没有输入“线圈”，没有触点燃弧和回跳，因而减少了电磁干扰。

3. 固态继电器的缺点

固态继电器的缺点有：① 导通后的管压降大，有一定的功率损耗，大功率控制场合应用时，需要对 SSR 进行散热处理；② 半导体器件关断后仍可有数微安至数毫安的漏电流，因此不能实现理想的电隔离；③ 抗干扰能力较差，耐辐射能力也较差，如不采取有效措施，则工作可靠性低；④ SSR 对过载有较高的敏感性，必须用快速熔断器或 RC 阻尼电路对其进行过载保护。SSR 的负载能力与环境温度明显有关，温度升高，负载能力将迅速下降。

7.1.3　LED 数码管显示器及其驱动

在智能化仪器仪表中，常用的数字或简单字符显示器件为数码管。数码管是利用多个 LED 组合而成的显示器件，数码管除了可以显示 0～9 十个数字外，还可以显示 A～F 字符。

数码管按段数分为七段数码管和八段数码管，八段数码管比七段数码管多一个发光二极管单元用于显示小数点。图 7.9 所示为八段数码管显示器及段位排列图。

八段 LED 数码管分为共阳极和共阴极两种形式。共阳极就是把各段的 LED 的阳极连接到共同的连接点 com，而每个 LED 的阴极分别为 a、b、c、d、e、f、g 及 dp，如图 7.10 所示。同样地，共阴极就是把所有的 LED 的阴极连接到共同的连接点 com，而每个 LED 的阳极极分别为 a、b、c、d、e、f、g 及 dp，如图 7.11 所示。

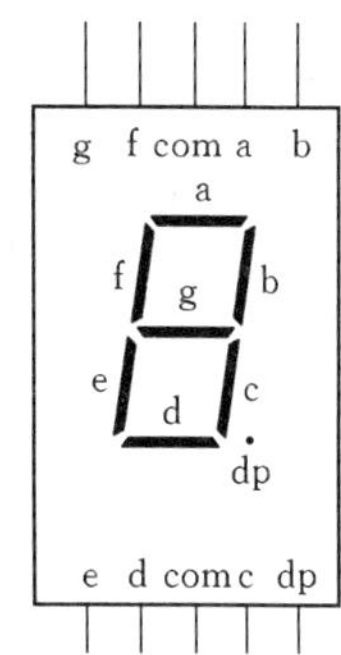

图 7.9 八段数码管及段位排列

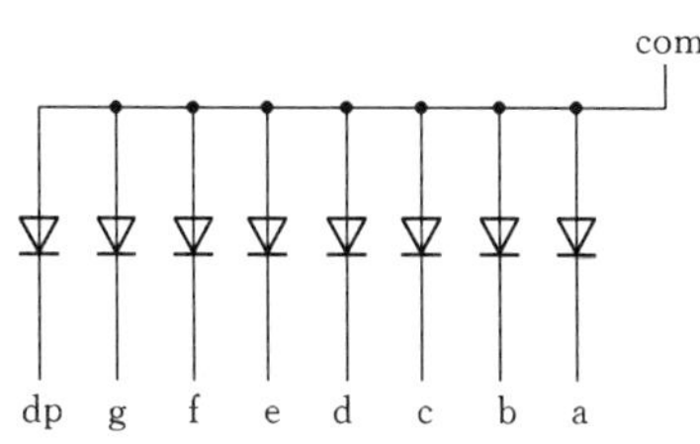

图 7.10 共阳极八段 LED 数码管

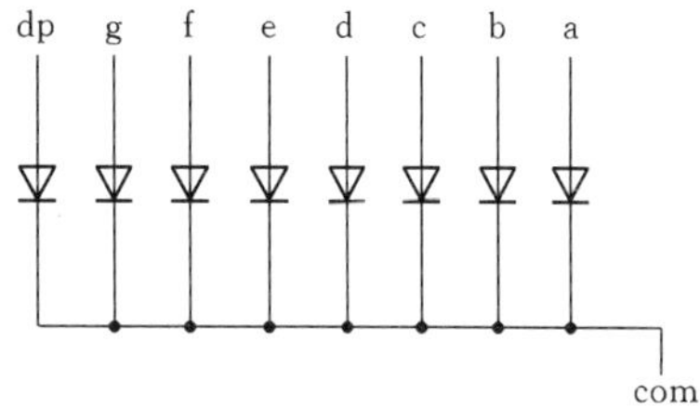

图 7.11 共阴极八段 LED 数码管

就像一般的 LED 一样，使用共阳极八段 LED 数码管时，应该将 com 端接直流电源正级，即 $+V_{CC}$，然后将每一只阴极引脚各接一只限流电阻来调节各段 LED 的亮度。如果使用共阴极八段 LED 数码管时，应该将 com 端接电源地，即 GND，然后将每一只阳极引脚各接一只限流电阻来调节各段 LED 的亮度。

在智能化仪器仪表中，限流电阻一般采用 200～400Ω。当然，这也不是绝对的，有些大尺寸的 LED 数码管，其内部的每一段可能由若干只 LED 串联或并联构成，限流电阻的选择要根据数码管所使用的显示电压和单段正向导通压降进行计算，一般取流过每段的电流为 10～20mA 来计算，同时，由于提高了数码管的显示电压，对限流电阻的功率也要加以适当的考虑。

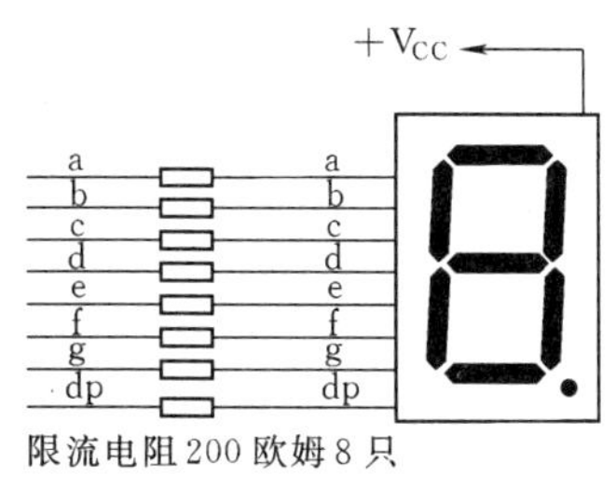

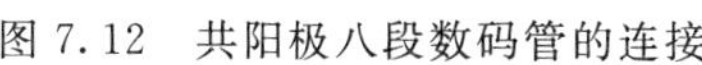

图 7.12 共阳极八段数码管的连接

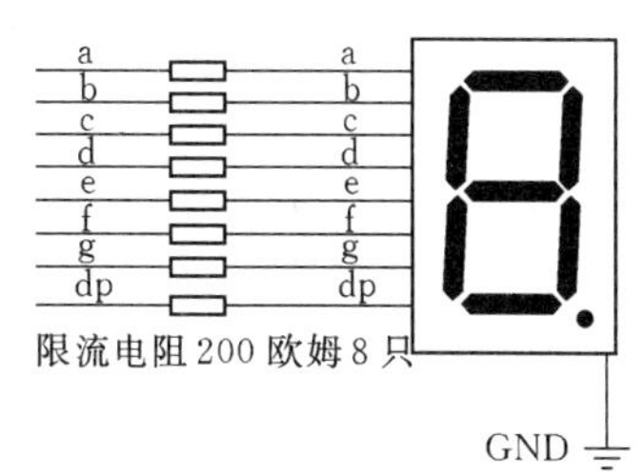

图 7.13 共阴极八段数码管的连接

如图 7.12 和图 7.13 所示，若将 LED 数码管的 a 段直接连接单片机 I/O 口的最低位（LSB），dp 段连接 I/O 口的最高位（MSB），则共阳极八段数码管的显示代码及共阴极八段数码的显示代码管见表 7.1。

表 7.1 八段 LED 数码管显示代码

显示字符	共阴极连接									共阳极连接								
	D7	D6	D5	D4	D3	D2	D1	D0	八段代码	D7	D6	D5	D4	D3	D2	D1	D0	八段代码
	dp	g	f	e	d	c	b	a		dp	g	f	e	d	c	b	a	
0	0	0	1	1	1	1	1	1	0x3f	1	1	0	0	0	0	0	0	0xc0
1	0	0	0	1	0	1	1	0	0x06	1	1	1	1	1	0	0	1	0xf9
2	0	1	0	1	1	0	1	1	0x5b	1	0	1	0	0	1	0	0	0xa4
3	0	1	0	0	1	1	1	1	0x4f	1	0	1	1	0	0	0	0	0xb0
4	0	1	1	0	0	1	1	0	0x66	1	0	0	1	1	0	0	1	0x99
5	0	1	1	0	1	1	0	1	0x6d	1	0	0	1	0	0	1	0	0x92
6	0	1	1	1	1	1	0	1	0x7d	1	0	0	0	0	0	1	0	0x82
7	0	0	0	0	0	1	1	1	0x07	1	1	1	1	1	0	0	0	0xf8
8	0	1	1	1	1	1	1	1	0x7f	1	0	0	0	0	0	0	0	0x80
9	0	1	1	0	1	1	1	1	0x6f	1	0	0	1	0	0	0	0	0x90
A	0	1	1	1	0	1	1	1	0x77	1	0	0	0	1	0	0	0	0x88
b	0	1	1	1	1	1	0	0	0x7c	1	0	0	0	0	0	1	1	0x83
C	0	0	1	1	1	0	0	1	0x39	1	0	0	1	0	1	1	0	0xc6
d	0	1	0	1	1	1	1	0	0x5e	1	0	1	0	0	0	0	1	0xa1
E	0	1	1	1	1	0	0	1	0x79	1	0	0	0	0	1	1	0	0x86
F	0	1	1	1	0	0	0	1	0x71	1	0	0	0	1	1	1	0	0x8e
P	0	1	1	1	0	0	1	1	0x73	1	0	0	0	1	1	0	0	0x8c
U	0	0	1	1	1	1	1	0	0x3e	1	1	0	0	0	0	0	1	0xc1
Y	0	1	1	0	1	1	1	0	0x6e	1	0	0	1	0	0	0	1	0x91
.	1	0	0	0	0	0	0	0	0x80	0	1	1	1	1	1	1	1	0x7f
不显示	0	0	0	0	0	0	0	0	0x00	1	1	1	1	1	1	1	1	0xff

原则上，MCS-51 单片机是无法直接驱动 LED 数码管的，因此，在 LED 数码管与单片机连接时需要增加驱动电路。对于八段 LED 数码管，可以根据显示电压和电流的大小选择使用锁存器或者专用驱动器（如 ULN2803 等）作为驱动器件。

7.2 霹雳灯控制器设计

下面我们利用目前所掌握的 MCS-51 单片机知识，在 Proteus 和 Keil μVersion 环境下设计一个霹雳灯控制器。

7.2.1 设计要求

(1) 利用 MCS-51 单片机的 I/O 口，控制 8 只 LED 灯实现霹雳灯控制效果。

所谓“霹雳灯”是指在一排 LED 中，任何时刻只有一只 LED 被点亮，亮灯的顺序为由左至右，再由右至左，感觉上就像一个 LED 由左跑到右，再由右跑到左一样。

(2) 要求控制器上电时，首先点亮 8 只 LED 灯中最左面的第 1 只 LED，延时 0.1s 后，熄灭第 1 只 LED，同时点亮第 2 只 LED，以此类推，直至最右面的第 8 只 LED 被点

亮后，再向相反方向移动，如此重复循环，便构成了霹雳灯效果。

(3) 采用直流 24V 电源为 LED 供电。

7.2.2 硬件电路设计

由于设计要求采用 24V 直流电源为 LED 供电，所以不能直接用单片机的 I/O 口来驱动 LED。因此，采用 ULN2803 集成驱动器来驱动 8 只 LED。

打开 Proteus 编辑环境，按表 7.2 所列的元件清单添加元件并修改元件参数。ULN2803 的控制端 1C～8C 分别与 AT89C51 单片机的 P0.0～P0.7 相连接，注意 P0 口用作通用输入/输出口时，需要外接上拉电阻，设计中采用 9 脚 10kΩ 排电阻。完整的硬件电路如图 7.14 所示，将项目文件保存为 L7 _ 1. DSN。

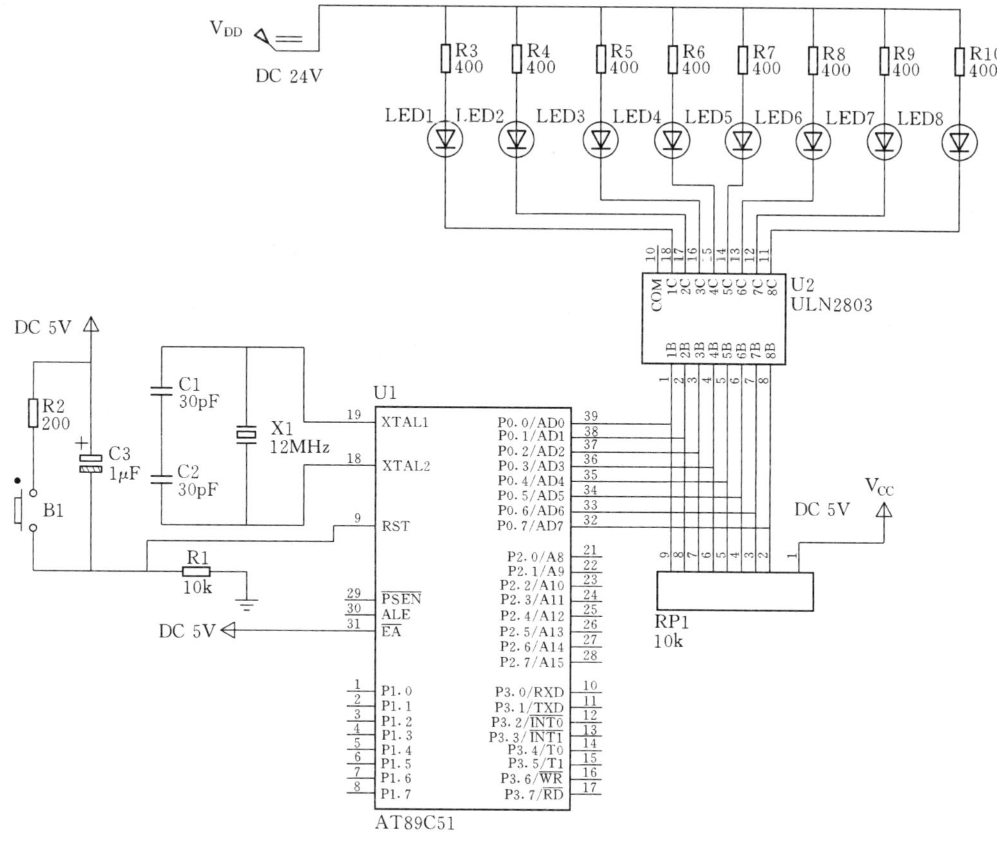

图 7.14 霹雳灯控制器硬件电路

表 7.2 霹雳灯控制器所用元器件

序号	器件编号	Proteus 器件名称	器件性质	参数及说明	数量
1	U1	AT89C51	单片机	12MHz	1
2	U2	ULN2803	驱动 IC		1
3	X1	CRYSTAL	晶振	12MHz	1
4	C1、C2	CAP	瓷片电容	30pF	2

续表

序号	器件编号	Proteus 器件名称	器件性质	参数及说明	数量
5	C3	CAP－ELEC	电解电容	1μF	1
6	R1	RES	电阻	10kΩ	1
7	R2～R10	RES	电阻	1.2kΩ	9
8	RP1	RESPACK－8	排电阻	10kΩ	1
9	LED1～LED8	LED－YELLOW	发光二极管	黄色	8

7.2.3 程序思路分析及流程图

在程序设计上，有很多方法可以达到设计要求。例如采用计次循环方式，首先左移 7 次，再右移 7 次，如此循环不停。左移可以采用 C51 的“＜＜”运算实现，右移可采用“＞＞”运算实现。计次循环可以使用“for”循环语句实现。

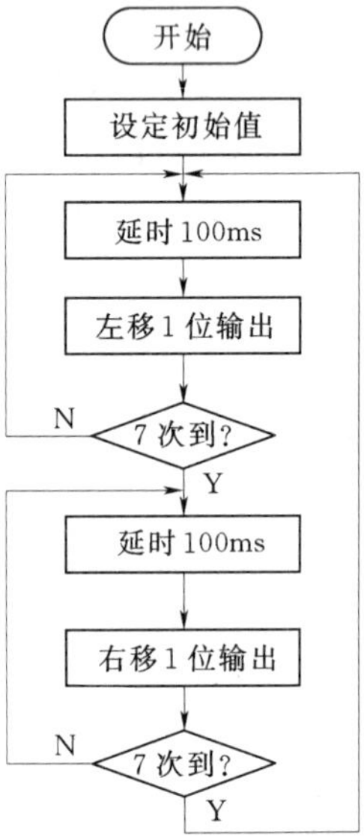

采用 ULN2803 做驱动时，由于 ULN2803 的反相作用，MCS－51 单片机 P0 口的初始值应为 00000001（0 不亮、1 亮），然后执行左移指令，则在 P0 口依次输出 00000010、00000100、00001000、00010000、00100000、01000000 和 1000000，左移完毕后再进行右移，便实现了控制要求。

在前面分析基础上，画出如图 7.15 所示的程序流程图。

图 7.15 霹雳灯控制器程序流程图

7.2.4 程序调试及仿真运行

在 Keil μVersion3 中建立项目 L7 _ 1. UV2，创建文件 L7 _ 1. C，然后将该项目编译与链接，并最终生成 L7 _ 1. HEX 文件。

在 Proteus 中为单片机加载 L7 _ 1. HEX 文件，执行仿真，观察 LED 灯的流动效果是否和预期的一致。如果实际效果出现非预期的状况，首先检查 Proteus 硬件电路是否有问题、元件的参数值是否合理，必要的时候也可以使用电压、电流探针来测试电路状态。在确保硬件电路正确的前提下，再检查程序，可以通过 Keil μVersion3 的软件模拟功能进行程序的单步模拟调试，或者采用 Keil μVersion3 与 Proteus 联合调试的方法，一边单步运行一边观察仿真结果。

霹雳灯控制器程序清单 L7 _ 1. C 如下：

```
#include <reg51.h>            // 51 单片机资源包含文件
#include <intrins.h>          // Keil C 外部函数库包含文件，_nop_() 函数在此库中
#define LED P0                // 宏定义
void DelayXms(unsigned int);  // 声明 Xms 延时函数
void Delay1ms(void);          // 声明 1ms 延时函数
unsigned char i=0;            // 定义循环变量 i 并赋初值
main()                        // 主函数
{                             // 主函数起始
  LED=0x01;                   // 点亮左面 LED
```

```
  while(1)                         // while 死循环
   {                               // while 循环体起始
    for(i=0;i<7;i++)
   {
    DelayXms(100);                 // 延时 100ms
    LED=LED<<1;                    // 左移 1 位并输出
}
  for(i=0;i<7;i++)
   {
   DelayXms(100);                  // 延时 100ms
   LED=LED>>1;                     // 右移 1 位并输出
   }
  }                                // while 循环体结束
}                                  //主函数结束
void DelayXms(unsigned int ms)//延时 Xms 函数定义
{                                  //延时 Xms 函数体起始
unsigned int k;                    //变量声明
for(k=0;k<ms;k++)                  //循环条件判断
 {Delay1ms();}                     //循环体,根据条件调用 1ms 延时函数
}                                  //延时 Xms 函数体结束
void Delay1ms(void)                //延时 1ms 函数定义
{                                  //延时 1ms 函数体起始
unsigned char i;                   //变量声明
for(i=0;i<=140;i++)                //循环条件判断
 {_nop_();}                        //调用空操作函数
}                                  //延时 1ms 函数体结束
```

7.3 用 LED 数码管显示数字

本节我们来学习使用 LED 数码管显示数字的方法，这也是智能化仪器仪表常用的显示手段之一。

7.3.1 设计要求

(1) 用 MCS-51 单片机的 I/O 口控制一只共阳极八段 LED 数码管，数码管上显示的数字从 0 开始，每隔 0.5s 加 1，直到显示到 9 以后，再从 0 开始循环显示。

(2) 采用 AT89C51 单片机的 P2 口连接数码管，数码管的驱动采用 ULN2803 集成驱动芯片。

7.3.2 硬件电路设计

LED 数码管的驱动和单只 LED 的驱动方法一样，可以采用三极管，也可以采用驱动集成电路，本设计中仍然采用 ULN2803 作为 LED 数码管的驱动器件。

打开 Proteus 编辑环境，按表 7.3 所列的元件清单添加元件并修改元件参数。ULN2803 的控制端 1B～8B 分别与 AT89C51 单片机的 P2.0～P2.7 相连接，虽然 P2 口内部已经包含上拉电阻，但为了提高单片机的抗干扰能力和可靠性，在实际应用中经常在各个端口都外接上拉电阻，这一点是经验所得，也是提高智能化仪器仪表看干扰能力的有效途径之一。完整的硬件电路如图 7.16 所示，将项目文件保存为 L7 _ 2. DSN。

表 7.3　LED 数码管应用项目器件

序号	器件编号	Proteus 器件名称	器件性质	参数及说明	数量
1	U1	AT89C51	单片机	12MHz	1
2	U2	ULN2803	驱动 IC		1
3	X1	CRYSTAL	晶振	12MHz	1
4	C1、C2	CAP	瓷片电容	30pF	2
5	C3	CAP－ELEC	电解电容	1μF	1
6	R1	RES	电阻	10kΩ	1
7	R2～R10	RES	电阻	200Ω	9
8	RP1	RESPACK－8	排电阻	10kΩ	1
9	DISPLAY1	7SEG－COM－AN－GRN	数码管	绿色	1

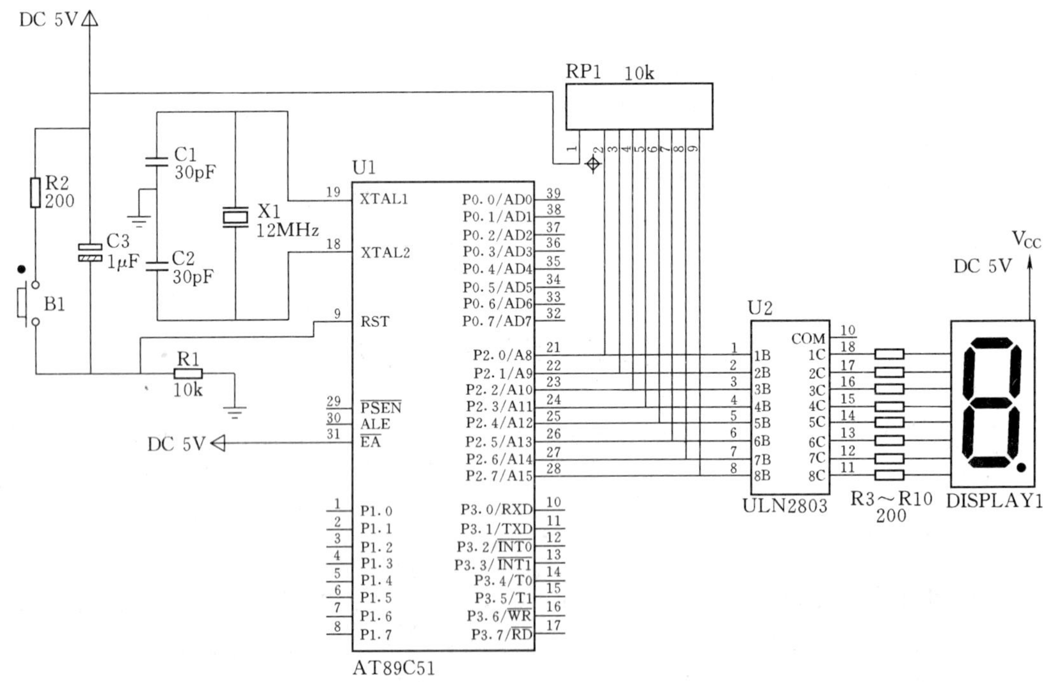

图 7.16　LED 数码管显示数字硬件电路

7.3.3　程序思路分析及流程图

硬件电路中采用了共阳极的 LED 数码管，理论上应该采用共阳极的显示代码来驱动 LED 数码管，但是，由于电路中的 ULN2803 驱动集成电路的输入和输出之间具有反相特

性，因此，在送显示数字时应该使用共阴极的显示代码。

利用下面的数组定义方式将共阴极的显示代码存储在程序存储空间（code）中。

```
unsigned char code table[10]={0x3f,0x5b,0x4f,0x66,0x6d,0x7d,0x07,0x7f,0x6f};
```

0.5s 延时仍然通过调用前面的 DelayXms（）和 Delay1ms（）函数实现，程序流程图如图 7.17 所示。

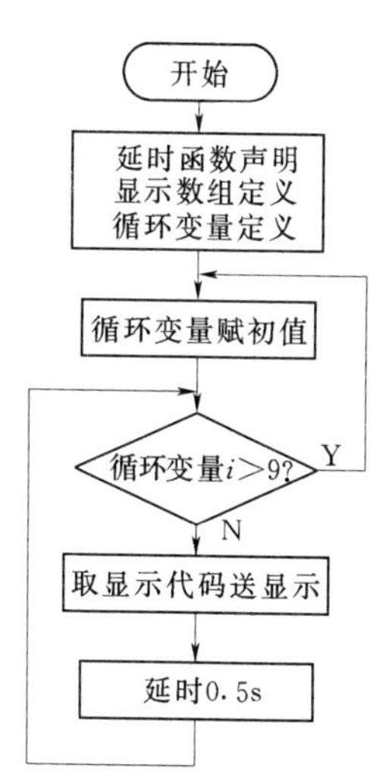

图 7.17　LED 数码管显示数字程序流程图

7.3.4　程序调试及仿真运行

在 Keil μVersion3 中建立项目 L7_2.UV2，创建文件 L7_2.C，然后将该项目编译与链接，以生成 L7_2.HEX 文件。

在 Proteus 中为单片机加载 L7_2.HEX 文件，执行仿真，观察 LED 数码管的显示效果。

LED 数码管显示数字程序清单（L7_2.C）：

```
#include <reg51.h>              // 51 单片机资源包含文件
#include <intrins.h>            // Keil C 外部函数库包含文件,_nop_() 函数在此库中
#define LED P2                  // 宏定义
void DelayXms(unsigned int);    // 声明 Xms 延时函数
void Delay1ms(void);            // 声明 1ms 延时函数
unsigned char code table[10]={0x3f,0x06,0x5b,0x4f,0x66,   //显示代码定义
                    0x6d,0x7d,0x07,0x7f,0x6f};
unsigned char i;                // 定义循环变量 i 并赋初值
main()                          // 主函数
{                               // 主函数起始
  i=0;                          // 点亮左面 LED
  while(1)                      // while 死循环
   {                            // while 循环体起始
    for(i=0;i<=9;i++)
     {
      DelayXms(500);            // 延时 500ms
      LED=table[i];             // 取显示代码,送显示
     }
   }                            // while 循环体结束
}                               //主函数结束
void DelayXms(unsigned int ms)//延时 Xms 函数定义
{                               //延时 Xms 函数体起始
unsigned int k;                 //变量声明
for(k=0;k<ms;k++)               //循环条件判断
{Delay1ms();}                   //循环体,根据条件调用 1ms 延时函数
}                               //延时 Xms 函数体结束
void Delay1ms(void)             //延时 1ms 函数定义
{                               //延时 1ms 函数体起始
```

```
unsigned char i;                  //变量声明
 for(i=0;i<=140;i++)              //循环条件判断
 {_nop_();}                       //调用空操作函数
 }                                //延时1ms函数体结束
```

自学小常识

用万用表检测 LED 及 LED 数码管

利用具有“×10kΩ”挡的指针式万用表可以大致判断发光二极管（LED）的好坏。正常时，二极管正向电阻阻值为几十至 200kΩ，反向电阻的值为∞。如果正向电阻值为 0 或为∞，反向电阻值很小或为 0，则说明 LED 已损坏。这种检测方法，不能实地看到发光管的发光情况，因为×10kΩ 挡不能向 LED 提供较大正向电流。

LED 数码管按位数分为 1 位、2 位和 3 位，其封装形式分别为 10 脚、10 脚和 12 脚。

共阳极和共阴极的区分方法是用指针式万用表的“× 1Ω”或“× 10Ω”挡，将黑表笔固定在的公共端（com），用红表笔去碰触各段引脚，若发现数码管的该段变亮，则此数码管是共阳极结构。同理，将红表笔接公共端，用黑表笔去碰触各段引脚，若数码管的该段被点亮，则此数码管是共阴极结构。

判断出共阳极或阴极的结构以后，同样可以采用上述方法判断和识别 a～g 段的引脚位置，同时也可以用这种方法检测数码管的好坏。

第8章 输入口的简单应用

任何一台仪器仪表都离不开必要的人机联系输入设备。对于智能化仪器仪表而言，使用最为频繁的输入设备就是各类开关、按钮以及更为高级的触摸屏等。本章在简要介绍常用输入器件的基础上，重点讲解利用 MCS－51 单片机的 I/O 口设计仪器仪表的输入电路及相应的 C51 程序设计方法。

8.1 常用输入器件及其电路连接

在智能化仪器仪表中，常用的输入器件可以分为如下几类：一是用于输入数据等信息的具有自恢复功能的按钮开关、键盘及行程开关等；二是用于状态设置操作的闸刀开关及指拨开关等；三是兼有显示输出功能的触摸屏等。这里主要介绍按钮开关、行程开关及指拨开关。

8.1.1 常用开关

1. 按钮（键）开关

按钮开关也被称作按键，其特点是具有自动恢复(弹回)功能。按下按钮时，其中的接点接通(或断开)，放开按钮时，接点自动恢复为断开(或接通)状态。按钮开关可分为常开按钮开关和常闭按钮开关。常态下，开关触点断开的按钮开关，称为常开按钮开关；常态下，开关触点接通的按钮开关，称为常闭按钮开关。根据需要，按钮开关可以做成各种形式，如微动开关、按钮(键) 开关、薄膜开关等。在仪器仪表中常用的按钮开关如图 8.1 所示。

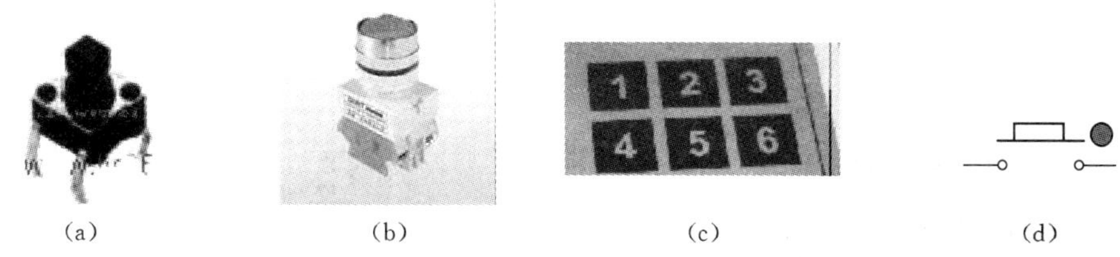

(a)　(b)　(c)　(d)

图 8.1　常用按钮（键）开关及在 Proteus 中的图形符号

(a) 微动开关；(b) 按钮开关；(c) 薄膜开关；(d) Proteus 按钮开关

2. 行程开关

行程开关又称限位开关，可以安装在相对静止的物体上（如固定架、门框等)，或者安装在运动的物体上（如行车、活动的柜体门等)。当运动的物体接近静止的物体时，开关的连杆带动开关的接点移动，使闭合的接点断开或者使断开的接点闭合。通过开关接点开、合状态的改变来控制电路断开或接通。换句话说，行程开关就是一种由物体的位移来决定电路通断的开关。例如，日常生活中我们经常使用的电冰箱，当打开冰箱门时，冰箱里面的灯就会被点亮，而关上冰箱门灯又熄灭了，这是因为箱体上安装了一个限位开关，冰箱门关上的时候，箱门带动开关动作，开关接点断开，电路也被切断，灯自然处于熄灭状态；打开冰箱门，限位开关被释放，开关接点闭合，电路被接通，灯也就被点亮了。

工业控制中，行程开关（限位开关）与其他设备配合，可以组成复杂的自动化控制系统。例如，机床上有很多这样的行程开关，用它来控制工件运动或自动进刀的行程，避免发生碰撞事故。有时利用行程开关控制被控物体在规定的两个位置之间自动换向，做周而复始的往复运动。比如，自动运料的小车到达终点时，触碰行程开关，接通翻车机构，把车里的物料翻倒出来，并且自动退回到起点；到达起点之后，又触碰起点的行程开关，把装料机构的电路接通，开始自动装料，这样往复动作下去，就构成一套自动化生产线，可以夜以继日地自动工作。常用的行程开关如图 8.2 所示。

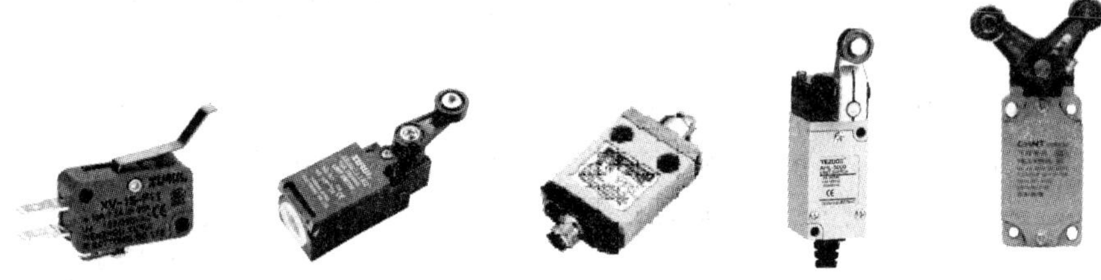

图 8.2　常用行程开关

3. 指拨开关

指拨开关属于闸刀开关的一种，具有保持功能，也就是不会自动复归（弹回）。将开关拨向某一侧时，其中的接点接通（或切断），若要恢复接点状态，则需要将开关拨向另一侧。

指拨开关的开关数量可分为 1P、2P、4P、8P 和数字型指拨开关等。1P 的指拨开关内部只有 1 个独立开关，2P 的指拨开关内部有 2 个独立开关，以此类推 8P 的指拨开关内部有 8 个独立开关。

指拨开关常常焊接在电路板上，用于参数设定或地址设定等。常用的指拨开关如图 8.3 所示，图 8.4 是 Protues 中常用指拨开关电路符号。

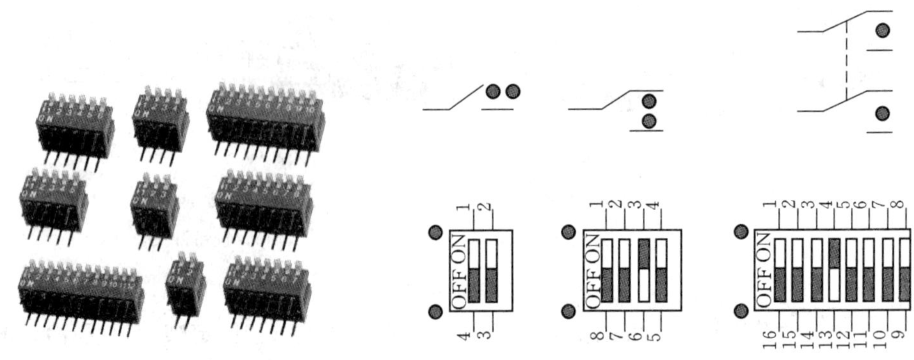

图 8.3　常用指拨开关　　图 8.4　Proteus 中的指拨开关

8.1.2 常用开关输入电路设计

对于采用单片机的仪器仪表设计而言，在设计输入电路时，一定要把握的一个原则就是输入信号不要有不确定状态，也就是说，单片机的输入端不能够悬空，输入端悬空除了会产生不确定的状态外，还很可能受到其他电路的干扰，使电路产生错误的操作。下面针对按钮开关和指拨开关来说明基于单片机 I/O 口的开关输入电路设计方法。

常用开关器件通常经过上拉电阻或下拉电阻与单片机的 I/O 口连接，如图 8.5 和图 8.6 所示。

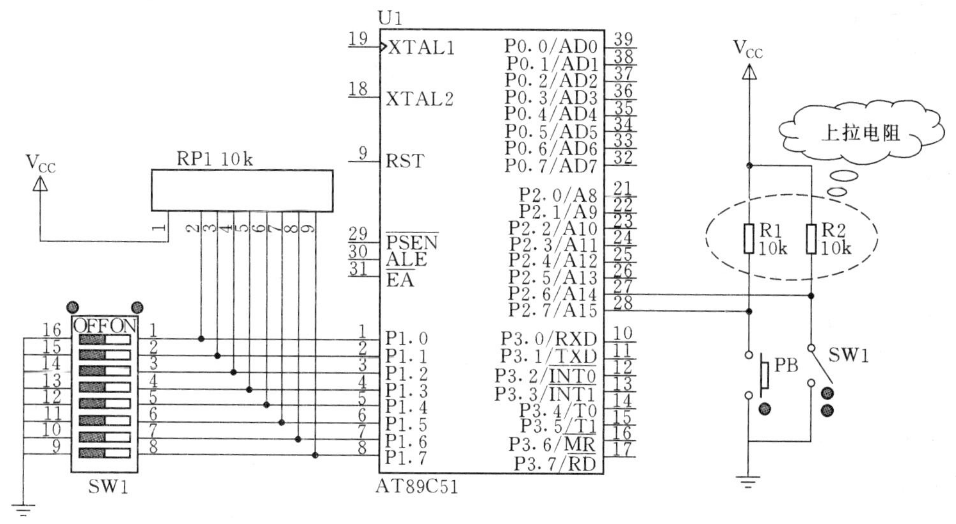

图 8.5 常用开关通过上拉电阻与输入口连接

对于图 8.5 所示的电路，平时开关为断开状态，其中 10kΩ 电阻连接到 V_{CC}，使输入引脚上保持为高电平信号；当开关被操作闭合后，输入引脚经过开关接地，输入引脚上将变为低电平信号；释放开关时，输入引脚上将恢复为高电平信号。这样，在输入引脚上就产生了一个负脉冲，其中和电源 V_{CC}连接的电阻被称作上拉电阻，由于多位指拨开关需要多个上拉电阻，可以选择具有公共端的排电阻，如图 8.5 中的 RP1 就是包含 8 只 10kΩ 电阻的排电阻。

对于图 8.6 所示的电路，平时开关为断开状态，开关的一端和 I/O 口相连并通过 470Ω 电阻接地，使输入引脚上保持为低电平信号；当开关被操作闭合时，输入引脚将经过开关接到电源 V_{CC}，输入引脚上将变为高电平信号；释放开关，输入引脚上将恢复为低电平信号。这样，在输入引脚上就产生了一个正脉冲信号，其中接地的电阻被称作下拉电阻，同样，对于多位指拨开关，可以选择排电阻作为下拉电阻，只是这时排电阻的公共端应该接地，如图 8.6 中的 RP1。

8.1.3 开关抖动与防抖动措施

8.1.3.1 开关操作的抖动现象

在仪器仪表中，为了降低成本，通常都采用触点式的开关或者按键作为输入设备，不

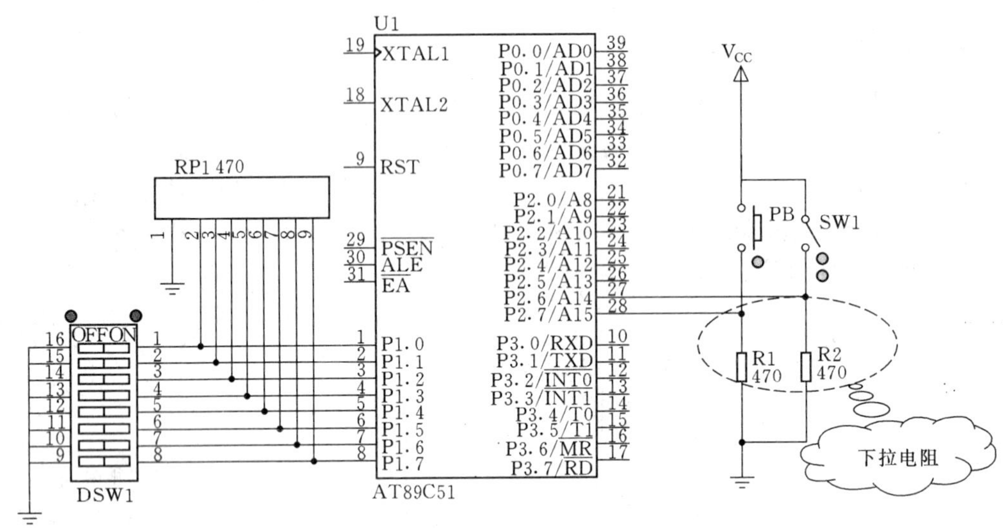

图 8.6　常用开关通过下拉电阻与输入口连接

管是按钮开关、指拨开关、行程开关还是薄膜键盘，在操作时，由于机械触点的弹性作用，其闭合与断开并不如想象中那么理想！实际上，开关操作时，会有很多不确定状况，也就是抖动现象。在开关的抖动期间会造成输入信号电平的忽高忽低或者非高非低，如图 8.7 所示，其中，开关闭合时的抖动称为前沿抖动，开关释放时的抖动称为后沿抖动，抖动时间的长短与开关的机械特性有关，一般为 10～20ms。这种情况很可能引起 CPU 的误判断和误动作，必须采取必要的措施来克服抖动的影响。

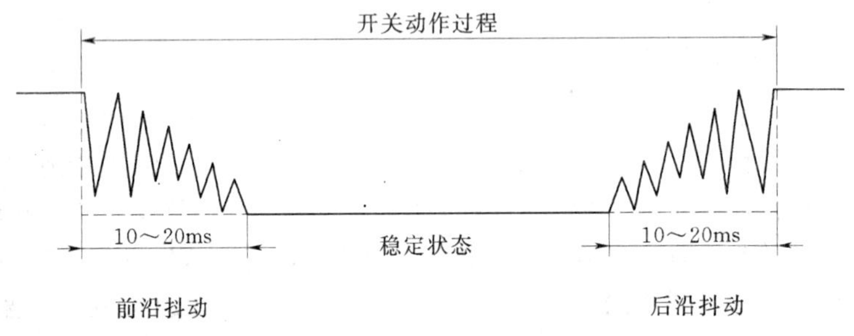

图 8.7　开关操作的抖动波形示意

8.1.3.2　采用硬件克服开关抖动

开关抖动的克服可以采用增加必要的硬件电路来实现，实践表明下面两种硬件电路消除开关抖动的方法是行之有效的。

1. 采用稳态电路克服开关抖动

如图 8.8 所示，采用单刀双掷的开关和由与非门 74LS00 构成的稳态电路可以很好地消除开关的抖动。这种电路使用的元器件较多，占用的电路板面积也较大，增加了成本与电路的复杂度，在实际应用中已经很少采用，因此，这里不再分析其工作过程。

2. 采用阻容电路克服开关抖动

如图 8.9 所示的阻容吸收电路可以有效地克服开关抖动。

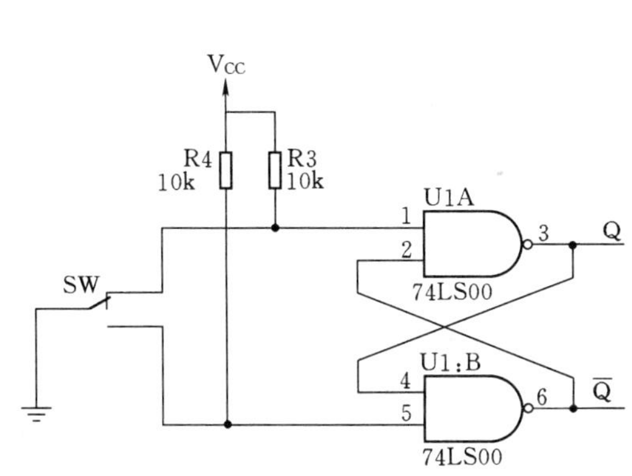

图 8.8 采用稳态电路克服开关抖动

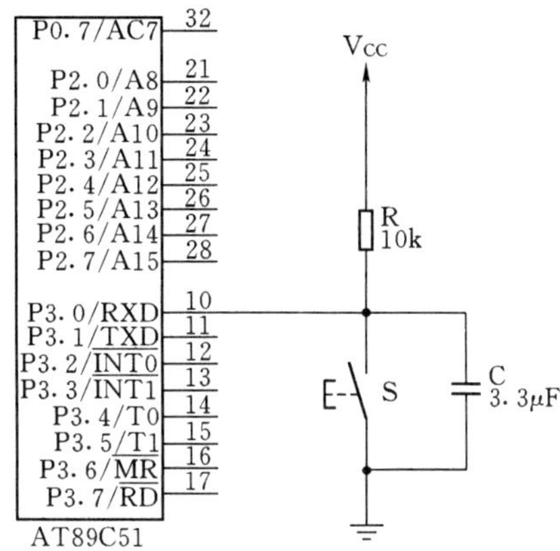

图 8.9 阻容电路克服开关抖动

当开关闭合时，开关将电容短路，此时放电电阻为 0，电容两端电压也迅速降为 0，由于有电容的存在，保证了引脚上的低电平信号不会抖动；开关断开时，整个电路形成 RC 充电电路，其时间常数为 RC。在电容 C 充电过程中，电容两端的电压不会立即上升为高电平，因此又可以很好地克服后延抖动。R、C 参数的选择需要根据抖动时间来确定，一般情况下，电阻 R 取 10kΩ，电容 C 取 2.8～5.6μF 左右时，可以很好地克服 10～20ms 的抖动。这种电路简单有效，所增加的成本很低，因此具有较高的实用价值。

8.1.3.3 采用软件克服开关抖动

采用硬件电路来克服开关抖动，总要增加电路的复杂性和成本。能不能从软件上采取措施来避开开关的 10～20ms 抖动呢？答案是肯定的！只要在 CPU 检测到开关变位信号后，调用一个延时函数就可以实现，通常延时函数的延时时间被设计成 10～20ms。下面是 20ms 延时的 C51 程序清单（晶振频率为 12MHz）。

```
void Delay20ms(void)              //防抖动 20ms 延时函数开始
{ int i;                          //变量声明
  for(i=0;i<3951;i++) ;           //20ms 延时循环次数,试验所得
}                                 //防抖动函数结束
```

开关操作程序的执行可以有两种情形：一是开关闭合（低电平）执行程序，二是开关断开后执行程序。图 8.10 和图 8.11 是两种情形的波形示意。

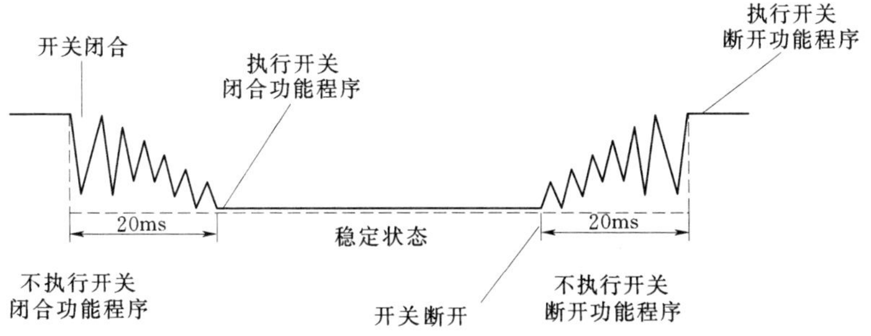

图 8.10 开关闭合与断开执行不同功能程序波形示意

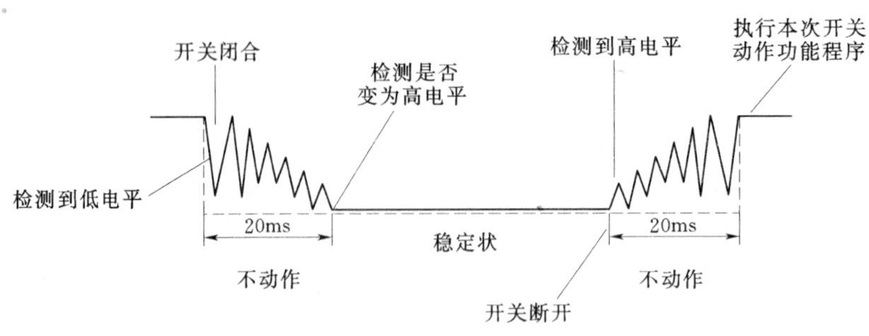

图 8.11　开关断开才执行功能程序波形示意

以开关闭合产生负脉冲的开关为例，当开关闭合，单片机检测到第一个低电平信号时，随即调用 Delay20ms 函数延时 20ms，这段时间程序不工作，以避开开关闭合的抖动（即前沿抖动）过程。20ms 后，执行开关闭合功能程序。同样地，释放开关，单片机检测到第一个高电平信号时，随即调用 Delay20ms 函数以延迟 20ms，这段时间程序也不工作，以避免开关断开时的抖动（即后沿抖动），20ms 后，执行开关断开的功能程序。

图 8.11 中，当开关闭合，单片机检测到第一个低电平信号时，随即调用 20ms 延时函数 Delay20ms，这段时间内程序只是单纯地延时，不进行其他的工作。20ms 延时结束后，单片机不断检测信号是否变为高电平（即开关是否释放），若检测到第一个高电平，再次调用 20ms 延时函数 Delay20ms，这段时间内程序也是单纯地延时，不进行其他工作，20ms 延时结束后，信号已经稳定为高电平后，程序才执行本次开关动作的相应功能程序。这样，就很好地克服了开关动作的前沿抖动和后延抖动。

由此可见，采用软件延时的方法消除开关抖动的影响，不需要增加硬件投入，也不会增加电路的复杂度，因此，这种方法在智能化仪器仪表的设计中得到了普遍的应用。

图 8.12 是采用上述两种方法消除开关抖动的软件流程图。

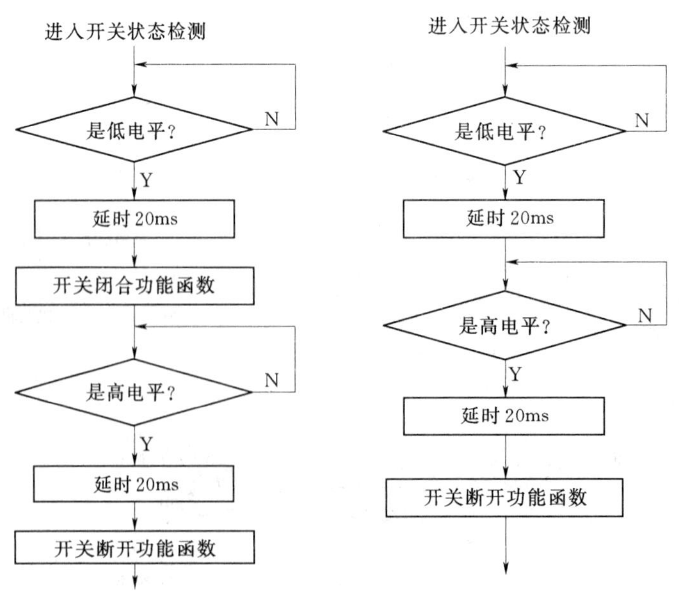

图 8.12　两种软件消抖流程图

8.2 简易直流电动机控制器设计

直流电动机具有调速性能好、启动力矩大等特点，在工业与自动化系统中得到了广泛的应用，本节以12V直流电动机的简单控制为例来说明开关输入电路的设计方法和程序设计方法。

8.2.1 点动式直流电动机控制器

首先，我们采用AT89C51单片机设计一个点动式直流电动机控制器，所谓点动式就是用1只按钮开关控制直流电动机的启动和停止，即按下按键电动机启动，释放按键电动机停止。

1. 硬件电路设计

在Proteus环境下，按表8.1所列的元件清单添加元件并修改元件参数。采用NPN三极管9013驱动小型直流电动机，控制开关采用按钮开关，连接于单片机的P1.7引脚，由P2.7作为控制输出引脚，完整硬件电路如图8.13所示，将项目文件保存为L8_1.DSN。

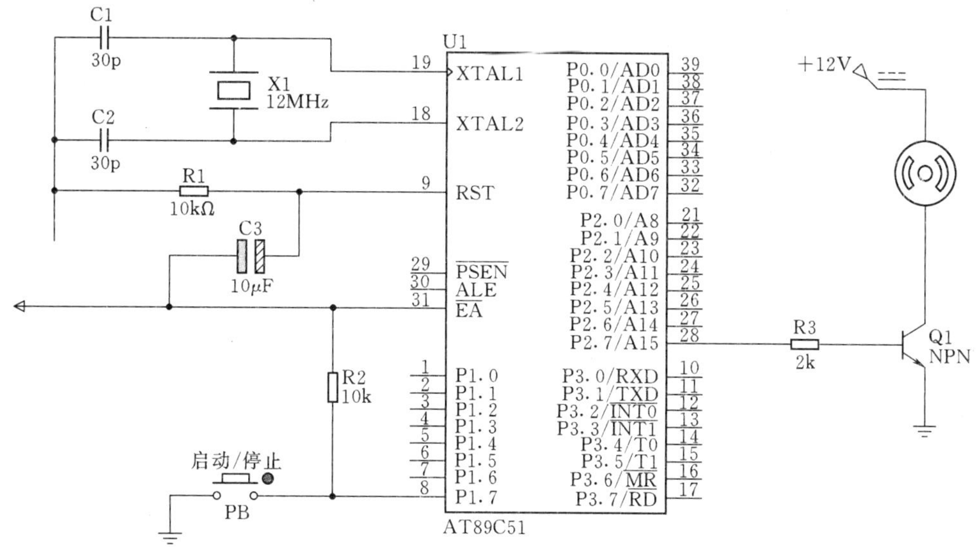

图8.13 点动式直流电动机控制器

表8.1 点动式直流电动机控制器所用元器件

序号	器件编号	Proteus器件名称	器件性质	参数及说明	数量
1	U1	AT89C51	单片机	12MHz	1
2	Q1	NPN	三极管	9013	1
3	X1	CRYSTAL	晶振	12MHz	1
4	C1、C2	CAP	瓷片电容	30pF	2
5	C3	CAP-ELEC	电解电容	1μF	1
6	R1、R2	RES	电阻	10kΩ	1

续表

序号	器件编号	Proteus 器件名称	器件性质	参数及说明	数量
7	R3	RES	电阻	2kΩ	1
8	M1	MOTOR	直流电动机	12V	1
9	PB	BUTTON	按钮开关		1

2. 程序流程

由功能需求和电路结构可知，当按钮开关被按下时，从单片机 P1.7 口读取到低电平（即 0），若此时要启动电动机，则需要在 P2.7 口输出高电平（即 1），三极管导通，电机启动。同理，当按钮开关释放后，P1.7 口变为高电平，则需要在 P2.7 口输出低电平（即 0），控制三极管截止，电机停转。这样，就实现了电动机运转的按钮开关点动控制。为了说明问题方便，本例没有采取开关防抖动措施。程序流程如图 8.14 所示。

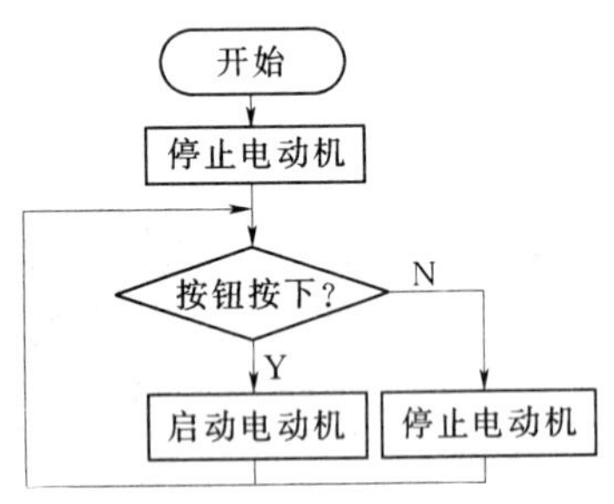

图 8.14　点动式直流电动机控制器程序流程图

3. 程序清单（L8 _ 1.C）

```
#include "reg51.h"              //51单片机资源包含文件/
#define Motor P2_7              //电机控制引脚宏定义
#define PB P1_7                 //按钮开关引脚宏定义
main()                          //主函数
{                               //主函数开始
 Motor=0;                       //停止电机
  while(1)                      //进入无限循环
   {                            //while 循环开始
   if(PB= =0)                   //判断开关是否被按下
    Motor=1;                    //开关按下,启动电机
   else                         //开关没有按下
    Motor=0;                    //开关断开,停止电机
   }                            //while 循环结束
}                               //主函数结束
```

4. 编译及仿真运行

在 Keil μVersion3 中建立项目 L8 _ 1.UV2，向项目中添加文件 L8 _ 1.C，然后将该项目编译与链接，生成 L8 _ 1.HEX 文件。

在这段程序的调试中要注意“if…else”语句的使用方法，“if…else”语句可以根据表达式的值有选择地执行程序中的语句，其语法格式为：

```
if(表达式)
{语句块 1}             //符合表达式执行的代码
else
{语句块 2}             //不符合表达式执行的代码
```

如果“if”后表达式的值为真（true），则执行语句块 1 中的语句；如果表达式的值为

假（false），则执行语句块 2 中的语句，初学者要特别注意不要丢掉“else”及其后面的语句块 2 部分。

最后，将编译生成的 L8 _ 1. HEX 文件加载到 Proteus 中的单片机，选择仿真运行，观察电动机是不是已经可以通过按钮点动控制启停了。

8.2.2 双按钮式直流电动机控制器

下面介绍一种双按钮开关控制的直流电动机，一只开关用于控制电机的启动，另一只开关用于控制电机的停止。输出部分不再采用三极管直接驱动电动机的方式，改为由三极管驱动继电器，再通过继电器来控制直流电动机的形式。这种形式可以控制更大功率和更高电压等级的直流电动机，被控直流电动机的容量仅受继电器的触点容量限制。这样的电路一般用于电动机动作不是很频繁的场合。在电路中，增加两只 LED 指示灯作为电动机工作状态的指示，为了简单起见，电路中省略了指示灯的驱动电路。

1. 硬件电路设计

在 Proteus 环境下，按表 8.2 所列的元件清单添加元件并修改元件参数。完整的硬件电路如图 8.15 所示，将项目文件保存为 L8 _ 2. DSN。

表 8.2　双按钮式直流电动机控制器所用元器件

序号	器件编号	Proteus 器件名称	器件性质	参数及说明	数量
1	U1	AT89C51	单片机	12MHz	1
2	Q1	NPN	三极管	9013	3
3	X1	CRYSTAL	晶振	12MHz	1
4	C1、C2	CAP	瓷片电容	30pF	2
5	C3	CAP－ELEC	电解电容	1μF	1
6	R1/R5/R6	RES	电阻	10kΩ	1
7	R2	RES	电阻	2kΩ	1
8	M	MOTOR	直流电动机	220V	1
9	PB1/PB2	BUTTON	按钮开关		2
10	RL1	RELAY	继电器	5V	1
11	D1	DIODE	二极管	1N4007	1

图 8.15 中的二极管 VD1 是续流二极管，用于保护三极管 VT1 不被继电器断开时在其线圈两端感应的反向电压击穿。

2. 程序流程

根据功能需求与硬件电路结构，绘制程序流程图，如图 8.16 所示。

3. 程序清单（L8 _ 2. C）

```
#include "reg51.h"           // 51 单片机资源包含文件/
#define Motor P3_7           // 电机控制引脚宏定义
#define PB1 P1_3             // 按钮开关引脚宏定义
#define PB2 P1_4
```

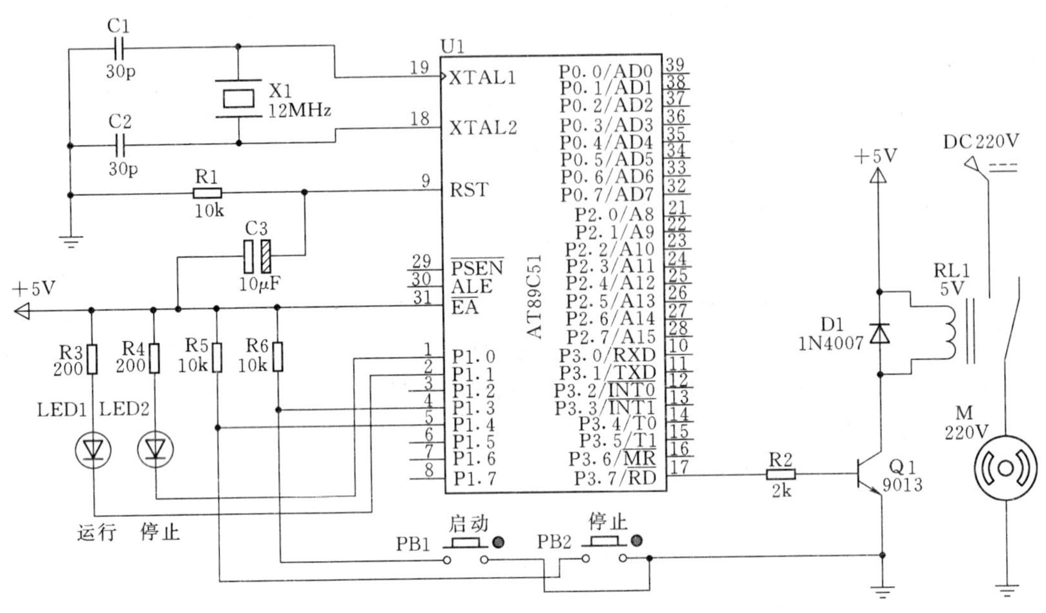

图 8.15 双按钮式直流电动机控制器

```
#define RunningLight P1_1        // 运行指示灯宏定义
#define StopLight P1_0           // 停运指示灯宏定义

main()                           // 主函数
{                                // 主函数开始
 Motor=0;                        // 停止电机
 RunningLight=1;                 // 熄灭运行指示灯
 StopLight=0;                    // 点亮停运指示灯
  while(1)                       // 进入无限循环
   {                             // while 循环开始
    if(PB1= =0)                  // 判断 PB1 开关是否被按下
     {Motor=1;                   // PB1 开关按下,启动电机
 RunningLight=0;                 // 点亮运行指示灯
 StopLight=1;                    // 熄灭停运指示灯
 }
 else if(PB2==0)                 // 判断 PB2 开关按下
      {Motor=0;                  // 停止电机
      RunningLight=1;            // 熄灭运行指示灯
      StopLight=0;               // 点亮停运指示灯
      }
   }                             // while 循环结束
}                                // 主函数结束
```

开始
停止电动机
熄灭运行灯
熄灭停运灯
PB1 按下?（Y / N）
PB1 按下?（Y / N）
启动电动机
熄灭运行灯
熄灭停运灯
停止电动机
熄灭运行灯
熄灭停运灯

图 8.16 双按钮式直流电动机控制器程序流程图

4. 编译及仿真运行

在 Keil μVersion3 中建立项目 L8 _ 2. UV2，向项目中添加文件 L8 _ 2. C，然后将该

项目编译与链接，生成 L8 _ 2. HEX 文件。选择仿真运行，电动机处于停止状态，停止指示灯 LED2 被点亮。按下启动按钮 PB1 继电器动作，接通直流 220V 电源，电动机开始运转，运行指示灯被点亮；按下停运按钮 PB2，继电器返回，断开直流 220V 电源，电动机停转，同时停止指示灯被点亮。

在上面的硬件电路中，有一个问题需要在应用时加以考虑。那就是在控制器上电瞬间，控制直流电动机的引脚 P3.7 总是先输出高电平信号，然后再由程序置为低电平，虽然这个过程极为短暂，继电器还来不及反应，电机也不会因此而动作，但是，在设计过程中还是要加以避免，那么，如何才能解决这一问题呢？请大家思考。

8.3　实训项目 3：键控灯光控制器设计

在掌握了 MCS－51 单片机输入/输出口简单应用知识以后，我们来设计一个更为复杂一些的键控灯光控制器。

8.3.1　要求与目标

1. 基本要求

（1）在 Proteus 环境下，设计基于 MCS－51 单片机（采用 AT89C51）的电路，用 AT89C51 的 P0 口控制 8 只 LED 灯。

（2）采用 ULN2803 作为 LED 驱动器件。

（3）在 AT89C51 的 P1 口上连接 8 只按钮开关作为 LED 灯光变换方式的选择，具体灯光变换方式见表 8.3。

（4）在 Keil μVersion 环境中编写 C51 程序，在 Proteus 中进行调试。

表 8.3　　灯光变换方式

序号	按钮开关名称	灯光变换方式说明
1	PB1	全亮全灭交替闪烁，间隔时间 0.2s
2	PB2	8 只 LED 间隔交替亮灭，间隔时间 0.5s
3	PB3	单灯左移流水，间隔时间 0.2s
4	PB4	单灯右移流水，间隔时间 0.2s
5	PB5	霹雳灯效果。即单灯左移后再右移
6	PB6	发散效果灯，即从全部熄灭状态开始，先点亮中间 2 只 LED，然后由中间向两侧依次点亮各 LED，间隔时间 0.2s
7	PB7	聚拢效果灯，即从全部熄灭状态开始，先点亮左右两侧的 2 只 LED，然后向由两侧向中间依次点亮各 LED，间隔时间 0.2s
8	PB8	自动效果，每种变换方式执行十次后，自动切换到下一种方式

2. 实训目标

（1）熟练掌握 MCS－51 单片机的 I/O 口的使用方法。

（2）熟练掌握驱动集成电路 ULN2803 的使用方法。

(3) 熟练掌握常用开关输入硬件电路设计方法和程序设计方法。

(4) 熟练掌握 LED 与单片机的连接方法和程序设计方法。

(5) 熟练掌握在 Keil μVersion3 中进行 C51 程序编辑、编译、排错和调试方法。

(6) 掌握"if …else"、"switch… case"分支程序、"while"循环程序设计方法。

(7) 学会在 Proteus 中使用总线绘制电路图的方法。

8.3.2 创建文件

1. 在 Proteus ISIS 中绘制原理图

(1) 启动 Proteus ISIS，新建设计文件 L8_3.DSN。

(2) 在对象选择窗口中添加如表 8.4 所示的元器件。

(3) 在 Proteus ISIS 工作区绘制原理图并设置如表 8.4 中所示各元件参数。完整的硬件电路原理图如图 8.17 所示。

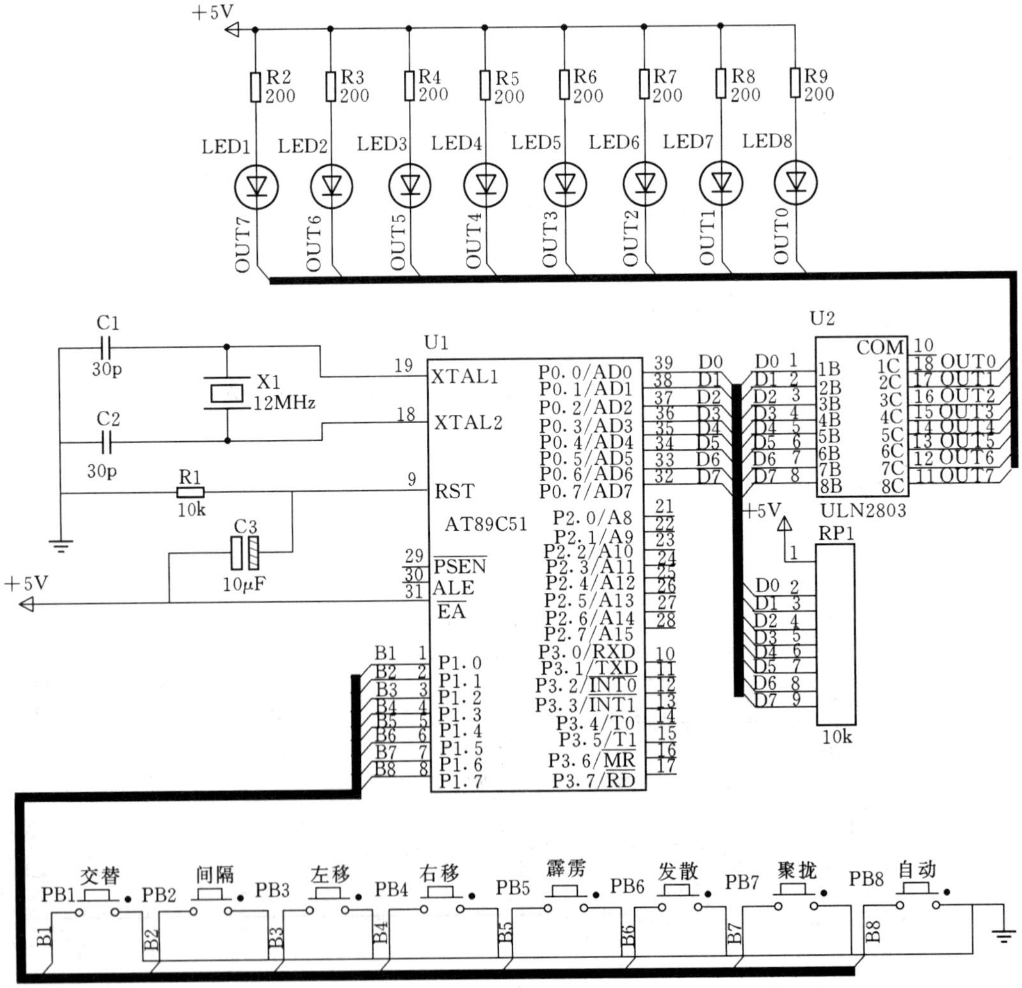

图 8.17　键控灯光控制器硬件电路

表 8.4　　　L8 _ 3 项目所用元器件

序号	器件编号	Proteus 器件名称	器件性质	参数及说明	数量
1	U1	AT89C51	单片机	12MHz	1
2	U2	ULN2803	驱动 IC		1
3	X1	CRYSTAL	晶振	12MHz	1
4	C1、C2	CAP	瓷片电容	30pF	2
5	C3	CAP－ELEC	电解电容	1μF	1
6	R1	RES	电阻	10kΩ	1
7	R2～R9	RES	电阻	200Ω	8
8	LED1～LED8	LED－YELLOW	发光二极管	黄色	8
9	PB1～PB8	BUTTON	按钮开关		8
10	RP1	RESPACK－8	排电阻	10kΩ	1

2. 在 Keil μVersion 中创建项目及文件

（1）启动 Keil μVersion3，新建项目 L8 _ 3. UV2，选择 AT89C51 单片机，不加入启动代码。

（2）新建文件 L8 _ 3. C，将文件添加入项目文件中。

8.3.3　软件设计

1. 流程图及程序设计说明

在硬件电路中，单片机的 P1 口用于连接 8 只按键，当 PB1～PB8 中的某一个键被按下时，P1 口的值将发生变化，例如 PB1 按下时，从 P1 口读回的值应该是 0xfe，PB2 按下时，从 P1 口读回的值应该是 0xfd，依此类推，PB8 按下时从 P1 口读回的值应该是 0x7f。这样，在主函数中只要采用 switch…case 分支语句就可以实现对按键的判断。程序的主流程图如图 8.18 所示。

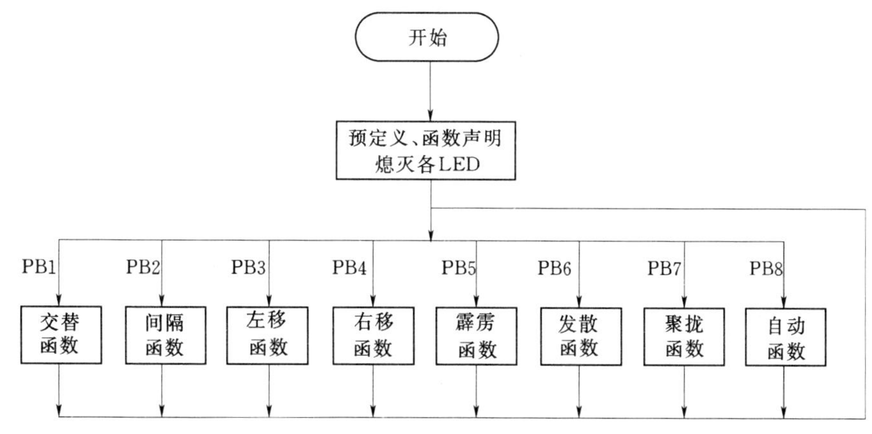

图 8.18　键控灯光 控制器程序主流程图

当某一键被按下，程序进入某一分支后，只要不再有键被按下，程序就在这种控制方式中进行无限次的循环。为了保证当再次有键按下时能够退出该种控制方式，在每一 case 分支中都增加了对 P1 口状态的检测，即无键按下时，循环执行该种控制方式函数，有键按下时采用 break 语句退出循环。

```
        ⋮
case 0xfe:while(PB==0xff)          // 有无键按下判断,PB=0xff 时无键按下
          {JiaoTi();}              // 循环执行交替灯函数
       break;                      // 有键按下,退出
        ⋮
```

针对每种控制方式设计一个函数，左移控制方式函数的流程图如图 8.19 所示。

根据图 8.19 的流程编写的左移函数（ZuoYi()）如下：

```
void ZuoYi(void)                  // 左移函数
{   char i;                       // 循环变量定义
    LED=0x01;                     // 显示初值
    for(i=0;i<=7;i++)             // 循环条件
    {                             //for 循环开始
        DelayXms(200);            // 调用 200ms 延时函数
        LED=LED<<1;               // 左移 1 位并从 P0 口输出
    }                             // for 循环结束
}                                 // 左移函数结束
```

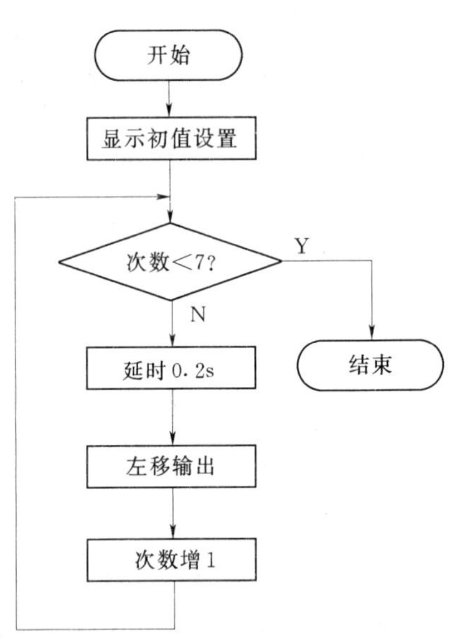

图 8.19　左移控制方式程序流程

当 PB8 按下时，程序将进入自动方式。按照要求，在自动方式中，将分别循环执行某一方式 10 次后，进入下一种方式。为保证在循环过程中还能够感知按键操作，设计时，在每次循环里都加入了是否有按键操作的 if 判断语句，当有键按下时，采用了 goto 语句跳转到函数结束。goto 语句是绝对转移语句，使用中必须慎重！

```
void ZiDong(void)                 // 自动方式函数
{   char i;                       // 循环变量定义
    ⋮                             // 略
    for(i=0;i<=9;i++)             // 十次循环条件判断
    {   if(PB! =0xff)             // 有无键按下检测
            goto back;            // 有键按下,跳转到 back
        else                      // 无键按下
        ZuoYi();                  // 无键按下,调用 ZuoYi 函数
    }                             // for 循环结束
    ⋮                             // 略
    back: ;                       // goto 目标位置
}                                 // 自动函数结束
```

控制方式的实现可以多种多样，关于其他各种控制方式函数，这里不再赘述，请大家

参考下面的程序清单自行分析。

2. 程序清单

```
/****************************预定义及函数声明*******************************/
#include <reg51.h>                  // 51单片机资源包含文件
#include <intrins.h>                // 51函数库包含文件
#define PB P1                       // 按键输入口宏定义
#define LED P0                      // LED输出口宏定义
void DelayXms(unsigned int);        // 任意毫秒延时函数声明
void Delay1ms(void);                // 1毫秒延时函数声明
void JiaoTi(void);                  // 交替方式函数声明
void JianGe(void);                  // 间隔方式函数声明
void ZuoYi(void);                   // 左移方式函数声明
void YouYi(void);                   // 右移方式函数声明
void PiLi(void);                    // 霹雳方式函数声明
void FaSan(void);                   // 发散方式函数声明
void JuLong(void);                  // 聚拢方式函数声明
void ZiDong();                      // 自动方式函数声明
/********************************主函数*********************************/
main()                              // 主函数
{                                   // 主函数开始
 LED=0x00;                          // 熄灭全部LED
 while(1)                           // 无限循环
  {switch(PB)                       // 按键检测
    {case 0xfe:while(PB==0xff)      // PB1按下,进入交替方式,再次检测按键
           {JiaoTi();}              // 交替方式函数调用
        break;                      // 有键按下退出
    case 0xfd:while(PB==0xff)       // PB2按下,进入间隔方式,再次检测按键
           {JianGe();}              // 间隔方式函数调用
        break;                      // 有键按下退出
    case 0xfb:while(PB==0xff)       // PB3按下,进入左移方式,再次检测按键
           {ZuoYi();}               // 左移方式函数调用
        break;                      // 有键按下退出
    case 0xf7:while(PB==0xff)       // PB4按下,进入左移方式,再次检测按键
           {YouYi();}               // 右移方式函数调用
        break;                      // 有键按下退出
    case 0xef:while(PB==0xff)       // PB5按下,进入左移方式,再次检测按键
           {PiLi();}                // 霹雳方式函数调用
        break;                      // 有键按下退出
    case 0xdf:while(PB==0xff)       // PB6按下,进入左移方式,再次检测按键
           {FaSan();}               // 发散方式函数调用
        break;                      // 有键按下退出
    case 0xbf:while(PB==0xff)       // PB7按下,进入左移方式,再次检测按键
           {JuLong();}              // 基隆方式函数调用
```

```
            break;                          // 有键按下退出
        case 0x7f:while(PB==0xff)           // PB8 按下,进入左移方式,再次检测按键
                {ZiDong();}                 // 自动方式函数调用
            break;                          // 有键按下退出
        default:break;                      // 无键按下退出
      }                                     // switch 结束
    }                                       // while 结束
}                                           // 主函数结束
/*****************************八种控制方式函数*********************************/
void JiaoTi(void)                           // 交替方式函数
{LED=0xf0;                                  // 左 4 只 LED 亮,右 4 只 LED 灭
DelayXms(200);                              // 延时 0.2s
LED=0x0f;                                   // 左 4 只 LED 灭,右 4 只 LED 亮
DelayXms(200);}                             // 延时 0.2s
void JianGe(void)                           // 间隔方式函数
{LED=0x55;                                  // LED 显示状态 1
DelayXms(200);                              // 延时 0.2s
LED=0xaa;                                   // LED 显示状态 2
DelayXms(200);}                             // 延时 0.2s
void ZuoYi(void)                            // 左移方式函数
{char i;                                    // 循环变量定义
 LED=0x01;                                  // LED 显示初始状态
 for(i=0;i<=7;i++)                          // 循环移位条件判断
   {DelayXms(200);                          // 延时 0.2s
   LED=LED<<1;}}                            // 左移 1 位并输出
void YouYi(void)                            // 右移方式函数
{char i;                                    // 循环变量定义
 LED=0x80;                                  // LED 显示初始状态
 for(i=0;i<=7;i++)                          // 循环移位条件判断
   {DelayXms(200);                          // 延时 0.2s
   LED=LED>>1;}}                            // 左移 1 位并输出
void PiLi(void)                             // 霹雳方式函数
{ZuoYi();                                   // 左移方式函数调用
YouYi();  }                                 // 右移方式函数调用
void FaSan(void)                            // 发散方式函数
{LED=0x18;                                  // LED 显示状态 1
 DelayXms(200);                             // 延时 0.2s
 LED=0x24;                                  // LED 显示状态 2
 DelayXms(200);                             // 延时 0.2s
 LED=0x42;                                  // LED 显示状态 3
 DelayXms(200);                             // 延时 0.2s
 LED=0x81;                                  // LED 显示状态 4
 DelayXms(200);}                            // 延时 0.2s
void JuLong(void)                           // 聚拢方式函数调用
```

```
{LED=0x81;                         // LED 显示状态 1
 DelayXms(200);                    // 延时 0.2s
 LED=0x42;                         // LED 显示状态 2
 DelayXms(200);                    // 延时 0.2s
 LED=0x24;                         // LED 显示状态 3
 DelayXms(200);                    // 延时 0.2s
 LED=0x18;                         // LED 显示状态 4
 DelayXms(200);}                   // 延时 0.2s
void ZiDong(void)                  // 自动方式函数
{char i;                           // 循环变量定义
 for(i=0;i<=9;i++)                 // 循环条件
 {if(PB! =0xff)                    // 按键检测
    goto back;                     // 有键按下,跳转至函数尾
  else                             // 无键按下
    JiaoTi();}                     // 交替函数调用
 for(i=0;i<=9;i++)                 // 循环条件
 {if(PB! =0xff)                    // 按键检测
    goto back;                     // 有键按下,跳转至函数尾
  else                             // 无键按下
    JianGe();}                     // 间隔函数调用
 for(i=0;i<=9;i++)                 // 循环条件
 {if(PB! =0xff)                    // 按键检测
    goto back;                     // 有键按下,跳转至函数尾
  else                             // 无键按下
    ZuoYi();}                      // 左移函数调用
 for(i=0;i<=9;i++)                 // 循环条件
 {if(PB! =0xff)                    // 按键检测
    goto back;                     // 有键按下,跳转至函数尾
  else                             // 无键按下
    YouYi();}                      // 右移函数调用
 for(i=0;i<=9;i++)                 // 循环条件
 {if(PB! =0xff)                    // 按键检测
    goto back;                     // 有键按下,跳转至函数尾
  else                             // 无键按下
    PiLi();}                       // 霹雳函数调用
 for(i=0;i<=9;i++)                 // 循环条件
 {if(PB! =0xff)                    // 按键检测
    goto back;                     // 有键按下,跳转至函数尾
  else                             // 无键按下
    FaSan();}                      // 发散函数调用
 for(i=0;i<=9;i++)                 // 循环条件
 {if(PB! =0xff)                    // 按键检测
    goto back;                     // 有键按下,跳转至函数尾
  else                             // 无键按下
```

```
    JuLong();}                              // 聚拢函数调用
back: ;}                                    // 跳转点
void DelayXms(unsigned int ms)              // 延时 Xms 函数定义
{                                           // 延时 Xms 函数体起始
 unsigned int k;                            // 变量声明
 for(k=0;k<ms;k++)                          // 循环条件判断
 {Delay1ms();}                              // 循环体,根据条件调用 1ms 延时函数
}                                           // 延时 Xms 函数体结束
void Delay1ms(void)                         // 延时 1ms 函数定义
{                                           // 延时 1ms 函数体起始
 unsigned char i;                           // 变量声明
 for(i=0;i<=140;i++)                        // 循环条件判断
 {_nop_();}                                 // 调用空操作函数
}                                           // 延时 1ms 函数体结束
```

8.3.4　编译及仿真运行

将编译生成的 L8 _ 3. HEX 文件加载至 Proteus 的单片机中，选择仿真运行，用按钮开关选择控制方式，看看与预期效果是否一致。

自 学 小 常 识

Proteus 原理图编辑中常用快捷键

F8：	全部显示，当前工作区全部显示
F6：	放大，以鼠标为中心放大
F7：	缩小，以鼠标为中心缩小
G：	栅格开关，栅格网格
Ctrl+s：	打开关闭磁吸，磁吸用于对准一些点的，如引脚等
x：	打开/关闭定位坐标，显示一个大十字射线
m：	显示单位切换，mm 和 th 之间的单位切换，在右下角显示
o：	重新设置原点，将鼠标指向的点设为原点
u：	撤销键 Pgdn，改变图层
Pgup：	改变图层
Ctrl+画线：	可以画曲线
R：	刷新
+－：	旋转
F5：	重定位中心

第9章 中断及其应用

中断技术是计算机和智能化仪器仪表对现场数据进行实时处理和实施实时控制的一项很重要的技术。有了中断技术，计算机和智能化仪器仪表才能够对外界突发事件做出及时响应和处理，也使其功能配置更加灵活和方便。

9.1 中断概述

9.1.1 中断概念

1. 中断

中断是计算机中的一个十分重要的概念，在现代计算机中毫无例外地都要采用中断技术。那么到底什么是中断呢？可以举一个日常生活中的例子来说明，假如你正在给朋友写信，电话铃响了。这时，你放下手中的笔，去接电话。通话完毕，再继续写信。这个例子就表现了中断及其处理过程：电话铃声使你暂时中止当前的工作（写信），转去处理更为急需处理的事情（接电话），把急需处理的事情处理完毕之后，再回来继续做原来的事情。在这个例子中，电话铃声就是“中断请求”，你暂停写信去接电话称为“中断响应”，接电话的过程就是“中断处理”，处理完毕再回来继续写信就是“中断返回”。

相应的，在计算机执行程序的过程中，由于出现某种特殊情况（或称为“事件”），使得 CPU 暂时中止现行程序的执行，转去执行处理突发特殊事件的处理程序，处理完毕之后再回到原来程序被中断处继续执行，这个过程就是中断。

2. 中断源

生活中很多事件都可以引起中断，比如有人按了门铃、电话铃响了、你的闹钟响了、你烧的水开了等诸如此类的事件都可以引起中断。我们把可以引起中断的事件称为中断源。

单片机中也有一些可以引起中断的事件（比如掉电、运算溢出、报警等），MCS－51单片机总共设置了5个中断源：包括两个外部中断、两个定时/计数器中断和一个串行口中断。

3. 中断屏蔽

所谓中断屏蔽是指通过设置相应的中断屏蔽位，禁止 CPU 响应某个中断。这样做的目的，是保证在执行一些重要的程序中不响应中断，以免造成迟缓而引起错误。例如，对于计算机而言，在系统启动执行初始化程序时，就屏蔽键盘中断，使初始化程序能够顺利进行。这时，敲任何键，都不会响应。当然对于一些重要的中断是不能屏蔽的，例如重新启动、电源故障、内存出错、总线出错等影响整个系统工作的中断是不能屏蔽的。因此，从中断是否可以被屏蔽来看，可分为可屏蔽中断和不可屏蔽中断两类。MCS－51单片机的中断都属于可屏蔽中断的范畴。

4. 中断的作用

单片机中为什么要有中断系统，使用中断有什么好处呢？为了说明这个问题，再举一个例子。假设有一个朋友来拜访你，但是由于不知道他何时到达，你只能在大门口等待，于是什么事情也干不了。如果在门口装一个门铃，你就不必在门口等待而去干其他的工作。朋友来了按门铃通知你，你这时才中断你的工作去开门，这样就避免等待而浪费时间。单片机作为智能化仪器仪表的核心部件，采用中断技术有很多好处：

(1) 分时操作。只有当服务对象向CPU发出中断申请时，才去为它服务，这样就可以利用中断功能同时为多个对象服务，从而提高了CPU的工作效率。

(2) 实时处理。利用中断技术，各个服务对象可以根据需要随时向CPU发出中断申请，及时发现和处理中断请求并为之服务，以满足实时控制的要求。

(3) 故障处理。对一些难以预料的情况或故障，比如断电、事故等，可以向CPU发出中断请求，由CPU作出相应的处理。

9.1.2　中断优先级及CPU响应中断的原则

1. 中断优先级及其确定原则

在计算机应用系统中，通常有多个中断源，当多个中断源同时向CPU申请中断时，要求CPU既能区分各个中断的请求，又能确定首先为哪一个中断服务。为了解决这一问题，首先确定中断服务的次序，其原则是把那些如不及时处理将造成严重后果的中断请求排在最先处理位置；把那些仅要求在一定时间内进行处理的请求排在其次处理的位置；而把那些对处理时间没有明确要求的请求排在最后处理的位置。给中断源指定处理的次序就是给中断源确定中断优先级。

2. CPU响应中断的顺序

在中断源较多的微型机应用系统中，由于中断情况复杂，CPU如何安排响应中断请求的顺序呢？经过分析有以下几种情形：

(1) 当不同优先级的中断源同时申请中断时，CPU响应中断的顺序为从优先级高的中断源到优先级低的中断源。

(2) 当相同优先级的中断源同时申请中断时，CPU按事先规定的顺序进行处理。MCS－51单片机系统规定，相同优先级条件下，CPU响应及处理中断的顺序是外部中断0、定时/计数器T0中断、外部中断1、定时/计数器T1中断、串行口中断。

(3) 当CPU正在处理某优先级的中断，又有中断源提出新的中断请求时，后提出请求的中断源优先级高时，在开中断的条件下，CPU去响应它；后提出请求的中断源优先级等于或低于当前正在为其服务的中断源的优先级时，CPU将对后提出的中断请求不予处理，仍执行原来的中断服务程序，当处理完原中断请求后再响应此中断请求。

9.2　MCS－51 单片机中断系统

9.2.1　MCS－51 单片机中断系统结构

前面已经提到，MCS－51 单片机具有 5 个中断源，那么它们的硬件结构是怎么样的呢？如图 9.1 所示是 MCS－51 单片机的中断系统内部结构示意图。MCS－51 单片机提供 5 个中断源，具有 2 个中断优先级，使用 4 个特殊功能寄存器来控制中断的类型、中断的开/关和中断的优先级别。

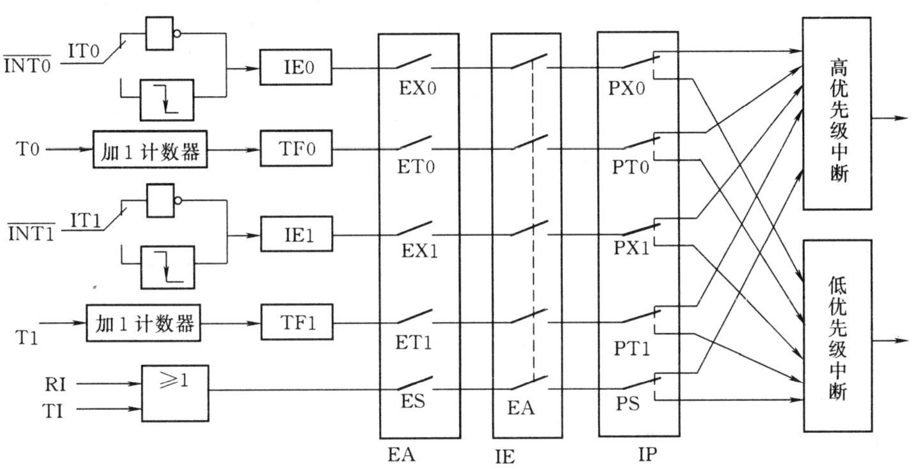

图 9.1　MCS－51 单片机中断系统结构示意图

9.2.2　中断源

MCS－51 单片机有 5 个中断源，可以分为三类，即外部中断、内部中断及串行口中断。

1. 外部中断

(1) INT0：外部中断 0，低电平/下降沿有效，通过 P3.2 引脚输入，中断标志为 IE0。

(2) INT1：外部中断 1，低电平/下降沿有效，通过 P3.3 引脚输入，中断标志为 IE1。

2. 内部中断

(1) T0：定时器/计数器 0 溢出中断，中断标志为 IT0，外部计数输入引脚为 P3.4。

(2) T1：定时器/计数器 1 溢出中断，中断标志为 IT1，外部计数输入引脚为 P3.5。

3. 串行口中断

负责串行口的发送、接收中断，具体内容将在第 15 章中详细介绍。

9.2.3　中断的控制

MCS－51 单片机中断系统的控制是通过对 4 个特殊功能寄存器的操作实现。

1. 中断允许特殊功能寄存器 IE

中断的允许或禁止是由单片机内部可位操作的中断允许寄存器 IE 来控制的。MCS－

51 单片机的中断都是可屏蔽中断，对于可屏蔽中断，可以通过软件的方法对其实施控制。通常，允许中断我们称之为中断开放，不允许中断我们称之为中断屏蔽或中断禁止。如何操作呢？说穿了其实很简单，就是通过对特殊功能寄存器 IE 的相应位置“1”或清“0”来允许或禁止某个中断，IE 的字节地址为 A8H，各控制位含义如图 9.2 所示。

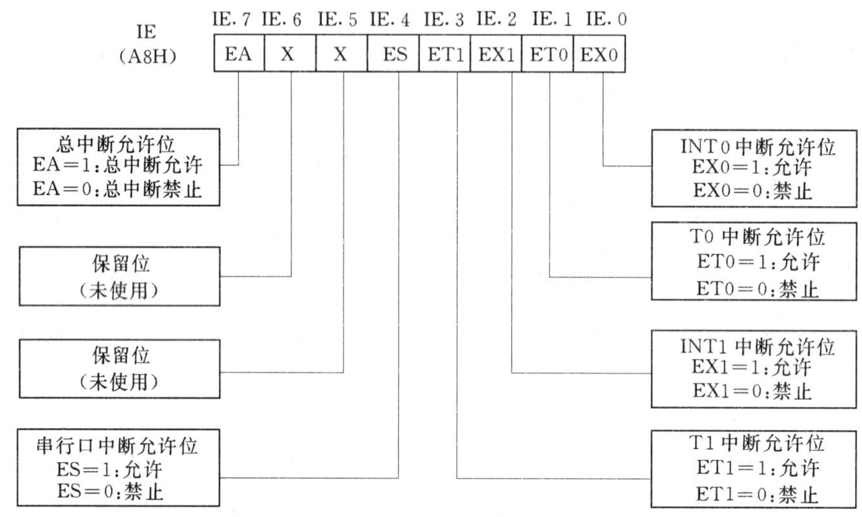

图 9.2　中断允许特殊功能寄存器 IE

2. 中断优先级特殊功能寄存器 IP

MCS-51 单片机有两个中断优先级，即高优先级和低优先级。每个中断源的优先级由特殊功能寄存器 IP 中各位的状态决定。通过对中断优先级特殊功能寄存器 IP 赋值，来设定各个中断源的优先级，每个中断源的优先级可以设置为高优先级或低优先级。中断优先级特殊功能寄存器 IP 的字节地址为 B8H，各控制位的含义如图 9.3 所示。

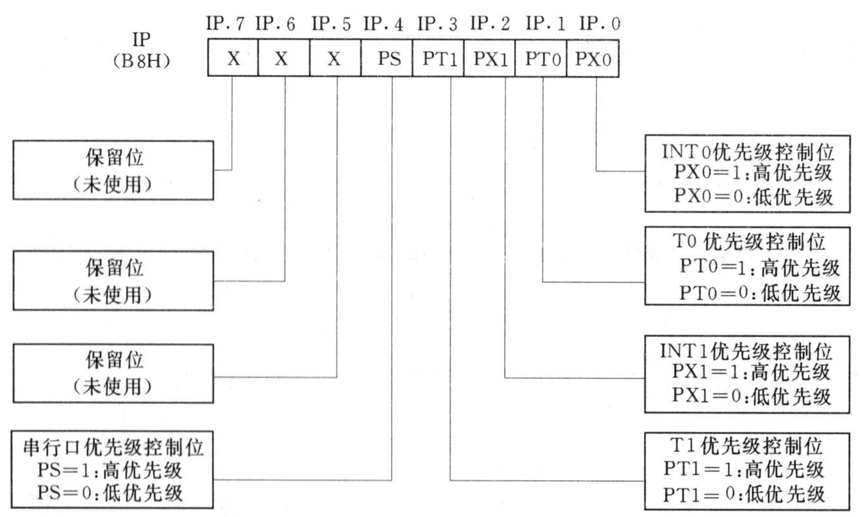

图 9.3　中断优先级特殊功能寄存器 IP

在MCS-51单片机中，当两个不同优先级的中断源同时提出中断请求时，CPU响应优先级高的中断请求，后响应优先级低的中断请求，当几个同级的中断源同时提出中断请求时，将按外部中断0→定时/计数器T0中断→外部中断1→定时/计数器T1中断→串行口中断的顺序依次响应。当某一优先级的中断处理程序正在执行时，可以被更高优先级的中断请求所中断，但不会被同级或低级中断源所中断。

3. 定时/计数器配置特殊功能寄存器TCON

TCON为定时/计数器T0和T1的配置特殊功能寄存器，其内部包含了T0和T1的溢出中断标志及外部中断0和外部中断1的中断标志等，TCON的字节地址为88H，各控制位的含义如图9.4所示。

需要说明的是，对于外部中断0和外部中断1的中断请求标志以及定时/计数器T0和定时/计数器T1的中断请求标志都是当CPU检测到有相应中断发生后，由硬件将相应的标志位置1，当CPU响应该中断转向相应的中断处理程序时，由硬件自动将相应的标志位清0。

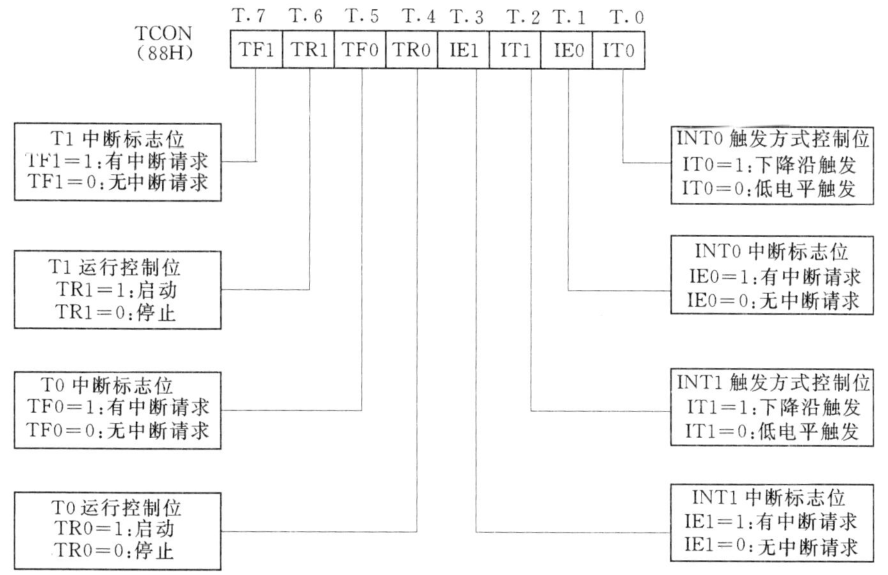

图9.4 定时/计数器配置特殊功能寄存器ICON

4. 串行口配置特殊功能寄存器SCON

SCON为串行口配置特殊功能寄存器，其低2位是接收中断和发送中断标志位RI和TI，SCON的字节地址为98H，其格式如图9.5所示。各控制位的含义如下：

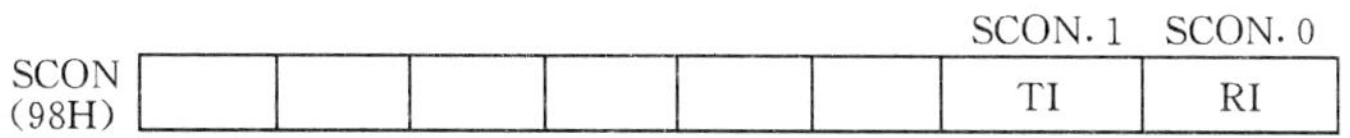

图9.5 串行口配置特殊功能寄存器SCON

TI—串行口发送中断标志位。CPU将一个数据写入发送缓冲器SBUF时，就启动发送。每发送完一帧串行数据后，由中断系统的硬件自动将TI置1。但CPU响应中断时，

并不清除 TI，必须在中断处理程序中用指令将 TI 清 0。

RI—串行口接收中断标志位。在允许串行口接收时，每接收完一帧数据后，中断系统的硬件自动将 RI 置 1，同样，CPU 响应中断处理程序时，并不自动将 RI 复位，必须在中断处理程序中用指令将其清 0。

9.2.4　中断处理过程

MCS-51 单片机的中断处理过程包含 4 个阶段，即中断请求、中断响应、中断处理和中断返回，如图 9.6 所示。

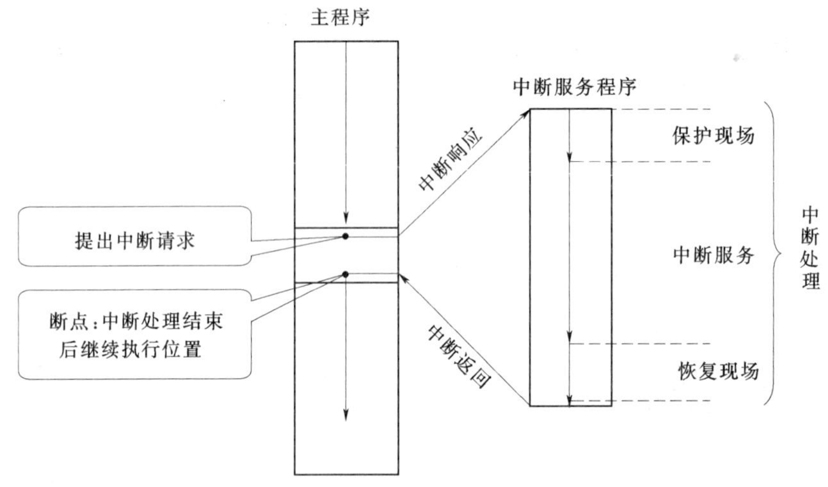

图 9.6　MCS-51 单片机中断处理过程示意图

1. 中断请求

在程序的执行过程中，如果有中断请求发生，硬件电路将把相应的中断标志位置"1"。讲到这儿，我们依然对于计算机响应中断感到神奇，我们能响应外界的事件，是因为我们有多种"传感器"——眼、耳能接收不一样的信息，计算机是如何做到这点的呢？MCS-51 单片机工作时，在每个指令执行的最后一个时钟周期都会去查询一下各个中断标志位，看它们是否是"1"，如果是 1，就说明有中断请求了，所以，所谓中断，其实也是查询，不过是每个指令周期都查一下而已。这要换成人来说，就相当于你在看书的时候，每一秒钟都会抬起头来看一看，查问一下，是不是有人按门铃，是否有电话等。可计算机本来就是这样，它根本没有人聪明。当 CPU 检查到某一中断标志位为"1"后，在相应的中断被允许（即开放）的前提下，进入中断响应阶段，如果相应的中断被禁止或者没有中断请求（即相应的中断标志位为"0"），将继续执行下一条指令。

中断请求并不是在程序执行的任何时刻都能立即得到响应，那么，中断响应的条件是什么呢？当有下列 3 种情况之一发生时，CPU 将封锁对中断的响应，而是到下一个机器周期时再继续查询：

（1）CPU 正在处理一个同级或更高级别的中断请求时。

（2）当前的指令没有执行完毕时。

(3) 当前正执行的指令是返回指令（RETI）或访问IP、IE特殊功能寄存器的指令时，CPU将至少再执行一条其他指令才能响应中断。

2. 中断响应

CPU响应中断时，首先把当前指令的下一条指令（就是中断返回后将要执行的指令）的地址（也称断点地址）送入堆栈，然后根据中断标志，硬件执行长跳转指令，转到相应的中断入口处，执行中断服务程序，当遇到RETI（中断返回）指令，程序将自动返回断点处继续执行程序，这些工作都是由硬件自动来完成的。MCS－51单片机中的5个中断源都有其各自的中断入口的地址，它们分别是：

(1) 外部中断0（INT0）：0003H，C51中断编号为0。

(2) 定时/计数器中断0（T0）：000BH，C51中断编号为1。

(3) 外部中断1（INT1）：0013H，C51中断编号为2。

(4) 定时/计数器中断1（T1）：001BH，C51中断编号为3。

(5) 串行口中断：0023H，C51中断编号为4。

在采用C51进行单片机程序设计时，使用者只要记住每个中断的编号即可，中断入口地址由C51编译器自动分配。

自学小常识

什么是中断入口？

前面我们提到，生活中很多事件都可以引起中断，比如：有人按了门铃、电话铃响了、你的闹钟响了、你烧的水开了等，诸如此类的事件都可以引起中断。电话铃响我们要到放电话的地方去，门铃响我们要到门那边去，即不一样的中断，我们要在不一样的地点处理，而这个地点常常还是固定的。计算机中也是采用的这种办法，MCS－51单片机的五个中断源，每个中断产生后都到一个固定的地方去找处理这个中断的程序，这个固定的地方即称为中断入口。

3. 中断处理

CPU响应中断后将自动转到中断服务程序的入口处，执行中断服务程序。从中断服务程序的第一条指令开始执行到中断返回指令为止，这个过程称为中断处理。不同的中断服务的内容和要求各不相同，其处理过程也就有所区别。一般情况下，中断处理过程包括三部分内容：一是保护现场，二是中断服务，三是恢复现场。

这里所说的现场，是指在中断处理过程中，可能被更改的主程序所使用的各类存储单元的内容。虽然CPU在响应中断时已经做了必要的保护工作，但是，CPU所做的自动保护工作是很有限的，它只保护了一个地址，即中断返回后将要执行的指令的地址，即断点地址，而其他的所有东西都不保护，所以，如果你在主程序中用到了如ACC、PSW等寄存器，而在中断服务程序中又要用到它们，还要保证返回到主程序时这些寄存器里面的数据依然是没执行中断服务程序之前的数据，就需要自己把它们保护起来。这是一项非常重要的工作，否则程序执行的结果就不是你所期望的那样了。当然，在中断返回前，还要将这些单元的内容加以恢复，也就是恢复现场。

在设计中断处理程序时，还需要注意以下两点：

(1) 若要在执行当前中断处理程序时禁止更高优先级中断，可以先用软件关闭 CPU 中断或禁止某中断源中断，在中断返回前再开放中断。

(2) 在保护现场和恢复现场过程中，为了不使现场信息受到破坏或造成混乱，一般应关闭 CPU 中断，使 CPU 暂不响应新的中断请求。

4. 中断返回

中断返回是通过执行一条汇编语言的 RETI 中断返回指令完成的，该指令将中断响应时由硬件自动压入堆栈中的断点地址自动弹入到程序计数器 PC 中，从而返回到主程序的断点处继续执行程序。

从前面对中断处理过程的分析上来看，中断处理的过程很像汇编语言中的子程序调用或者 C51 中的函数调用的过程，都是 CPU 终止当前主程序（函数）的执行，转去执行另一程序（函数），然后再返回继续执行主程序（函数），其实它们之间还是有区别的，主要体现在：

(1) 中断发生的时刻是随机的、不可预期的，而子程序（函数）调用则是按程序流程进行的，何时才会被调用是可以预见的。

(2) 中断返回和子程序返回使用的指令也是不一样的，在汇编语言中，中断返回使用的是 RETI 指令，子程序返回使用的是 RET 指令。

(3) 子程序需要专门的指令来调用，中断程序的调用没有专门的指令，而是由硬件自动的调用。

9.3　中断的 C51 程序设计

下面通过 MCS-51 单片机外部中断应用来说明如何采用 C51 进行中断应用系统的硬件和软件设计。

9.3.1　中断系统程序结构

在使用中断的基于单片机的智能化仪器仪表中，程序设计包含主程序和中断服务程序两部分，程序结构如图 9.7 所示。其中，主程序完成系统初始化和正常情况下的任务，中断服务程序是系统响应某一中断后应完成的任务。中断可能产生于主程序中断开放后的任何一个地方，是随机的、不可预测的。很好地区分主程序和中断服务程序，是基于单片机的智能化仪表程序设计中应该注意的问题。

1. 主程序（函数）

采用 C51 进行单片机程序设计时，主程序也就是 C 语言中的主函数，在主函数中要完成系统的初始化工作，对于采用中断的应用系统设计而言，主函数中应该包括允许与禁止中断、中断优先级设置、外部中断触发方式设置等项内容，图 9.8 给出了主函数的流程和 C51 中断初始化语句及主函数的结构。

采用 C51 语句对 IE、IP、TCON、SCON 特殊功能寄存器的各个位进行设置时，可

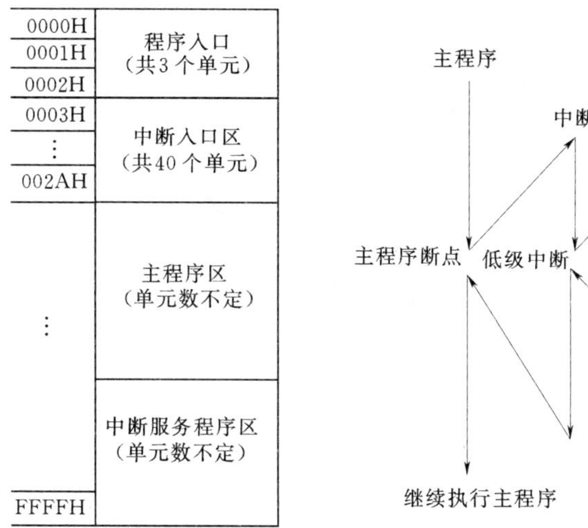

图 9.7 中断程序结构示意图

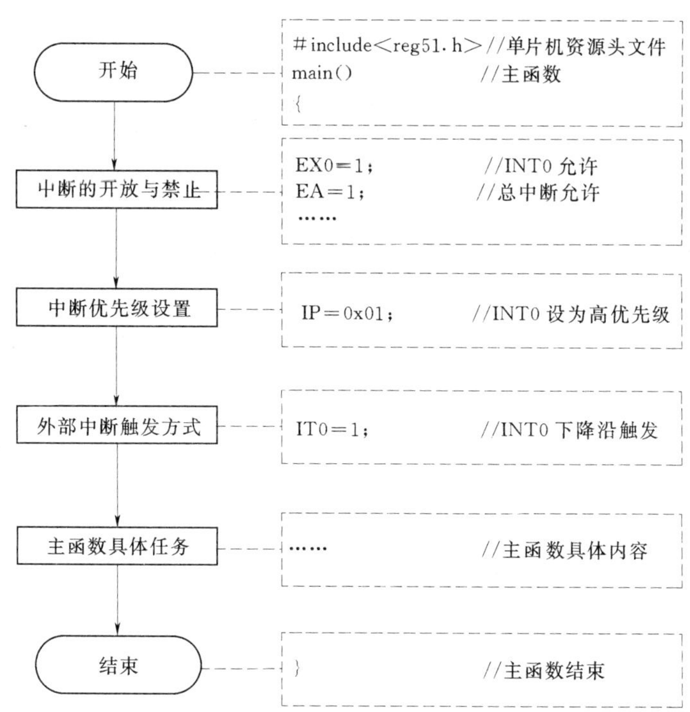

图 9.8 主函数流程及主函数结构

以采用按位操作方式，如：

```
EX0=1;  // 开外部中断 0(即 INT0)
EA=1;  // 开总中断
IT0=1;  // 设置外部中断 0 为下降沿触发方式
```

也可以采用按字节操作方式进行整体设置，如：

```
IE=0x81;  // 开总中断和外部中断 0
IP=0x01;  // 设置外部中断 0 为高优先级
```

其中，具体数值前的“0x”代表该数值为十六进制形式。

2. 中断服务程序（函数）

C51 编译器支持在 C 语言源程序中直接开发中断服务程序，因此避免了用汇编语言开发中断服务程序的繁琐。同时，也不需要设计者再去具体安排中断服务程序的存放位置，甚至于只要知道每个中断在 C51 中的编号，连中断入口地址都不需要去记忆。

C51 中断服务函数的定义语法：

```
void 函数名() interrupt N [using M]
```

C51 编译器增加了 interrupt 关键字，只有使用 interrupt 关键字定义的函数才能被当做中断服务函数使用。

关键字 interrupt 后面的 N 是中断号，N 的理论取值范围为 0～31，由于 MCS-51 单片机只有 5 个中断源，因此，在 MCS-51 单片机中 N 的取值范围为 0～4，中断号与中断源的具体对应关系见表 9.1。

using 也是 C51 编译器扩展的一个可选关键字，using 后面是一个 0～3 的常整数，用于指明该中断服务函数使用的工作寄存器组，如果不使用该选项，则由编译器自动选择一组工作寄存器。

表 9.1　C51 中断号与中断源对应关系

中断号 N	中断源名称	中断入口地址
0	外部中断 0	0003H
1	定时/计数器 0	000BH
2	外部中断 1	0013H
3	定时/计数器 1	001BH
4	串行口	0023H

MCS-51 单片机有 4 组工作寄存器，每组 8 个字节，位于内部 RAM 的起始位置。分别分配 R0～R7 对应这 8 个字节，具体位置取决于程序状态字 PSW 中的 RS0、RS1 位的设置。在 C51 中采用 using 关键字为中断服务函数指明使用哪组工作寄存器，例如：声明一个外部中断 0 服务函数 Int0_Ser，该中断服务函数使用工作寄存器组 1 的声明格式如下：

```
void Int0_Ser(void) interrupt 0 using 1
```

这样做的好处是：当某一特定中断服务函数正在执行时，可能有更高级别的中断提出申请，CPU 将终止当前的中断服务，转去执行更高级别的中断服务函数，若新的中断服务函数与原来的中断服务函数使用相同的工作寄存器组，则可能将原中断服务函数中的相关中间信息破坏掉。采用 using 为各中断服务函数指定不同的工作寄存器组，就可以很好地解决这一问题。

3. 编写中断服务函数注意事项

编写 MCS-51 单片机中断服务函数时应遵循以下规则：

（1）中断服务函数不能进行参数传递，如果中断服务函数中包含任何参数声明，都将

导致编译出错。

（2）中断服务函数没有返回值，如果定义一个有返回值的中断服务函数，将产生不正确的结果。因此，在声明时就应该将其定义为 void 类型，以明确说明没有返回值。

（3）中断服务函数是不能直接被调用的，否则会产生编译错误。

（4）在中断服务函数中调用其他函数时，必须保证被调用的函数与中断服务函数使用相同的工作寄存器组，否则，由于工作寄存器使用上的不同，将会产生错误的结果。

9.3.2 中断程序编写实例

下面将通过两个简单的中断实例来进一步加深对中断、中断优先级等概念的理解。

9.3.2.1 外部中断的简单应用实例

1. 设计任务

单片机 P0 口通过 ULN2803 驱动一只 7 段 LED 数码管，P3.2（INT0）引脚通过按钮开关接地。编程实现：正常情况下数码管以 1s 间隔轮流显示数字 0～9，每按一次按钮开关，向单片机申请一次 INT0 中断，点亮数码管各段并以 0.5s 间隔间歇闪烁 10 次，然后再继续正常的数字轮流显示。

2. 设计要点

ULN2803 是 8 路达林顿驱动集成电路，在前面的实训项目中已经反复用到，只是这里采用了 7 段 LED 数码管，可以将与 P0.7 相连的 1 路空置不用。由于 ULN2803 输入和输出有反相关系，因此，选用共阳极数码管时，应该使用共阴极的显示代码。数字轮流显示延时和间歇闪烁延时仍然可以采用前面用到的 DelayXms 函数实现。

按钮开关按下时，单片机的 P3.2（INT0）上的电平信号将由高电平变为低电平，向 CPU 申请中断，由于按钮开关被按下的持续时间不定，也就是作用于 INT0 引脚上的低电平信号持续时间是不定的，为了避免单片机多次进入中断的现象发生，外部中断 0 应该设置成下降沿触发方式。

3. 硬件电路设计

在 Proteus 环境下，按表 9.2 所列的元件清单添加元件并修改元件参数。完整硬件电路如图 9.9 所示，将项目文件保存为 L9 _ 1. DSN。

表 9.2　　外部中断的简单应用实例所用元器件

序号	器件符号	Proteus 器件名称	器件性质	参数及说明	数量
1	U1	AT89C51	单片机	12MHz	1
2	X1	CRYSTAL	晶振	12MHz	1
3	C1、C2	CAP	瓷片电容	30pF	2
4	C3	CAP - ELEC	电解电容	1μF	1
5	R1、R9	RES	电阻	10kΩ	2
6	R2～R8	RES	电阻	200Ω	7
7	SMG	7SEG - COM - AN - GRN	数码管	共阳极	1
8	RP1	RESPACK - 8	排电阻	10kΩ	1
9	PB	BUTTON	按钮开关		1
10	U2	ULN2803	驱动集成电路	ULN2803	1

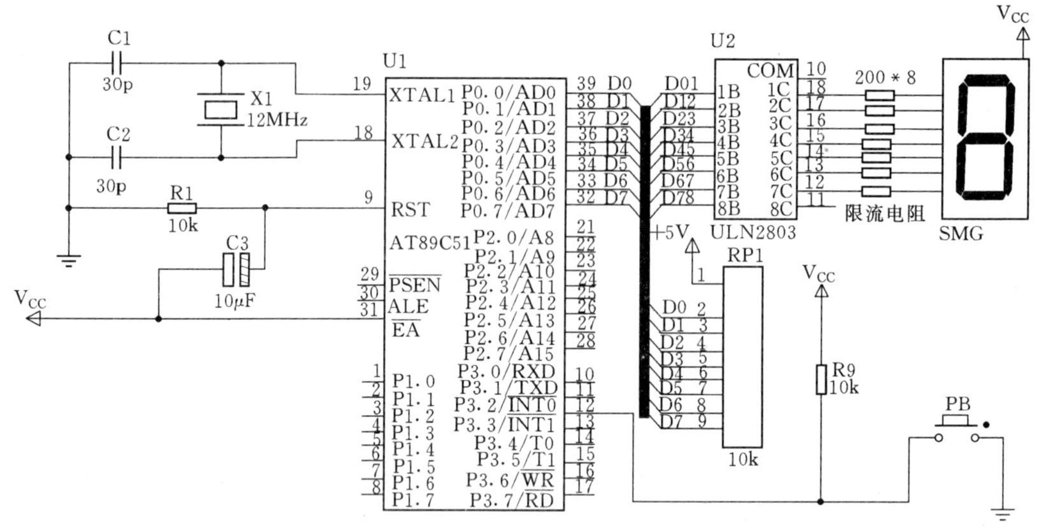

图 9.9　外部中断的简单应用 Proteus 原理图

4. 软件流程设计

本实例程序分成主程序（主函数）和中断服务程序（中断函数）两部分。

主函数中主要包括两部分内容：一部分是开外部中断 0、开总中断、中断优先级设置、外部中断 0 触发方式设置等中断初始化内容；另一部分是实现 0～9 数字循环显示的内容。后一部分内容在前面的实例中已经有所应用，这里不再赘述，主函数的流程图如图 9.10 (a) 所示。

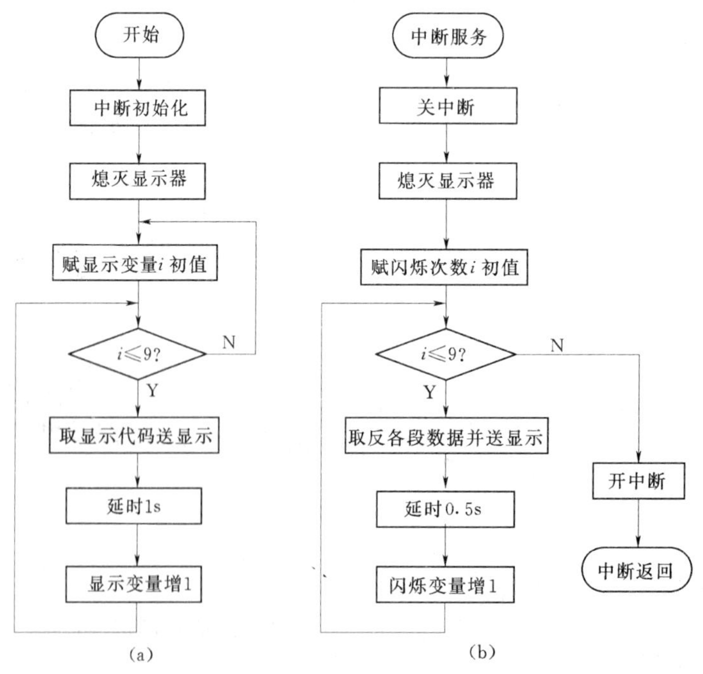

图 9.10　外部中断的简单应用程序流程图

(a) 主程序流程图；(b) 中断服务流程图

按钮开关按下，将产生外部中断 0，CPU 响应中断后将转去执行中断服务函数。中断服务函数主要完成间歇闪烁任务，闪烁次数达到要求后，自动退出中断函数并返回到主函数被打断处，继续 0～9 数字的循环显示。

在图 9.10（b）的中断函数流程中增加了进入中断函数后关中断和退出中断函数前开中断的过程，主要是避免在执行中断服务过程中再被中断，由于本实例没有用到其他中断，也可以不加入这两个过程，同时，实例流程中也没有增加保护现场过程。

5. 主函数设计

根据主程序流程图，编写主函数代码如下：

```
#include "reg51.h"                    // 51 单片机资源包含文件
#include "intrins.h"                  // C51 库头文件
#define LED P0                        // P0 口预定义
void Int0_Ser(void);                  // 外部中断 0 函数声明
void DelayXms(unsigned int);          // 延时 Xms 函数声明
void Delay1ms(void);                  // 延时 1ms 函数声明
unsigned char code table[10]={0x3f, 0x06, 0x5b, 0x4f, 0x66,   // 显示代码定义 0～4
                              0x6d, 0x7d, 0x07, 0x7f, 0x6f};  //显示代码定义 5～9
unsigned i;                           // 显示变量定义
main()                                // 主函数定义
{                                     // 主函数开始
EX0=1;                                // 开外部中断 0
PX0=1;                                // 设置外部中断 0 为高优先级
IT0=1;                                // 设置外部中断 0 为下降沿触发方式
EA=1;                                 // 开总中断
LED=0x00;                             // 赋显示初值即全部数码管熄灭各段
while(1)                              // 进入无限循环
  {                                   // 无限循环开始
   for(i=0;i<=9;i++)                  // 循环条件判断,及循环变量自增
     {LED=table[i];                   // 取显示代码及送显示
     DelayXms(1000);                  // 延时 1000ms 即 1s
     }                                // for 循环结束
  i=0;                                // 循环次数到,循环变量清 0
  }                                   // while 循环结束
}                                     // 主函数结束
```

6. 中断函数设计

中断函数可以按标准 C 的函数命名规则来命名，本例中将中断函数命名为 Int _ Ser，在定义中采用“interrupt 0”指明是 INT0 的中断服务函数，由编译器自动分配使用工作寄存器组。编写中断函数如下：

```
void Int0_Ser(void) interrupt 0       // 外部中断 0 函数定义
{                                     // 外部中断 0 服务函数开始
 char k;                              // 定义循环次数变量
 EA=0;                                // 关闭总中断
```

```
 LED=0x00;                         // 关闭数码管显示
k=0;                               // 循环变量赋初值
for(k=0;k<=9;k++)                  // 循环条件判断,及循环变量自增
 {
  LED=~LED;                        // 显示器各段取反并送显示
  DelayXms(500);                   // 延时 500ms 即 0.5s
 }                                 // for 循环结束
EA=1;                              // 开放总中断,为下次中断做准备
}                                  // 不中断 0 服务函数结束,中断返回
```

7. 延时函数设计

1s 与 0.5s 延时仍然沿用前面曾经用过的 DelayXms 任意毫秒通用延时函数实现，这里再次列出其代码。

```
void DelayXms(unsigned int ms)     // 延时 Xms 函数定义
{                                  // 延时 Xms 函数体起始
 unsigned int k;                   // 变量声明
 for(k=0;k<ms;k++)                 // 循环条件判断
  {                                // for 循环开始
   Delay1ms();                     // 循环体,根据条件调用 1ms 延时函数
  }                                // for 循环结束
 }                                 // 延时 Xms 函数体结束
void Delay1ms(void)                // 延时 1ms 函数定义
{                                  // 延时 1ms 函数体起始
  unsigned char i;                 // 变量声明
  for(i=0;i<=140;i++)              // 循环条件判断
  {
  _nop_();                         // 调用空操作函数
  }
}                                  // 延时 1ms 函数体结束
```

8. 程序调试、编译及仿真运行

在 Keil μVersion3 中建立项目 L9 _ 1. UV2，向项目中添加文件 L9 _ 1. C，编辑、调试、修改源程序，然后编译生成 L9 _ 1. HEX 文件。

在 Proteus 中加载 L9 _ 1. HEX，选择仿真运行，LED 数码管开始以 1s 为间隔轮流显示 0～9 数字。按下 PB 按钮一次，数码管停止数字的轮流显示，转去间歇 0.5s 显示“8”字形 10 次，闪烁结束后又返回到原来被中断的位置继续数字的显示了。在这个实例中，按下按键就是一个突发的随机事件，闪烁的过程就是处理突发事件的过程。

下面我们再深入一步，看看中断优先级是如何控制中断工作的。

9.3.2.2　中断优先级的应用实例

1. 设计任务

与前面的实例一样，单片机 P0 口通过 ULN2803 驱动 LED 数码管显示器，作为主程序的显示单元。正常情况下数码管显示器仍然以 1s 为间隔轮流显示数字 0～9。

单片机 P2 口通过限流电阻连接 8 只 LED，LED 作为 INT1 中断显示单元，INT1 设置为高优先级中断，该中断被响应后，在 8 只 LED 上间隔 1s 依次点亮各 LED，然后退出该中断。

单片机的 P1 口通过限流电阻连接 10 位 LED 条形显示器（仅使用其中 8 位），条形显示器作为 INT0 中断显示单元，INT0 设置为低优先级中断，该中断被响应后，从条形显示器底部 LED 开始依次点亮各 LED，然后退出该中断。

单片机的 P3.2（INT0）和 P3.3（INT1）分别连接两只按钮开关，作为两个外部中断的输入设备，绘制 Proteus 原理图，编写主函数及两个中断服务函数程序，观察仿真运行结果。

2. 硬件电路设计

在 Proteus 环境下，按表 9.3 所列的元件清单添加元件并修改元件参数。完整的硬件电路如图 9.11 所示，将项目文件保存为 L9_2.DSN。需要说明的是，为了简化电路，在 P2 口和 P1 口上没有连接驱动器件 ULN2803，实际应用中应该注意增加驱动环节。

表 9.3　中断优先级的应用实例所用元器件

序号	器件符号	Proteus 器件名称	器件性质	参数及说明	数量
1	U1	AT89C51	单片机	12MHz	1
2	X1	CRYSTAL	晶振	12MHz	1
3	C1、C2	CAP	瓷片电容	30pF	2
4	C3	CAP - ELEC	电解电容	1μF	1
5	R1～R3	RES	电阻	10kΩ	3
6	R4～R26	RES	电阻	200Ω	23
7	SMG	7SEG - COM - AN - GRN	数码管	共阳极	1
8	RP1	RESPACK - 8	排电阻	10kΩ	1
9	PB1、PB2	BUTTON	按钮开关		2
10	U2～U4	ULN2803	驱动集成电路	ULN2803	3
11	U5	LED - BARGRAPH	LED 条形显示器		1

3. 软件流程设计

根据任务要求，本实例需要编写三部分程序，即主函数、INT0 中断服务函数、INT1 中断服务函数，其中各部分要调用的通用延时函数源代码在前面的实例中已经给出，不再重复。

实现设计要求的基本思路是：

（1）主函数中需要完成中断初始化工作，按照要求将 INT0 中断设置为低优先级中断，INT1 中断设置为高优先级中断，并将这两个中断的触发方式设置为下降沿触发，同时开放这两个中断和总中断。

（2）按钮 PB1 按下，产生 INT0 中断，进入 INT0 中断服务函数后，关闭 INT0 中断，然后执行程序，实现依次点亮各只 LED。8 只 LED 全部被点亮后，打开 INT0 中断，返回调用处。

（3）按钮 PB2 按下，产生 INT1 中断，进入 INT1 中断服务函数后，关闭 INT1 中断，然后执行程序，实现逐个点亮条形显示器各 LED（使用 8 只）。8 只 LED 全部被点亮后，打开 INT1 中断，返回调用处。

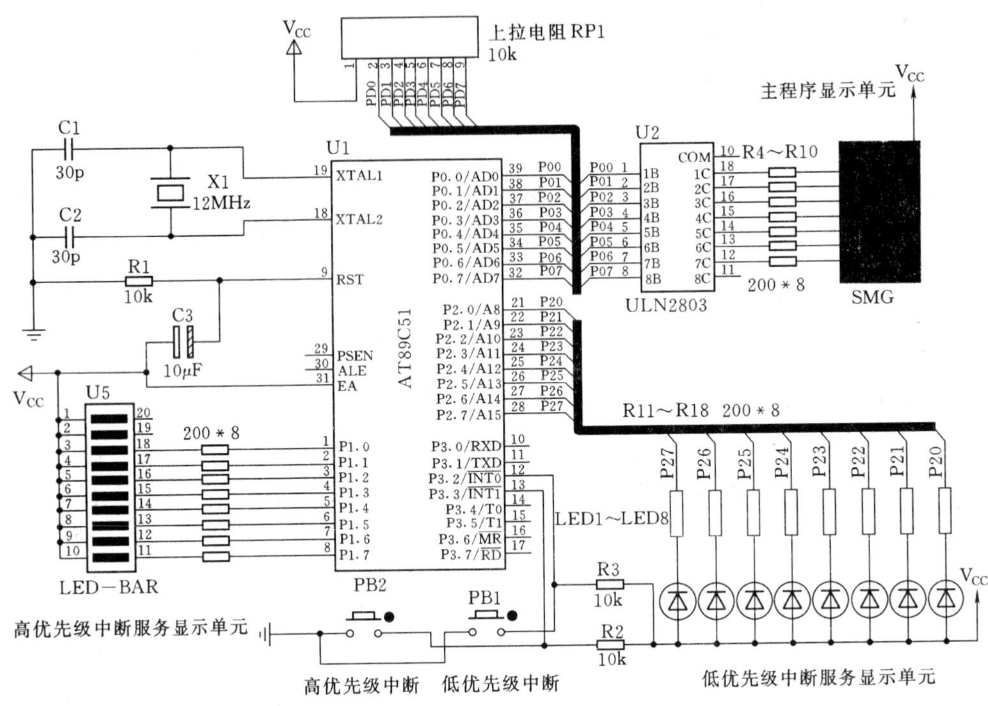

图9.11　中断优先级应用实例Proteus原理图

按照上面思路画出的程序流程图如图9.12所示。

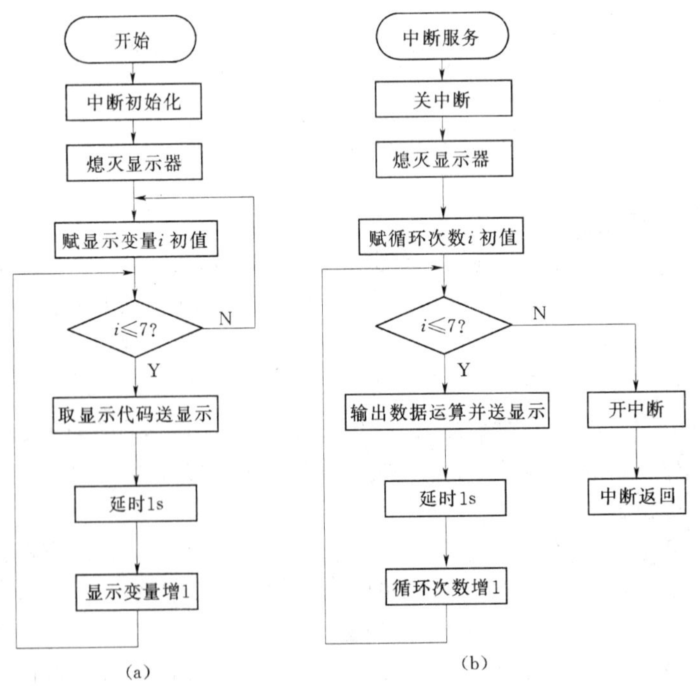

图9.12　中断优先级应用实例程序流程图

(a)主程序流程图；(b)INT0、INT1中断服务流程图

由于 INT0 和 INT1 的中断服务具有相同的功能，因此本例中两个中断服务可以使用同一流程，如果各中断服务的内容不相同，应该画出各自的中断服务流程图。

4. 程序设计

按照上面流程设计的 L9 _ 2. C 源程序如下：

```
/*****************************宏定义及函数、变量声明*****************************/
#include "reg51.h"                  // 51 单片机资源包含文件
#include "intrins.h"                // C51 库资源包含文件
void Int0_Ser(void);                // 外部中断 0 服务函数声明
void Int1_Ser(void);                // 外部中断 1 服务函数声明
void DelayXms(unsigned int);        // 延时 Xms 函数声明
void Delay1ms(void);                //延时 1ms 函数声明
unsigned char code table[10]={0x3f,0x06,0x5b,0x4f,0x66,          // 显示代码定义 0～4
                              0x6d,0x7d,0x07,0x7f,0x6f};         // 显示代码定义 5～9
unsigned i;                         // 显示循环变量定义
/*********************************主函数*********************************/
main()                              // 主函数定义
{                                   // 主函数开始
EX0=1;                              // 开外部中断 0
EX1=1;                              // 开外部中断 1
PX0=0;                              // 外部中断 0 设置为低优先级
PX1=1;                              // 外部中断 1 设置为高优先级
IT0=1;                              // 外部中断 0 设置为下降沿触发方式
IT1=1;                              // 外部中断 1 设置为下降沿触发方式
EA=1;                               // 开总中断
P0=0x00;                            // 清主程序显示器
P2=0Xff;                            // 清低优先级中断显示单元
P1=0Xff;                            // 清高优先级中断显示单元
while(1)                            // 无限循环
  {                                 // while 循环开始
  for(i=0;i<=9;i++)                 // 循环条件判断,循环变量自增
    {P0=table[i];                   // 取显示代码并送显示
    DelayXms(1000);                 // 延时 1000ms 即 1s
    }                               // for 循环结束
  i=0;                              // 循环变量(显示变量)清零
  }                                 // while 循环结束
}                                   // 主函数结束
/**************************外部中断 0 服务函数*********************************/
void Int0_Ser(void) interrupt 0     // 外部中断 0 服务函数定义
{char k;                            // 循环变量定义
unsigned char temp;                 // 中间变量定义
EX0=0;                              // 关闭外部中断 0
P2=0xff;                            // INT0 中断显示单元各 LED 熄灭
k=0;                                // 循环变量赋初值
```

```
temp=0x7f;                          // 中间变量赋初值 01111111
for(k=0;k<=7;k++)                   // 循环条件判断及循环变量自增
  {P2=P2&temp;                      // 点亮相应的 1 只 LED
  temp=temp>>1;                     // 中间变量右移 1 位
  DelayXms(1000);                   // 延时 1000ms 即 1s
  }                                 // for 循环结束
P2=0xff;                            // INT0 中断显示单元各 LED 熄灭
EX0=1;                              // 开放外部中断 0
}                                   // 外部中断 0 服务函数结束,中断返回
/***************************外部中断 1 服务函数***********************************/
void Int1_Ser(void) interrupt 2     // 外部中断 0 服务函数定义
{char k;                            // 循环变量定义
unsigned char temp;                 // 中间变量定义
EX1=0;                              // 关闭外部中断
P1=0xff;                            // INT1 中断显示单元各 LED 熄灭
k=0;                                // 循环变量赋初值
temp=0x7f;                          // 中间变量赋初值 01111111
for(k=0;k<=7;k++)                   // 循环条件判断及循环变量自增
  {P1=P1&temp;                      // 点亮相应的 1 只 LED
  temp=temp>>1;                     // 中间变量右移 1 位
  DelayXms(1000);                   // 延时 1000ms 即 1s
  }                                 // for 循环结束
P1=0xff;                            // INT1 中断显示单元各 LED 熄灭
EX1=1;                              // 开放外部中断 1
}                                   // 外部中断 1 服务函数结束,中断返回
/******************************延时函数*************************************/
void DelayXms(unsigned int ms)      // 延时 Xms 函数定义
{                                   // 延时 Xms 函数体起始
unsigned int k;                     // 变量声明
for(k=0;k<ms;k++)                   // 循环条件判断
  {                                 // for 循环开始
    Delay1ms();                     // 循环体,根据条件调用 1ms 延时函数
  }                                 // for 循环结束
 }                                  // 延时 Xms 函数体结束
void Delay1ms(void)                 // 延时 1ms 函数定义
{                                   // 延时 1ms 函数体起始
 unsigned char i;                   // 变量声明
 for(i=0;i<=140;i++)                // 循环条件判断
 {_nop_();}                         // 调用空操作函数
}                                   // 延时 1ms 函数体结束
```

5. 程序调试、编译及仿真运行

在 Keil μVersion3 中建立项目 L9 _ 2. UV2，向项目中添加文件 L9 _ 2. C，编辑、调试、修改源程序，然后编译生成 L9 _ 2. HEX 文件，在 Proteus 中加载 L9 _ 2. HEX，选

择仿真运行，观察下面几种情况各显示单元的显示规律。

(1) 正常情况下，主程序显示单元的显示规律。

(2) 当 INT0 发生中断时，各显示单元的显示规律。

(3) 当 INT1 发生中断时，各显示单元的显示规律。

(4) 当 INT0 发生中断期间，INT1 又发生中断时，各显示单元的显示规律。

(5) 当 INT1 发生中断期间，INT0 又发生中断时，各显示单元的显示规律。

9.4 实训项目 4：外部中断源的扩展设计

MCS-51 单片机只有两个外部中断源，通过理论分析和实践验证，当有多个外部信号需要单片机作中断处理时，对于那些对中断处理时限没有极高要求的应用而言，采用外部中断和查询相结合的方法可以很好地解决外部中断源数量不够用的问题，同时还能够满足对外部中断信号实时处理的要求。

9.4.1 要求与目标

1. 基本要求

(1) 在 Proteus 环境下，设计基于 MCS-51 单片机（采用 AT89C51）的外部中断源扩展电路，实现对外部所连接的 A、B、C、D 系统的故障指示。

(2) 当各系统正常工作时，4 个系统提供给单片机的均是高电平信号，绿色正常运行指示灯被点亮。当某个系统出现故障时，提供给单片机一个低电平信号，相对应系统的红色故障指示灯被点亮，并由蜂鸣器发出报警信息。

(3) 某一系统出现故障产生报警信号后，报警信号将持续，直到复归按钮被按下，才清除报警信息。

(4) 采用按钮开关模拟各系统工作状态，按钮开关按下，代表系统故障，由按钮开关提供一个低电平故障信息。

(5) 数码管作为单片机主程序的显示器，以秒为间隔轮流显示数字 0～9。

(6) 在 Keil μVersion 环境中编写 C51 程序，在 Proteus 中进行调试。

2. 实训目标

(1) 熟练掌握 MCS-51 单片机外部中断软、硬件的设计方法。

(2) 掌握外部中断源的扩展方法。

(3) 进一步熟悉数码管的电路连接与程序设计方法。

(4) 熟练掌握在 Keil μVersion3 中进行 C51 程序编辑、编译、排错和调试方法。

(5) 学会在 Proteus 中使用蜂鸣器等音响设备。

9.4.2 创建文件

1. 在 Proteus ISIS 中绘制原理图

(1) 启动 Proteus ISIS，新建设计文件 L9_3.DSN。

(2) 在对象选择窗口中添加表 9.4 所列的元器件。

（3）在Proteus ISIS工作区绘制原理图并设置表9.4中所列各元件参数，为简化电路，省略了LED指示灯和LED数码管的驱动电路，试验硬件电路原理图如图9.13所示。

表9.4　外部中断源扩展实训所用元器件

序号	器件符号	Proteus器件名称	器件性质	参数及说明	数量
1	U1	AT89C51	单片机	12MHz	1
2	U2	ULN2803	驱动IC		1
3	X1	CRYSTAL	晶振	12MHz	1
4	C1、C2	CAP	瓷片电容	30pF	2
5	C3	CAP-ELEC	电解电容	1μF	1
6	R1～R6	RES	电阻	10kΩ	6
7	R7	RES	电阻	200Ω	1
8	RN1、RN2	RX8	8电阻	200Ω	2
9	LED1～LED4	LED-GREEN	发光二极管	绿色	4
10	LED5～LED8	LED-RED	发光二极管	红色	4
11	PB1～PB4	BUTTON	按钮开关		4
12	Q1	NPN	三极管	9013	1
13	BUZ1	BUZZER	蜂鸣器	DC5V	1
14	SMG	7SEG-COM-AN-GRN	LED数码管	共阳极绿色	1

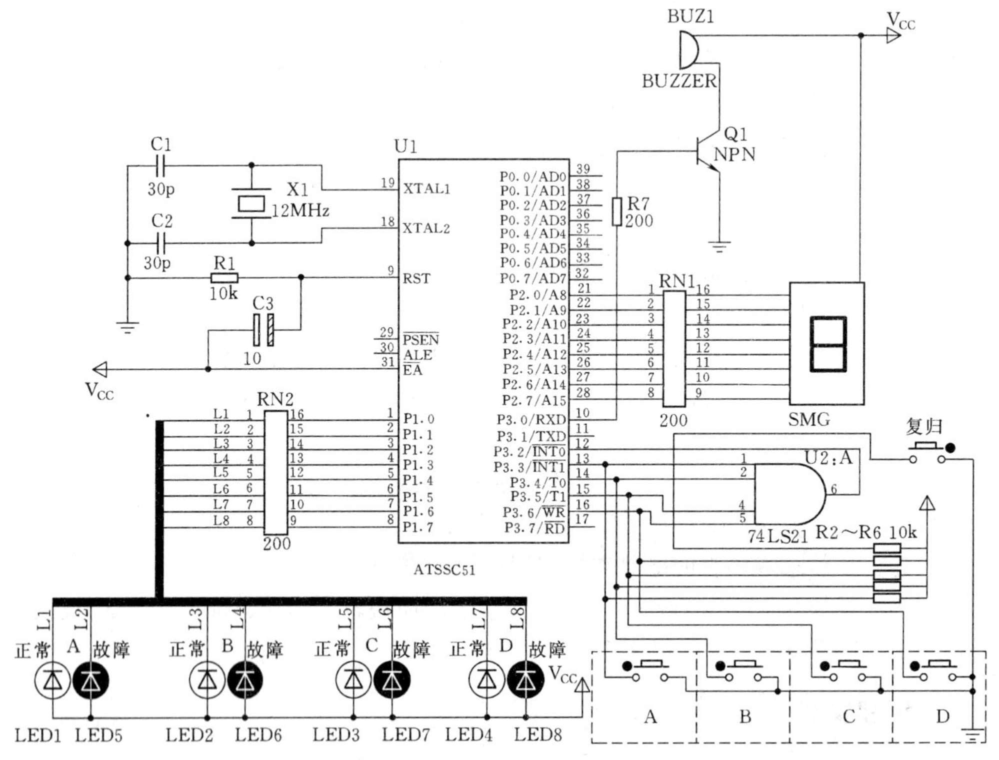

图9.13　外部中断扩展实训Proteus原理图

（4）在硬件电路设计中，增加四输入与门集成电路74LS21实现中断源的扩展。其工

作原理是：故障信号源作为与门的 4 个输入信号，同时分别和单片机 P3 口的 P3.4～P3.7 连接，当 A、B、C、D 系统任何一个发生故障，都将输出一个低电平信号，这时与门也将输出一个低电平信号，将与门输出连接至单片机的外部中断即 INT0，作为 INT0 的中断源信号，当单片机响应中断后，在中端服务程序中读入 P3.4～P3.7 的值进行判断，根据判断结果，点亮相应的故障指示灯，并驱动蜂鸣器报警，从而达到多个外部信号实时处理的目的，实现了外部中断源的扩展。

复归按钮连接至外部中断 1（INT1），单片机响应 INT1 中断后，撤销报警状态，恢复正常指示。

2. 在 Keil μVersion 中创建项目及文件

（1）启动 Keil μVersion3，新建项目 L9 _ 3. UV2，选择 AT89C51 单片机，不加入启动代码。

（2）新建文件 L9 _ 3. C，将文件添加列项目文件中。

9.4.3　软件设计

1. 流程图及程序设计说明

按照功能要求，整个软件分三部分：主程序、INT0 中断服务程序和 INT1 中断服务程序。其中，主程序主要完成中断初始化和数码管轮流显示 0～9 的任务；INT0 中断服务程序主要完成故障系统识别任务；INT1 中断服务程序主要完成熄灭报警指示灯、关闭报警音响任务，主程序流程参照图 9.12（a），INT0、INT1 中断服务程序流程如图 9.14 和图 9.15 所示。

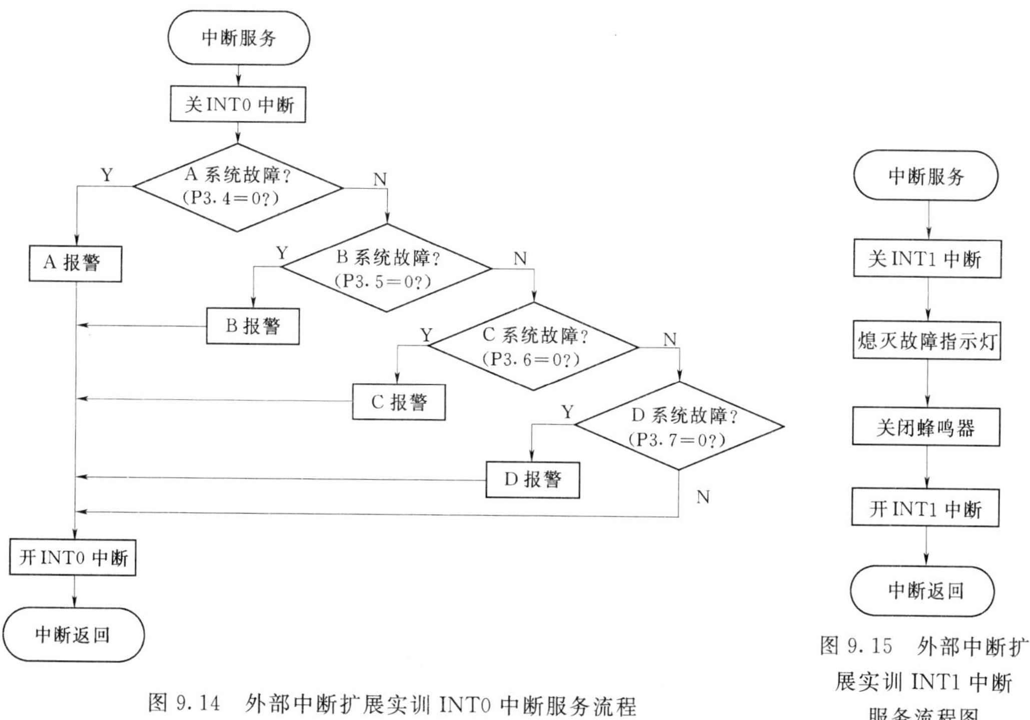

图 9.14　外部中断扩展实训 INT0 中断服务流程

图 9.15　外部中断扩展实训 INT1 中断服务流程图

2. 程序清单

```
/*****************************预定义及函数声明********************************/
#include <reg51.h>                         // 51 单片机资源包含文件
#include <intrins.h>                       // 51 函数库包含文件
#define System_A P3_4                      // 系统 A 故障输入口宏定义
#define System_B P3_5                      // 系统 B 故障输入口宏定义
#define System_C P3_6                      // 系统 C 故障输入口宏定义
#define System_D P3_7                      // 系统 D 故障输入口宏定义
#define SMG P2                             // LED 数码管输出口宏定义
#define Normal 1                           // 正常状态宏定义
#define Failue 0                           // 故障状态宏定义
#define A_Normal_lamp P1_0                 // 系统 A 正常指示灯输出口宏定义
#define B_Normal_lamp P1_2                 // 系统 B 正常指示灯输出口宏定义
#define C_Normal_lamp P1_4                 // 系统 C 正常指示灯输出口宏定义
#define D_Normal_lamp P1_6                 // 系统 D 正常指示灯输出口宏定义
#define A_Failue_lamp P1_1                 // 系统 A 故障指示灯输出口宏定义
#define B_Failue_lamp P1_3                 // 系统 B 故障指示灯输出口宏定义
#define C_Failue_lamp P1_4                 // 系统 C 故障指示灯输出口宏定义
#define D_Failue_lamp P1_7                 // 系统 D 故障指示灯输出口宏定义
#define Buzzer P3_0                        // 系统故障音响报警输出口宏定义
void DelayXms(unsigned int);               // 任意毫秒延时函数声明
void Delay1ms(void);                       // 1ms 延时函数声明
void INT0_Ser(void);                       // 外部中断 0 服务函数声明
void INT1_Ser(void);                       // 外部中断 1 服务函数声明
unsigned char code table[10]={0x3f, 0x06, 0x5b, 0x4f, 0x66,  // 共阳极显示代码定义
                              0x6d, 0x7d, 0x07, 0x7f, 0x6f};
unsigned char i;                           //循环变量定义
/*********************************主函数*************************************/
main()                                     // 主函数
{                                          // 主函数开始
EX0=1;                                     // 开 INT0 中断
EX1=1;                                     // 开 INT1 中断
IT0=1;                                     // INT0 置下降沿触发方式
IT1=1;                                     // INT1 置下降沿触发方式
EA=1;                                      // 开总中断
SMG=0x00;                                  // 熄灭数码管显示器各段
P1=0xaa;                                   // 点亮 P1 口连接的正常指示灯,熄灭故障指示灯
while(1)                                   // while 循环
  {                                        // while 循环开始
  for(i=0;i<=9;i++)                        // 条件判断
    {P0=table[i];                          // 读取字形代码并送显示
    DelayXms(1000);                        // 延时 1s
    }                                      // for 循环结束
  i=0;                                     // 循环变量清 0
```

```
  }                                        // while 结束
}                                          // 主函数结束
/***************************INT0 中断服务函数******************************/
void INT0_Ser(void) interrupt 0 using 1    // INT0 中断服务函数,使用第 1 组工作寄存器
{                                          // INT0 中断服务函数开始
 EX0=0;                                    // 关 INT0 中断
 if(System_A==Failue)                      // 判断 A 系统是否故障
  {A_Normal_lamp=1;                        // A 系统故障,熄灭 A 系统正常指示灯
  A_Failue_lamp=0;                         // A 系统故障,点亮 A 系统故障指示灯
  Buzzer=1; }                              // 开启蜂鸣器报警
 else  if(System_B==Failue)                // 判断 B 系统是否故障
       {B_Normal_lamp=1;                   // B 系统故障,熄灭 B 系统正常指示灯
       B_Failue_lamp=0;                    // B 系统故障,点亮 B 系统故障指示
       Buzzer=1; }                         // 开启蜂鸣器报警
else  if(System_C==Failue)                 // 判断 C 系统是否故障
       {C_Normal_lamp=1;                   // C 系统故障,熄灭 C 系统正常指示灯
       C_Failue_lamp=0;                    // C 系统故障,点亮 C 系统故障指示
       Buzzer=1; }                         // 开启蜂鸣器报警
else  if(System_D==Failue)                 // 判断 D 系统是否故障
       {D_Normal_lamp=1;                   // D 系统故障,熄灭 D 系统正常指示灯
       D_Failue_lamp=0;                    // D 系统故障,点亮 D 系统故障指示
       Buzzer=1; }                         // 开启蜂鸣器报警
 EX0=1;                                    // 开 INT0 中断
 }                                         // INT0 中断返回
void INT1_Ser(void) interrupt 2 using 2    // INT1 中断服务函数,使用第 2 组工作寄存器
{                                          // INT1 中断服务函数开始
EX1=0;                                     // 关 INT1 中断
A_Normal_lamp=0;                           // 点亮 A 系统正常指示灯
A_Failue_lamp=1;                           // 熄灭 A 系统故障指示灯
B_Normal_lamp=0;                           // 点亮 B 系统正常指示灯
B_Failue_lamp=1;                           // 熄灭 B 系统故障指示灯
C_Normal_lamp=0;                           // 点亮 C 系统正常指示灯
C_Failue_lamp=1;                           // 熄灭 C 系统故障指示灯
D_Normal_lamp=0;                           // 点亮 D 系统正常指示灯
D_Failue_lamp=1;                           // 熄灭 D 系统故障指示灯
Buzzer=0;                                  // 关闭蜂鸣器报警
EX1=1;                                     // 开 INT1 中断
}                                          // INT1 中断返回
```

9.4.4　编译及仿真运行

将编译生成的 L9 _ 3. HEX 加载至 Proteus 的单片机中，选择仿真运行，用按钮开关模拟系统故障，看看与你的预期效果是否一致。

自学小常识

蜂鸣器

1. 蜂鸣器的作用

蜂鸣器是一种一体化结构的电子讯响器，采用直流电压供电，广泛应用于计算机、打印机、复印机、报警器、电子玩具、汽车电子设备、电话机、定时器等电子产品中作发声器件，见图 9.16。

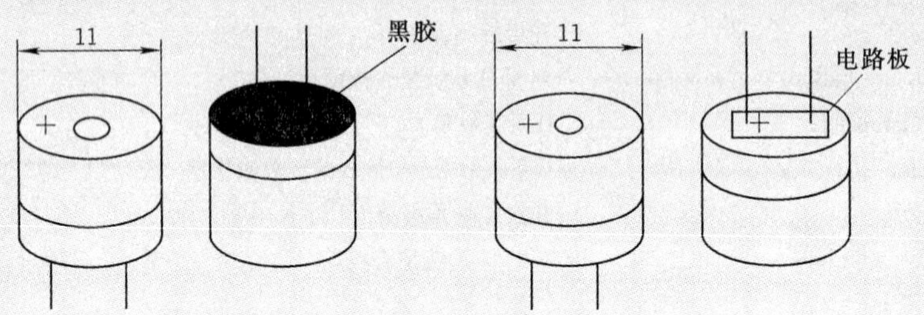

图 9.16 蜂鸣器

2. 蜂鸣器的驱动

在仪器仪表中常用的是自激式蜂鸣器，这种蜂鸣器采用直流电压驱动。由于蜂鸣器的工作电流一般比较大，以至于单片机的 I/O 口是无法直接驱动的，所以要利用放大电路来驱动，一般使用三极管来放大电流就可以了。

在选择和使用蜂鸣器时要注意蜂鸣器的工作电压要与应用场合的电压相适应。

第 10 章　定时/计数器及其应用

通过前面的学习，我们已经掌握了很多单片机的知识，通过对一些实例的讲解和 Proteus 下的演练，已经具备了采用单片机开发简单智能化仪器仪表的能力。不过，在有些工业及民用控制中，往往还需要定时检测某个参数或按一定的时间间隔来进行某项控制，比如家电的定时开关、发电机组启动过程中的延时操作、生产线的工件计数、表决器的计票统计等，此时就要用到定时器或计数器。

定时/计数器（Timer/Counter）是智能化仪器仪表中最基本的功能组件之一，它的用途非常广泛，常用于计数、延时以及测量周期、频率或脉宽、提供定时脉冲信号等。在实际应用中，对于转速、位移、速度、流量等物理量的测量，通常也是由传感器转换成脉冲电信号，通过使用定时/计数器来测量其周期或频率，再经过计算获得需要的参量。

MCS－51 单片机内部为我们提供了两个可编程的定时/计数器，本章将讲述如何使用这些定时器和计数器，同时利用定时/计数器构成应用系统。

10.1　定时/计数器的结构及工作原理

10.1.1　定时/计数器的基本功能

在仪器仪表中经常要用到定时或者计数功能。如前面各章的实例中，流水灯亮、灭的时间是靠延时实现的；在出租车计价器中要对车轮转动的脉冲信号进行计数，然后根据车轮的周长可以计算出行驶距离等。

定时和计数可以通过软件实现。当采用软件定时，也就像前面例子中调用延时函数一样，这时主要靠执行一个循环程序进行时间的延迟，以达到定时的目的。这种定时方法不需要外加硬件电路，但占用 CPU 的时间，降低了 CPU 的效率。因此，这种方式不适合需要长时间、高精度定时的场合应用。

在定时时间较长或者定时精度要求较高的应用场合，通常选用硬件定时。这种方法的定时时间全部由硬件电路完成，不占用或很少占用 CPU 的时间。

MCS－51 单片机提供的定时/计数器具有如下的基本功能。

1. 可编程的功能

MCS－51 单片机内部提供的定时/计数器是由硬件电路构成的，具体实现定时功能还是计数功能可以通过软件进行相关的设置实现，亦即功能上可以通过软件编程来控制。

2. 可编程的工作方式

MCS－51 单片机的定时/计数器可以根据实际应用的需要工作在不同的方式下，如需要高精度短时间定时的场合，可以采用 8 位自动装载方式等，不同工作方式的选择，也是通过编程来实现的。

3. 可编程的定时时间和计数值

根据需要可以通过软件来设定定时器的定时值和计数值。例如，可以通过程序设定每定时 10ms 在单片机的 I/O 口上输出一个高低电平的变化信号，就构成了一个 50Hz 的方波信号发生器。

4. 可编程的定时或计数中断输出

当达到设定的定时值（即定时时间到）或计数值时，有相应的信号输出，并可向 CPU 提出中断请求，以便实现定时或计数的自动控制。

10.1.2　定时/计数器的基本结构

MCS－51 单片机内部有两个 16 位可编程的定时/计数器，即定时/计数器 T0 和 T1。它们都具有定时和计数的功能，可以用于定时控制、延时、对外部事件计数和检测等。下面结合图 10.1 所示的定时/计数器内部结构加以说明。

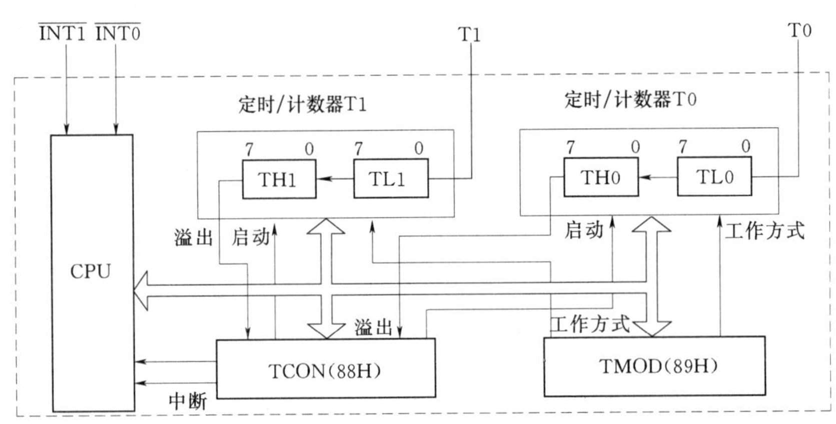

图 10.1　定时/计数器内部结构框图

1. 定时/计数器的核心部件

从图 10.1 可以看出，定时/计数器 T0 和 T1 的核心部件是两个 16 位的加 1 计数器，其中 T0 由两个特殊功能寄存器 TH0 和 TL0 构成；T1 由两个特殊功能寄存器 TH1 和 TL1 构成。每个定时/计数器都可以通过软件设置为定时工作方式或计数工作方式。这些功能都是通过对特殊功能寄存器 TMOD 和 TCON 的操作实现的。

2. 定时与计数功能的实现

图 10.2 是单个定时/计数器的内部结构示意图。当通过指令将图 10.2 中的开关 S 打向上侧时，定时/计数器具有定时功能。此时，加 1 计数器 TLi（$i=0$ 或 $i=1$）的输入端 C 点与 A 端相连，计数脉冲来自于内部时钟脉冲，即由片内振荡器经过 12 分频后获得，由于这个脉冲信号具有固定的周期，即机器周期，于是每个机器周期内计数器都将加 1，直至溢出，这样，通过对固定周期信号的计数便实现了定时。

定时时间可以表示为

$$定时时间=计数器加1的次数\times\frac{12}{振荡频率}$$

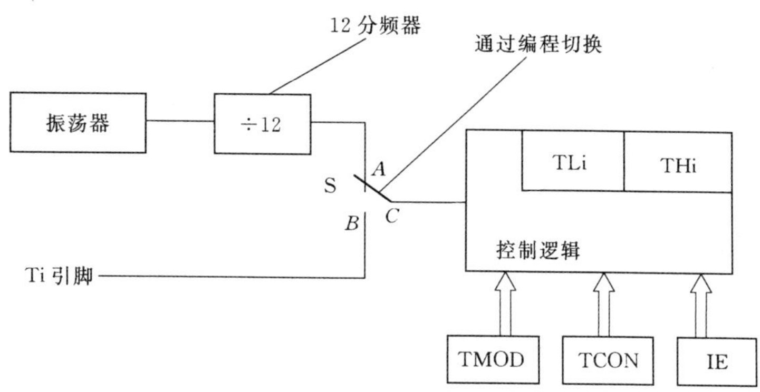

图 10.2 定时/计数器 T0 或 T1 内部结构框图

当通过指令将图中的开关 S 打向下侧时，定时/计数器具有计数功能。此时，加 1 计数器 TLi 的输入端 *C* 点与 *B* 端相连，计数脉冲来自于外部引脚 Ti（$i=0$ 或 $i=1$），当检测到 Ti（$i=0$ 或 $i=1$）引脚信号为下降沿时，计数器加 1，直至计满溢出，这样，就实现了对外部信号的计数。

受 MCS－51 单片机内部工作机制的限制，最高的外部计数脉冲的频率不能超过时钟频率的 1/24，并且要求外部脉冲的高电平和低电平的持续时间不能小于一个机器周期。

通过前面的分析可以看出，单片机中的定时/计数器不管是用于定时还是计数，本质上都是通过对脉冲的计数实现的，只不过定时功能是对内部固定频率的脉冲信号进行计数，计数功能是对来自单片机外部引脚 T0 或 T1 上的脉冲信号进行计数。两种功能下，均不占用 CPU 的时间，除非溢出，向 CPU 提出中断申请时，才可能中断 CPU 当前的工作。由此可见，定时/计数器是单片机中效率高且工作方式灵活的部件。

10.1.3 定时/计数器的控制

定时/计数器的控制主要是通过两个特殊功能寄存器 TCON 和 TMOD 实现的。

1. 定时/计数器控制寄存器 TCON

TCON 为定时器/计数器的控制寄存器，是一个 8 位可按字节或位操作的特殊功能寄存器，其字节地址为 88H，8 个二进制位的位地址分别为 88H～8FH，各位的定义如图 10.3 所示。

图 10.3 中各位的含义如下：

（1）TF1——定时器/计数器 1 中断请求标志位。当定时/计数器 1 计数溢出归零时，由内部硬件置位，并可申请中断。当 CPU 响应中断并进入中断服务程序后，TF1 自动清零。

（2）TR1——定时器/计数器 1 运行控制位，靠软件置位或清除。置位时，定时器/计数器 1 开始工作，清除时停止工作。

（3）TF0——定时器/计数器 0 中断请求标志位，其功能和操作情况类同于 TF1。

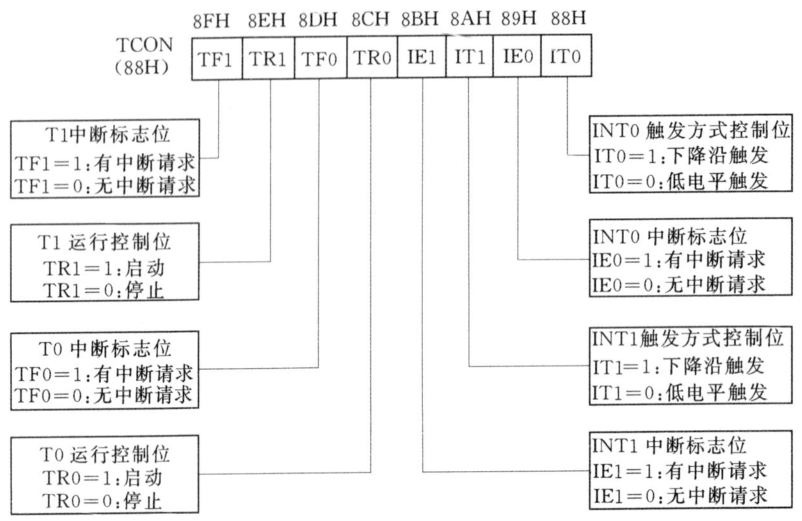

图 10.3　定时/计数器控制寄存器 TCON 各位含义

(4) TR0——定时器/计数器 0 运行控制位，其功能和操作情况类同于 TR1。

(5) IE1——外部中断 1 的中断请求标志位。检测到在 INT1 引脚上出现的外部中断信号的下降沿时，由硬件置位，申请中断。进入中断服务程序后被硬件自动清除。

(6) IT1——外部中断 1 的触发类型控制位。IT1=1，由下降沿触发；IT1=0，由低电平触发。可以由软件来设置或清除。

(7) IE0——外部中断 0 的中断请求标志位。其功能和操作情况类同于 IE1。

(8) IT0——外部中断 0 的触发类型控制位。其功能和操作情况类同于 IT1。

2. 定时/计数器工作方式寄存器 TMOD

TMOD 为定时器/计数器的工作方式控制寄存器，用于确定定时器的工作方式及功能，是一个 8 位的特殊功能寄存器，其中，高 4 位用于控制定时/计数器 T1，低 4 位用于控制定时/计数器 T0。TMOD 的字节地址为 89H，不支持位操作。TMOD 各位的定义如图 10.4 所示。

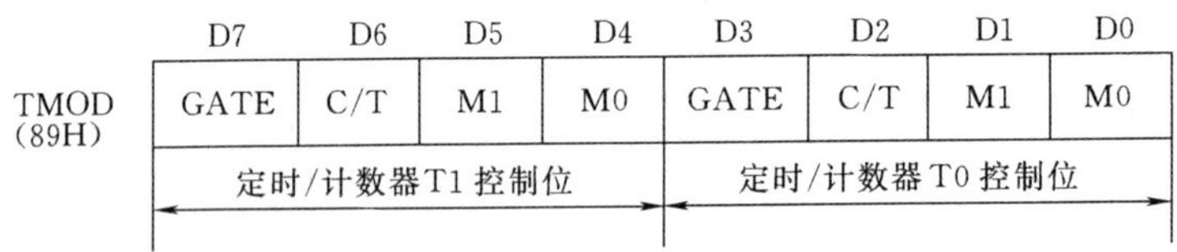

图 10.4　定时/计数器工作方式寄存器 TMOD 位含义

图 10.4 中各位的含义如下：

(1) GATE——门控位。当 GATE=1 时，只有 INT0 或 INT1 引脚为高电平，且 TR0 或 TR1 置 1 时，定时器/计数器才工作；当 GATE=0 时，定时器/计数器仅受 TR0 或 TR1 的控制，而不管 INT0 或 INT1 引脚的电平是高还是低。

(2) C/T——定时器/计数器功能选择位。当 C/T=0 时，设置为定时功能；当 C/T=1 时，设置为计数功能。

(3) M1M0——工作方式选择位。由 M1M0 共 2 位形成 4 种编码，对应 4 种工作方式，见表 10.1。

表 10.1　　定时/计数器的工作方式

M1	M0	工作方式	说 明
0	0	方式 0	13 位定时/计数器
0	1	方式 1	16 位定时/计数器
1	0	方式 2	自动重装载 8 位定时/计数器
1	1	方式 3	T0 拆成两个独立的 8 位定时/计数器，T1 停止

10.2　定时/计数器的工作方式及应用

MCS-51 单片机的定时/计数器 T0 和 T1 可由软件对特殊功能寄存器 TMOD 中的 C/T 位进行设置，以选择定时功能或计数功能。通过对 M1 和 M0 的设置，选择工作方式，即方式 0、方式 1、方式 2 和方式 3。当工作在方式 0、方式 1 和方式 2 时，T0 和 T1 的工作状态相同；当工作在方式 3 时，两个定时/计数器的工作状态不同，下面分别加以介绍。

10.2.1　方式 0 及应用

当 TMOD 中的 M1M0=00 时，定时/计数器工作于方式 0，即构成一个 13 位的定时/计数器，它由 THi 的 8 位和 TLi 的低 5 位组成，其内部结构如图 10.5 所示。

在方式 0 下，当 TLi 的低 5 位溢出时，向 THi 进位；THi 溢出时，向中断标志 TFi 进位，并申请中断。

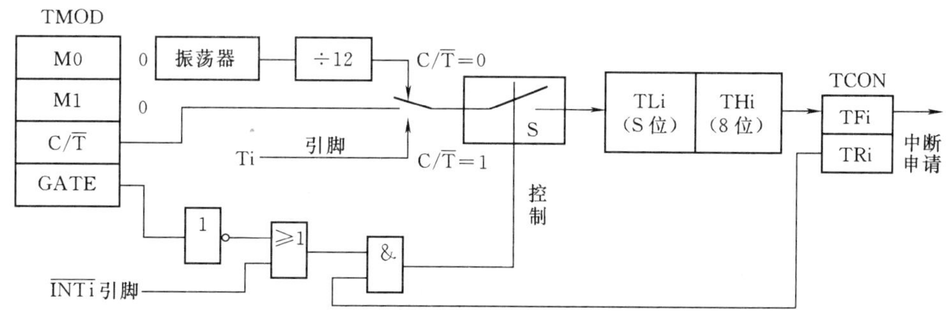

图 10.5　定时/计数器工作方式 0 内部结构

1. 用作定时器

当 C/T=0 时，控制开关打向上侧，计数脉冲通过振荡器输出脉冲 12 分频获得，定时/计数器处于定时器方式。其定时时间为

$$t=(2^{13}-Ti_{初值})\times(1/f_{osc})\times 12$$

式中：t 为定时时间；f_{osc} 为振荡器频率，即系统时钟频率，由晶体振荡器决定。

当 $f_{osc}=12\text{MHz}$ 时，方式 0 的最长定时时间为

$$t_{max}=(2^{13}-0)\times(1/12)\times12=8192\mu s=8.192(ms)$$

如果要改变定时时间，可以通过向定时/计数器预先装入初值实现。因此，在实际当中往往是已知定时时间，需要计算定时初值。在方式 0 作定时器使用时，定时初值的计算方法为

$$Ti_{初值}=2^{13}-t\times(f_{osc}/12)$$

【例 10.1】 设定时/计数器 T0 工作于方式 0 定时器功能，要求定时时间为 1ms，已知 $f_{osc}=12MHz$。确定 T0 的初值，并用 C51 语句完成设置和初值装载。

解： 当 T0 工作于方式 0 时，T0 为 13 位定时/计数器，则

$$T0_{初值}=2^{13}-1000\times(12/12)=7192=1110000011000B(B 代表二进制)$$

因此，TL0 中应该预先装入的值为：11000B（二进制）＝0x18（十六进制）；TH0 中应该预先装入的值为：11100000B（二进制）＝0xe0（十六进制）。可以用下面的 C51 语句完成上面的设置：

```
TMOD=0x00;                // 设置定时器 T0 为定时器功能,工作方式 0
TL0=0x18;                 // 装载初值低 5 位
TH0=0xe0;                 // 装载初值高 8 位
```

2. 用作计数器

当 C/T＝1 时，控制开关打向下侧，计数脉冲来自于 Ti 引脚，定时/计数器处于计数方式，当外部信号电平发生由 1 到 0 跳变时，计数器加 1，直到溢出。

从图 10.5 中可以看出，计数脉冲能否加到计数器上，受到启动信号的控制。当 GATA＝0 时，只要 TRi＝1，则启动定时/计数器。当 GATA＝1 时，定时/计数器不仅受 TRi 控制，同时还受 INTi 控制，只有二者同时为 1 时，定时/计数器才能启动。

在选择计数功能方式 0 时，计数脉冲个数为

$$N=2^{13}-Ti_{初值}$$

最大计数脉冲个数为

$$N_{max}=2^{13}-0=8192$$

同样，如果要改变计数值，可以通过向定时/计数器预先装入初值实现。在方式 0 做计数器使用时，计数初值的计算方法为

$$Ni_{初值}=2^{13}-N=8192-N$$

10.2.2　方式 1 及应用

当 TMOD 中的 M1M0＝01 时，定时/计数器工作于方式 1，即构成一个 16 位的定时/计数器，它由 THi 的 8 位和 TLi 的 8 位组成，其内部结构如图 10.6 所示。方式 1 和方式 0 的主要区别就是定时/计数器的位数发生了变化。

1. 用作定时器

当 C/T＝0 时，控制开关打向上侧，计数脉冲通过振荡器输出脉冲 12 分频获得，定时/计数器处于定时器方式。其定时时间为

$$t=(2^{16}-Ti_{初值})\times(1/f_{osc})\times12$$

式中：t 为定时时间；f_{osc} 为振荡器频率，即系统时钟频率，由晶体振荡器决定。

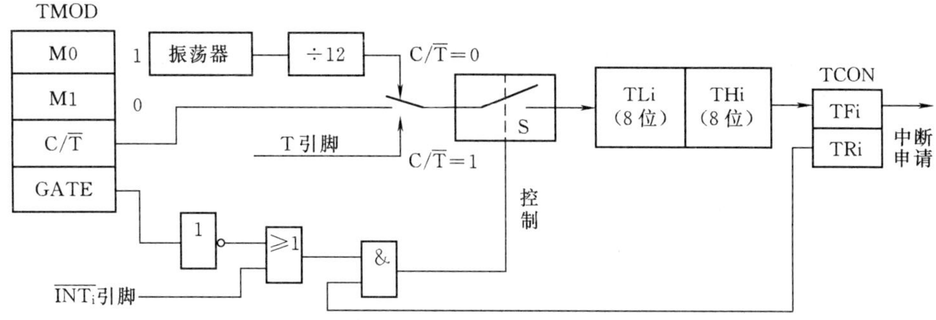

图 10.6 定时/计数器工作方式 1 内部结构

当 $f_{osc}=12\text{MHz}$ 时，方式 0 的最长定时时间为

$$t_{max}=(2^{16}-0)\times(1/12)\times12=65536\mu s=65.536(ms)$$

在方式 1 下初值的计算方法为

$$Ti_{初值}=2^{16}-t\times(f_{osc}/12)$$

2. 用作计数器

当 C/T=1 时，定时/计数器执行计数器功能，计数脉冲个数为

$$N=2^{16}-Ti_{初值}$$

最大计数脉冲个数为

$$N_{max}=2^{16}-0=65536$$

相应地，计数器初值计算方法为

$$Ni_{初值}=2^{16}-N=65536-N$$

【例 10.2】 设定时计数器 T0 工作于方式 1 定时器功能，$f_{osc}=12\text{MHz}$，采用 C51 编程实现在 P1.0 口输出 50Hz 方波信号。

分析： 50Hz 方波信号的周期为 20ms，如图 10.7 所示，在一个周期内，高低电平所占时间均为 10ms，因此可以将定时/计数器器 T0 设计成 10ms 定时器，每次 T0 中断时，取反 P1.0，便可在 P1.0 口上得到一个 50Hz 的方波信号。

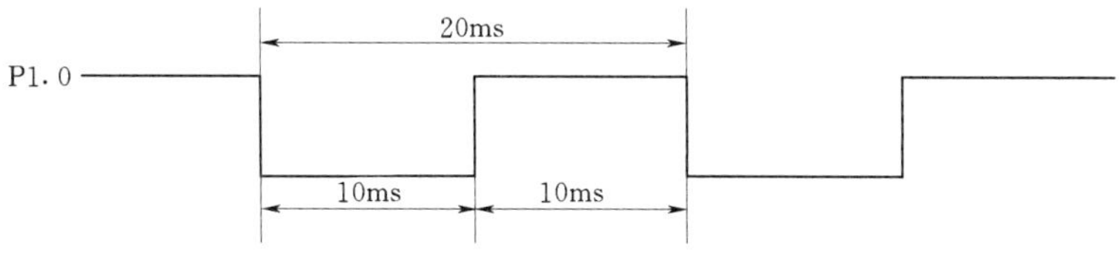

图 10.7 50Hz 方波信号示意

解：（1）计算 T0 10ms 定时初值

$$T0_{初值}=2^{16}-10\times10^{3}\times(12/12)=55536=0xd8f0$$

（2）C51 程序流程。在程序设计中需要注意的是，每次 T0 中断发生时，由于 T0 已溢出，其内部的值为 0，因此，在 T0 中断服务程序中，需要再次重新装入对应 10ms 的定时初值，才能保证每次中断的时间间隔为 10ms，程序流程如图 10.8 所示。

（3）程序清单。

```
/****************************宏定义及函数、变量声明********************************/
#include "reg51.h"                  // 51 单片机资源包含文件
#include "intrins.h"                // C51 库资源包含文件
void T0_Ser(void);                  // T0 服务函数声明
/********************************主函数*****************************************/
main()                              // 主函数定义
{                                   // 主函数开始
TMOD=0x01;                          // 设置定时/计数器 T0 为定时功能,工作方式 1
TH0=0xd8;                           // 装载定时 10ms 初值高 8 位
TL0=0xf0;                           // 装载定时 10ms 初值低 8 位
ET0=1;                              // 开定时计数器 T0 中断
EA=1;                               // 开总中断
TR0=1;                              // 启动定时/计数器 T0
while(1)                            // 无限循环
  {                                 // while 循环开始
  ;                                 // 空操作,等中断
  }                                 // while 循环结束
}                                   // 主函数结束
/****************************定时计数器 T0 中断服务函数**************************/
void T0_Ser(void) interrupt 1       // 定时/计数器 T0 服务函数定义
{ TR0=0;                            // 停止 T0
TH0=0xd8;                           // 装载定时 10ms 初值高 8 位
TL0=0xf0;                           // 装载定时 10ms 初值低 8 位
P1_0=~P1_0;                         // 取反 P1.0
TR0=1;                              // 启动 T0
}                                   // 定时/计数器 T0 服务函数结束,中断返回
```

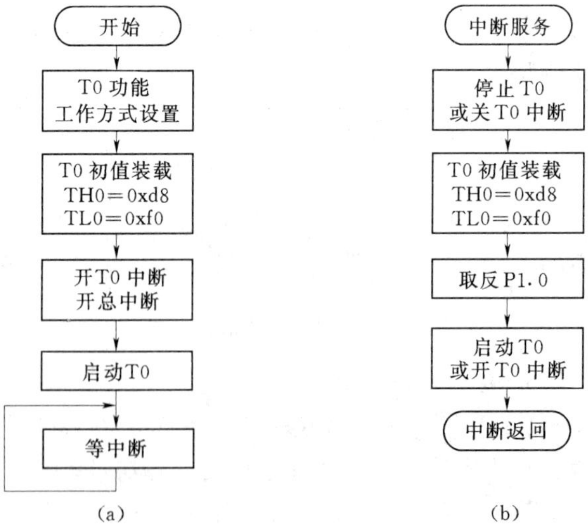

图 10.8　输出 50Hz 方波程序流程

(a) 主程序流程；(b) T0 中断服务流程图

(4) 调试与验证。在 Keil μVersion3 中建立本例项目和 C51 源文件，编辑、调试、编译项目，生成.HEX 文件，在 Proteus 中绘制电路原理图，加载所生成的.HEX 文件，添加虚拟示波器，仿真结果如图 10.9 所示。

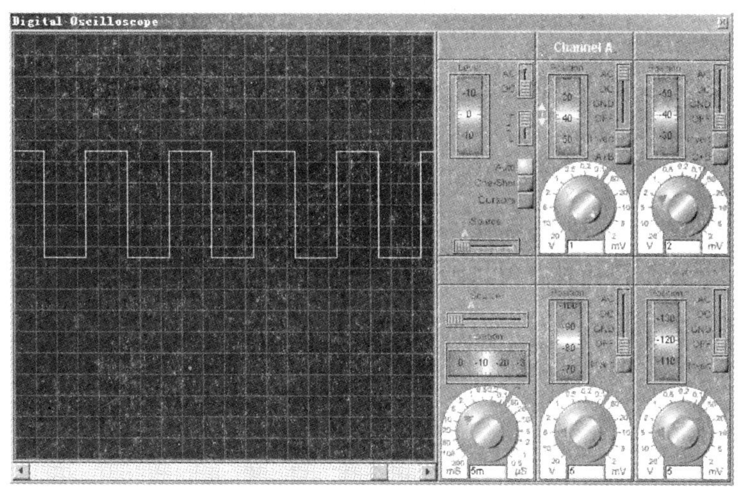

图 10.9　50Hz 方波输出 Proteus 仿真结果

10.2.3　方式 2 及应用

当 TMOD 中的 M1M0=10 时，定时/计数器工作于方式 2，即 8 位自动重装载方式。由 TLi 构成 8 位计数器，THi 仅用来存放时间常数。启动 Ti 前，TLi 和 THi 装入相同的时间常数，当 TLi 计数溢出时，除溢出中断标志 TFi 置位，向 CPU 请求中断外，还自动把 THi 中的初值内容重新装载到 TLi 中。所以，工作方式 2 是一种自动重装载初值的 8 位计数器方式。定时/计数器工作方式 2 的内部结构如图 10.10 所示。

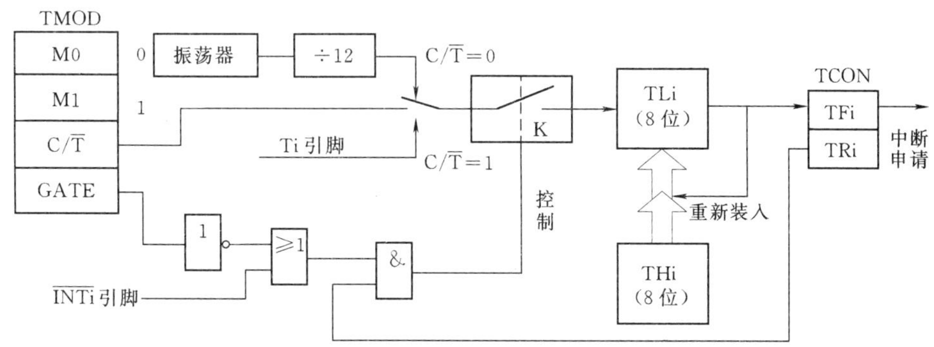

图 10.10　定时/计数器工作方式 2 内部结构

由于这种方式不需要指令重装初值，因而操作方便，可以产生相当精确的定时时间，在允许的条件下，应尽量使用这种工作方式。

当然，工作方式 2 的定时/计数范围要小于工作方式 0 和工作方式 1，其定时时间为

$$t=(2^8-Ti_{初值})\times(1/f_{osc})\times 12$$

式中：t 为定时时间；f_{osc} 为振荡器频率，即系统时钟频率，由晶体振荡器决定。

当 $f_{osc}=12\text{MHz}$ 时，方式 0 的最长定时时间为

$$t_{max}=(2^8-0)\times(1/12)\times 12=256(\mu s)$$

在方式 2 下定时初值的计算方法为

$$Ti_{初值}=2^8-t\times(f_{osc}/12)$$

使用方式 2 计数功能时，计数脉冲个数为

$$N=2^{16}-Ti_{初值}$$

最大计数脉冲个数为

$$N_{max}=2^{16}-0=65536$$

相应地，计数器初值计算方法为

$$Ni_{初值}=2^{16}-N=65536-N$$

【例 10.3】 已知 $f_{osc}=12\text{MHz}$，采用 C51 编程实现在 P1.0 口输出 5000Hz 方波信号。

分析：5000Hz 方波信号的周期为 200μs，如图 10.11 所示，在一个周期内，高低电平所占时间均为 100μs，因此可以将定时/计数器器 T0 设计成 100μs 定时器，每次 T0 中断时，取反 P1.0，便可在 P1.0 口上得到一个 5000Hz 的方波信号，由于定时时间小于在振荡频率为 12MHz 时方式 2 的最大定时时间，因此，T0 采用工作方式 2。

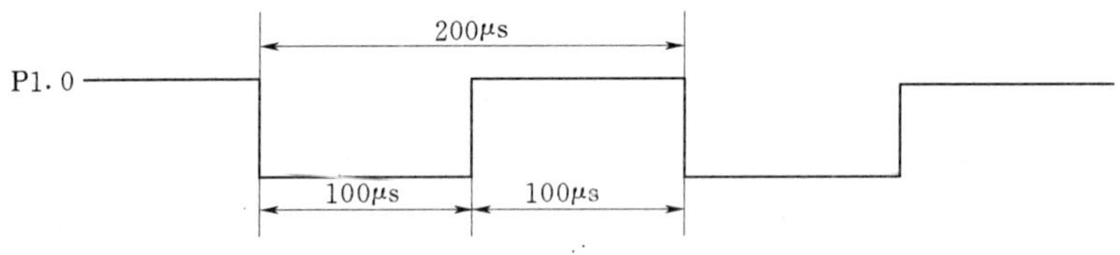

图 10.11　5000Hz 方波信号示意

解：（1）计算 $T0=100\mu s$ 定时初值

$$T0_{初值}=2^8-100\times(12/12)=156=0x9c$$

（2）C51 程序清单。

```
/*****************************宏定义及函数、变量声明*****************************
***/
#include "reg51.h"              // 51 单片机资源包含文件
#include "intrins.h"            // C51 库资源包含文件
void T0_Ser(void);              // T0 服务函数声明
/*********************************主函数*************************************
********/
main()                          // 主函数定义
{                               // 主函数开始
  TMOD=0x02;                    // 设置定时/计数器 T0 为定时功能,工作方式 2
  TH0=0x9c;                     // 装载定时 100μs 初值
  TL0=0x9c;                     // 装载定时 100μs 初值
  ET0=1;                        // 开定时计数器 T0 中断
  EA=1;                         // 开总中断
```

```
  TR0=1;                          // 启动定时/计数器 T0
  while(1)                        // 无限循环
  {                               // while 循环开始
    ;                             // 空操作,等中断
  }                               // while 循环结束
}                                 // 主函数结束
/**************************定时计数器 T0 中断服务函数****************************
**/
void T0_Ser(void) interrupt 1     // 定时/计数器 T0 服务函数定义
{                                 // 定时/计数器 T0 服务函数开始
  TR0=0;                          // 停止 T0
  P1_0=~P1_0;                     // 取反 P1.0
  TR0=1;                          // 启动 T0
}                                 // 定时/计数器 T0 服务函数结束,中断返回
```

10.2.4　方式 3 及应用

当 TMOD 中的 M1M0=11 时，定时/计数器工作于方式 3。需要说明的是，只有定时计数器 T0 才具有工作方式 3，定时计数器 T1 无工作方式 3 状态。当 T0 使用工作方式 3 时，T1 仅能设置为工作方式 0～2。工作方式 3 的结构如图 10.12 所示。

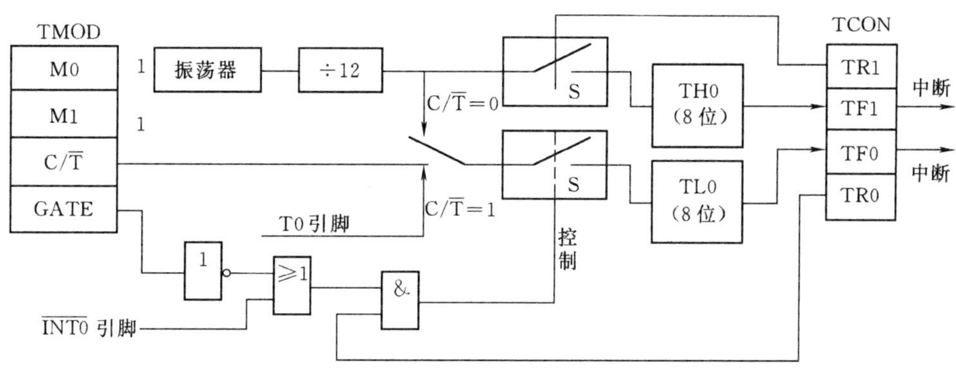

图 10.12　定时/计数器工作方式 3 内部结构

当 T0 为工作方式 3 时，TH0 和 TL0 分成 2 个独立的 8 位计数器。其中，TL0 既可用作定时器，又可用作计数器，并使用原 T0 的所有控制位及其溢出中断标志。TH0 只能用作定时器，并使用 T1 的控制位 TR1、溢出中断标志 TF1。

通常情况下，T0 不运行于工作方式 3，只有在 T1 处于工作方式 2，并不要求中断的条件下才可能使用。这时，T1 往往用作串行口波特率发生器，TH0 用作定时器，TL0 作为定时器或计数器。所以，工作方式 3 是为了使单片机有 1 个独立的定时/计数器、1 个定时器以及 1 个串行口波特率发生器的应用场合而特地提供的。这时，可把定时器 1 用于工作方式 2，把定时器 0 用于工作方式 3。关于工作方式 3 的应用在第 15 章中再加以介绍。

10.3　定时/计数器应用实训

10.3.1　实训项目 5：用定时/计数器构成秒闪烁 LED 灯控制器

1. 实训目的及技术背景

本实训项目主要解决使用定时/计数器如何实现长定时的问题。

通过前面的讲解，我们已经学会了使用定时/计数器的方法，但是在使用中发现，无论采用哪种工作方式，定时/计数器的定时时间都是有限制的。例如，在 12MHz 的振荡频率下，定时/计数器工作于方式 1 时的最长定时时间也仅有 65.536ms。如果要使用这种方式构成一个秒闪烁 LED 灯，显然是不可能的，那么，如何突破这种局限，实现使用定时/计数器进行长定时呢?

如果我们要实现 LED 灯亮 1s，灭 1s，可以采用定时/计数器多次中断，并对中断次数进行计数的方式实现。例如，可以将定时/计数器设计成 50ms 中断一次，定义一个变量 i，定时/计数器每中断一次，在中断服务程序中将变量 i 加 1，同时对变量 i 进行判断，当中断发生 20 次时，定时时间刚好为 1s，此时，再对 LED 灯实施亮、灭控制，便实现了 LED 灯的秒闪烁。

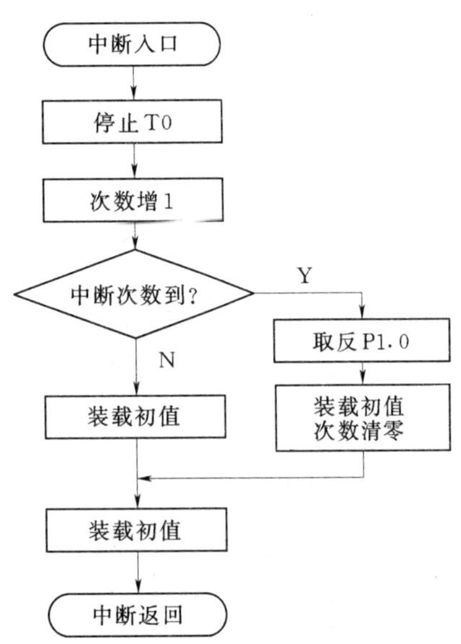

图 10.13　使用定时/计数器实现长定时中断服务程序流程

2. C51 程序实现

（1）定时/计数器工作方式的确定。在这里，我们使用定时/计数器 T0，因为定时时间较长，通过对各种工作方式最长定时时间的分析，选用工作方式 1 比较合适。在 12MHz 振荡频率下，方式 1 的最长定时时间为 65.536ms，因此，取整数定时时间 50ms 较为适宜。

（2）计算 T0 的初值。

$$T0_{初值}=2^{16}-50\times10^{3}\times(12/12)=15536=0x3cb0$$

（3）T0 中断服务程序流程如图 10.13 所示。

（4）C51 程序清单。

```
/*****************************宏定义及函数、变量声明*****************************/
#include "reg51.h"                 // 51 单片机资源包含文件
#include "intrins.h"               // C51 库资源包含文件
void T0_Ser(void);                 // T0 服务函数声明
unsigned char i;                   // 中断次数计数变量
/*****************************主函数*****************************************/
main()                             // 主函数定义
{                                  // 主函数开始
```

```
  TMOD=0x01;                    // 设置定时/计数器 T0 为定时功能,工作方式 1
  TH0=0x3c;                     // 装载定时 50ms 初值
  TL0=0xbc;                     // 装载定时 50ms 初值
  ET0=1;                        // 开定时计数器 T0 中断
  EA=1;                         // 开总中断
  TR0=1;                        // 启动定时/计数器 T0
  while(1)                      // 无限循环
  {                             // while 循环开始
    ;                           // 空操作,等中断
  }                             // while 循环结束
}                               // 主函数结束
/*************************定时/计数器 T0 中断服务函数****************************/
void T0_Ser(void) interrupt 1   // 定时/计数器 T0 服务函数定义
{                               // 定时/计数器 T0 服务函数开始
  TR0=0;                        // 停止 T0
  i++;                          // 中断次数变量加 1
  if(i>20)                      // 判断是否中断 20 次
  { P1_0=~P1_0;                 // 取反 P1.0,即 LED 灯亮灭变换
    TH0=0x3c;                   // 重新装载定时初值高 8 位
    TL0=0xb0;                   // 重新装载定时初值低 8 位
    i=0;}                       // 中断次数计数变量清 0
  else                          // 未达到中断 20 次,执行下面语句体
  {  TH0=0x3c;                  // 重新装载定时初值高 8 位
     TL0=0xb0;                  // 重新装载定时初值低 8 位
  }
  TR0=1;                        // 启动 T0
}                               // 定时/计数器 T0 服务函数结束,中断返回
```

（5）Proteus 仿真。由于类似的 LED 灯控制电路在前面已经多次应用，这里不再重复。在 Keil μVersion3 中建立项目 L10_1.DSN，源文件存储为 L10_1.C，编辑、编译，并在 Proteus 中装载生成的 L10_1.HEX 文件，观察灯光变化效果。

10.3.2 实训项目 6：简易多频方波信号发生器设计

1. 要求与目标

（1）在 Proteus 环境下，设计一个方波信号发生器电路，由 P1.0 口经过反相器输出正、反相方波信号。

（2）采用 8 只按钮开关作为输入器件，用按钮开关 B1～B8 设定输出方波信号的频率，各按钮开关状态与输出方波信号频率的对应关系见表 10.2，“0”代表开关闭合，即“ON”，“1”代表开关断开，即“OFF”。

（3）绘制程序流程图，在 Keil μVersion3 下编写、调试程序，并在 Proteus 中仿真运行。

表 10.2　　**指拨开关状态与输出方波信号频率对应关系**

频率	B1	B2	B3	B4	B5	B6	B7	B8
100kHz	0	1	1	1	1	1	1	1
50kHz	1	0	1	1	1	1	1	1
10kHz	1	1	0	1	1	1	1	1
5kHz	1	1	1	0	1	1	1	1
1kHz	1	1	1	1	0	1	1	1
500Hz	1	1	1	1	1	0	1	1
100Hz	1	1	1	1	1	1	0	1
50Hz	1	1	1	1	1	1	1	0

2. *硬件电路设计*

在 Proteus 中添加如表 10.3 中所示元件，绘制原理图并设置好元件参数，如图 10.14 所示。

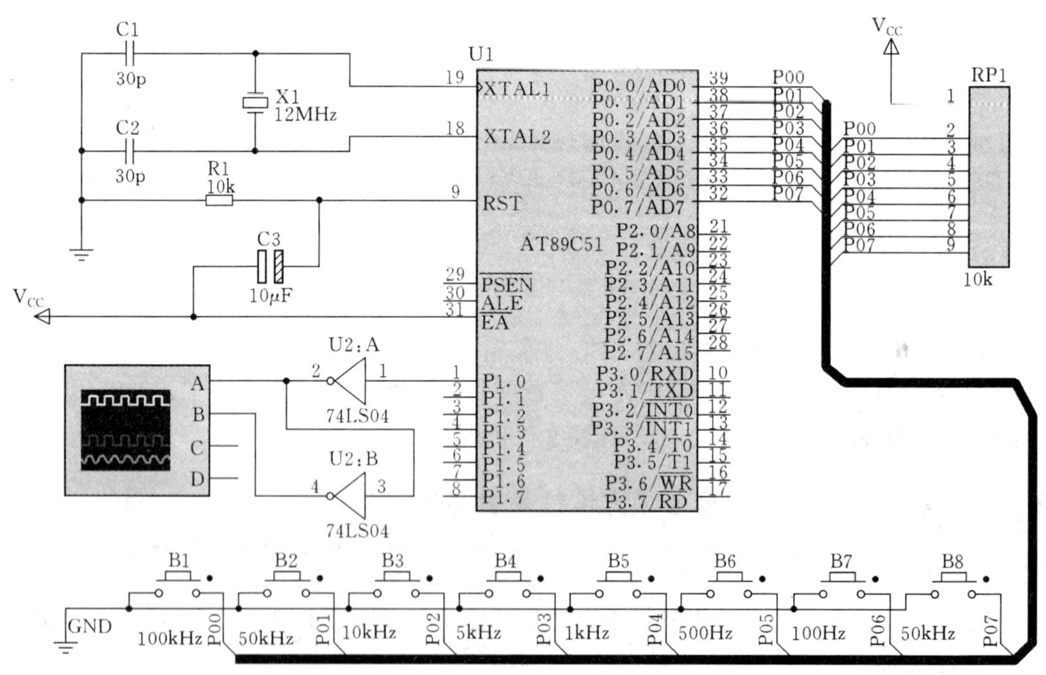

图 10.14　简易多频方波信号发生器 Proteus 原理电路

在 Proteus 工具箱中，选择“OSCILLOSCOPE”虚拟示波器，将方波信号的两个输出端分别与虚拟示波器的通道 A 和通道 B 相连，用于观察输出方波信号的频率和相位情况。

表 10.3　简易多频方波信号发生器实训所用元器件

序号	器件编号	Proteus 器件名称	器件性质	参数及说明	数量
1	U1	AT89C51	单片机	12MHz	1
2	U2	74LS04	反相器	74LS04	1
3	X1	CRYSTAL	晶振	12MHz	1
4	*C*1、*C*2	CAP	瓷片电容	30pF	2
5	*C*3	CAP-ELEC	电解电容	1μF	1
6	*RP*1	RESPACK-8	排电阻	10kΩ	1
7	B1～B8	BUTTON	按钮开关		8

3. 软件设计分析及流程设计

(1) 方波实现方式。采用定时/计数器实现方波高、低电平的定时，以频率为100kHz方波为例，其信号周期为10μs，则需要定时/计数器的定时时间为5μs，如图10.15所示。

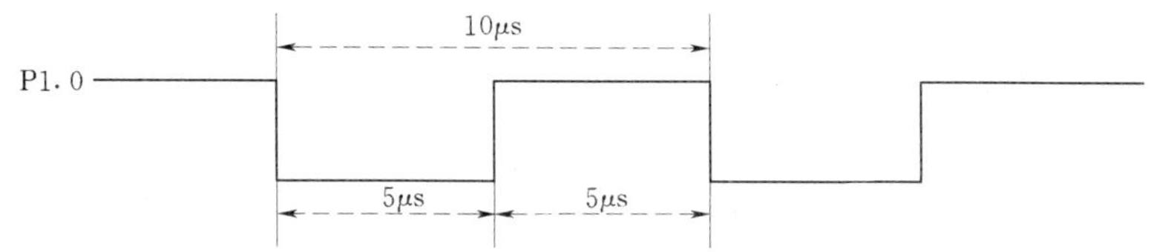

图 10.15　100kHz 方波信号示意

设置定时/计数器 T0 为定时器，选择工作方式 1，即 16 位定时/计数器方式，设振荡器频率为 12MHz，针对各频率点分别计算出定时初值，见表 10.3。

表 10.3　简易多频方波信号发生器各频率点定时初值

频率	周期 (μs)	高低电平持续时间 (μs)	T0 定时值	T0 初值 (十六进制)
100kHz	10	5	5	0xfffb
50kHz	20	10	10	0xfff6
10kHz	100	50	50	0xffce
5kHz	200	100	100	0xff9c
1kHz	1000	500	500	0xfe0c
500Hz	2000	1000	1000	0xfc18
100Hz	10000	5000	5000	0xec78
50Hz	20000	10000	10000	0xd8f0

(2) 主程序流程。主程序主要完成中断初始化和按钮开关状态检测任务，当检测到某一开关按下，向定时/计数器中装入该开关所对应频点的定时初值，同时启动定时/计数器工作，主程序流程如图 10.16 所示。

(3) T0 中断服务程序流程。T0 中断服务程序主要完成信号取反输出和重新装载定时初值任务，通常情况下，进入中断后首先关闭中断或者停止定时/计数器工作，当中断服务结束后再打开中断或启动定时/计数器工作，T0 中断服务程序流程如图 10.17 所示。

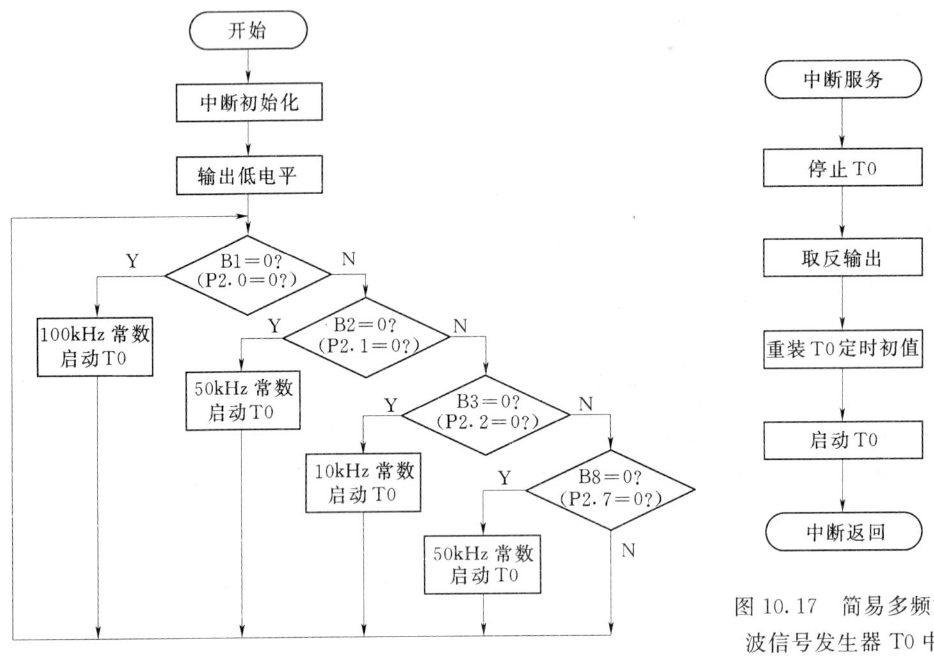

图 10.16　简易多频方波信号发生器主程序流程

图 10.17　简易多频方波信号发生器 T0 中断服务程序流程

4. C51 程序清单

```
/*****************************宏定义及函数、变量声明*******************************/
#include "reg51.h"                 // 51 单片机资源包含文件
#include "intrins.h"               // C51 库资源包含文件
#define B1 P0_0                    // B1 按钮开关宏定义
#define B2 P0_1                    // B2 按钮开关宏定义
#define B3 P0_2                    // B3 按钮开关宏定义
#define B4 P0_3                    // B4 按钮开关宏定义
#define B5 P0_4                    // B5 按钮开关宏定义
#define B6 P0_5                    // B6 按钮开关宏定义
#define B7 P0_6                    // B7 按钮开关宏定义
#define B8 P0_7                    // B8 按钮开关宏定义
#define Output P1_0                // 输出引脚宏定义
void T0_Ser(void);                 // T0 服务函数声明
unsigned char TH_Value=0,TL_Value=0;  // 定义定时初值中间变量
/*****************************主函数*****************************************/
main()                             // 主函数定义
{                                  // 主函数开始
TMOD=0x01;                         // 设置定时/计数器 T0 为定时功能,工作方式 1
ET0=1;                             // 开定时计数器 T0 中断
EA=1;                              // 开总中断
Output=0;                          // 输出引脚置低电平
while(1)                           // 无限循环
```

```
  {                                        // while 循环开始
  if(B1==0){TH_Value=0xff; TL_Value=0xfb;TR0=1;}  // B1 按下，装 100kHz 初值，启动 T0
  else if(B2==0){TH_Value=0xff;TL_Value=0xf6;TR0=1;}  // B2 按下，装 50kHz 初值，启动 T0
  else if(B3==0){TH_Value=0xff;TL_Value=0xce;TR0=1;}  // B3 按下，装 10kHz 初值，启动 T0
  else if(B4==0){TH_Value=0xff;TL_Value=0x9c;TR0=1;}  // B4 按下，装 5kHz 初值，启动 T0
  else if(B5==0){TH_Value=0xfe;TL_Value=0x0c;TR0=1;}  // B5 按下，装 1kHz 初值，启动 T0
  else if(B6==0){TH_Value=0xfc;TL_Value=0x18;TR0=1;}  // B6 按下，装 500Hz 初值，启动 T0
  else if(B7==0){TH_Value=0xec;TL_Value=0x78;TR0=1;}  // B7 按下，装 100Hz 初值，启动 T0
  else if(B8==0){TH_Value=0xd8;TL_Value=0xf0;TR0=1;}  // B8 按下，装 50Hz 初值，启动 T0
  }                                        // while 循环结束
  }                                        // 主函数结束
/*************************定时/计数器 T0 中断服务函数*****************************/
void T0_Ser(void) interrupt 1              // 定时/计数器 T0 服务函数定义
{                                          // 定时/计数器 T0 服务函数开始
  TR0=0;                                   // 停止 T0
  Output=~Output;                          // 输出取反
  TH0=TH_Value;                            // 重装载定时初值高 8 位
  TL0=TL_Value;                            // 重装载定时初值低 8 位
  TR0=1;                                   // 启动 T0
}                                          // T0 中断函数结束，中断返回
```

5. 调试与仿真运行

程序调试、编译通过后，在 Proteus 中加载编译生成的 .HEX 文件，仿真运行，通过按钮开关选择信号频率，观察示波器上的波形，如图 10.18 所示。

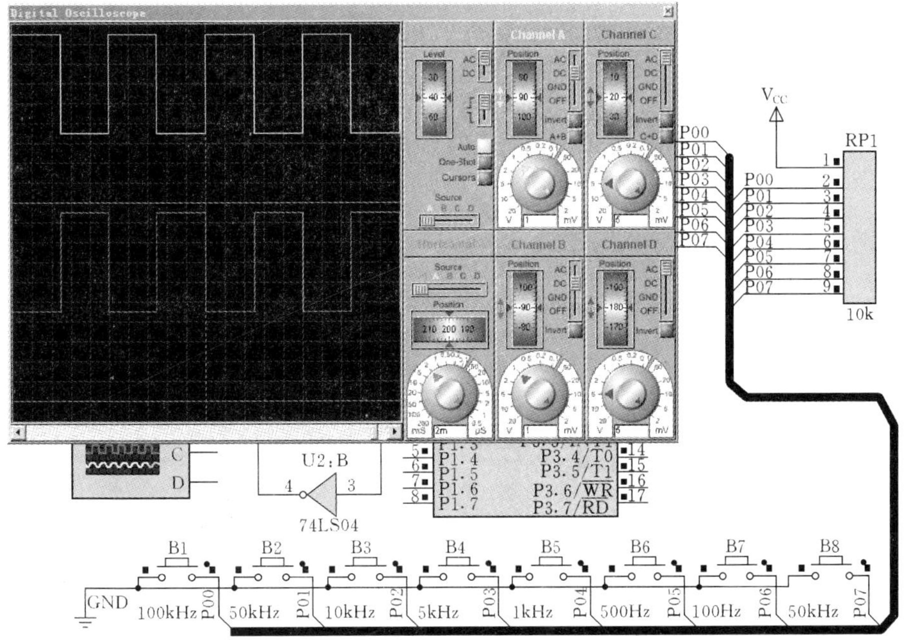

图 10.18 简易多频方波信号发生器仿真结果

通过观察，我们发现当信号频率较高，例如 100kHz 时，示波器上观察到的波形频率误差将增大很多，这主要是有 T0 中断服务程序中重新装载定时初值所占用的时间造成的，那么如何能够提高信号发生器的频率精度呢？请课后思考。

自 学 小 常 识

Proteus 虚拟示波器简介

1. Proteus 虚拟示波器简介

Proteus ISIS 为用户提供了观察信号波形用的虚拟示波器（Virtual Oscilloscope），其中 Proteus6. 9 版本提供的是双踪示波器，7. 1 以上版本提供的是四踪示波器，如图 10. 19 所示。

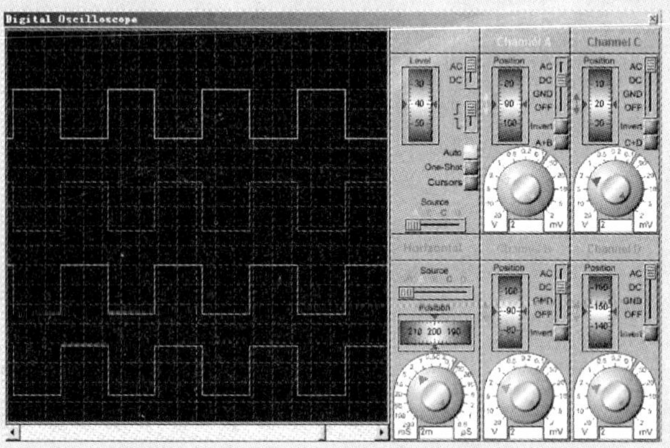

图 10. 19　Proteus 虚拟示波器

2. 虚拟示波器的操作

示波器调节面板上设置有通道调节面板、时基调节面板和触发调节面板等，各面板上主要调节部件功能如图 10. 20 中标注所示。

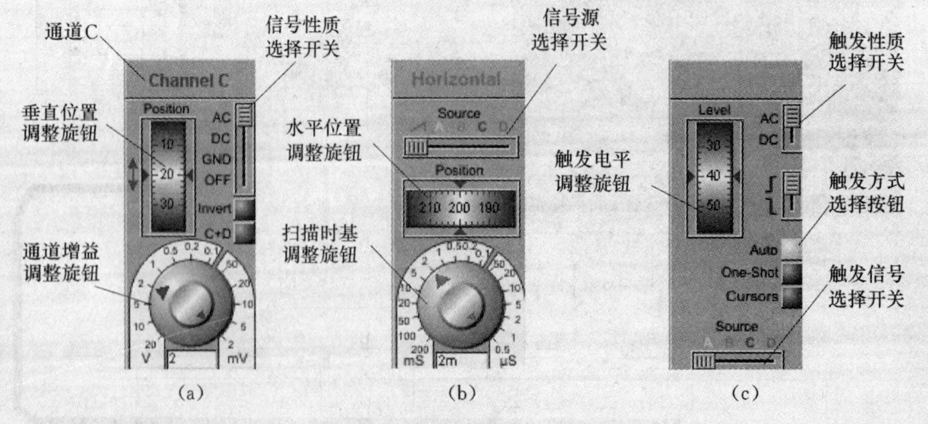

图 10. 20　Proteus 虚拟示波器控制面板功能说明

(a) 通道调节面板；(b) 时基调节面板；(c) 触发调节面板

第 11 章　并行扩展技术及其应用

11.1　系统扩展概述

在以单片机为核心的智能化仪器仪表开发时，首先遇到的问题就是存储器的扩展问题。例如，在目前学生公寓普遍采用的用电计量管理系统中，主机和单元机一般都采用单片机构成，其中，主机要完成各房间用电功率、用电量等信息的存储，数据存储量巨大，仅靠单片机内部存储器，远远满足不了实际需要，因此，需要扩展外部存储器，包括程序存储器和数据存储器。其次，在以单片机为核心的仪器仪表中要解决的问题就是 I/O 口的扩展。为了使单片机能够按要求工作，就必须将必要的命令和数据输入到单片机中，单片机运算或处理的结果也要通过一定的方式输出，这就需要配置一定的输入设备和输出设备。在单片机内部虽然设置了若干并行 I/O 接口电路，用来与外围设备连接，但当外围设备较多时，仅有的几个内部 I/O 接口就不够用了，在大多数应用系统中，都需要扩展输入或输出接口部件。

本章将着重讨论如何扩展 MCS - 51 单片机并行外部程序存储器和数据存储器，同时结合实训项目介绍单片机并行 I/O 口的简单扩展方法及应用。

11.1.1　系统扩展时三总线的连接方法

总线是将单片机、存储器和 I/O 接口等部件连接起来，并进行信息传送的公共通道，通常包括地址总线 AB、数据总线 DB 和控制总线 CB，简称三总线。存储器或 I/O 接口部件扩展的主要任务就是完成三总线的连接，确定每个存储器芯片或者 I/O 接口部件在系统中的地址。

1. 地址总线的连接方法

地址总线 AB 用于向存储器或 I/O 接口发送地址信息，以选择相应的存储单元或 I/O 接口部件。因此，地址总线 AB 必须和所有存储器的地址线按次序对应相连，也必须和所有扩展的 I/O 接口部件的地址线相连。

对于 MCS - 51 单片机而言，其可扩展的地址空间范围为 64KB，因此需要 16 条地址线。MCS - 51 单片机并没有提供专门的地址总线，因此需要利用单片机的 I/O 口来传送地址信息。

在扩展存储器时，利用单片机 P2 口的第二功能来传送地址信息的高 8 位，即在进行系统并行扩展时，存储器或 I/O 接口部件地址线的高 8 位（一般用 A9～A15 表示）直接与单片机的 P2 口（P2.0～P2.7）按次序连接。

为了充分利用有限的单片机I/O口资源，低8位地址信息通过分时复用P0口传送，即在某一时刻单片机的P0口用于传送地址信息的低8位（一般用A0～A7表示），在另一时刻单片机的P0口又用于传送8位数据信息。那么，如何来区分这两种信息而不至于造成数据混乱呢？通常的做法是，在P0口与存储器I/O接口部件间增加一个地址锁存器芯片，常用的地址锁存器芯片有74LS373、74HC373等。具体的连接方法是，单片机的P0口（P0.0～P0.7）与地址锁存器的输入引脚按次序直接相连，用地址锁存器的输出与存储器或I/O接口部件的低8位地址线按次序直接相连。这样，单片机的P0口首先将地址的低8位送入地址锁存器，在单片机ALE引脚输出的选通信号作用下，将低8位地址信息锁存在地址锁存器中，与P2口提供的高8位地址合成16位地址信息。由于P0口输出的低8位地址已被锁存，P0口此时便可以用于传送数据信息了。

2. 数据总线的连接方法

系统扩展的并行存储器或I/O接口部件的数据线，采用并联方式按次序连接到相应P0口线上，即P0.0连接数据总线中的DB0、P0.1连接数据总线中的DB1……以此类推，P0.7连接数据总线中的DB7。

3. 控制总线的连接方法

控制总线主要包括扩展芯片选通控制信号线（片选信号）和读写控制信号线两类，它们可以直接或通过逻辑电路连接到单片机的相应控制信号输出线上。其中，读写控制信号一般与单片机P3口第二功能提供的读写控制引脚或者专用程序存储器读信号PSEN相连。片选信号的连接要遵循一个原则，即单片机在与外部扩展器件交换数据时，必须保证在同一时刻，只能与一个外部器件进行数据交换。因此，若系统只扩展一个芯片，其片选信号可以始终选通；但若扩展多个芯片，实现片选的方法一般有两种，即线选法和译码法。

11.1.2　地址锁存器

常用的地址锁存器是74LS（HC）373。74LS373是低功耗肖特基（TTL）8D锁存器，74HC373是高速CMOS器件，功能与74LS373相同，两者可以互换。

74LS（HC）373内部有8个相同的三态门D型锁存器，由两个控制端（第11脚——用G或EN或LE符号表示，第1脚——用OUT或CONT或OE符号表示）控制，如图11.1所示。表11.1为其功能真值表。

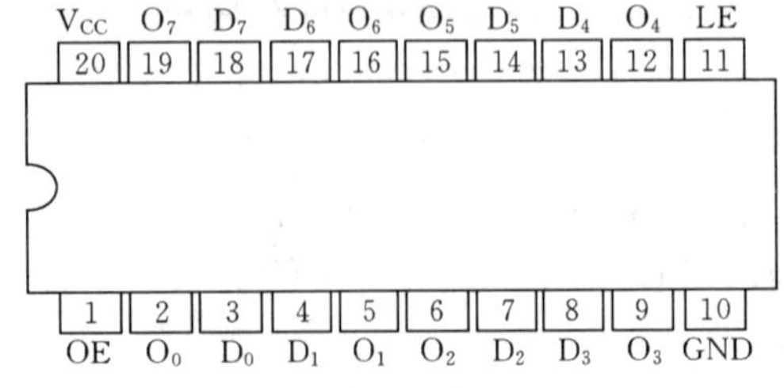

图11.1　74LS（HC）373引脚排列

表11.1　74LS（HC）373真值表

输　入			输　出
OE	LE	D	O
L	H	H	H
L	H	L	L
L	H	×	O_0
H	×	×	Z

注　表中，L代表低电平，H代表高电平，×代表不定状态，Z代表高阻状态，O_0代表被锁存的状态。

当控制端OE为低电平时，内部三态门处于导通状态，允许D端的数据输出到O端；当OE为高电平时，内部三态门断开，输出O端处于高阻状态。LE为数据锁存控制引脚，当74LS（HC）373用作地址锁存器时，首先应使OE为低电平，这时，当LE输入端为高电平时，锁存器输出端O和输入端D状态相同；当LE端出现从高电平返回到低电平的下降沿跳变时，输入端D的数据被锁存到8位锁存器中，此时，输入端D再发生变化，输出端O也不再改变。在MCS-51应用系统中，一般将锁存控制引脚LE与单片机的ALE端直接相连，在ALE下降沿自动进行地址锁存。

11.2 并行存储器的扩展

11.2.1 常用并行存储器芯片介绍

1. 常用程序存储器芯片

目前，在智能化仪器仪表中常用的程序存储器芯片仍然以27C64、27C128、27C256、27C512为主流，其他厂家的程序存储器，如Atmel的AT28C16/AT28C64等，与27系列在引脚排列上也相互兼容。下面以常用的2764（8K×8位）和27128（16K×8位）为例来说明各引脚的功能。

2764和27128的引脚排列如图11.2所示，表11.2是引脚功能的分类描述。

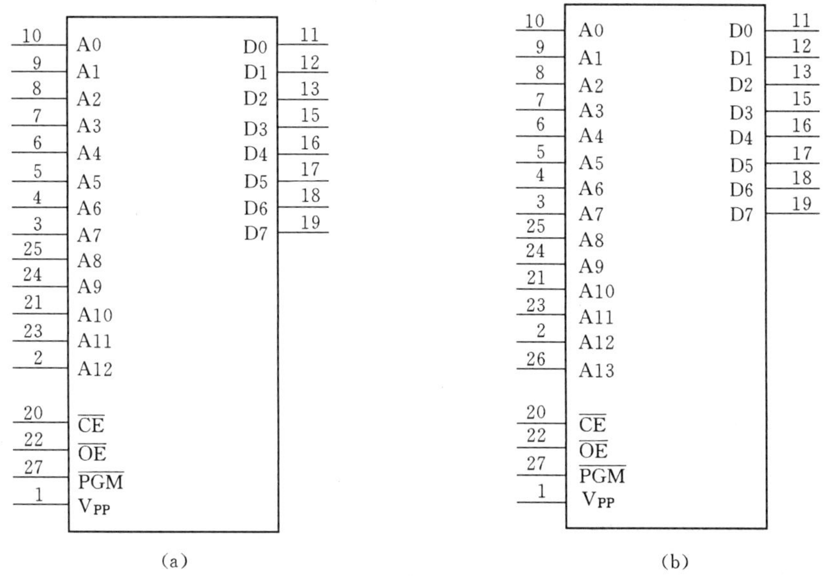

图11.2 2764/27128引脚排列

(a) 2764引脚排列；(b) 27128引脚排列

2. 常用数据存储器芯片

数据存储器RAM的生产厂家也很多，最常用的芯片是8位数据线的6264（8KB）、62128（16KB）和62256（32KB）等。图11.3所示是6264和62256的芯片引脚图。它们

的主要差别是 62256 比 6264 多两条地址线。

6264（62256）芯片各引脚的作用如下：

（1）地址线 A0～A12（A0～A14）为地址输入线，用于传送 CPU 送来的地址编码信号。

（2）数据线 D0～D7 为数据输入输出线，用于传送 CPU 对芯片的写入数据和芯片输出给 CPU 的读数据。

（3）控制线 4 条，其中允许输出线 $\overline{OE}$，用于控制芯片输出给 CPU 的读数据是否送到数据线 D0～D7 上，低电平有效；片选信号线 $\overline{CE}$、$\overline{CS}$（通常情况下 6264 的这两个端连接在一起使用，62256 只有 $\overline{CE}$ 引脚），用于控制芯片是否被选中工作，也是低电平有效；读写控制线 $\overline{RD}$、$\overline{WE}$ 用于控制芯片的读、写工作状态。

表 11.2　2764/27128 引脚功能分类描述

引　　脚	功　　能
A0～A15	地址线
D0～D7	数据线
$\overline{CE}$	片选
$\overline{OE}$	输出允许（读允许）
V_{CC}、GND	电源、地
V_{PP}	EPROM 编程直流电源
$\overline{PGM}$	EPROM 编程字节写入脉冲

(a)

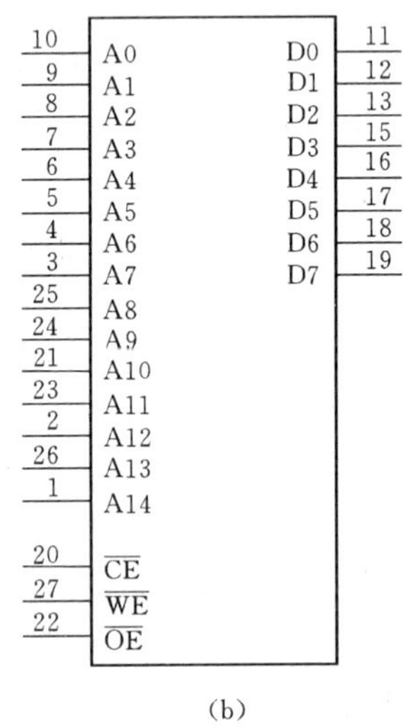

(b)

图 11.3　6464/62256 引脚排列

(a) 6264 引脚排列；(b) 62256 引脚排列

11.2.2　存储器的扩展连接

存储器的扩展包括扩展外部程序存储器和扩展外部数据存储器。本书以 MCS－51 单片机为例对存储器扩展的连接方法加以说明。

扩展外部程序存储器和外部数据存储器可以采用以下两种编址方法：

（1）ROM 和 RAM 各自独立编址。两者最大编址空间均为 64KB，地址范围分别为 0000H～FFFFH，由于对 ROM 和 RAM 的操作使用不同的指令和控制信号，故允许二者地址重复。

（2）ROM、RAM 以及外部接口器件（I/O 器件）统一编址，其总地址空间为 64KB。

图 11.4 是采用 2764 和 6264 分别扩展 8KB ROM 和 8KB RAM 的存储器扩展电路，为说明问题方便，电路中省略了电源、时钟和复位部分电路。

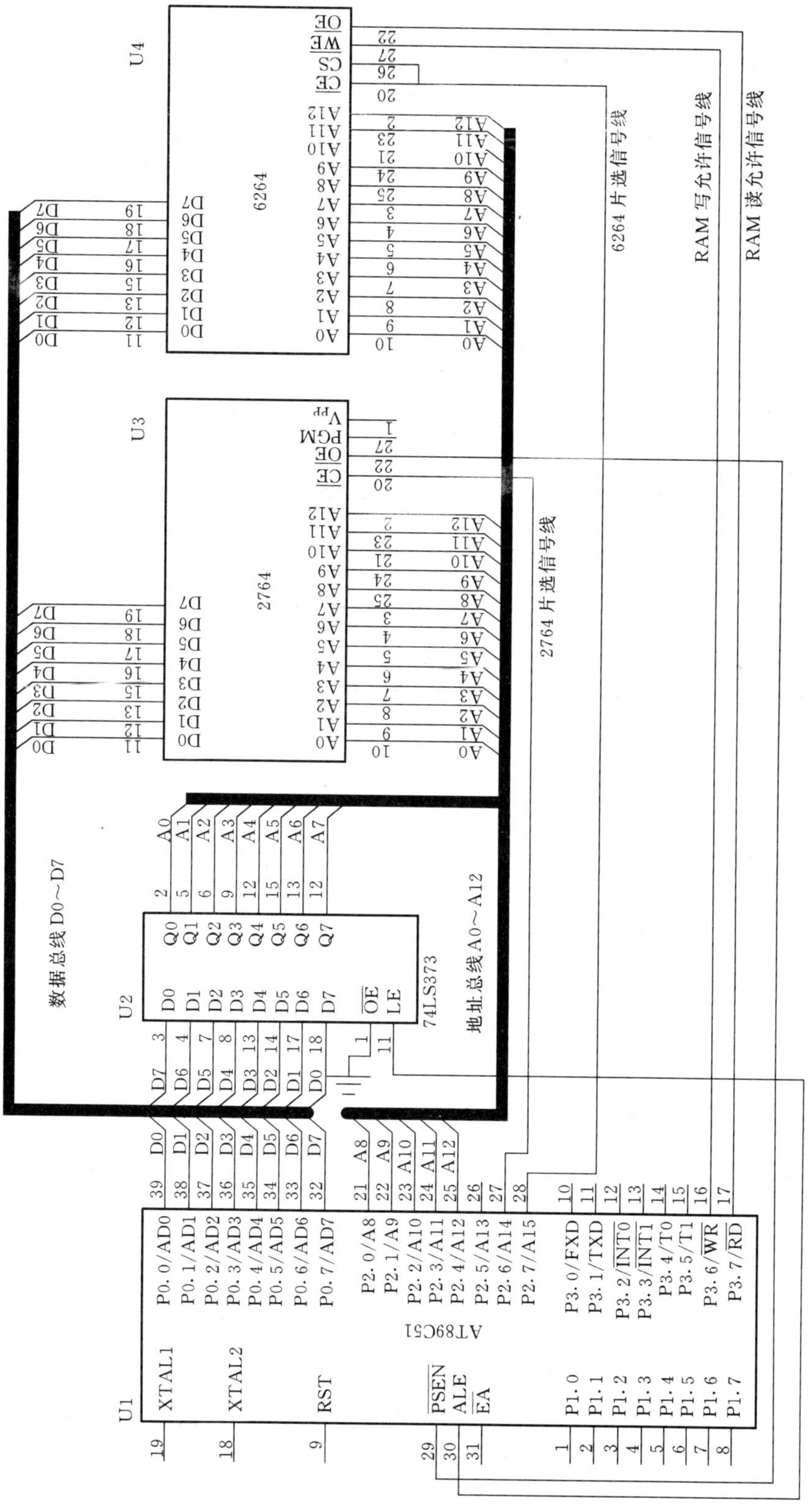

图 11.4 扩展存储器电路图

1. 地址总线的连接方法

外部存储器的地址信号来自 MCS－51 单片机的 P0 口和 P2 口。存储器的低 8 位地址由 P0 口通过地址锁存器 74LS373 分时送出。P0 口首先输出的低 8 位地址由 ALE 选通地址锁存器 74LS373 锁存起来，这样 P0 口就可以再用作传送数据信号的数据总线使用了。

MCS－51 的 P0 口和 P2 口组合在一起，最多能提供 16 位地址编码，存储器所需要连接的地址线的数目由存储器芯片的容量决定。当存储器没有用足 16 条地址线时，余下的 P2 口线可以作为控制总线中的片选控制线使用。在图 11.4 中，2764 和 6264 均需要 13 条地址线，因此存储器的 A9～A12 地址线与 P2 口的 P2.0～P2.4 按次序直接相连，剩余的地址线用作 2764 和 6264 的片选控制信号线。

2. 数据总线的连接方法

存储器芯片的数据线一般与 MCS－51 单片机的 P0 口按次序直接相连。这里需要强调的是，P0 口的驱动能力是有限的，当 P0 口直接连接的芯片过多时（理论上一般是 8 片），将无法提供足够的驱动电流，导致芯片读写的失败。

3. 控制总线的连接方法

扩展存储器电路的控制总线主要包括两类控制信号：读/写控制和芯片选择控制。

（1）读/写控制。对于扩展程序存储器的应用电路，诸如 2764 等程序存储器芯片的读控制信号$\overline{\text{OE}}$一般直接与 MCS－51 的专用读选通信号（MCS－51 第 29 引脚即$\overline{\text{PSEN}}$引脚）直接连接。数据存储器是可读可写的存储器，芯片上的读控制信号（如 6264 的第 22 引脚即$\overline{\text{OE}}$引脚）一般与 MCS－51 的$\overline{\text{RD}}$引脚（MCS－51 的第 17 引脚即$\overline{\text{RD}}$引脚）直接相连接，芯片上的写控制信号（如 6264 的第 27 引脚即$\overline{\text{WE}}$引脚）一般与 MCS－51 的$\overline{\text{WR}}$引脚（MCS－51 的第 16 引脚即$\overline{\text{WR}}$引脚）直接相连接。

（2）片选控制。片选控制信号的连接必须遵循在同一时刻只能与一个外部器件进行数据交换的原则。在静态时，所有扩展的外部存储器芯片对总线均呈浮空状态。当 CPU 需要与某一存储器芯片交换数据时，CPU 必须发出器件片选信号，使某一选中芯片进入工作状态。在 CPU 读操作和写操作时序的控制下，进行读写操作的数据交换。一般情况下，利用 MCS－51 剩余的高位地址线对芯片进行选择。在图 11.4 中，2764 芯片由 P2.6（A14）控制选择，6264 芯片由 P2.7（A15）控制选择。

11.2.3　芯片选择的片选法与译码法

在同一时刻，微处理器只能与一个外部器件进行数据交换。因此，若只扩展一片存储器，其片选信号可以始终选通；但若扩展多片存储器，实现片选的方法有两种：线选法和译码选通法。

1. 线选法

当应用电路扩展有多片存储器芯片或 I/O 接口芯片时，可以将 MCS－51 P2 口多余的高位地址线直接或通过反向器连到存储器的片选端，通过 CPU 送出的高位地址信号来选通芯片，也就是说，每一个扩展存储器芯片都需要一条单独的未使用的地址线来进行片选控制，这种连接存储器芯片片选信号的方法称为线选法。图 11.4 中的扩展电路就是采用的这种方法。

仍然以图 11.4 的应用电路为例，当将一片 2764 ROM 和一片 6264 RAM 与 MCS51 如图连接后，8KB ROM 和 8KB RAM 在这个系统中的地址范围到底是多少呢？不清楚存储单元的地址是无法对存储单元进行访问的。

我们知道，2764 和 6264 各自有 13 条地址线，即 A0～A12，这些地址线与 MCS－51 的 A0～A12 相连接，则它所确定的地址空间见表 11.3。

表 11.3　2764 和 6264 的 13 条地址线确定的地址空间

项目	A12	A11	A10	A9	A8	A7	A6	A5	…	A0	16 进制
最低地址	0	0	0	0	0	0	0	0	…	0	0000H
最高地址	1	1	1	1	1	1	1	1	…	1	1FFFH

此时，地址 0000H～1FFFH（共 8KB）并不是 2764 和 6264 最终确定的地址范围，因为 MCS－51 可以访问的地址空间的最大范围为 64KB，即 0000H～FFFFH。那么这两个芯片到底占据了哪 8KB 的存储空间呢？要确定这个问题，还需要依据芯片选择即片选信号 $\overline{CE}$ 或 $\overline{CS}$ 的连接来确定。

在图 11.4 中，2764 的片选端 $\overline{CE}$ 与 P2.6（A14）相连，当 A14 为 0 时选中该芯片，则 2764 在本系统中的地址见表 11.4。

表 11.4　2764 在图 11.4 所示系统中的地址

项目	A15	A14	A13	A12	A11	A10	A9	A8	A7	…	A0	16 进制
最低地址	1	0	×	0	0	0	0	0	0	…	0	A000H
最高地址	1	0	×	1	1	1	1	1	1	…	1	BFFFH

注　表中，“×”代表此条地址线的状态可以为 0，也可以为 1。

为了统一起见，本书凡是不相关地址均按 1 来处理。这样，这片 2764 的地址空间范围应该是 A000H～BFFFH。需要说明的是，如果这片存储器存储的是仪器仪表的可执行程序，那么按照 MCS－51 的规定，程序必须从 0000H 开始存放，这一点在连接片选信号时就应加以注意。如果系统中只扩展了一片 2764，这时可以把片选端 $\overline{CE}$ 直接接地，则它的实际地址变为 0000H～1FFFH。

下面我们来分析图 11.4 系统中 6264 所占据的地址空间范围。在该系统中，6264 的片选端 $\overline{CE}$ 与 P2.7（A15）相连，当 A15 为 0 时选中该芯片，则 6264 在该系统中的地址见表 11.5。

表 11.5　6264 在图 11.4 所示系统中的地址

项目	A15	A14	A13	A12	A11	A10	A9	A8	A7	…	A0	16 进制
最低地址	0	1	×	0	0	0	0	0	0	…	0	6000H
最高地址	0	1	×	1	1	1	1	1	1	…	1	7FFFH

由于在同一时刻，微处理器只能与一个外部器件进行数据交换，因此，6264 芯片被选中时，必须保证 2764 芯片不被选中，2764 的片选控制信号是 A14，为了保证 2764 不会同时被选中，CPU 在发出地址信息时 A14 必须为 1，也就是说，A14 和 A15 不能同时

为 0。这样，这片 6264 的地址范围就应该为 6000H～7FFFH。

总之，在扩展并行存储器的应用系统中，直接与存储器芯片地址线相连的地址线用于分辨芯片内部的存储单元，而接入片选端的地址线则用于确定芯片在 64KB 地址空间的位置。在编程时，通过 P0 口和 P2 口送出相应的地址信号，就能实现 CPU 对存储器的正确访问。

2. 译码法

当应用系统需要扩展较多的存储器芯片或 I/O 接口芯片时，仅靠使用剩余的高位地址线以线选法的方式选择存储器芯片，往往满足不了系统扩展的要求。这时，可以在电路中增加一片译码器芯片，通过译码器的输出实现对芯片的选择，此时，存储器或者 I/O 芯片的片选信号来自译码器的输出端，即由译码电路将地址空间划分为若干块，这样，既充分利用了存储空间，又克服了地址浮动的缺点，这种芯片选择的方法称为译码法。

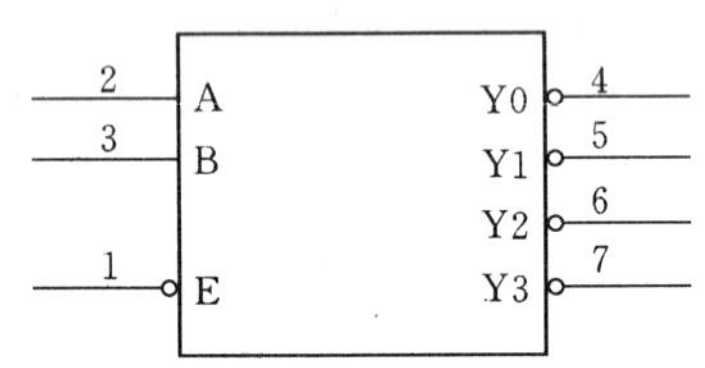

图 11.5　74LS139 引脚排列

常用的译码器有 74LS138（3－8 译码器）、74LS139（双 2－4 译码器）、74LS154（4－16 译码器）等。下面以 74LS139（双 2－4 译码器）为例来说明译码器与微处理器和扩展存储器的连接方法。74LS139 内部含有两个单独的 2 线—4 线译码器，其中之一的引脚排列如图 11.5 所示，逻辑功能见表 11.6。

表 11.6　　74LS139 真值表

输　入			输　出			
E	B	A	Y0	Y1	Y2	Y3
L	L	L	L	H	H	H
L	L	H	H	L	H	H
L	H	L	H	H	L	H
L	H	H	H	H	H	L
H	×	×	H	H	H	H

其中 E 为选通端，低电平有效，B、A 为译码输入端，Y0～Y4 为译码输出端。当选通端（E）为低电平时，可将输入端（B、A）的二进制编码在一个对应的输出端以低电平输出；当选通端（E）为高电平时，各输出端均输出高电平。在实际应用中可以将选通端 E 与高位地址线相连接，也可以根据需要直接将 E 端接地。前一种连接方法选通端参与译码，后一种连接方法选通端不参与译码。

图 11.6 是采用译码法扩展两片 2764 和两片 6264 的电路原理图，图中的 74LS139 采用的是选通端参与译码的连接方法。

采用译码法扩展存储器时，系统中各存储器芯片的地址确定方法与线选法类似，只不过这里不需要再考虑同一时刻选中多个芯片的问题。

图 11.6 的电路中，当 EBA＝000 时，译码器输出 Y0＝0，选中 2764（1）芯片，于是可以确定 2764（1）在系统中的地址范围为 0000H～1FFFH，其余以此类推，见表 11.7。

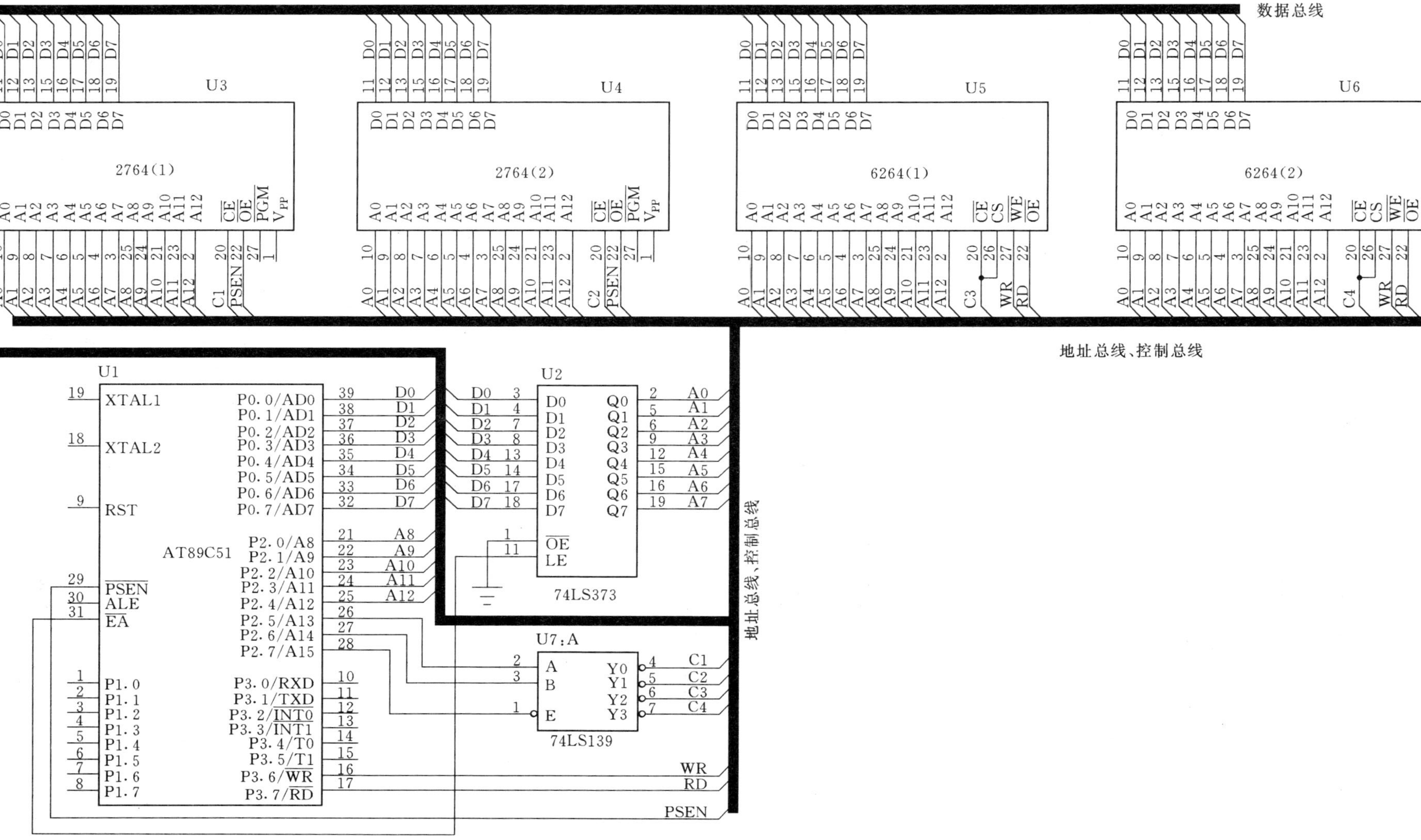

图 11.6 译码法扩展存储器电路原理图

表 11.7　　图 11.6 所示系统中各芯片的地址

芯片	A15 (E)	A14 (B)	A13 (A)	A12	A11	A10	A9	A8	A7	…	A0	16 进制
2764 (1)	0 0	0 0	0 0	0 1	0 1	0 1	0 1	0 1	0 1	… …	0 1	0000H 1FFFH
2764 (2)	0 0	0 0	1 1	0 1	0 1	0 1	0 1	0 1	0 1	… …	0 1	2000H 3FFFH
6264 (1)	0 0	1 1	0 0	0 1	0 1	0 1	0 1	0 1	0 1	… …	0 1	4000H 5FFFH
6264 (2)	0 0	1 1	1 1	0 1	0 1	0 1	0 1	0 1	0 1	… …	0 1	6000H 7FFFH

11.3　简单并行 I/O 口的扩展

在智能化仪器仪表设计过程中，经常会遇到所采用的微处理器 I/O 口数量不够或者驱动能力满足不了要求等问题。为了解决这些问题，常常采用对 I/O 口进行并行扩展的办法加以解决。

11.3.1　输入口的简单扩展及应用

当智能化仪器仪表微处理器所采用的微处理器输入口数量不够时，可以采用 74LS (HC) 244 或 74LS (HC) 373 等芯片进行简单的扩展。

1. 74LS (HC) 244 简介

74LS (HC) 244 为三态输出的 8 组缓冲器和总线驱动器，图 11.7 为 74LS (HC) 244 的引脚排列，表 11.8 为其真值表。

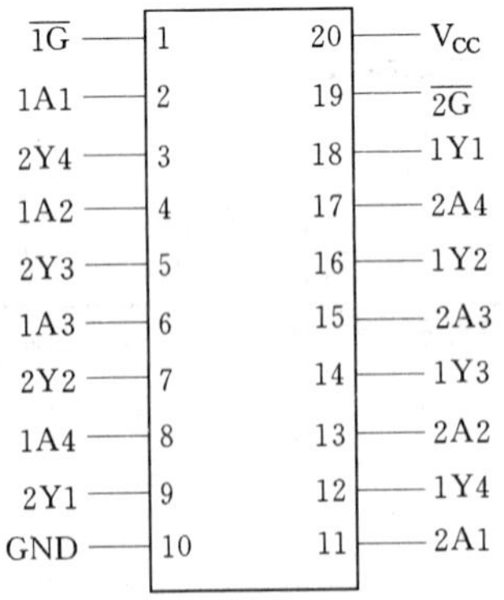

信号	引脚	引脚	信号
$\overline{1G}$	1	20	V_{CC}
1A1	2	19	$\overline{2G}$
2Y4	3	18	1Y1
1A2	4	17	2A4
2Y3	5	16	1Y2
1A3	6	15	2A3
2Y2	7	14	1Y3
1A4	8	13	2A2
2Y1	9	12	1Y4
GND	10	11	2A1

图 11.7　74LS (HC) 244 引脚排列

表 11.8　74LS (HC) 244 真值表

输　入			输　出
$\overline{1G}$	$\overline{2G}$	A	Y
L	L	L	L
L	L	H	H
H	H	×	高阻

74LS (HC) 244 内部功能分为两组，每组有 4 个输入和 4 个输出，受$\overline{1G}$和$\overline{2G}$控制，使用时一般将$\overline{1G}$和$\overline{2G}$引脚短接，对 8 个输入和输出实施统一控制。

2. 74LS（HC）244与MCS－51单片机的扩展连接

图11.8是采用74LS（HC）244进行简单并行接口扩展的典型电路连接。74LS（HC）244的两组输入端A0～A3分别和外部输入设备连接，这里用其连接了8个闸刀开关，从电路可以看出，闸刀开关闭合时，相应输入引脚被置为低电平0；开关打开时，相应输入引脚被置为高电平1。当控制引脚为低电平0时，作用在74LS（HC）244输入端，即两组A0～A3上的信号将被传送到两组输出端Y0～Y3上，两组输出端Y0～Y3依次与单片机的数据总线相连，CPU读回外部输入信息，然后，发出控制信号使控制引脚$\overline{OE}$为高电平，使74LS（HC）244与数据总线呈现隔离状态。

在实际电路设计时，可以将单片机的读控制引脚$\overline{RD}$（P3.7）与74LS（HC）244的控制引脚相连。一般情况下，电路中扩展的芯片不止一片，为了对扩展芯片进行选择，往往又将74LS（HC）244的控制引脚兼做片选引脚使用，常用的做法是外加一个或门电路（例如图11.8中的74LS32芯片），或门的一个输入端与单片机的$\overline{RD}$引脚相连，作为读控制信号使用，或门的另一个输入引脚和高位地址线A15（P2.7）相连，只有当A15与$\overline{RD}$同时为低电平时，或门输出才为低电平，74LS（HC）244处于输入输出的直通状态，CPU可以在$\overline{RD}$信号持续为低电平期间将输入数据读回。在这种连接方法中，A15相当于存储器扩展中的片选信号。同样道理，在扩展有多片I/O芯片的应用电路中，各片I/O芯片的选择可以采用存储器扩展电路中的线选法与译码法实现。

3. 74LS（HC）244地址的确定

扩展接口芯片在系统中地址的确定方法可以仿照扩展存储器地址的确定方法，将所扩展的接口芯片看成是存储器芯片。例如，在图11.8的应用电路中仍然可以采用下列方法来确定74LS（HC）244芯片在本系统中的地址，见表11.9。

表11.9　74LS（HC）244在图11.8所示系统中的地址

项目	A15	A14	A13	A12	A11	A10	A9	A8	A7	…	A0	16进制
最低地址	0	0	0	0	0	0	0	0	0	…	0	0000H
最高地址	0	1	1	1	1	1	1	1	1	…	1	7FFFH

则该芯片在系统中的地址为0000H～7FFFH，也就是说，只要CPU送出的地址在0000H～7FFFH之间，就都是对该74LS（HC）244芯片进行访问。为了不造成地址的混乱，一般取最高地址为该芯片在系统中的地址，图11.8应用系统中取74LS（HC）244的地址为7FFFH。

4. 采用C51访问74LS（HC）244的方法

利用图11.8电路，编写简单的C51程序便可实现对外部扩展的8只闸刀开关的状态监测。这里采用连接于单片机P1口上的8只LED指示灯D1～D8做开关状态指示，开关闭合时，点亮相应指示灯，开关断开时，熄灭相应指示灯。采用循环程序设计方法，每200ms从74LS（HC）244读取一次外部开关状态，并将读取结果输出到P1口的指示灯上。图11.9所示为程序流程图及对应的C51程序。

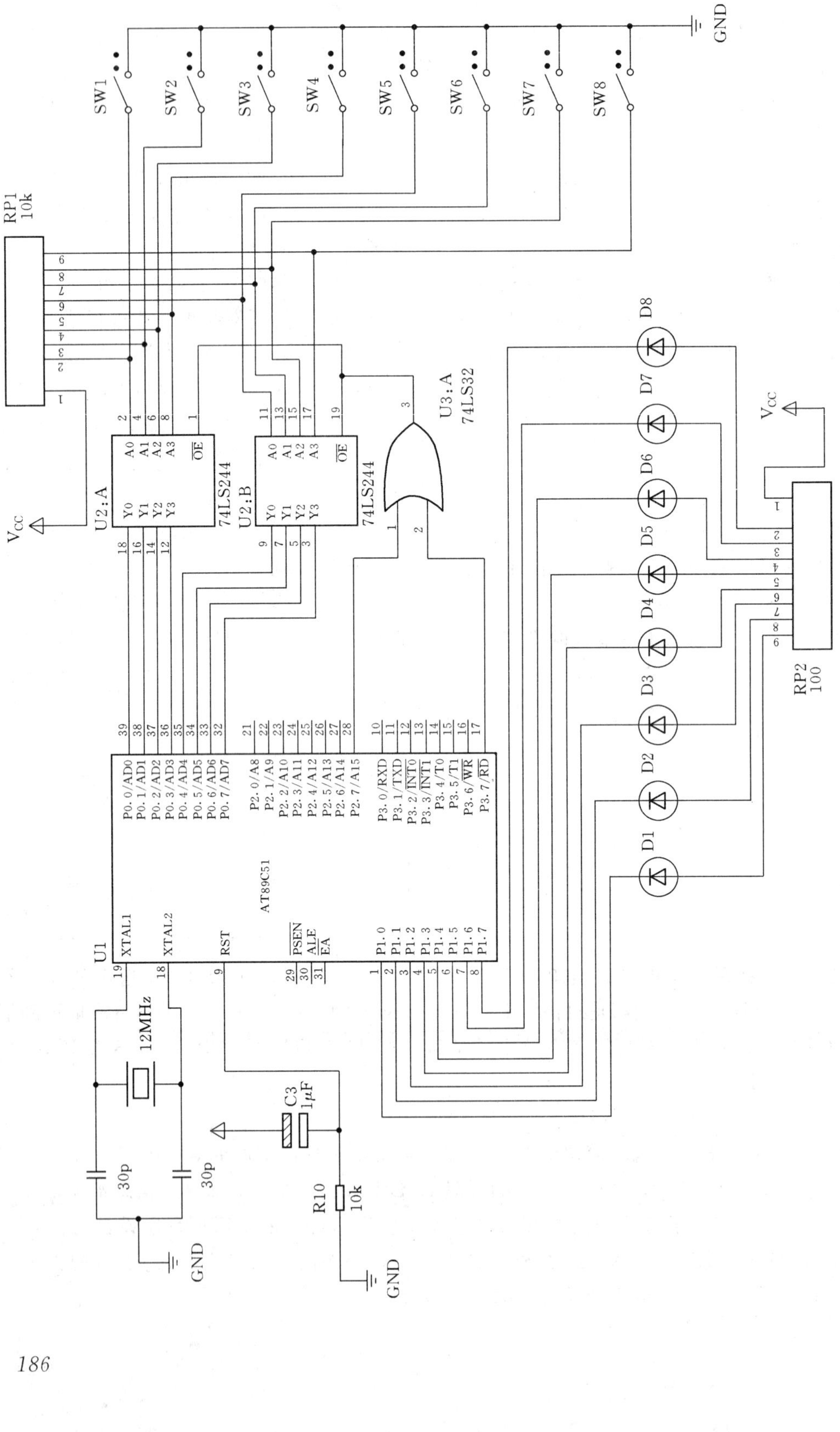

图 11.8　采用 74LS(HC)244 扩展输入接口

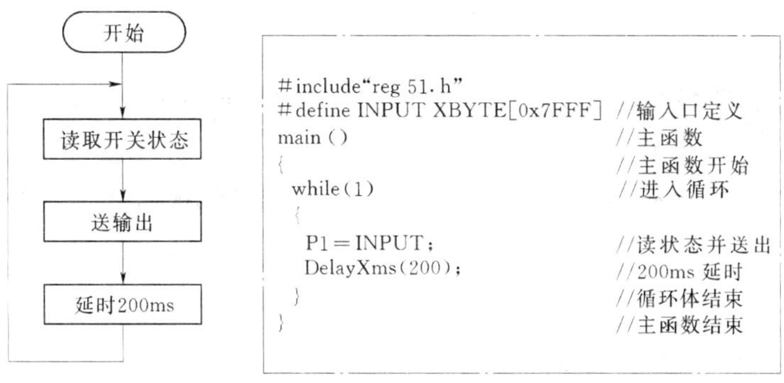

图 11.9 74LS（HC）244 简单输入口扩展示例流程及程序

11.3.2 输出口的简单扩展及应用

微处理器输出口数量不够时，可以采用 74LS（HC）373 或 74LS（HC）377 等芯片进行简单的扩展。

1. 74LS（HC）377 简介

74LS（HC）377 是 8 位锁存器芯片，常用作简单并行 I/O 口扩展时的输出器件使用，图 11.10 为 74LS（HC）377 的引脚排列，表 11.10 为其真值表。

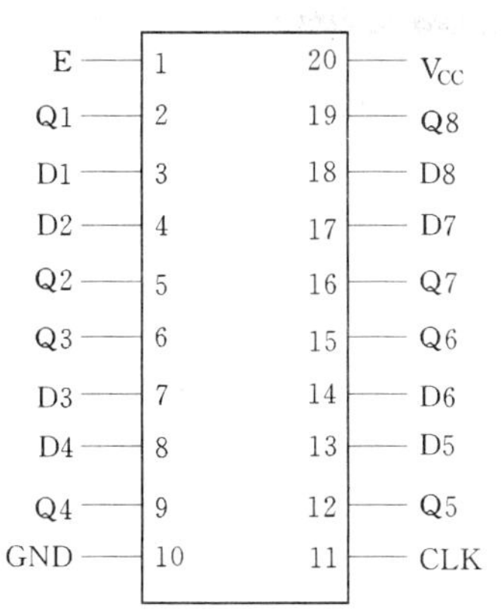

11.10 74LS（HC）244 引脚排列

表 11.10 74LS（HC）244 真值表

输入			输出
G	CLK	D	Q
H	×	×	保持
L	↑	H	H
L	↑	L	L
×	L	×	保持

图 11.10 中：

E 允许控制端，低电平有效

D1～D8 数据输入端

Q1～Q8 数据输出端

CLK 时钟输入端，上升沿有效

74LS（HC）377 与前面介绍过的 74LS（HC）373 地址锁存器的不同之处主要在于时钟端控制信号形式不同，74LS（HC）373 锁存器采用的是电平信号控制，74LS（HC）377 采用的是上升沿控制。

当 74LS（HC）377 的允许控制端 E（第 1 脚）为低电平时，在时钟端 CLK（第 11 脚）脉冲上升沿作用下，输出端 Q 与数据输入端 D 相一致，当 CLK 为高电平或者低电平

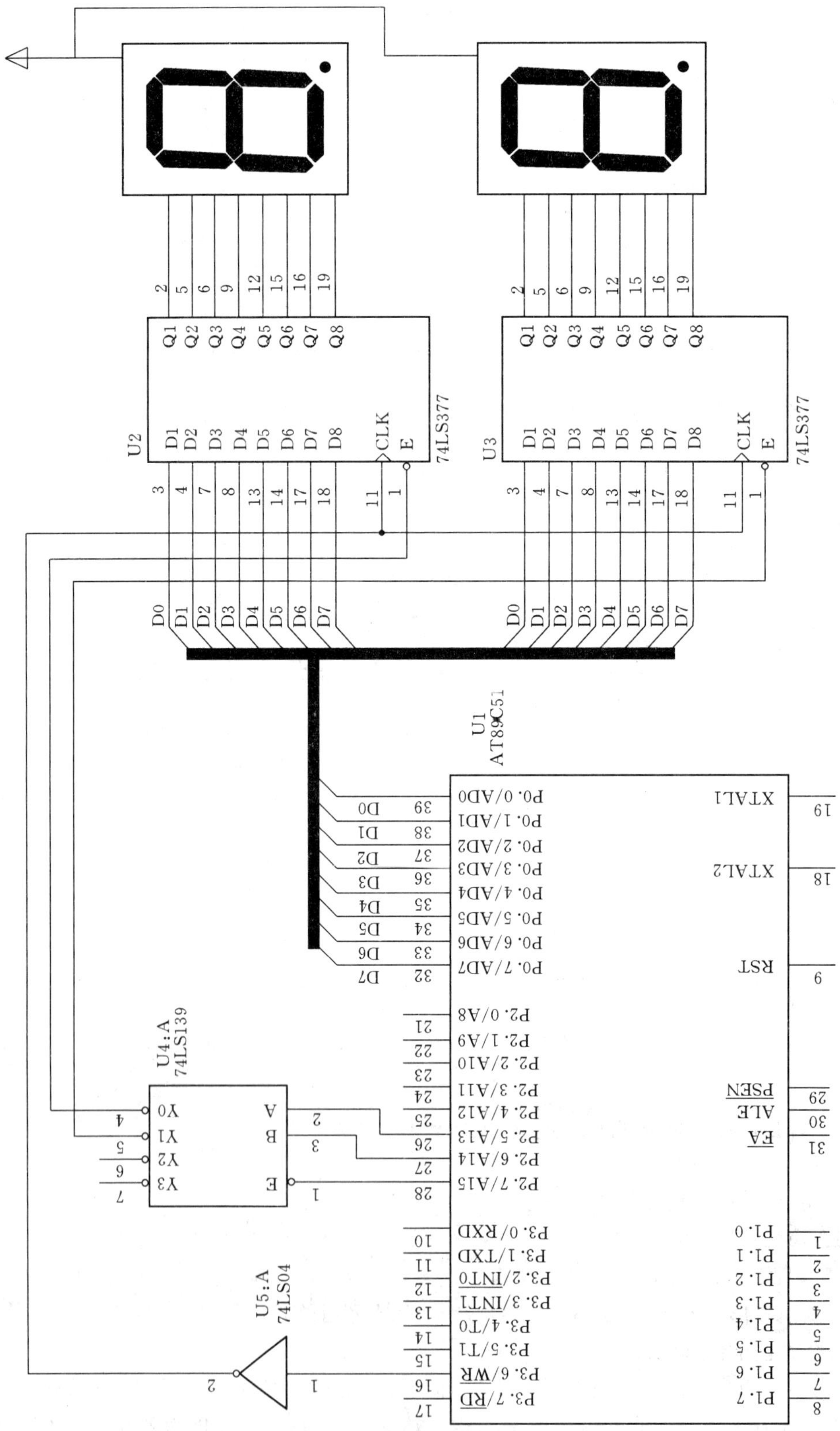

图 11.11　74LS(HC)377 扩展简单输出口电路

时，输入数据 D 对输出 Q 没有影响；当允许控制端 E 为高电平时，输入的数据被锁存，输出将不再发生变化，即处于数据保持状态。

2. 74LS（HC）377 与 MCS－51 单片机的扩展连接

图 11.11 是扩展两片 74LS377 芯片的应用电路，每片 74LS377 的输出端连接一只 LED 数码管显示器，为了简化示例电路，这里省略了 74LS377 输出端与数码管显示器间的限流电阻。

3. 74LS（HC）377 地址的确定

应用电路中采用 74LS139 译码器作为片选控制器件，控制端 E 参与译码连接，则可以确定两片 74LS373 在系统中的地址范围分别见表 11.11 和表 11.12。

表 11.11　U2 在图 11.11 所示系统中的地址

U2	A15	A14	A13	A12	A11	A10	A9	A8	A7	…	A0	16 进制
最低地址	0	0	0	0	0	0	0	0	0	…	0	0000H
最高地址	0	0	0	1	1	1	1	1	1	…	1	1FFFH

表 11.12　U3 在图 11.11 所示系统中的地址

U3	A15	A14	A13	A12	A11	A10	A9	A8	A7	…	A0	16 进制
最低地址	0	0	1	0	0	0	0	0	0	…	0	2000H
最高地址	0	0	1	1	1	1	1	1	1	…	1	3FFFH

这里分别取最高地址，则芯片 U2 在系统中的地址为 1FFFH，芯片 U3 在系统中的地址为 3FFFH。

图 11.11 中两片 74LS377 的时钟输入端连接在一起并通过反相器 U5 与单片机的写输出控制端 $\overline{WR}$ 相连。由于单片机的写输出信号是下降沿输出，而 74LS373 要求的时钟信号是上升沿输入，因此需要在两者之间增加反相器来完成信号逻辑的匹配。

4. 采用 C51 访问 74LS（HC）377 的方法

由于系统中扩展的 74LS377 芯片相当于系统中扩展的一个存储单元，因此，通过 74LS377 向数码管显示器输出显示数据的过程与向扩展的数据存储器写入数据的过程是一致的。

首先，通过“＃define”语句对两只数码管进行宏定义，指明每只数码管在系统中所占的地址单元，如：

```
#define LED1 XBYTE[0x1FFF]
#define LED2 XBYTE[0x3FFF]
```

然后，通过下面的 C51 赋值语句向数码管传送数据，如：

```
LED1=0x55;
LED2=table[i];
```

11.4　实训项目 7：电子秒表设计

11.4.1　要求与目标

1. 基本要求

（1）在 Proteus 环境下，设计基于 MCS－51 单片机（采用 AT89C51）的应用电路，实现电子秒表功能。

（2）要求采用六位数码管显示器作为显示器件，计时精度为 1/100s，最大计时时间为 99min99s。

（3）设置归零、启动和停止 3 个选择按键作为输入器件，当“启动”键按下后，定时器以 1/100s 精度定时；“停止”键按下后停止定时，显示最终定时时间；“归零”键按下后，定时器清零，显示器清零。

（4）要求利用 74LS（HC）377 进行 I/O 口的简单扩展来连接 6 个显示器，采用 74LS138 做译码器芯片。

（5）在 Keil μVersion 环境中编写 C51 程序，在 Proteus 中进行调试。

2. 实训目标

（1）熟练掌握 MCS－51 单片机的 I/O 口的简单扩展方法。

（2）熟练掌握 LED 数码管显示器的连接方法和字形代码的使用。

（3）熟练掌握按钮开关输入硬件电路设计方法和程序设计方法。

（4）熟练掌握中断服务程序的编写方法。

（5）熟练掌握采用 74LS377 扩展 LED 显示器的程序设计方法。

（6）熟练掌握 74LS138 译码器的使用方法。

（7）熟练掌握在 Keil μVersion3 中进行 C51 程序编辑、编译、排错和调试方法。

11.4.2　创建文件

1. 在 Proteus ISIS 中绘制原理图

（1）启动 Proteus ISIS，新建设计文件 L11 _ 1. DSN。

（2）在对象选择窗口中添加表 11.13 所列的元器件。

表 11.13　　L11 _ 1 项目所用元器件

序号	器件编号	Proteus 器件名称	器件性质	参数及说明	数量
1	U1～U3，U5～U7	74LS377	锁存器		6
2	U8	74LS138	3－8 译码器		1
3	X1	CRYSTAL	晶振	12MHz	1
4	C1、C2	CAP	瓷片电容	30pF	2
5	C3	CAP－ELEC	电解电容	1μF	1
6	R1～R4	RES	电阻	10kΩ	4
7	LED1～LED6	7SEG	数码管显示器	红色	6
8	PB1～PB3	BUTTON	按钮开关		3
9	U4	AT89C51	单片机	12MHz	1
10	U9/U10	74LS02	或非门		2

（3）在 Proteus ISIS 工作区绘制原理图并设置表 11.13 中所列各元器件参数，完整硬件电路原理图如图 11.12 所示。

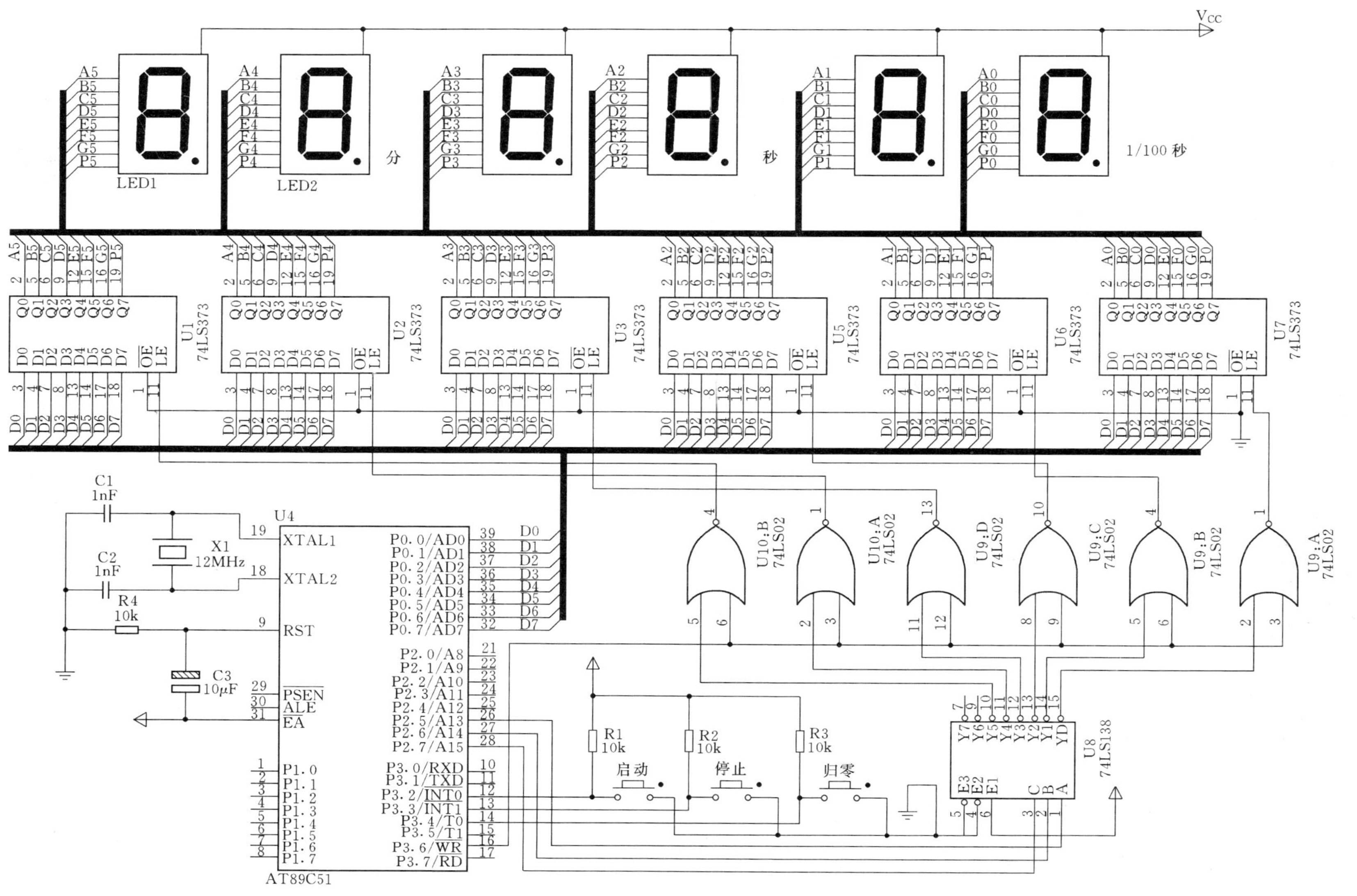

图 11.12　电子秒表原理图

2. 在 Keil μVersion 中创建项目及文件

（1）启动 Keil μVersion3，新建项目 L11 _ 1. UV2，选择 AT89C51 单片机，不加入启动代码。

（2）新建文件 L11 _ 1. C，将文件添加入到项目文件中。

11.4.3　硬件电路说明

电子秒表电路采用了单片机扩展简单 I/O 口的硬件电路，74LS373 锁存器用作显示器接口电路兼做显示驱动电路。74LS373 的输入端 D0～D7 与单片机的数据总线 P0 口相连接，每片 74LS373 连接一只共阳极数码管显示器，各片 74LS373 的输出允许端 $\overline{OE}$ 连接在一起并做接地处理，各片 74LS373 的锁存控制端 LE 既作片选控制，也作锁存控制，控制信号来自于 74LS138 译码器经或非门 74LS02 的反向输出。

这里或非门 74LS02 不仅用于满足锁存控制信号逻辑电平要求，其输入端还分别与单片机的外部数据存储器写信号（$\overline{WR}$）和 74LS138 译码器的选择输出端相连，实现锁存控制和片选功能。

如前面所述的分析方法，图 11.12 电路中各 74LS373 芯片所占据的地址范围见表 11.14。

表 11.14　　电子秒表设计 74LS373 芯片地址

序号	器件编号	Proteus 器件名称	占据地址范围	设计取值
1	U7	74LS373	0000H～1FFFH	1FFFH
2	U6	74LS373	2000H～3FFFH	3FFFH
3	U5	74LS373	4000H～5FFFH	5FFFH
4	U3	74LS373	6000H～7FFFH	7FFFH
5	U2	74LS373	8000H～9FFFH	9FFFH
6	U1	74LS373	A000H～BFFFH	BFFFH

11.4.4　软件设计说明

1. 功能的实现

设计要求达到 0.01s 的定时精度，因此，采用 MCS－51 单片机的定时计数器 T0 的工作方式 1，定时时间为 10ms。需要注意的是，这种工作方式需要在中断服务程序中用指令装载时间常数。

“启动”和“停止”键的功能通过外部中断 0 和外部中断 1 实现，这两个外部中断的核心任务就是启动和停止定时计数器 T0 工作。“归零”键连接在单片机的 P3.4 引脚上，可以采用查询法实现对“归零”键的识别和处理，“归零”键按下后，所有定时变量清零，并使显示器各位均显示“0”。

2. 软件设计

按照设计要求，电子秒表软件由预定义与初始化部分、主函数、0.01s 定时函数（定时计数器 T0 中断服务函数）、“启动”键处理函数（外部中断 0 中断服务函数）、“停止”

键处理函数（外部中断 1 中断服务函数）和“归零”键处理函数 6 个部分构成，下面分别加以介绍。

（1）预定义与初始化部分。预定义与初始化部分主要完成包含文件设置、扩展输出口定义、函数声明、变量声明和 LED 数码管显示字形代码定义等内容，具体 C51 代码如下：

```
#include "reg51.h"                          //MCS-51 资源包含文件
#include "absacc.h"                         //绝对地址定义包含文件
#define LED0 XBYTE[0x1FFF]                  //百分之一秒个位显示器地址定义
#define LED1 XBYTE[0x3FFF]                  //百分之一秒十位显示器地址定义
#define LED2 XBYTE[0x5FFF]                  //秒个位显示器地址定义
#define LED3 XBYTE[0x7FFF]                  //秒十位显示器地址定义
#define LED4 XBYTE[0x9FFF]                  //分个位显示器地址定义
#define LED5 XBYTE[0xBFFF]                  //分十位显示器地址定义
void t0ser(void);                           //定时计数器 T0 中断服务函数(百分之一秒定时)
void int0ser(void);                         //外部中断 0 服务函数(启动键)
void int1ser(void);                         //外部中断 1 服务函数(停止键)
void clear(void);                           //归零键处理函数
unsigned int time=0;                        //时间变量定义
unsigned int ssec=0;                        //百分之一秒变量
unsigned int sec=0;                         //秒变量
unsigned int min=0;                         //分变量
unsigned 15,14,13,12,11,10;                 //对应各显示位临时变量
                                            //共阳极数码管显示器字形代码
unsigned char code table[10]={0xc0,0xf9,0xa4,0xb0,0x99,0x92,0x82,0xf8,0x80,0x90};
```

（2）0.01s 定时函数（定时计数器 T0 的中断服务函数）。经过计算，0.01s 即 10ms 的定时时间常数为 0xd8f0，这一初值需要在中断返回前重新装入到定时计数器中。在 T0 中断服务程序中需要完成对 0.01s、秒和分的进位判断，同时还要在送显示前对累积的时间进行十位和个位的拆分，拆分后将相应的数据送到对应的显示器上，具体的 C51 代码如下：

```
void t0ser(void) interrupt 1 using 1        //定时计数器 T0 中断服务函数定义
{ ssec++;                                   //百分之一秒计数变量
  if (ssec>99)                              //判断是否到 1s
  {                                         //超过 1s 处理语句体开始
    ssec=0;                                 //到 1s,百分之一秒变量清零
    sec++;                                  //秒变量增 1
    if (sec>59)                             //判断是否到 1min
      {sec=0;                               //到 1 分,秒变量清零
      min++;                                //分变量增 1
      if (min>99)                           //判断是否超过 99 分
      {min=0; sec=0; ssec=0;}               //超过 99 分,全部变量清零
    }
  }                                         //超过 1s 处理语句体结束
else                                        //百分之一秒判断对应 else 语句
{                                           //1s 之内处理语句体开始
```

```
    l1=ssec/10;                          //百分之一秒十位数据求取
    l0=ssec-l1*10;                       //百分之一秒个位数据求取
    l3=sec/10;                           //秒十位数据求取
    l2=sec-l3*10;                        //秒个位数据求取
    l5=min/10;                           //分十位数据求取
    l4=min-l5*10;                        //分个位数据求取
    LED0=table[l0];                      //送百分之一秒个位显示
    LED1=table[l1];                      //送百分之一秒十位显示
    LED2=table[l2];                      //送秒个位显示
    LED3=table[l3];                      //送秒十位显示
    LED4=table[l4];                      //送分个位显示
    LED5=table[l5];                      //送分十位显示
    TH0=0xd8;                            //重装常数高8位
    TL0=0xf0;                            //重装常数低8位
  }                                      //1s之内处理语句体结束
}                                        //T0中断服务函数结束,中断返回
```

（3）“启动”、“停止”键处理函数（外部中断 0 和 1 的中断服务函数）。“启动”和“停止”键分别连接于单片机的外部中断 0 和外部中断 1 引脚上，键未按下时，引脚处于高电平状态，键按下时，引脚上会产生一个由高到低的电平跳变，利用该跳变完成外部中断 0 或外部中断 1 中断请求。

为了保证按键一次按下不会产生多次中断的现象，在主函数初始化部分将外部中断 0 和外部中断 1 的触发方式设置为下降沿触发形式。

“启动”和“停止”键的功能很简单，“启动”键按下，程序通过控制定时计数器 T0 的运行位 TR0，使 TR0=1，将定时计数器 T0 启动起来。相应地，“停止”键按下，程序通过控制定时计数器 T0 的运行位 TR0，使 TR0=0，使定时计数器 T0 停止定时。C51 参考代码如下：

```
void int0ser(void) interrupt 0           //外部中断0中断服务函数定义
{                                        //外部中断0中断服务函数开始
  TR0=1;                                 //启动定时计数器T0
}                                        //外部中断0中断服务函数结束
void int1ser(void) interrupt 2           //外部中断1中断服务函数定义
{                                        //外部中断1中断服务函数开始
  TR0=0;                                 //停止定时计数器T0
}                                        //外部中断1中断服务函数结束
```

（4）“归零”键处理函数。“归零”键的功能是：当计时停止后按下该键，定时时间归零并送出显示，C51 参考代码如下：

```
void clear(void)                         //外部中断0中断服务函数定义
{ ssec=0;                                //百分之一秒变量清零
  sec=0;                                 //秒变量清零
  min=0;                                 //分变量清零
  LED0=table[0];                         //百分之一秒个位显示器清零
```

```
  LED1=table[0];                              //百分之一秒十位显示器清零
  LED2=table[0];                              //秒个位显示器清零
  LED3=table[0];                              //秒十位显示器清零
  LED4=table[0];                              //分个位显示器清零
  LED5=table[0];                              //分十位显示器清零
}                                             //清零函数结束
```

（5）主函数。主函数主要完成系统的初始化，主要包括中断的开放与禁止、定时计数器工作方式的设定、定时计数器初值的装载等。在本实训项目中，“归零”的检测需要安排在主函数中完成，也就是说，主函数要不断地检测“归零”键是否在定时计数器停止后被按下，一旦按下，将调用归零函数 clear（ ）完成定时计数器的归零操作。主函数的 C51 参考代码如下：

```
main( )                                       //主函数
{                                             //主函数开始
    TMOD=0x01;                                //定时计数器 T0 设置为方式 1，16 位定时器方式
    TH0=0xd8;                                 //百分之一秒即 10ms 定时时间常数高 8 位装载
    TL0=0xf0;                                 //百分之一秒即 10ms 定时时间常数低 8 位装载
    EX0=1;                                    //开外部中断 0
    EX1=1;                                    //开外部中断 1
    IT0=1;                                    //外部中断 0 设置为边沿触发方式
    IT1=1;                                    //外部中断 1 设置为边沿触发方式
    ET0=1;                                    //开定时计数器 T0 中断
    EA=1;                                     //开总中断
    ssec=0;                                   //百分之一秒变量清零
    sec=0;                                    //秒变量清零
    min=0;                                    //分变量清零
    LED0=table[0];                            //百分之一秒显示器个位显示 0；
    LED1=table[0];                            //百分之一秒显示器十位显示 0；
    LED2=table[0];                            //秒显示器个位显示 0；
    LED3=table[0];                            //秒显示器十位显示 0；
    LED4=table[0];                            //分显示器个位显示 0；
    LED5=table[0];                            //分显示器十位显示 0；
    while(1)                                  //进入 while 无限循环
    {                                         //while 循环开始
    if((P3_4==0)&&(TR0==0))                   //判断“归零”键是否在 T0 停止状态下被按下
    { clear( ); }                             //“归零”键按下，调用清零函数
  }                                           //while 循环结束
}                                             //主函数结束
```

11.4.5 编译及仿真运行

将编译生成的 L11 _ 1. HEX 加载至 Proteus 的单片机中，选择仿真运行，操作 3 个按键，看看你亲手设计的电子秒表与你的预期效果是否一致。

第 12 章　显示接口技术及其应用

12.1　常 用 显 示 器 件

显示输出是智能化仪器仪表的人机交互功能之一。智能化仪器仪表中常用的显示器件包括发光二极管（LED）系列显示器、液晶（LCD）系列显示器和触摸屏显示器等。

12.1.1　常用 LED 显示器

LED 显示器是智能化仪器仪表中普遍采用的显示器件。LED 显示器具有工作电压低、功耗小、工作温度范围宽、寿命长、亮度高、成本低、接口简单等优点。在智能化仪器仪表中常用的 LED 显示器件包括 LED 指示灯、LED 数码管、LED 光柱和 LED 点阵等，前面我们已经介绍了单个 LED 和 LED 数码管显示器的工作原理和驱动方法，并在实训项目中进行了应用，这里仅就 LED 光柱和 LED 点阵显示器加以介绍。

1. LED 光柱显示器

利用 LED 芯片制作成的模拟条图，国内一般统称为 LED 光柱显示器，国外则命名为 Ber Graph（条形），即光棒。LED 光柱的模拟条图是仪表指针的优先更新换代产品，有其特殊的优越性。一是光柱自身发光，清晰醒目，便于远距离观察；二是光柱本身无机械传动部分，抗过载、抗振动性能好；三是光柱通过芯片矩阵排列，线性化处理，能精确示值，读数正确；四是 LED 光柱的平均无故障工作时间达 5 万 h 左右。因此，LED 光柱显示器在各类显示仪表盘上得到了广泛的应用。图 12.1 是常用 LED 光柱显示器实物照片。

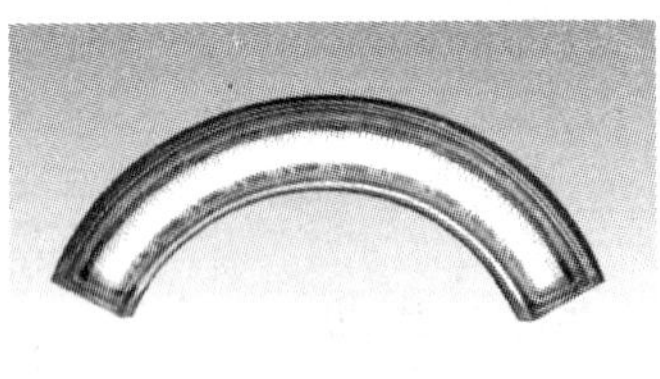
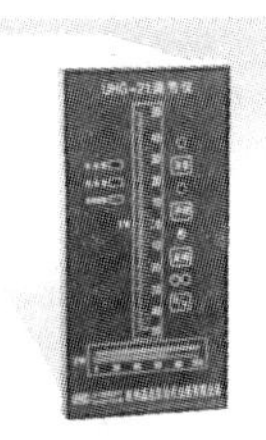
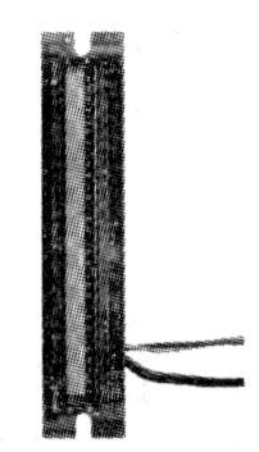

图 12.1　常用 LED 光柱显示器

LED 光柱显示器是多只 LED 的组合，是由一串发光或不发光的点（条）状 LED 排成长条（直线或圆弧状）组成。一般还配有刻度标尺和数字显示器，发光点在标尺上的位置反映被测量的大小。显示方式既可以用点方式，也可以用条方式。点显示方式下，只显示参考点和被测量值点；条显示方式下，显示点至被测量值点的所有点。

LED 光柱显示器中的若干 LED 管芯按规定长度等距排列，具有红、绿、橙、黄等不同颜色。一般有 128 线、101 线（或 100 线），64 线、51 线等规格，线数为所含 LED 个

数，其中一个 LED（如第 101 线、第 51 线等）一般用于电源指示，也可以作其他用途或不用，其他 LED 一般组成×8 或×10 结构，采用行列扫描方式以节省资源。如，100 线有 10×10 结构和 8×13 结构。线间距有 1mm、0.9mm、0.75mm 等，有共阴极和共阳极之分。在使用中，除了购买成品外，也可根据需要自行设计 LED 光柱显示器颜色、布局、形状等。

2. LED 点阵显示器

单只 LED 只能对状态加以指示，七段 LED 数码管只能显示数字和一些简单的字符，无法显示汉字，因而限制了它的应用范围。点阵式 LED 显示器克服了这个缺点，具有较大的灵活性，它不仅可以显示数字和字符，还可以显示汉字和图形、图像等信息。同时，通过单个 LED 点阵块的拼接可以构成各种尺寸的 LED 点阵屏，这类产品在交通信号灯、大屏幕广告屏等方面得到了广泛的应用。目前世界上最大的 LED 显示屏坐落在中国苏州圆融时代广场，显示屏全长 500m、宽 32m，整个显示屏由 2000 多万只超高亮度的 LED 灯组成，耗资数亿元。图 12.2 是单色 8×8 LED 点阵块实物照片和内部结构示意图。

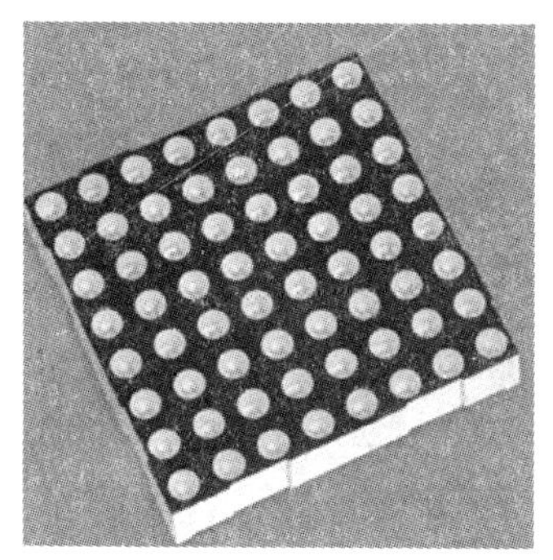

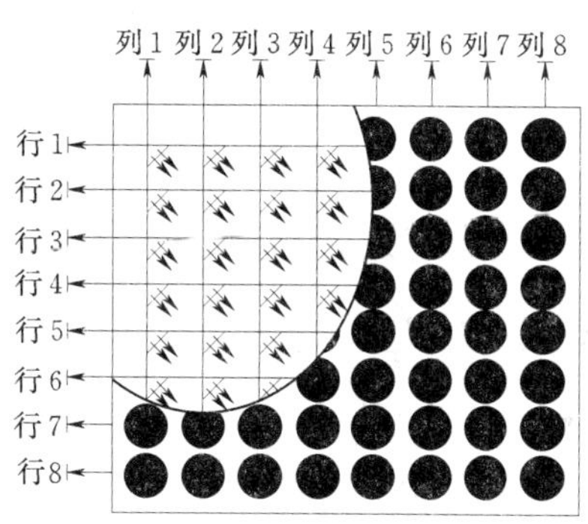

图 12.2　LED 点阵实物照片及内部结构示意图

LED 点阵是将多个 LED 以矩阵方式排列成为一个组合器件，其中各 LED 引脚有规律地连接，图 12.3 所示为 8×8 共阳极点阵电路结构。

对于共阳极 8×8 LED 点阵而言，每行 LED 的阳极连接在一起，即为行引脚；而每列 LED 的阴极连接在一起，即为列引脚。共阳极与共阴极的区分主要是看使用时是站在行的角度考虑还是站在列的角度来考虑。例如若要点亮第 4 行第 5 列的 LED，对于共阳极 LED 点阵，则需要在第 4 行引脚上加高电平“1”，在第 5 列引脚上加低电平“0”，这样才能形成一个电流回路，该 LED 才能被点亮。如果是共阴极的 LED 点阵，则所需要的高低电平正好相反。通过 LED 的内部结构，我们会发现，在任何时刻只有一行或者一列的 LED 可能会被点亮，如果要显示文字等信息，就需要快速地切换被点亮的 LED，利用人眼的“视觉滞留”现象，才可能看到稳定显示的文字信息，这一点非常重要，因为不论多大的 LED 点阵屏都是基于这一原理来工作的。

LED 点阵显示器除了有共阳极和共阴极之分外，还有颜色之分，也就是点阵内部 LED 发光颜色。如果内部 LED 只能发一种颜色的光，我们称其为单基色显示器；如果内部 LED 能够发出多种颜色的光，我们称其为复合基色显示器。根据需要可以选择单基色 LED 显示器，如红色、绿色、黄色、蓝色、白色等，也可以选择复合基色 LED 显示器，

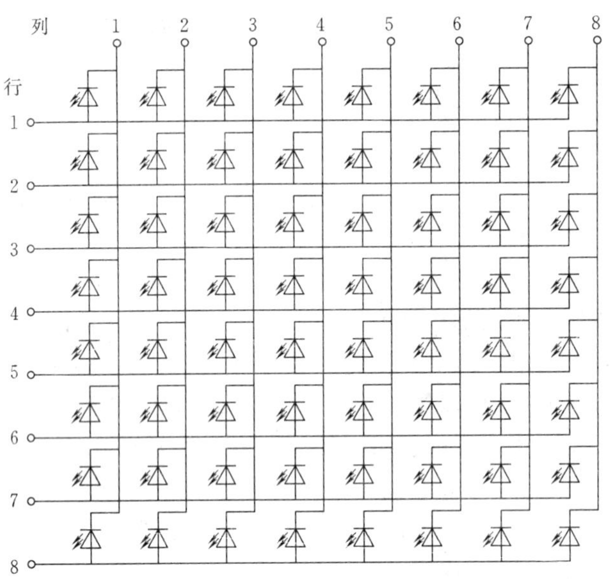

图 12.3　8×8 LED 点阵内部结构

如红黄复合、红绿黄复合或者红绿蓝复合的 LED 点阵显示器。我们经常看到的色彩绚丽的各类 LED 大屏幕显示屏就是由红绿蓝复合色 LED 点阵显示器拼接而成的。

12.1.2　常用 LCD 显示器

近年来，液晶显示器（LCD）以其功耗低、体积小、寿命长、显示信息量大等特点在智能化仪器仪表中得到了广泛的应用，尤其是在电池供电的便携式仪器仪表中几乎成为必选的显示器件。

LCD 的构造是在两片平行的玻璃当中放置液态的晶体，两片玻璃中间有许多垂直和水平的细小导线，透过通电与否来控制杆状水晶分子改变方向，将光线折射出来产生画面。

在仪器仪表中常用的 LCD 显示器按其显示内容分类，可分为字段式 LCD、点阵字符式 LCD 和点阵图形式 LCD 三种。

12.1.2.1　字段式 LCD 显示器

字段式 LCD 显示器以七段显示最为常用，也包括为专用液晶显示器设计的固定图形及固定汉字等，如图 12.4 所示。

图 12.4　字段式 LCD 显示器

按照驱动方式，LCD 字段式显示器可以分为静态驱动和动态驱动两种，主要取决于 LCD 显示器电极引线的引出和排列方式。引线电极排列不同，驱动方式也就不同，这一

点在使用时一定要加以注意。在仪器仪表中也可以选用各类液晶显示器模块，以缩短显示环节的研发周期。

12.1.2.2 点阵字符式 LCD 显示器

点阵字符式 LCD 显示器一般都配有独立的显示控制电路，构成 LCD 显示模块。显示模块由液晶显示器、驱动器和控制器组成，其内部集成有字符发生器和数据存储器，能够接收微处理器的命令和控制信号，产生驱动 LCD 的时序脉冲，控制 LCD 的工作状态，管理 LCD 的显示存储器。LCD 字符显示器能够显示单行或多行的字符和少量汉字信息，一般每行可显示 8 个、16 个、24 个、32 个或 40 个字符，图 12.5 所示为典型的点阵字符式 LCD 显示器。

图 12.5 点阵字符式 LCD 显示器

12.1.2.3 点阵图形式 LCD 显示器

点阵图形式 LCD 显示器除可显示字符外，还可显示各种表格、曲线等图形信息，显示自由度大，常见的模块有 80×32、640×480 点阵等，可以根据系统需要进行选择，图 12.6 所示为 LCD 点阵图形显示器。

图 12.6 LCD 点阵图形式显示器

12.1.3 触摸屏显示器

触摸屏显示器是近几年发展起来的用在中、高档智能化仪器仪表上的显示器。触摸屏显示器技术是一种新型的人机交互输入技术，与传统的键盘和鼠标输入方式相比，触摸屏输入更直观。配合识别软件，触摸屏还可以实现手写输入。触摸屏由安装在显示器屏幕前面的检测部件和触摸屏控制器组成。当手指或其他物体触摸安装在显示器前端的触摸屏时，所触摸的位置由触摸屏控制器检测，并通过接口（如 RS-232 串行口）送到主机。

根据触摸屏显示器所用的介质以及工作原理不同，可以分为电阻式、电容式、红外线式和表面声波式四种。

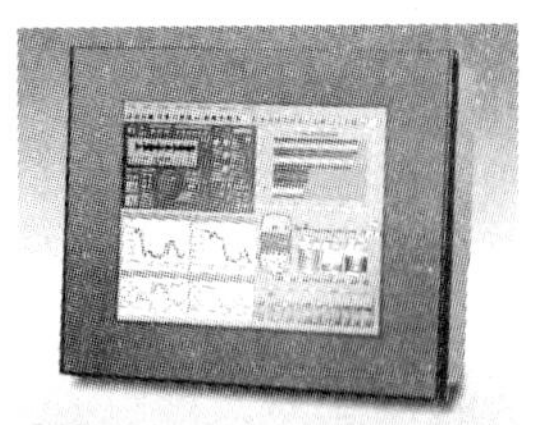

图 12.7　触摸屏显示器及其产品

12.1.3.1　电阻式触摸屏

电阻式触摸屏是一种传感器，它将矩形区域中触摸点（X，Y）的物理位置转换为代表 X 坐标和 Y 坐标的电压。很多 LCD 模块都采用了电阻式触摸屏，这种屏幕可以用四线、五线、七线或八线来产生屏幕偏置电压，同时读回触摸点的电压。电阻式触摸屏基本上是薄膜加上玻璃的结构，薄膜和玻璃相邻的一面上均涂有 ITO（纳米铟锡金属氧化物）涂层，ITO 具有很好的导电性和透明性。当触摸操作时，薄膜下层的 ITO 会接触到玻璃上层的 ITO，经由感应器传出相应的电信号，经过转换电路送到处理器，通过运算转化为屏幕上的 X、Y 值，而完成点选的动作，并呈现在屏幕上，图 12.8 是电阻式触摸屏的原理示意图。

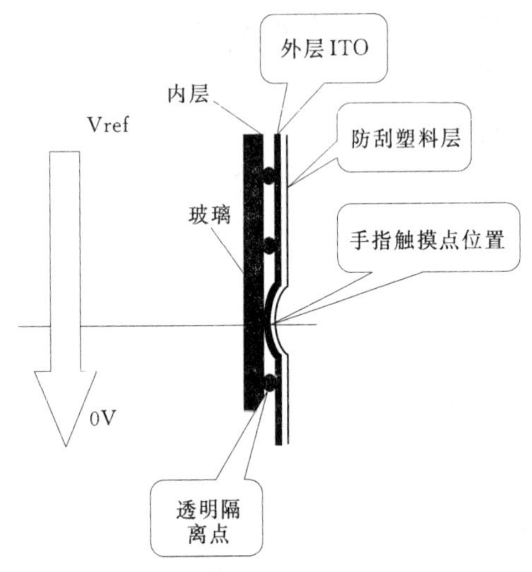

图 12.8　电阻式触摸屏原理示意

电阻式触摸屏的优点是它的屏和控制系统都比较便宜，反应灵敏度也很好，而且不管是四线电阻触摸屏还是五线电阻触摸屏，它们都是一种对外界完全隔离的工作环境，不怕灰尘和水汽，能适应各种恶劣的环境。可以用任何物体来触摸屏幕，稳定性能较好。电阻触摸屏的缺点是外层薄膜容易被划伤导致触摸屏不可用，多层结构会导致很大的光损失，对于手持设备通常需要加大背光源来弥补透光性不好的问题，但这样也会增加电池的消耗。

12.1.3.2　电容式触摸屏

电容式触摸屏的基本工作原理如图 12.9 所示。电容式触摸屏的构造主要是在玻璃屏幕上镀一层透明的薄膜层，再在导体层外加上一块保护玻璃，双玻璃设计能彻底保护导体层及感应器。

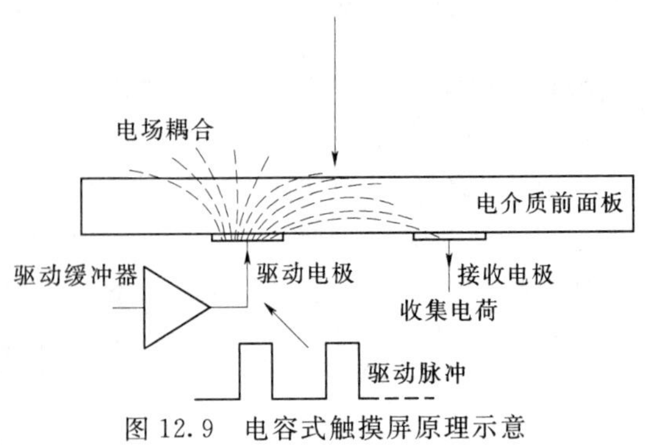

图 12.9　电容式触摸屏原理示意

电容式触摸屏在触摸屏四边均镀上狭长的电极，在导电体内形成一个低电压交流电场。当触摸屏幕时，由于人体电场，

手指与导体层间会形成一个耦合电容，四边电极发出的电流会流向触点，而电流强弱与手指到电极的距离成正比，位于触摸屏幕后的控制器便会计算电流的比例及强弱，准确算出触摸点的位置。电容触摸屏的双玻璃不但能保护导体及感应器，更能有效地防止外在环境因素对触摸屏造成影响，屏幕即使沾有污秽、尘埃或油渍，电容式触摸屏依然能准确算出触摸位置。

电容式触摸屏的透光率和清晰度优于四线电阻屏，当然还不能和表面声波屏和五线电阻屏相比。电容屏反光严重，而且电容技术的四层复合触摸屏对各种波长光的透光率不均匀，存在色彩失真的问题，由于光线在各层间的反射，还会造成图像字符的模糊。

由于电容随温度、湿度或接地情况的不同而变化，故其稳定性较差，往往会产生漂移现象。这种触摸屏一般适用于系统开发的调试阶段。

12.1.3.3　红外线式触摸屏

红外线触摸屏原理很简单，只是在显示器上加上光点距框架，无需在屏幕表面加上涂层或连接控制器。光点距框架的四边排列了红外线发射管及接收管，在屏幕表面形成一个红外线网。用手指触摸屏幕上某一点，便会挡住经过该位置的横竖两条红外线，计算机便可即时算出触摸点位置，图12.10是红外线式触摸屏结构示意图。

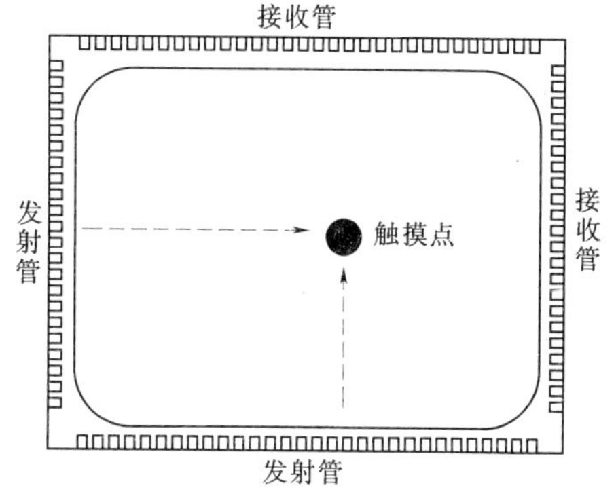

图12.10　红外线式触摸屏结构示意

红外触摸屏不受电流、电压和静电干扰，适宜某些恶劣的环境条件，其主要优点是价格低廉、安装方便、不需要卡或其他任何控制器，可以用在各档次的智能化仪器仪表和计算机上。

红外线触摸屏应用初期，由于技术原因，存在分辨率低、触摸方式受限制和易受环境干扰而误动作等缺陷，因而曾一度淡出市场。第二代红外线触摸屏解决了抗光干扰的问题。第三代和第四代在提升分辨率和稳定性能上有所改进。目前的第五代红外线触摸屏是全新一代的智能技术产品，它实现了1000×720的高分辨率、多层次自调节和自恢复的硬件适应能力和高度智能化的判别、识别，可长时间在各种恶劣环境下任意使用，并且可针对用户定制扩充功能，如网络控制、声感应、人体接近感应、用户软件加密保护、红外数据传输等功能。

12.2　LED数码管显示器接口设计

12.2.1　静态显示与动态显示

在智能化仪器仪表中，通常需要多位七段或八段式LED数码管显示器联合起来显示

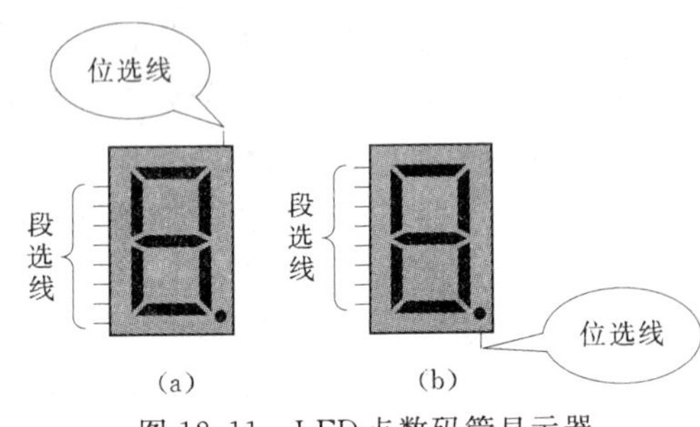

图 12.11　LED 点数码管显示器
(a) 共阳极型；(b) 共阴极型

系统参数。我们将每一位 LED 数码管显示器的公共端（阴极或阳极）引脚称为“位选”线，而把每一位的 a、b、c、d、e、f、g、dp 各段引脚称为“段选”线，如图 12.11 所示。显然，位选线用来选择所需的 LED 数码管显示器，而段选线用来控制该显示器所显示的内容。

在智能化仪器仪表中，显示器的显示方式通常有静态显示和动态显示两种。

12.2.1.1　静态显示

所谓静态显示，就是每一个显示器都要占用单独的具有独立锁存功能的 I/O 接口用于送出字形代码。微处理器只要把要显示的字形代码发送到接口电路，就可以将要显示的信息显示出来，直到要更新显示数据时，再发送新的字形代码。前面各章的示例都是采用的静态显示方式。采用静态显示方式，CPU 的开销小，程序编写简单，但硬件电路稍显复杂。

12.2.1.2　动态显示

与静态显示不同，动态显示技术让不同的 LED 数码管分时点亮。即某一个 LED 数码管的字形码从微处理器的一个 I/O 口输出，通过微处理器选通该数码管，让这个数码管显示自己的字符几个毫秒，然后将下一个数码管要显示内容的字形码从微处理器的同一个 I/O 口输出，通过微处理器选通下一个数码管，让下一个数码管显示自己的字符几个毫秒，此时前一个数码管处于熄灭状态，依次循环。由于人眼在观察物体时存在视觉滞留现象，当传送显示信息的速度足够快时，人们观察到的最后效果是每一个数码管都在稳定地显示自己的内容，这就像放电影一样，电影胶片的每一幅都是静止的图像，当每秒钟播放静止图像数量达到 24 幅以上时，人们看到的就是连续动作的电影了。

动态显示的最大优点是硬件开销小，接口电路简单，但这种方式要求微处理器频繁地为显示服务，软件开销较大。

12.2.2　动态显示的实现

本小节通过设计一个简易频率计说明 LED 数码管显示器动态显示电路接口方法和动态扫描程序的设计方法，简易频率计的硬件电路如图 12.12 所示。

12.2.2.1　硬件电路设计

简易频率计的核心是 AT89C51 微处理器，频率源来自于 Proteus 中的信号发生器，信号发生器的输出连接到 AT89C51 定时计数器 T1 外部引脚上，通过对外部信号的计数计算频率，并将结果显示在四位 LED 数码管显示器上。

显示器采用 Proteus 中的 7SEG－MPX4－CA 共阳极型 4 位连体 LED 数码管显示器。4 位显示器的相应段选线分别连接在一起，引出公共段选线 A、B、C、D、E、F、G 和 DP。位选线以 1、2、3 和 4 的形式引出，位控由 PNP 型三极管 9012 来完成，三极管的

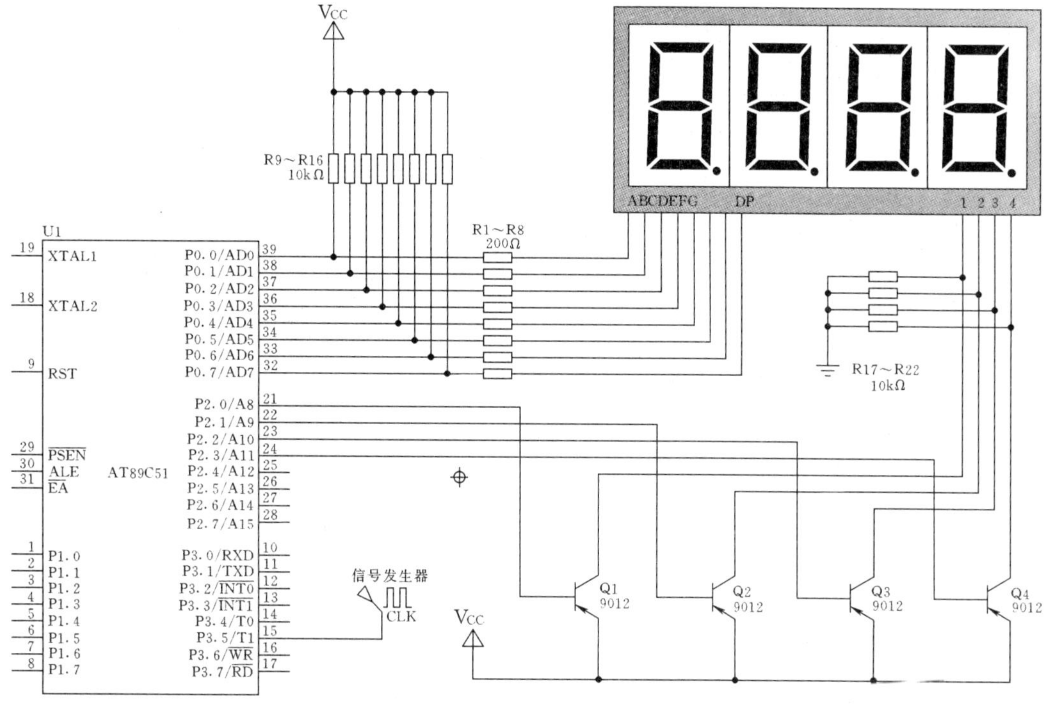

图 12.12 简易频率计硬件电路

基极分别连接到 AT89C51 的 P2.0～P2.3 上，由 AT89C51 控制位选通。段选通过 200Ω 限流电阻 R1～R8 与 AT89C51 的 P0 口连接，电阻 R9～R16 为 P0 口的上拉电阻（想想为什么要加上拉电阻），电阻 R17～R22 为位选线上的下拉电阻。

12.2.2.2 软件设计

简易频率计的软件主要包括两部分：一是外部脉冲信号计数的实现；二是计数结果动态显示的实现。

（1）频率测量的实现。外部信号频率的测量可以通过两个途径实现：一种方法是测量外部脉冲信号的周期，然后对周期取倒数；另一种方法是直接对外部脉冲信号进行计数，1s 内所计脉冲信号的个数也就是信号的频率，这里采用第二种方法。

将 AT89C51 的定时计数器 T1 设置为 16 位计数器方式（方式 1），对外部信号发生器输出的脉冲信号进行计数。将定时计数器 T0 设置成定时方式，通过前面使用的定时时间扩展方法，设计一个 1s 的定时器，每秒钟到时读取 T1 的值，将结果赋给显示变量。这里取 T0 的定时时间为 50ms，采用 12MHz 晶振时的时间常数为 0x3cb0，这样 T0 每中断 20 次为 1s，频率测量软件流程如图 12.13 所示。

（2）测量结果动态显示的实现。测量结果的动态显示放在主程序的无限循环中，为了降低闪烁和提高显示亮度，将动态显示设计成每秒钟显示 25 次，即每 50ms 向 4 位显示器送一次显示数据，送到每位显示器上的数据停留 10ms，具体流程如图 12.14 所示。

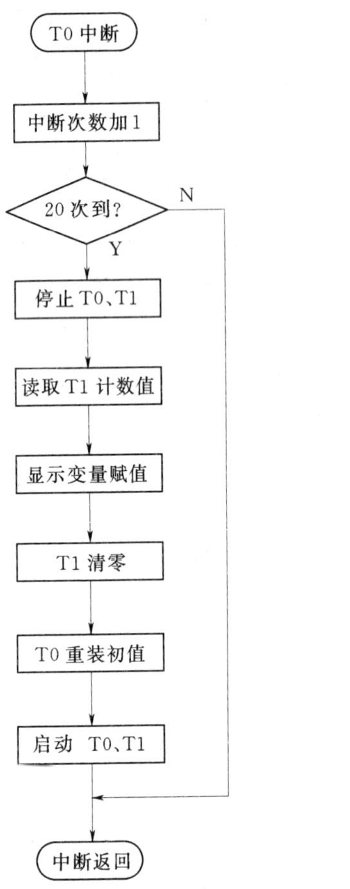

图 12.13　频率测量软件流程

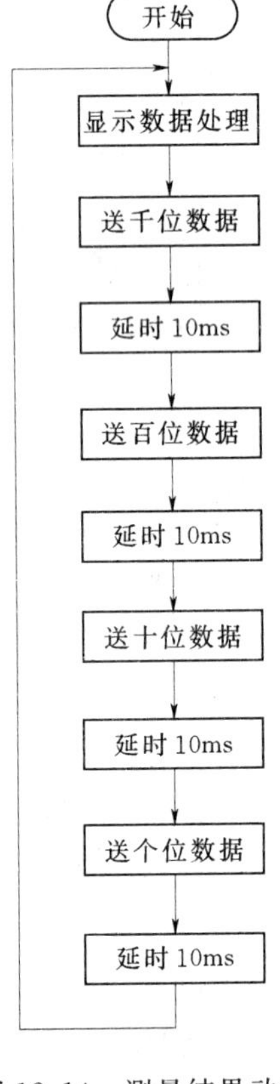

图 12.14　测量结果动态显示软件流程

12.2.2.3　软件清单及注释

```
#include "reg51.h"                              //包含文件
#include "absacc.h"
#include "intrins.h"
unsigned char code table[10]={0xc0,0xf9,0xa4,0xb0,0x99,
                              0x92,0x82,0xf8,0x80,0x90};   //字形代码表
int counter=0;                                  //中断计数变量
unsigned char QW=0;                             //显示千位变量
unsigned char BW=0;                             //显示百位变量
unsigned char SW=0;                             //显示十位变量
unsigned char GW=0;                             //显示个位变量
unsigned int frequency=0;                       //计数值变量
void t0ser(void);                               //T0 中断服务函数声明
void DelayXms(unsigned int);                    //Xms 延时函数声明
void Delay1ms(void);                            //1ms 延时函数声明
```

```
void Display(void);                          //显示函数声明
void DataProcess(void);                      //数据处理函数声明
/*****************************************************************************/
main( )                                      //主函数
{ EA=1;                                      //开总中断
  ET0=1;                                     //开 T0 中断
  TMOD=0x51;                                 //T0 置定时器方式 1,T1 置计数器方式 1
  TH0=0x3c;                                  //50ms 定时初值高 8 位
  TL0=0xb0;                                  //50ms 定时初值低 8 位
  TH1=0x00;                                  //计数器 T1 高 8 为清零
  TL1=0x00;                                  //计数器 T1 低 8 为清零
  TR0=1;                                     //启动 T0 开始定时
  TR1=1;                                     //启动 T1 开始计数
while(1)                                     //进入无限循环
{ DataProcess();                             //数据处理函数调用
  Display(); }}                              //显示函数调用
/*****************************************************************************/
void DataProcess(void)                       //数据处理函数定义
{ QW=frequency/1000;                         //显示千位变量
  BW=(frequency-QW*1000)/100;                //显示百位变量
  SW=(frequency-QW*1000-BW*100)/10;          //显示十位变量
  GW=frequency-QW*1000-BW*100-SW*10;}        //显示个位变量
/*****************************************************************************/
void Display(void)                           //显示函数定义
{ P2_0=0;                                    //选中千位显示器
  P0=table[QW];                              //送出千位数字段码
  DelayXms(5);                               //延时 5ms
  P2=0xff;                                   //关闭显示器
  P2_1=0;                                    //选中百位显示器
  P0=table[BW];                              //送出百位数字段码
  DelayXms(5);                               //延时 5ms
  P2=0xff;                                   //关闭显示器
  P2_2=0;                                    //选中十位显示器
  P0=table[SW];                              //送出十位数字段码
  DelayXms(5);                               //延时 5ms
  P2=0xff;                                   //关闭显示器
  P2_3=0;                                    //选中个位显示器
  P0=table[GW];                              //送出个位数字段码
  DelayXms(5);                               //延时 5ms
  P2=0xff;                                   //关闭显示器
  DelayXms(5); }                             //延时 5ms
/*****************************************************************************/
void t0ser(void) interrupt 1 using 1         //T0 中断服务函数定义
{ counter++;                                 //中断次数计数器加 1
```

```
  if(counter<20)                          //中断次数小于 20,即不到 1s
    {TH0=0x3c;                            //重置 T0 时间常数高 8 位
    TL0=0xb0;}                            //重置 T0 时间常数低 8 位
else                                      //中断次数达到 20 次后执行 else 后语句体
    {TR0=0;                               //中断次数达到 20 次,停止 T0
    TR1=0;                                //停止 T1
    frequency=TH1*256+TL1;                //计算频率
    TH1=0;                                //清 T1 高 8 位
    TL1=0;                                //清 T1 低 8 位
    TH0=0x3c;                             //重置 T0 时间常数高 8 位
    TL0=0xb0;                             //重置 T0 时间常数低 8 位
    counter=0;                            //中断次数计数器清零
    TR1=1;                                //启动 T1 开始重新计数
    TR0=1;}}                              //启动 T0 开始 1s 定时
/*********************************************************************************/
void DelayXms(unsigned int ms)            //任意毫秒延时函数
{ unsigned int k;                         //变量定义
for(k=0;k<ms;k++)                         //循环
    {Delay1ms();}}                        //1ms 延时函数调用
void Delay1ms(void)                       //1ms 延时函数定义
{ unsigned char i;                        //变量定义
for(i=0;i<=140;i++)                       //循环
      {_nop_();}}                         //空操作函数调用
```

12.2.3 设计 LED 显示器接口注意事项

LED 显示器具有接口简单、亮度高、成本低廉等特点，在数字化仪表中得到广泛应用。但是，由于 LED 显示器的自身特点，在设计 LED 显示器接口电路或者在仪器仪表的维修中也需要注意以下几点。

12.2.3.1 驱动电路设计

LED 显示器是电流型器件，其工作电流一般为 2～20mA。有些微处理器不能直接提供驱动电流，需要单独设计驱动电路。驱动电路可以采用三极管电路、门电路等，也可以采用专用驱动集成电路芯片，如曾经使用的 ULN2803 等，使用时还必须加限流电阻。

12.2.3.2 器件类型的选择

LED 数码管显示器有共阴极接法和共阳极接法之分，可以根据需要进行选择，在维修和更换 LED 数码管显示器时应注意，不要搞错。

12.2.3.3 显示方式的选择

前面介绍了 LED 数码管显示器的两种显示方式，对于采用锁存器的静态显示方式，各数码管能同时显示不同的内容，显示亮度高且占用微处理器的时间短，但硬件开销大，接口也比较复杂；动态显示方式硬件开销小，接口简单，但只能分时显示，显示质量不高，存在闪烁现象，占用微处理器时间长。设计时应根据具体情况合理选择。

12.2.3.4 动态显示方式扫描周期的选择

动态显示通常采用扫描法，即使每位显示器依次轮流显示，扫描频率对显示质量有很大的关系，一般取25Hz以上，扫描频率越高，闪烁越小，亮度越高，但是，显示频率过高往往造成微处理器的负担过重。设计时应根据LED显示器的位数及其特性而定，尤其在具有多位LED数码管显示器的系统中更应注意此问题。

12.3 LCD字符显示器接口设计

字符型液晶显示器是中、低档智能化仪器仪表首选显示器件。目前用得较多的是字符型液晶显示模块，液晶显示模块具有专用的液晶显示控制电路和存储单元，采用显示模块作为显示器件具有接口简单、软件设计容易的特点。这里以目前使用较多的长沙太阳人科技有限公司产品SMC2004A字符型液晶显示器为例来说明字符型液晶显示器接口设计方法，同时，给出针对该类显示器的程序代码。

12.3.1 SMC2004A字符型液晶显示模块

12.3.1.1 SMC2004A模块简介

SMC2004A是标准字符点阵型液晶显示模块，可显示4行×20个西文字符，显示器外观与尺寸如图12.15所示。

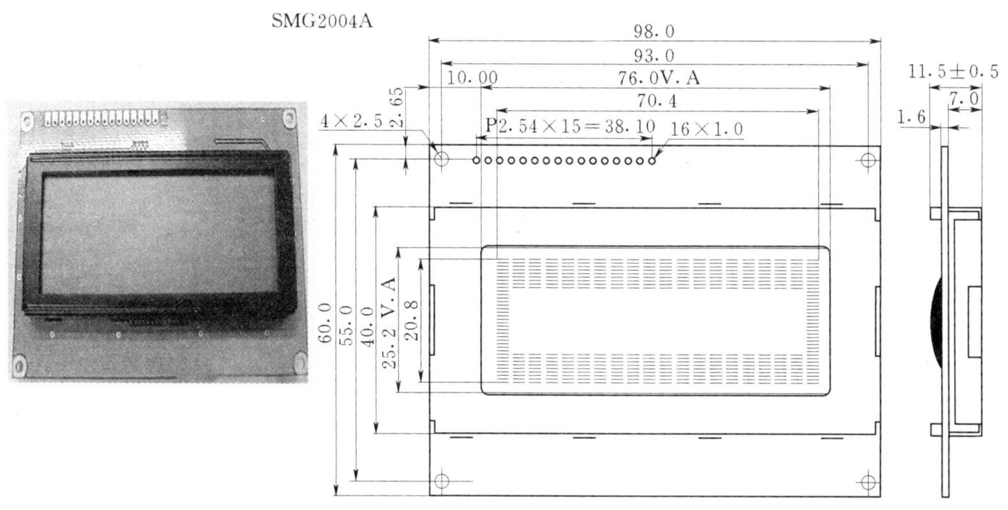

图12.15 SMC2004A字符型液晶显示器

SMC2004A液晶显示模块内置有HD44780专用液晶显示控制器，可与各类微处理器直接连接，广泛应用于各类仪器仪表及电子设备中。SMC2004A主要技术参数如下。

- 显示容量：16×4个字符
- 芯片工作电压：4.8～5.2V
- 工作电流：2.0mA（5.0V电压下）
- 模块最佳工作电压：5.0V

- 工作温度：0～+50℃
- 字符尺寸：2.95mm（宽）×4.75mm（高）
- 背光电流：80mA

12.3.1.2　SMC2004A 接口信号

SMC2004A 共有 16 个控制信号，各信号具体功能见表 12.1。

表 12.1　SMC2004A 接口信号

序号	符号	信号说明	序号	符号	信号说明
1	VSS	电源地	9	D2	数据位 2
2	VDD	正电源	10	D3	数据位 3
3	VEE	LCD 偏压	11	D4	数据位 4
4	RS	数据/命令选择信号	12	D5	数据位 5
5	R/W	读/写控制信号	13	D6	数据位 6
6	E	使能信号	14	D7	数据位 7
7	D0	数据位 0	15	BLA	背光源正
8	D1	数据位 1	16	BLK	背光源负

12.3.1.3　SMC2004A 内部存储器组织

模块内部集成了字符发生存储器、显示数据存储器、指令寄存器等存储单元，通过对这些存储器的访问可以实现字符信息的显示。

1. 字符发生存储器

字符发生器是一组 ROM 存储器，在其内部已经固化好常用的字符字库。通过软件写入某个字符的字符代码，模块内部的控制器就会将它作为字符库的地址，把该字符输出到显示器上（表 12.2），英文字母 A 的代码高 4 位为 0100（即 16 进制的 4），代码低 4 位为 0001（即 16 进制的 1），高位和低位组合后，字母 A 的字符代码为 41H（16 进制）。

表 12.2　SMC2004A 字符代码与字符的对应关系

高 4 位 / 低 4 位	0000	0001	0010	0011	0100	0101	0110	0111	1010	1011	1100	1101	1110	1111
xxxx0000	(1)			0	@	P	\	p		ー	チ	三	α	P
xxxx0001	(2)		!	1	A	Q	a	q	□	ァ	タ	ム	ä	q
xxxx0010	(3)		"	2	B	R	b	r	」	イ	川	メ	β	θ
xxxx0011	(4)		#	3	C	S	c	s	\	ウ	ラ	モ	ε	∞
xxxx0100	(5)		$	4	D	T	d	t	□	エ	ト	ヤ	μ	Ω
xxxx0101	(6)		%	5	E	U	e	u	テ	オ	ナ	ユ	B	0
xxxx0110	(7)		&	6	F	V	f	v	イ	カ	二	ヨ	P	Σ
xxxx0111	(8)		'	7	G	W	g	w		キ	ヌ	ラ	g	π
xxxx1000	(1)		(	8	H	X	H	x		グ	ネ			
xxxx1001	(2)		)	9	I	Y	I	Y						
xxxx1010	(3)		*	:	J	Z	J	Z						
xxxx1011	(4)		+	;	K	[	K	(						
xxxx1100	(5)		,	<	L	¥	L	|						
xxxx1101	(6)		—	=	M	]	M	)						
xxxx1110	(7)		.	>	N	^	N	→						
xxxx1111	(8)		/	?	O	_	O	←						

2. 显示数据存储器

显示数据存储器用于存放LCD当前要显示的数据，其容量为80×8位（即80字节）。数据存储器中的每个存储单元对应LCD显示屏上的相应显示字符位，图12.16是LCD显示屏各字符位所对应的内部显示数据存储器地址。用户只要将对应单元写入要显示的字符代码，LCD屏在内部控制电路的控制下就会在指定位置上显示出相应的字符。例如，若要在显示屏上第二行第三个字符位置显示字母“A”，则只要将字母“A”的字符代码“41H”写入显示存储器17H单元即可，需要注意的是，存储地址要在实际地址基础上加上80H，这是模块内部所规定的。

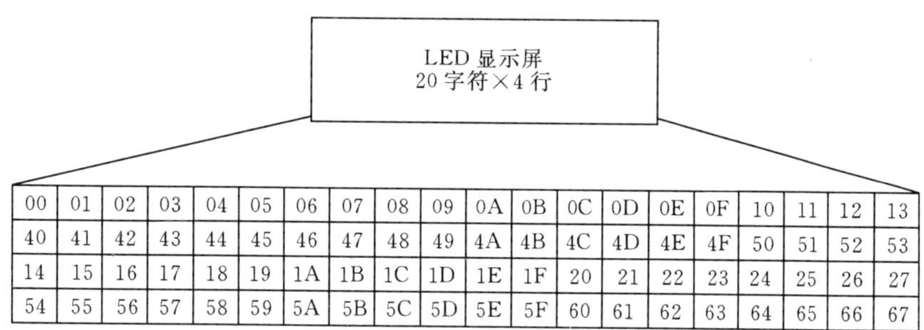

图12.16　SMC2004A字符位与显示存储器对应关系

3. 指令寄存器

SMC2004A液晶显示模块通过接收微处理器发来的各种命令，完成对显示器的操作。SMC2004A主要有10条操作指令，执行这些指令时需要微处理器发出正确的E、RS和R/W信号与之配合，下面对这些指令加以简单的说明。

（1）清屏指令。清屏指令用来完成LCD的清屏操作，即将显示数据存储器单元全部填充为“空白”字符代码20H；光标被撤回到液晶显示屏的左上方；显示地址计数器值被清零。清屏指令的格式如下。

指令	控制信号			指令编码								执行时间
	E	RS	R/W	DB7	DB6	DB5	DB4	DB3	DB2	DB1	DB0	
清屏	↓	0	0	0	0	0	0	0	0	0	1	1.64ms

（2）光标归位指令。光标归位指令将光标撤回到显示屏的左上方；显示地址计数器的值清零；显示数据存储器的内容保持不变，即执行该指令不影响显示内容，指令格式如下。

指令	控制信号			指令编码								执行时间
	E	RS	R/W	DB7	DB6	DB5	DB4	DB3	DB2	DB1	DB0	
光标归位	↓	0	0	0	0	0	0	0	0	1	×	40μs

（3）输入方式指令。用于设定每次输入1位数据后光标的移动方向，设定每次写入的

字符是否移动，指令格式如下。

指令	控制信号			指令编码								执行时间
	E	RS	R/W	DB7	DB6	DB5	DB4	DB3	DB2	DB1	DB0	
输入方式值	↓	0	0	0	0	0	0	0	1	I/D	S	40μs

其中：I/D=0，写入数据后光标左移；

I/D=1，写入数据后光标右移；

S=0，写入数据后显示屏不移动；

S=1，写入数据后显示屏整体移动，右移 1 个字符。

（4）显示状态控制指令。用于控制显示器开/关、光标的显示/关闭及光标是否闪烁，指令格式如下。

指令	控制信号			指令编码								执行时间
	E	RS	R/W	DB7	DB6	DB5	DB4	DB3	DB2	DB1	DB0	
显示开关值	↓	0	0	0	0	0	0	1	D	C	B	40μs

其中：D=0，显示功能关；

D=1，显示功能开；

C=0，无光标；

C=1，有光标；

B=0，光标闪烁；

B=1，光标不闪烁。

（5）光标/画面移位指令。用于控制使光标移位或使整个显示屏幕移位，指令格式如下。

指令	控制信号			指令编码								执行时间
	E	RS	R/W	DB7	DB6	DB5	DB4	DB3	DB2	DB1	DB0	
显示开关值	↓	0	0	0	0	0	1	S/C	R/L	×	×	40μs

其中：S/C=0，R/L=0，光标左移 1 个字符位置，且地址计数器减 1；

S/C=0，R/L=1，光标右移 1 个字符位置，且地址计数器加 1；

S/C=1，R/L=0，显示器上字符全部左移 1 个字符位置，但光标保持不动；

S/C=1，R/L=1，显示器上字符全部右移 1 个字符位置，但光标保持不动。

（6）显示数据存储器地址设置指令。该指令把 7 位的显示数据存储器地址写入地址指针寄存器中，随后微处理器对数据的操作就是对显示数据存储器的读/写操作，指令格式如下。

指令	控制信号			指令编码								执行时间
	E	RS	R/W	DB7	DB6	DB5	DB4	DB3	DB2	DB1	DB0	
显示开关值	↓	0	0	1	显示数据存储器7位地址							40μs

(7) 读取LCD控制器忙标志/地址计数器指令。该指令用于读取忙标志控制位BF及地址计数器的内容，指令格式如下。

指令	控制信号			指令编码								执行时间
	E	RS	R/W	DB7	DB6	DB5	DB4	DB3	DB2	DB1	DB0	
显示开关值	1	0	0	BF	7位地址计数器内容							40μs

其中：BF=1，表示液晶显示器忙，暂时无法接受微处理器送来的指令或数据；

BF=0，表示液晶显示器可以接受微处理器送来的指令或数据。需要注意的是，在每次读/写之前，一定要检查BF的状态。

(8) 写数据指令。该指令将字符码写入显示数据存储器，LCD将显示出相对应的字符，指令格式如下。

指令	控制信号			指令编码								执行时间
	E	RS	R/W	DB7	DB6	DB5	DB4	DB3	DB2	DB1	DB0	
显示开关值	↓	1	0	要写入的数据D7～D0								40μs

(9) 读数据指令。该指令用于读取显示数据存储器中的内容，指令格式如下。

指令	控制信号			指令编码								执行时间
	E	RS	R/W	DB7	DB6	DB5	DB4	DB3	DB2	DB1	DB0	
显示开关值	1	1	1	读出的数据D7～D0								40μs

12.3.2 SMC2004A与微处理器的接口设计

SMC2004A可以采用两种方式与微处理器接口，即总线型接口和模拟口线型接口。如图12.17的总线型接口电路中，微处理器的P0口作为数据/地址总线使用，读/写控制信号由微处理器的读/写引脚自动产生，只是为了保证对LCD的操作时序，需要增加部分逻辑电路，图12.17中的74LS00与非门电路就用来完成此功能。同时，SMC2004A的R/W和RS引脚需要单独的微处理器引脚来控制。

图中10kΩ电位器用于调整LCD偏压输入，电阻Rext用于设置背光源亮度，实际使用时，也可以用电位器代替此电阻，实现背光源亮度的手动调节。

图12.18为模拟口线型接口电路，这里不再赘述。

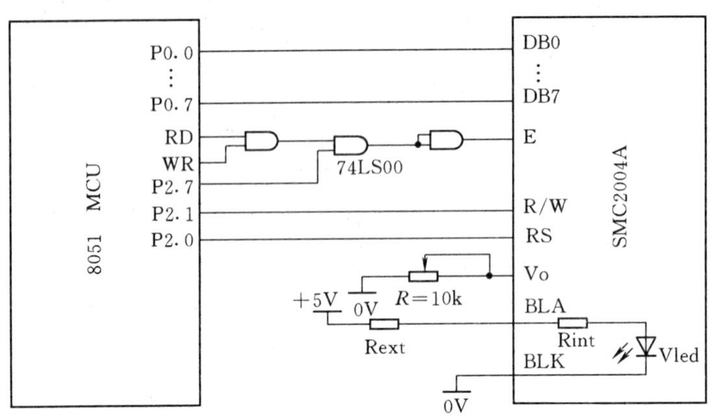

图 12.17　SMC2004A 与微处理器的总线型接口典型电路

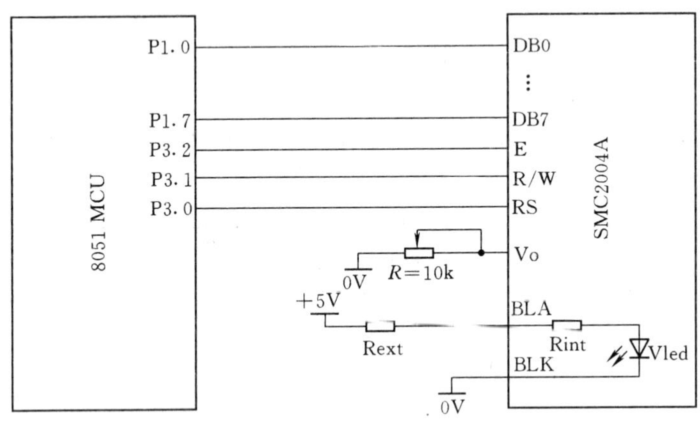

图 12.18　SMC2004A 与微处理器的模拟口型接口典型电路

12.3.3　SMC2004A 应用软件设计

本小节针对长沙太阳人科技有限公司的 SMC2004A 字符液晶显示模块，给出 C51 操作函数，对函数的细节我们不再做详细分析，读者可以根据前面讲过的各类命令格式加以分析，稍后将使用这些函数完成实训项目 8 的内容。

下面的程序是基于图 12.17 总线型接口电路设计的。

```
/******************************预定义*****************************************/
#include <reg51.h>
#include <intrins.h>
/******************************函数声明***************************************/
void exdelay(void);                                  //延时子程序
void charfill(unsigned char c);                      //整屏显示 A 代表的 ASCII 字符函数
void putstrxy(unsigned char cx,unsigned char cy,unsigned char code *s);
                                                     //在(cx,cy)字符位置写字符串函数
void putstr(unsigned char code *s);                  //定位写字符串子程序
```

```
void putchar(unsigned char c);                 //在(CXPOS,CYPOS)字符位置写字符子程序
unsigned char getchar(void);                   //在(CXPOS,CYPOS)字符位置读字符子程序
void charlcdpos(void);                         //设置(CXPOS,CYPOS)字符位置的 DDRAM 地址
void charcursornext(void);                     //置字符位置为下一个有效位置子程序
void lcdreset(void);                           //SMC2004 系列液晶显示控制器初始化子程序
void delay3ms(void);                           //延时 3MS 子程序
void lcdwc(unsigned char c);                   //送控制字到液晶显示控制器子程序
void lcdwd(unsigned char d);                   //送控制字到液晶显示控制器子程序
unsigned char lcdrd(void);                     //读数据子程序
void lcdwaitidle(void);                        //忙检测子程序
/****************************变量定义****************************************/
unsigned char xdata LCDCRREG _at_ 0x8200;      //状态读地址 CS(P2.7)=1,RW(P2.1)=1,RS(P2.0)=0
unsigned char xdata LCDCWREG _at_ 0x8000;      //指令写地址 CS(P2.7)=1,RW(P2.1)=0,RS(P2.0)=0
unsigned char xdata LCDDRREG _at_ 0x8300;      //数据读地址 CS(P2.7)=1,RW(P2.1)=1,RS(P2.0)=1
unsigned char xdata LCDDWREG _at_ 0x8100;      //指令写地址 CS(P2.7)=1,RW(P2.1)=0,RS(P2.0)=1
unsigned char data CXPOS;                      //列方向地址指针(用于 CHARLCDPOS 子程序)
unsigned char data CYPOS;                      //行方向地址指针(用于 CHARLCDPOS 子程序)
/********************************整屏显示字符 A 函数****************************/
//函数名称:void charfill(unsigned char c)
//函数功能:整屏显示 A 代表的 ASCII 字符
void charfill(unsigned char c)
{  for(CXPOS=CYPOS=0;1;)
   {  putchar(c);                              //定位写字符
      charcursornext();                        //置字符位置为下一个有效位置
      if((CXPOS==0) && (CYPOS==0)) break;
   }
}
/********************************指定位置写字符串函数**************************/
//函数名称:void putstrxy(unsigned char cx,unsigned char cy,unsigned char *s)
//函数功能:在(cx,cy)字符位置写字符串
void putstrxy(unsigned char cx,unsigned char cy,unsigned char code *s)
{
   CXPOS=cx;                                   //置当前 X 位置为 cx
   CYPOS=cy;                                   //置当前 Y 位置为 cy
   for(;*s!=0;s++)                             //为零表示字符串结束,退出
   {  putchar(*s);                             //写 1 个字符
      charcursornext();                        //字符位置移到下一个
   }
}
/*******************************定位写字符串函数*******************************/
//函数名称:void putstr(unsigned char *s).
//函数功能:在(CXPOS,CYPOS)字符位置写字符串.
void putstr(unsigned char code *s)
{  for(;*s!=0;s++)                             //为零表示字符串结束,退出
```

```
  {  putchar( * s);                         //写 1 个字符
     charcursornext();                      //字符位置移到下一个
  }
}
/****************************定位写字符函数********************************/
//函数名称:void putchar(unsigned char c).
//函数功能:在(CXPOS,CYPOS)字符位置写字符.
void putchar(unsigned char c)
{
    charlcdpos();                           //设置(CXPOS,CYPOS)字符位置的显示存储器地址
    lcdwd(c);                               //写字符
}
/***************************定位读字符函数*********************************/
//函数名称:unsigned char getchar(void).
//函数功能:在(CXPOS,CYPOS)字符位置读字符.
unsigned char getchar(void)
{
    charlcdpos();                           //设置(CXPOS,CYPOS)字符位置的显示存储器地址
    return lcdrd();                         //读字符
}
/*****************************设置字符位置的显示数据存储器地址*****************/
//函数名称:void charlcdpos(void).
//函数功能:设置(CXPOS,CYPOS)字符位置的显示数据存储器地址.
void charlcdpos(void)
{
    if(CXPOS>=20) CXPOS=0;                  //X 位置范围(0 到 15)
    CYPOS&=0X03;                            //Y 位置范围(0 到 3)
    if(CYPOS==0)                            //(第一行)X: 第 0————19 个字符
        lcdwc(CXPOS|0x80);                  //显示数据存储器 0————13H
    else if(CYPOS==1)                       //(第二行)X: 第 0————19 个字符
        lcdwc(CXPOS|0xC0);                  //显示数据存储器 40————53H
    else if(CYPOS==2)                       //(第三行)X: 第 0————19 个字符
        lcdwc((CXPOS+20)|0x80);             //显示数据存储器 14————27H
    else                                    //(第四行)X: 第 0————19 个字符
        lcdwc((CXPOS+20)|0xC0);             //显示数据存储器 54————67H
}
/*****************************设置字符位置为下一个有效位置函数*****************/
//函数名称:void charcursornext(void).
//函数功能:置字符位置为下一个有效位置.
void charcursornext(void)
{
  CXPOS++;                                  //字符位置加 1
  if(CXPOS>19)                              //字符位置 CXPOS>19 表示要换行
  {  CXPOS=0;                               //置列位置为最左边
```

```
    CYPOS++;                        //行位置加1
    CYPOS&=0X3;                     //字符位置CYPOS的有效范围为(0到3)
  }
}
/****************************初始化函数*********************************/
//函数名称:void lcdreset(void).
//函数功能:液晶显示控制器初始化.
void lcdreset(void)
{                                   //2004的显示模式字为0x38
  lcdwc(0x38);                      //显示模式设置第一次
  delay3ms();                       //延时3ms
  lcdwc(0x38);                      //显示模式设置第二次
  delay3ms();                       //延时3ms
  lcdwc(0x38);                      //显示模式设置第三次
  delay3ms();                       //延时3ms
  lcdwc(0x38);                      //显示模式设置第四次
  delay3ms();                       //延时3ms
  lcdwc(0x08);                      //显示关闭
  lcdwc(0x01);                      //清屏
  delay3ms();                       //延时3ms
  lcdwc(0x06);                      //显示光标移动设置
  lcdwc(0x0C);                      //显示开及光标设置
}
/***************************延时3ms化函数*******************************/
void delay3ms(void)
{ unsigned char i,j,k;
  for(i=0;i<3;i++)
    for(j=0;j<64;j++)
      for(k=0;k<51;k++);
}
/***************************送控制命令函数*******************************/
//函数名称:void lcdwc(unsigned char c).
//函数功能:送控制字到液晶显示控制器.
void lcdwc(unsigned char c)
{
    lcdwaitidle();                  //液晶显示控制器忙检测
    LCDCWREG=c;
}
/***************************送数据函数**********************************/
//函数名称:void lcdwd(unsigned char d).
//函数功能:送数据到液晶显示控制器.
void lcdwd(unsigned char d)
{
    lcdwaitidle();                  //液晶显示控制器忙检测
```

```
    LCDDWREG=d;
}
/**************************读数据函数**************************************/
//函数名称:unsigned char lcdrd(void).
//函数功能:读数据到液晶显示控制器.
/
unsigned char lcdrd(void)
{  unsigned char d;
    lcdwaitidle();                              //液晶显示控制器忙检测
    return LCDDRREG;
}
/**************************忙检测函数**************************************/
//函数名称:void lcdwaitidle(void).
//函数功能:忙检测.
void lcdwaitidle(void)
{  unsigned char i;
    for(i=0;i<20;i++)
      if((LCDCRREG&0x80) == 0)            //D7=0 表示 LCD 控制器空闲,则退出检测
    break;
}
/*****************************************************************************/
```

12.4　实训项目 8：字符液晶显示器应用

12.4.1　要求与目标

12.4.1.1　基本要求

（1）在 Proteus 环境下，设计基于 MCS-51 单片机（采用 AT89C51）电路，采用 20 字符×4 行的字符液晶显示器作为显示器件。

（2）要求在液晶显示器上分 4 行显示如下内容。

SMC2004A

Changchun Institute of

Technology

WWW. CCIT. EDU. CN

（3）一屏内容显示结束后，清屏，再重复显示上述内容，周而复始循环。

（4）采用前面提供的 SMC2004A 函数，在 Keil μVersion 环境中编写 C51 程序，在 Proteus 中进行调试。

12.4.1.2　实训目标

（1）掌握微处理器与液晶显示器的接口电路设计方法。

（2）掌握字符液晶显示器的控制方法。

（3）掌握字符液晶显示器的程序设计方法。

（4）熟练掌握在 Keil μVersion3 中进行 C51 程序编辑、编译、排错和调试方法。

12.4.2 创建文件

12.4.2.1 在 Proteus ISIS 中绘制原理图

（1）启动 Proteus ISIS，新建设计文件 L12 _ 2. DSN。

（2）在对象选择窗口中添加如表 12.3 所示的元器件。

（3）在 Proteus ISIS 工作区绘制原理图并设置表 12.3 中所示各元件参数，完整硬件电路原理图如图 12.19 所示。

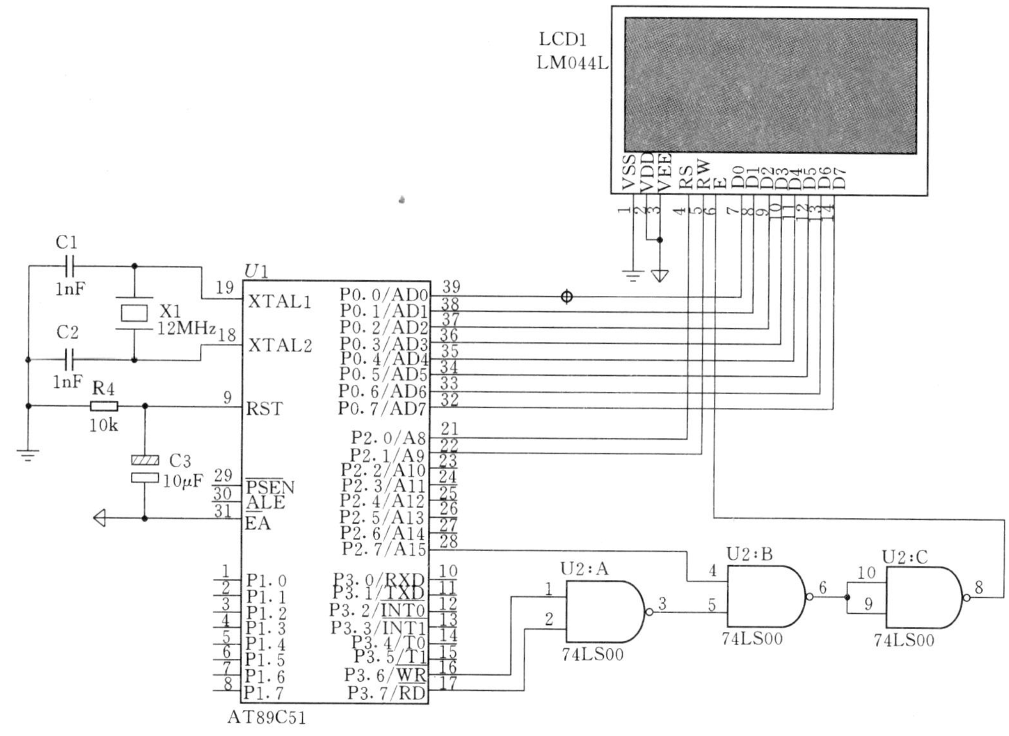

图 12.19 SMC2004A 应用电路原理图

（4）由于 Proteus 中没有 SMC2004A 器件，这里选用与其完全兼容的 20 字符 4 行字符型液晶显示器 LM044L。

表 12.3　　L12 _ 3 项目所用元器件

序号	器件编号	Proteus 器件名称	器件性质	参数及说明	数量
1	U1	AT89C51	单片机	12MHz	1
2	X1	CRYSTAL	晶振	12MHz	1
3	C1、C2	CAP	瓷片电容	30pF	2
4	C3	CAP - ELEC	电解电容	1μF	1
5	LCD1	LM044L	字符液晶显示器	20 字符 4 行	1
6	U2	74LS00	与非门		1
7	R4	RES	电阻	10k	1

12.4.2.2　在 Keil μVersion 中创建项目及文件

(1) 启动 Keil μVersion3，新建项目 L12 _ 2. UV2，选择 AT89C51 单片机，不加入启动代码。

(2) 新建文件 L12 _ 2. C，将文件添加入项目文件中。

12.4.3　软件清单

软件设计使用前面列出的 SMC2004A 操作函数实现，这里仅给出新增加的主函数和前面未给出的延时 300ms 函数，C51 参考代码如下。

```
void main(void)                              //主程序
{
  while(1)
  { unsigned char i;
    lcdreset( );                             //液晶显示控制器初始化
    charfill(' ');                           //显示清屏
    exdelay( );                              //延时约 300ms
    exdelay( );                              //延时约 300ms
    putstrxy(6,0,"SMC2004A");                //在(6，0)位置开始显示字符串
    exdelay( );                              //延时约 300ms
    exdelay( );                              //延时约 300ms
    putstrxy(1,1,"Changchun Institute");     //在(1，1)位置开始显示字符串
    exdelay( );                              //延时约 300ms
    exdelay( );                              //延时约 300ms
    putstrxy(4,2,"of Technology");           //在(4，2)位置开始显示字符串
    exdelay( );                              //延时约 300ms
    exdelay( );                              //延时约 300ms
    putstrxy(3,3,"WWW.CCIT.EDU.CN");         //在(2，3)位置开始显示字符串
    exdelay( );                              //延时约 300ms
    exdelay( );                              //延时约 300ms
  }
}
void exdelay(void)                           //延时函数
{ unsigned char i,j,k;                       //延时约 300ms
  for(i=0; i<30; i++)
    for(j=0; j<64; j++)
      for(k=0; k<51; k++);
}
```

12.4.4　编译及仿真运行

将编译生成的 L12 _ 2. HEX 加载至 Proteus 的单片机中，选择仿真运行，观察液晶显示器是否显示出图 12.20 中的内容。

图 12.20　实训项目 8 的 Proteus 仿真结果

第 13 章　键盘接口技术及其应用

在输入口的简单应用一章中，已经对独立的简单按键与微处理器的连接和按键的去抖动方法进行了较为详尽的介绍。本章将重点讲解矩阵式键盘的工作原理和软件编制方法。

13.1　键盘的类型及接口设计原则

键盘实际上是一组按键开关的集合。智能化仪器仪表键盘的设置由该仪表具体的功能来决定。一些仪表上除 0～9 的数字键以外，还可包括一些如自检、量程转换、自动切换等特殊功能按键。因此，智能化仪器仪表往往采用专门设计的功能键盘。

13.1.1　键盘的类型

键盘可以分为编码式键盘和非编码式键盘两种。

编码式键盘能够由硬件逻辑电路完成键闭合和键释放信息的获取、键值查找及一些保护措施的功能，自动提供与被按键对应的编码，无需占用系统软件资源。而非编码式键盘则由软件完成上述功能，其硬件电路往往比较简单，但要占用较多的微处理器时间来处理键盘操作。如果系统要求比较复杂，需要采用较多的按键（一般 20 个以上）来实现功能时，采用编码键盘可以简化系统设计。但大多数智能化仪器仪表按键功能都相对比较简单，为降低成本和简化电路，通常都采用非编码式键盘。

13.1.2　键盘接口设计要点

智能化仪器仪表键盘设计过程中主要应考虑以下几方面因素。

13.1.2.1　键盘电路结构

非编码式键盘的电路结构可分为独立式结构和矩阵式结构两种。

独立式键盘结构如图 13.1 所示，每个按键单独占用一条微处理器的 I/O 口线，其按键工作状态不会影响微处理器其他 I/O 口的工作状态。

独立式键盘配置灵活，软件结构简单。但每个按键需要占用一条 I/O 口线，在按键数量较多时，微处理器 I/O 资源开销较大，电路结构也显得复杂，因此，独立式键盘一般用于按键数量较少的智能化仪器仪表中。

关于独立式键盘的软件编写方法，在前面相关内容中已经作了比较详尽的叙述，这里不再重复。

矩阵式键盘结构如图 13.2 所示，它由行线和列线组成，按键位于行线和列线的交叉

点上，行线和列线分别接到按键开关的两端。对于需要 16 个按键的系统，如果采用独立式按键结构，需要微处理器提供 16 条 I/O 口线来连接按键，如果采用 4×4 矩阵式结构仅需要 4 条行线和 4 条列线就可以了。可见，在需要按键较多的场合，采用矩阵式键盘可以节约很多 I/O 资源。不过减少 I/O 口线是以增加软件工作量为代价的，矩阵式键盘结构的软件要比独立式键盘结构的软件复杂很多。

V_CC
10kΩ×4
微处理器
K1
K2
K3
K4
I/O 口线

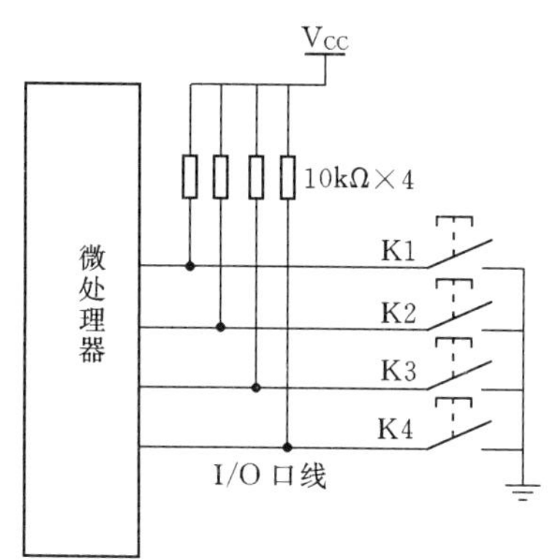

图 13.1　独立式键盘结构

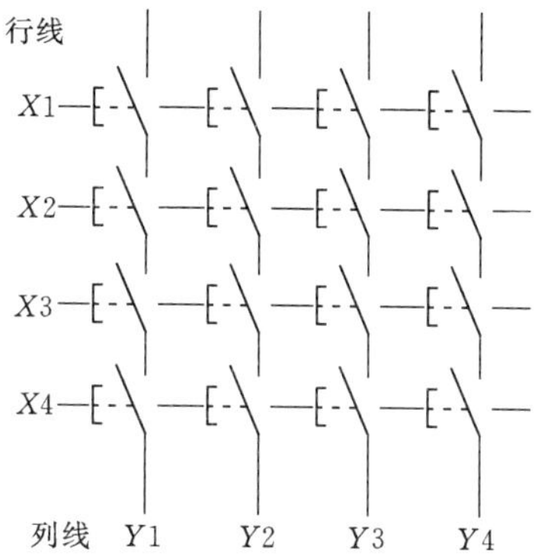

行线
X1
X2
X3
X4
列线
Y1
Y2
Y3
Y4

图 13.2　矩阵式键盘结构

13.1.2.2　键盘工作方式

键盘的工作方式可分为查询工作方式和中断工作方式两种。

查询工作方式是在一定的时间周期内，由主程序调用键盘扫描程序，检查是否有按键操作。若无按键操作，则退回主程序；若有按键操作，则执行相应键盘处理程序。为保证响应快速，这个时间周期不能太长，也不能太短，太长会感觉按键反应迟钝；太短则占用微处理器的时间较多，影响其他功能的执行。

在智能化仪器仪表工作过程中，并不会经常有键盘操作，因而，微处理器常常处于空查询状态。为了提高微处理器的效率，可以采用中断方式处理键盘。没有按键按下时，微处理器可以不理会键盘，只有当有键按下时，微处理器才去响应键盘中断，在键盘中断服务程序中进行键盘处理。中断工作方式需要在键盘电路中增加中断申请电路，同时要占用微处理器的一个中断源。

13.1.2.3　键盘接口设计要点

在设计智能化仪器仪表的键盘接口硬件和软件时，需要注意以下几方面内容。

1．键盘编码方案与工作方式的选择

根据系统的功能要求，规划键盘要完成的任务，再将任务细化到按键，保证所设计的键盘能够实现系统所要求的全部功能，确定采用编码键盘还是非编码键盘。

根据微处理器硬件资源占用情况以及微处理器的繁忙程度，确定采用查询方式还是中断方式。

2．键盘信号的可靠采集

按键触点在闭合和断开的瞬间，由于机械触点的弹性作用，会产生短暂的抖动现象，这种抖动可能被微处理器识别为多次按键按下，引起误操作。因此，在键盘接口设计中必须考虑键盘的去抖动问题。前面相关内容中已经述及的软件和硬件去抖动方法都可以根据

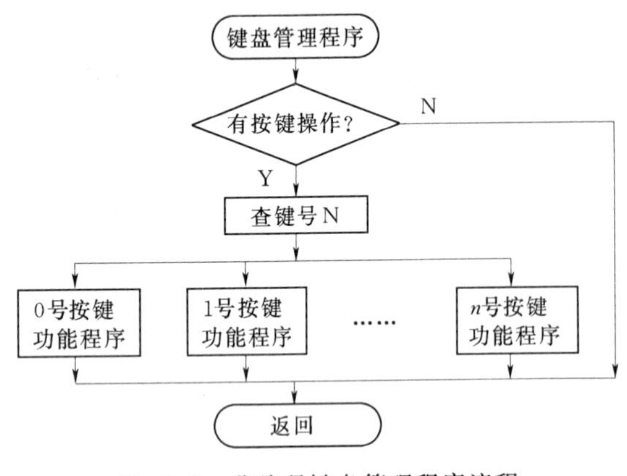

图 13.3　非编码键盘管理程序流程

系统实际加以采用。

在实际操作过程中，如果同时或在很短时间内先后按下两个以上的键，这时就很难判断哪个按下的键是有效键。在这种情况下，应用比较普遍的方法是以第一个被按下的键或最后一个被松开的键为准来识别。

3. 非编码键盘接口的软件设计

对于常用的非编码键盘，一般采用如图 13.3 所示的流程来进行键盘管理。

13.2　矩阵式键盘接口设计

本节主要介绍矩阵式键盘的工作原理及接口。

图 13.4 是具有 16 个按键的 4×4 矩阵式键盘，X1～X4 为行线，Y1～Y4 为列线，行线与列线分别与微处理器的 I/O 口线相连。键盘处理包括从是否有键按下，到获取键值并进行相应的按键处理的全过程。

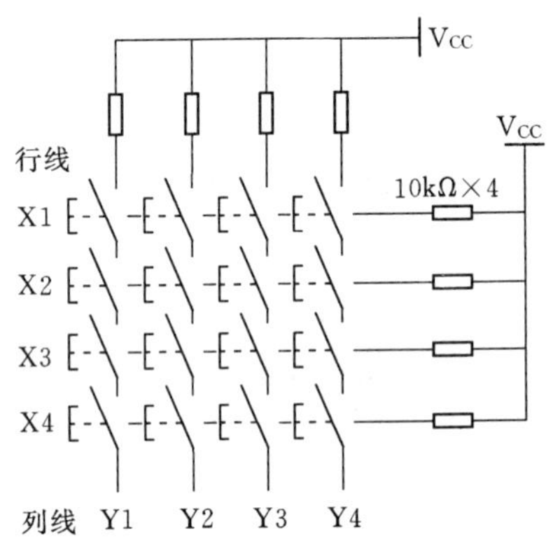

图 13.4　4×4 矩阵式键盘

13.2.1.1　是否有键按下的识别

首先，微处理器执行程序使 X1～X4 均为低电平，此时读取各列线 Y1～Y4 的状态即可知道是否有键按下。当无键被按下时，各行线与各列线相互断开，各列线仍保持为高电平；当有键被按下时，则相应的行线与列线通过该按键相连，该列线就变为低电平。因此，若读回的列线状态均为高电平，则无键被按下；否则，则有键被按下。

13.2.1.2　按键的去抖动及窜键处理

在智能化仪器仪表中，通常都采用触点式键盘，因此在按键处理过程中必须考虑按键的抖动问题。抖动时间的长短与所采用的键盘的机械特性有关，一般抖动时间在 5～20ms 之间。为了避免抖动引起的微处理器误动作，一般采用延时 5～20ms 重读的方式来克服抖动。

用户在操作时，常常因不小心同时按下了一个以上的按键，即发生了窜键。微处理器处理窜键的一般原则是把最后释放的按键认作真正被按的键。

13.2.1.3　行扫描法识别按键

行扫描法就是微处理器对每一行进行扫描。首先，微处理器使被扫描的行为低电平状态，其他各行均为高电平状态，接着检测各列线的状态，读取列码。若读取的列码全为“1”，则可以判定所按之键不在本行，继续扫描下一行；若读取的列码不全为“1”，则所

按之键在此行。根据微处理器送出的行扫描码和读取的列码可知所按之键的位置码。对应每一个键，这个位置码都是唯一的，这样就实现了按键识别。例如，图 12.4 中的 S 键被按下时，微处理器送出的行扫描码为 X4X3X2X1＝1101，读取的列码为 Y4Y3Y2Y1＝1101，合成的位置码为 X4X3X2X1Y4Y3Y2Y1＝11011101。这里需要说明一点，对于按键的位置码而言，行码在前排列还是列码在前排列，并不会影响位置码的唯一性，可以根据自己的习惯和具体电路连接来确定。

13.2.1.4　反转法识别按键

行扫描法识别按键需要逐行进行扫描查询，如果被按下的键在最后一行时，则要经过多次扫描才能获得被按键的位置码。反转法只要经过三个步骤即可获得被按键的位置码。这三个步骤如下。

第一步：将 X1～X4 编程为输入线，Y1～Y4 编程为输出线，并使输出 Y4Y3Y2Y1＝0000，然后读取 X4X3X2X1 的状态，即得到行扫描码。

第二步：将 X1～X4 编程为输出线，Y1～Y4 编程为输入线，并使输出 X4X3X2X1＝0000，然后读取 Y4Y3Y2Y1 的状态，即得到列码。

第三步：将第一步读取的行扫描码和第二步读取的列码拼合成被按键的位置码，即 X4X3X2X1Y4Y3Y2Y1。

例如，图 12.4 中的 S 键被按下时，采用反转法，第一次读取的行扫描码为 X4X3X2X1＝1101，第二次读取的列码为 Y4Y3Y2Y1＝1101，两者组合生成 S 键的位置码为 X4X3X2X1Y4Y3Y2Y1＝11011101。

有了按键的位置码以后，微处理器可以根据此位置码来调用相应的键处理程序，也可以通过计算或者查表的方法将位置码转换为键值后，再根据键值来调用键处理程序。

13.3　矩阵式键盘程序设计实例

13.3.1　矩阵式键盘的行扫描法程序设计

13.3.1.1　硬件电路

图 13.5 的硬件电路中，微处理器采用 AT89C51，使用 P3 口连接了 16 个按键，其中 P3.0～P3.3 用于连接行线 X3～X0，P3.4～P3.7 用于连接列线 Y3～Y0。AT89C51 的 P0 口连接一只数码管显示器，用于显示被按键的序号。图中的电阻 R9～R24 均为 10kΩ 上拉电阻，R1～R8 为 200Ω 限流电阻。

13.3.1.2　程序设计

行扫描法矩阵键盘处理程序的流程如图 13.6 和图 13.7 所示。

程序的基本设计思路是：首先将 P3.0～P3.3 设置为输出口线，P3.4～P3.7 设置为输入口线，然后在 P3 口输出 00001111B，读取 P3 口状态，判断 P3.4～P3.7 是否为全“1”，如果为全“1”，则程序返回，重新进行扫描，如果不全为“1”，则执行具体哪个键被按下的判断。根据原理图可以计算出各键的位置码 Y0Y1Y2Y3X0X1X2X3，见表 13.1。

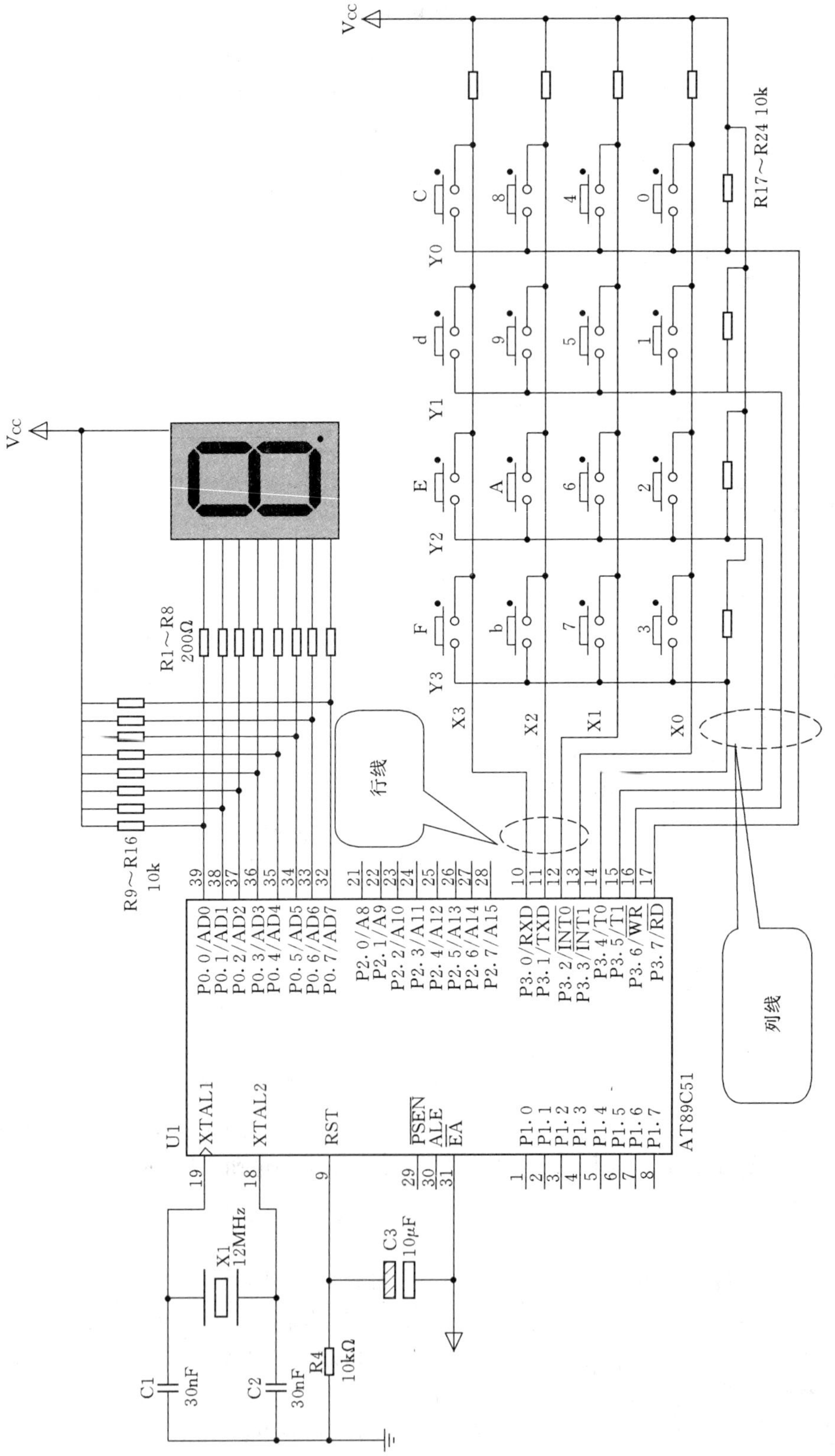

图 13.5　矩阵式键盘 Proteus 实例电路

表 13.1 **图 13.5 矩阵键盘位置码**

键号	位置码	键号	位置码	键号	位置码	键号	位置码
0	0x77	4	0x7b	8	0x7d	C	0x7e
1	0xb7	5	0xbb	9	0xbd	d	0xbe
2	0xd7	6	0xdb	A	0xdd	E	0xde
3	0xe7	7	0xeb	b	0xed	F	0xee

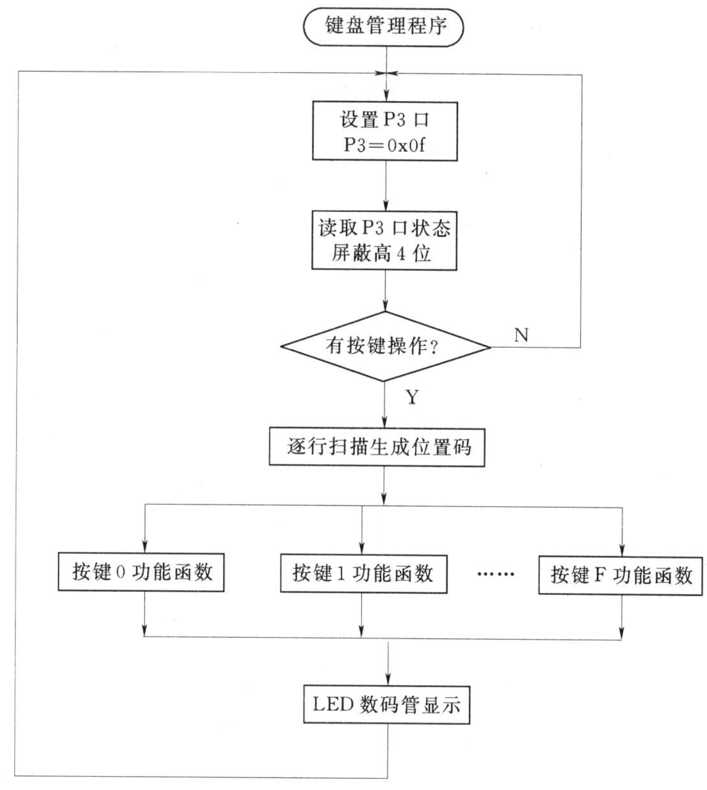

图 13.6 非编码键盘管理程序流程

13.3.1.3 程序清单

1. 预定义及声明部分

```
#include "reg51.h"                                  //MCS-51微处理器包含文件
#include "intrins.h"                                //MCS-51微处理器函数库包含文件
unsigned char code table[17]={0xc0,0xf9,           // LED数码管显示器字形0,1代码
              0xa4,0xb0,0x99,0x92,0x82,            // LED数码管显示器字形2,3,4,5,6代码
              0xf8,0x80,0x90,0x88,0x83,            // LED数码管显示器字形7,8,9,A,b代码
              0xc6,0xa1,0x86,0x8e,0xff};           // LED数码管显示器字形C,d,E,F,全熄灭代码
void KeyManage(void);                               //键盘管理函数
void ColScan(void);                                 //行扫描函数
void Display(void);                                 //数码管显示函数
```

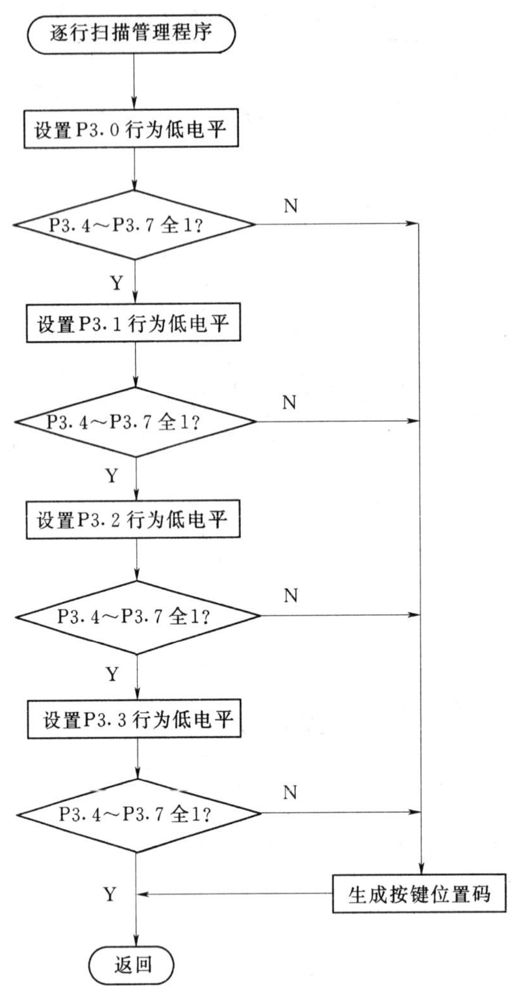

图 13.7　逐行扫描程序流程

```
void DelayXms(unsigned int);                    //Xms 延时函数
void Delay1ms(void);                            //1ms 延时函数
unsigned char ColValue ,RowValue;               //行、列变量
unsigned char DispCode, KeyCode;                //显示及键码变量
```

2. 键盘管理函数

```
void KeyManage(void)                            //键盘管理函数
{P3=0xf0;                                       //P3=1111 0000
RowValue=P3&0xf0;                               //屏蔽低 4 位读取列值
if(RowValue! =0xf0)                             //判断列是否为全 1111,即全 1 状态
  {ColScan();                                   //有键按下,调用逐行扫描函数
   switch(KeyCode)                              //根据按键位置码分支选择
     {case 0x77:DispCode=table[0];              //赋值"0"键显示字形代码
               break;
```

```
        case 0xb7:DispCode=table[1];          //赋值"1"号键显示字形代码
                  break;
        case 0xd7:DispCode=table[2];          //赋值"2"号键显示字形代码
                  break;
        case 0xe7:DispCode=table[3];          //赋值"3"号键显示字形代码
                  break;
        case 0x7b:DispCode=table[4];          //赋值"4"号键显示字形代码
                  break;
        case 0xbb:DispCode=table[5];          //赋值"5"号键显示字形代码
                  break;
        case 0xdb:DispCode=table[6];          //赋值"6"号键显示字形代码
                  break;
        case 0xeb:DispCode=table[7];          //赋值"7"号键显示字形代码
                  break;
        case 0x7d:DispCode=table[8];          //赋值"8"号键显示字形代码
                  break;
        case 0xbd:DispCode=table[9];          //赋值"9"号键显示字形代码
                  break;
        case 0xdd:DispCode=table[10];         //赋值"A"号键显示字形代码
                  break;
        case 0xed:DispCode=table[11];         //赋值"b"号键显示字形代码
                  break;
        case 0x7e:DispCode=table[12];         //赋值"C"号键显示字形代码
                  break;
        case 0xbe:DispCode=table[13];         //赋值"d"号键显示字形代码
                  break;
        case 0xde:DispCode=table[14];         //赋值"E"号键显示字形代码
                  break;
        case 0xee:DispCode=table[15];         //赋值"F"号键显示字形代码
                  break;
        default:DispCode=table[16];           //赋值熄灭字形代码
                  break;
        }
     Display( );                              //调用显示函数
     }
   else ;
}                                             //键盘管理函数结束
```

3. 逐行扫描函数

```
void ColScan(void)                            //逐行扫描函数
{P3=0xfe;                                     //P3 口输出 1111 1110
 DelayXms(10);                                //防抖延时 10ms
  ColValue=P3&0xf0;                           //读取 P3 口,屏蔽低 4 位,保留列码
 if(ColValue!=0xf0)                           //判断列码是否为全 1
```

```
  {KeyCode=ColValue|0x0e;}                  //本行有键按下,获取键码
 else                                       //本行没键按下,扫描下一行
  {P3=0xfd;                                 // P3 口输出 1111 1101
   DelayXms(10);                            //防抖延时 10ms
  ColValue=P3&0xf0;                         //读取 P3 口,屏蔽低 4 位,保留列码
  if(ColValue! =0xf0)                       //判断列码是否为全 1
   {KeyCode=ColValue|0x0d;}                 //本行有键按下,获取键码
  else                                      //本行没键按下,扫描下一行
   {P3=0xfb;                                // P3 口输出 1111 1011
   DelayXms(10);                            //防抖延时 10ms
   ColValue=P3&0xf0;                        //读取 P3 口,屏蔽低 4 位,保留列码
   if(ColValue! =0xf0)                      //判断列码是否为全 1
    {KeyCode=ColValue|0x0b;}                //本行有键按下,获取键码
   else                                     //本行没键按下,扫描下一行
    {P3=0xf7;                               // P3 口输出 1111 0111
    DelayXms(10);                           //防抖延时 10ms
    ColValue=P3&0xf0;                       //读取 P3 口,屏蔽低 4 位,保留列码
    if(ColValue! =0xf0)                     //判断列码是否为全 1
     {KeyCode=ColValue|0x07;}               //本行有键按下,获取键码
   else                                     //本行没键按下
    KeyCode=0xff; }                         //键码赋值全部熄灭显示代码
  }
}                                           //逐行扫描函数结束
```

4. LED 数码管显示函数

```
void Display(void)                          //数码显示函数
{ P0=DispCode;  }                           //向 P0 口送显示代码
```

5. 延时函数

```
void DelayXms(unsigned int ms)              //延时 Xms 函数定义
{  unsigned int k;                          //变量声明
   for(k=0;k<ms;k++)                        //循环条件判断
   {Delay1ms( );}                           //循环体,根据条件调用 1ms 延时函数
}                                           //延时 Xms 函数体结束
void Delay1ms(void)                         //延时 1ms 函数定义
{   unsigned char i;                        //变量声明
    for(i=0;i<=140;i++)                     //循环条件判断
    {_nop_( );}                             //调用空操作函数
}                                           //延时 1ms 函数体结束
```

6. 主函数

```
main( )                                     //主函数
{while(1)                                   //无限循环
  {KeyManage( ); }                          //调用键盘管理函数
```

```
}                                           //主函数结束
```

13.3.2 矩阵式键盘的反转法程序设计

这里仍以图 13.5 所示电路为例加以说明，图 13.8 是采用反转法程序的流程图。

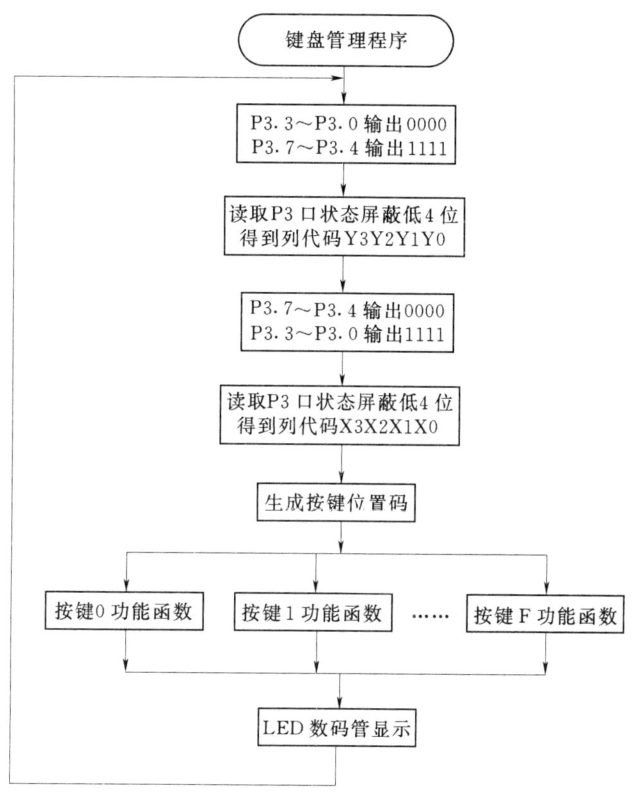

图 13.8 反转法识别按键程序流程

反转法识矩阵式键盘处理的参考程序如下。

```
#include "reg51.h"                          //MCS-51 微处理器包含文件
#include "intrins.h"                        //MCS-51 微处理器函数库包含文件
unsigned char code table[17]={0xc0,0xf9,    // LED 数码管显示器字形 0,1 代码
          0xa4,0xb0,0x99,0x92,0x82,         // LED 数码管显示器字形 2,3,4,5,6 代码
          0xf8,0x80,0x90,0x88,0x83,         // LED 数码管显示器字形 7,8,9,A,b 代码
          0xc6,0xa1,0x86,0x8e,0xff};        // LED 数码管显示器字形 C,d,E,F,全熄灭代码
void Display(void);                         //数码管显示函数
void DelayXms(unsigned int);                //Xms 延时函数
void Delay1ms(void);                        //1ms 延时函数
unsigned char DispCode, KeyCode;            //显示及键码变量
main()                                      //主函数
{unsigned char a,b;                         //临时变量定义
 while(1)                                   //无限循环
```

```
  {                                          //while 循环开始
P3=0xf0;                                     //P3 口输出 1111 0000,即行输出列输入
  a=P3;                                      //读取 P3 口值
DelayXms(10);                                //防抖延时 10ms
    P3=0x0f;                                 //P3 口输出 0000 1111,即行输入列输出
    b=P3;                                    //读取 P3 口值
    KeyCode=a+b;                             //计算键码
    switch(KeyCode)                          //根据键码,分之选择
    {case 0x77:DispCode=table[0];            //赋值"0"键显示字形代码
            break;
    case 0xb7:DispCode=table[1];             //赋值"1"键显示字形代码
            break;
    case 0xd7:DispCode=table[2];             //赋值"2"键显示字形代码
            break;
    case 0xe7:DispCode=table[3];             //赋值"3"键显示字形代码
            break;
    case 0x7b:DispCode=table[4];             //赋值"4"键显示字形代码
            break;
    case 0xbb:DispCode=table[5];             //赋值"5"键显示字形代码
            break;
    case 0xdb:DispCode=table[6];             //赋值"6"键显示字形代码
            break;
    case 0xeb:DispCode=table[7];             //赋值"7"键显示字形代码
            break;
    case 0x7d:DispCode=table[8];             //赋值"8"键显示字形代码
            break;
    case 0xbd:DispCode=table[9];             //赋值"9"键显示字形代码
            break;
    case 0xdd:DispCode=table[10];            //赋值"A"键显示字形代码
            break;
    case 0xed:DispCode=table[11];            //赋值"b"键显示字形代码
            break;
    case 0x7e:DispCode=table[12];            //赋值"C"键显示字形代码
            break;
    case 0xbe:DispCode=table[13];            //赋值"d"键显示字形代码
            break;
    case 0xde:DispCode=table[14];            //赋值"E"键显示字形代码
            break;
    case 0xee:DispCode=table[15];            //赋值"F"键显示字形代码
            break;
    default:DispCode=table[16];              //赋值熄灭字形代码
            break;
    }                                        //分之选择结束
    P0=DispCode;                             //向显示器送显示代码
```

```
  }                                          //while 循环结束
}                                            //主函数结束
void DelayXms(unsigned int ms)               //延时 Xms 函数定义
{                                            //延时 Xms 函数体起始
unsigned int k;                              //变量声明
     for(k=0;k<ms;k++)                       //循环条件判断
     {Delay1ms();}                           //循环体,根据条件调用 1ms 延时函数
}                                            //延时 Xms 函数体结束
void Delay1ms(void)                          //延时 1ms 函数定义
{                                            //延时 1ms 函数体起始
     unsigned char i;                        //变量声明
     for(i=0;i<=140;i++)                     //循环条件判断
     {_nop_();}                              //调用空操作函数
}                                            //延时 1ms 函数体结束
```

第 14 章　模拟量输入输出接口技术及其应用

在实际应用中，智能化仪器仪表测量的对象往往是一些随时间连续变化的物理量，这些量被称为模拟量，如温度、压力、流量、位移及电压、电流等。这些物理量在进入智能化仪器仪表进行加工处理之前必须转换成数字量。同样，智能化仪器仪表加工处理的结果是数字量，一般也需要在输出到被控对象之前，将其转化为模拟信号，以便去控制相应的外部设备。如果输入是非电量信号，还需要传感器将其转换为模拟电信号。能够将模拟量转换成数字量的器件称为模数转换器（ADC），能够将数字量转换成模拟量的器件称为数模转换器（DAC）。

目前，模数转换器和数模转换器芯片产品众多，不仅有并行和串行之分，还有转换位数、转换时间、适用场合等区别。在智能化仪器仪表研发时，最主要的是根据仪表应用场合合理地选用商品化的 ADC、DAC 器件，了解所选器件的功能以及与微处理器的接口方法。本章将从应用的角度出发，通过 Proteus 仿真，介绍常用 ADC 与 DAC 器件与微处理器的接口方法和程序设计方法。

14.1　模拟量输入接口技术

智能化仪器仪表属于计算机产品，而计算机只能处理数字信号和开关量。为了实现生产过程的计算机控制，必须将生产过程的温度、压力等诸多模拟量转换成数字量后才能被计算机识别和处理，ADC 就是完成这一转换功能的器件。

14.1.1　ADC 的性能指标和选择方法

14.1.1.1　ADC 的性能指标

在智能化仪器仪表模拟量输入通道设计中，选购 ADC 芯片及分析和设计 ADC 接口电路之前，必须先弄清它们的性能指标，ADC 器件主要有以下几项性能指标。

1. 分辨率

ADC 的分辨率是其对微小输入量变化的敏感程度，定义为基准电压与 2^n 之比，其中 n 为 ADC 的数据位数。分辨率是 ADC 的静态指标，目前常用的 ADC 芯片有 8 位、10 位、12 位和 16 位等，对于这几种位数的 ADC，在给定基准电压 $V_{REF}=5.12V$ 时，分辨率分别为 20mV、5mV 和 1.25mV。实质上，分辨率就是 ADC 在给定基准电压下数据最低有效位（简称 LSB—Least Significant Bit）所对应的电压值，即 1LSB 所对应的电压值。上述定义与基准电压相关，另一种与基准电压无关的定义是 LSB 与最大输入数字 2^n 之比的百分数，即 $2^{-n}\times100\%$，称为相对分辨率。按照这种定义方法，上述三种 ADC 对应的

相对分辨率分别为0.3906%、0.0976%和0.0244%。ADC的分辨率与位数的对应关系见表14.1。

表14.1　ADC的分辨率与位数的对应关系

位　数	分　辨　率		位　数	分　辨　率	
n	分数	满刻度（近似值）（%）	*n*	分数	满刻度（近似值）（%）
8	1/256	0.4	16	1/65536	0.0015
10	1/1024	0.1	20	1/1048576	0.0001
12	1/4096	0.024	24	1/16777216	0.000006
14	1/16384	0.006			

2. 量化误差

量化误差是由ADC的有限分辨率而引起的误差，量化误差是指量化结果和被量化模拟量的差值。图14.1是8位ADC的转移特性曲线，在不计其他误差的情况下，一个分辨率有限的ADC的阶梯状转移特性曲线与具有无限分辨率的ADC直线转移特性曲线之间的最大偏差。

图14.1中，由于在零刻度处偏移了1/2LSB，故量化误差为1/2LSB。对于12位ADC而言，量化误差可表示为1/2LSB，或相对误差为0.0122%满刻度。对于8位ADC而言，量化误差为1/2LSB或相对误差为0.195%满刻度。可见，量化级数越多，量化的相对误差越小，也就是说，分辨率高的ADC具有较小的量化误差。

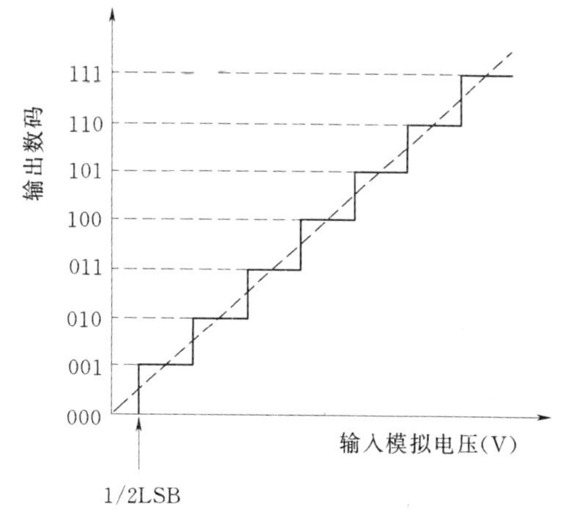

图14.1　ADC转移特性曲线

3. 偏移误差

偏移误差也称零值误差或零点漂移，是指输入信号为零时，输出信号不为零的值。测量偏移误差的方法是，从零不断增加输入电压的幅值，观察ADC输出数码的变化，当发现输出数码从00…0跳变至00…1时，停止增加输入电压，此时的输入电压与1/2LSB理想输入电压的差值，便是偏移误差。

偏移误差通常是由于放大器或比较器输入的偏移电压或电流引起的，一般可通过在ADC外部增加调节电位器进行调节。现代智能化仪器仪表一般都有偏移电压自校准和自修正功能。

4. 满刻度误差

满刻度误差又称为增益误差。ADC的满刻度误差是指满刻度输出数码所对应的实际输入电压与理想输入电压之差。满刻度误差一般由参考电压、放大器误差等引起，一般满刻度误差的调整在偏移误差调整之后进行。

5. 线性度

线性度也可以用非线性度来表示，是系统的输出与输入系统能否像理想系统那样保持正常比例关系（线性关系）的一种度量。ADC 的线性度是指转换器实际的转移函数与理想直线的最大偏移，其典型值是 1/2LSB。

6. 转换精度

ADC 的转换精度反映了一个实际 ADC 转换器在量化值上与一个理想 ADC 转换器的差值，由模拟误差和数字误差组成。转换精度包括绝对精度和相对精度两种。

（1）绝对精度。在一个转化器中，任何数码相对应的实际模拟电压与其理想的电压值之差并非是一个常数，把这个差的最大值定义为绝对精度。

（2）相对精度。将绝对精度的最大偏差表示为满刻度的百分数形式，称为相对精度。

7. 转换时间与转换速率

ADC 转换器完成一次转换所需要的时间称为 ADC 的转换时间，是指从启动 ADC 开始到获得相应数据所用时间。转换速率是转换时间的倒数，即每秒转换的次数。

8. 失调温度系数

ADC 的失调温度系数定义为当环境温度变化 1℃ 所引起量化过程产生的相对误差，一般以 ppm/℃ 为单位表示。

14.1.1.2　ADC 的选择要点

随着大规模集成电路技术的发展，ADC 转换器的发展速度也十分惊人，新型 ADC 器件不断涌现。因此，在智能化仪器仪表中，如何正确地选择和使用 ADC，来满足应用系统的要求呢？下面简要介绍选择 ADC 芯片的要点。

1. 确定 ADC 精度及分辨率

智能化仪器仪表应用场合的精度要求是综合精度要求，它包括了传感器、信号调节电路和 ADC 转化精度及输出电路、伺服机构精度，同时还包括测控软件的精度。应将综合精度在各个环节上进行分配，以确定对 ADC 转换器的精度要求，据此确定 ADC 转换器的位数。通常 ADC 转换器的位数至少要比综合精度要求的最低分辨率高 1 位，而且应与其他环节所能达到的精度相适应。

2. 确定 ADC 转换速率

通常根据被测信号的变化率及转换精度要求，确定 ADC 的转换速率，以保证系统的实时性要求。用不同原理实现的 ADC，其转换速率是不一样的，其转换时间从几十微秒到几十毫秒不等。对于缓慢变化的参量，如温度、压力、流量等，采用转换时间为几毫秒到几十毫秒的 ADC 便可以满足实时性要求；对于诸如电压、电流等需要采集瞬态参数的，则需要选择转换时间较短、转换速率较高的 ADC。

3. 确定环境参数

根据使用的环境条件，确定 ADC 芯片要求的环境参数，如工作温度、功耗和可靠性等级等。

4. 其他因素

其他因素主要包括成本、资源、是否是流行芯片、备品购买难度等。

14.1.2 低功耗 4 通道 16 位 ADC ADS7825 简介

ADS7825 是美国 TEXAS 公司的一种低功耗 4 通道 16 位并行/串行模数转换芯片。该芯片是一种开关电容式逐次逼近模数转换芯片，其内部自带采样保持器（SHA）、时钟源、+2.5V 参考电压及与微处理器的并行/串行接口。同时，它还可以在连续转换模式下对外部 4 通道模拟输入信号进行顺序转换。与其他 ADC 相比，ADS7825 具有非常低的功耗和丰富的片上资源，其内部结构紧凑、集成度高、工作性能稳定，可在−40～80℃范围内正常工作，适用于智能化仪器仪表及便携式产品使用。

14.1.2.1 ADS7825 的内部结构及特点

ADS7825 的内部结构框图如图 14.2 所示。

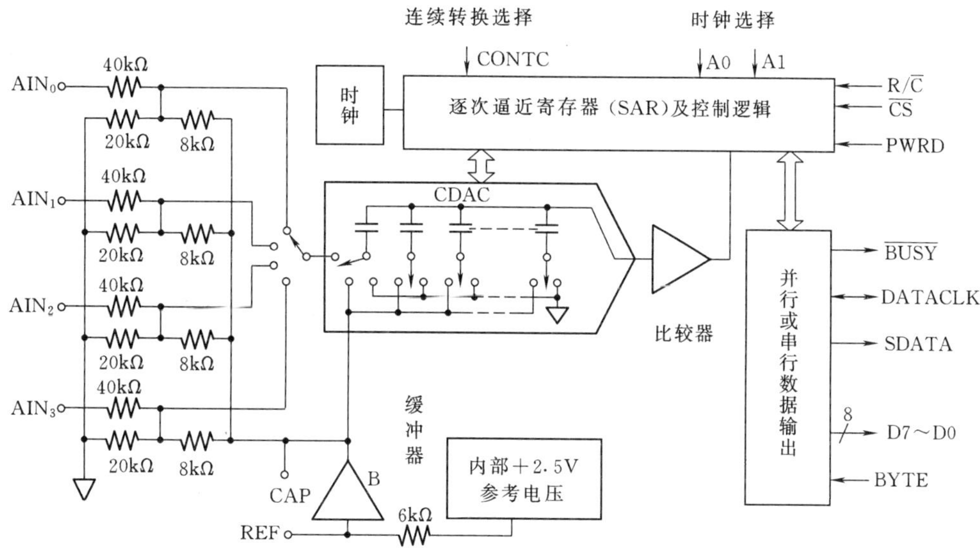

图 14.2 ADS7825 内部结构框图

ADS7825 的主要特点如下。

(1) 内部带有采样保持器（SHA），采用 16 位逐次逼近（SAR）模/数转换方式。

(2) 采样频率为 40kHz，最大采样与转换时间为 25μs。

(3) 数据可并行或串行输出，并带有三态输出缓冲电路，可直接与各种微处理器相连接。

(4) 非线性最大误差为±1/2SLSB。

(5) 具有连续转换模式。

(6) 典型信噪比为 73dB。

(7) 内部自带+2.5V 基准电压，也可选用外部+2.5V 基准电压源。

(8) 差分电压输入范围为±10V，同时带有四通道多路选择器。

(9) 采用+5V 电源供电。正常工作情况下的功耗为 50mW，关闭模式下的功耗仅为 50μW。

(10) 采用 28 脚 PDIP 或 SOIL 封装形式。

14.1.2.2　ADS7825 引脚功能

ADS7825 的引脚排列如图 14.3 所示，表 14.2 为 ADS7825 引脚功能说明。

表 14.2　ADS7825 引脚功能说明

引脚	名称	功能说明
1	$AGND_1$	模拟地，内部使用的接地参考点
2～5	AIN_0～AIN_3	模拟信号输入通道，满量程输入范围为±10V
6	CAP	内部参考电压缓冲输出，通过 2.2μF 钽电容接地
7	REF	参考电压输入输出端
8	$AGND_2$	模拟地
9～11	D_7～D_5	当第 20 引脚为高电平时，为 8 位并行数据高 3 位输出 D_7～D_5，当第 20 引脚为低电平时，呈高阻态
12	D_4	当第 20 引脚为高电平时，该端输出 8 位并行数据 D_4，当第 20 引脚为低电平时，该脚为串行时钟选择端，具体选择方式是：当该端输入高电平时，串行转换采用外部串行时钟；为低电平时，串行转换采用内部时钟
13	D_3	当第 20 引脚为高电平时，该端输出 8 位并行数据 D_3，当第 20 引脚为低电平时，该端为同步信号 SYN，当系统使用多个 ADS7825S 时，使用该引脚可实现各个芯片数据输出的同步
14	DGND	数字地
15	D_2	当第 20 引脚为高电平时，该端输出 8 位并行数据 D_2，当第 20 引脚为低电平时，该端为串行时钟信号输出端
16	D_1	当第 20 引脚为高电平时，该端输出为 8 位并行数据 D_1，当第 20 引脚为低电平时，该端为串行数据输出端
17	D_0	当第 20 引脚为高电平时，该端输出为 8 位并行数据 D_0，当第 20 引脚为高电平时，该端为串行输出标记端
18～19	A_1～A_0	输入通道选择端
20	PAR/$\overline{SER}$	并行/串行输出选择端
21	BYTE	字节选择控制端，在读取期间，若 BYTE=0，则高 8 位有效，若为 BYTE=1，则低 8 位有效
22	R/$\overline{C}$	读取/转换控制端
23	$\overline{CS}$	片选端
24	$\overline{BUSY}$	输出状态端。转换开始时，BUSY 为低电平；转换完成后，该端输出为高电平
25	CONTC	连续转换模式控制端，CONTC=+5V 时，ADS7825 工作在连续转换模式，此时芯片可对 4 个输入通道信号进行连续采集和转换
26	PWRD	电源关闭模式控制端，高电平有效。PWRD=1 时，系统将切断芯片内部模拟和数字电路的电源，以使芯片处于低功耗状态
27～28	VS_2、VS_1	+5V 电源输入端

14.1.3　ADS7825 与微处理器接口设计

ADS7825 内部包含三态输出缓冲电路和串行/并行输出方式，与 CPU 的接口非常灵

活方便。下面介绍并行输出方式下，ADS7825与MCS-51微处理器的接口方法。

14.1.3.1 ADS7825与MCS-51的接口电路

ADS7825与MCS-51并行输出典型接口电路如图14.4所示。

图14.4中，单片机采用中断方式通过查询$\overline{\text{BUSY}}$状态，$\overline{\text{BUSY}}=1$时，表示ADS7824完成一次转换，经过74LS04反相器反相后向单片机申请外部中断，单片机通常通过两次读取操作将数据读入，当$\text{R}/\overline{\text{C}}=1$，$\overline{\text{CS}}=0$，BYTE=0时，读取高8位数据；当$\text{R}/\overline{\text{C}}=1$，$\overline{\text{CS}}=0$，BYTE=1时，读取低8位数据，读取完成后，单片机将$\text{R}/\overline{\text{C}}$和$\overline{\text{CS}}$端置低40ns～12μs，以启动下一次转换，此时$\overline{\text{BUSY}}$输出为低电平。

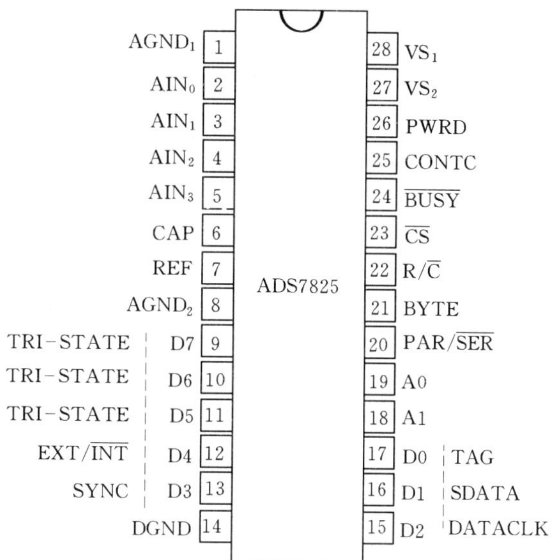

图14.3 ADS7825引脚排列

在图14.4中，由于ADS7825的$\overline{\text{CS}}$端与单片机的锁存地址Q7相连，BYTE与单片机的锁存地址Q1相连，$\text{R}/\overline{\text{C}}$与单片机的锁存地址Q0相连，通道选择端A0、A1分别和单片机锁存地址Q3、Q2相连，因此，启动ADS7825四个模拟量输入通道的端口地址分别为：0XXX00X0B、0XXX01X0B、0XXX10X0B和0XXX11X0B，读取高8位数据的端口地址分别为：0XXX0000B、0XXX0100B、0XXX1000B和0XXX1100B，同理，读取低4位数据的端口地址分别为：0XXX0010B、0XXX0110B、0XXX1010B和0XXX1110B。

14.1.3.2 ADS7825并行输出方式时序

图14.5为并行方式下数据转换时序图，各环节持续时间要求见表14.3。

表14.3　　ADS7825并行输出时序

符号	描　述	最小值	典型值	最大值	单位
t_1	转换脉冲宽度	0.04		12	μs
t_2	启动转换到新数据有效时间		15	21	μs
t_3	启动转换到数据就绪时间			85	ns
t_4	BUSY=0持续时间		15	21	μs
t_5	转换结束到BUSY=1持续时间		90		ns
t_6	延迟时间		40		ns
t_7	转换时间		15	21	μs
t_8	数据采集时间		3	5	μs
t_9	总线释放时间	10		83	μs
t_{10}	数据有效到BUSY=1时间	20	60		ns
t_{11}	数据转换到前一次数据无效时间	12	15		ns
t_{12}	总线访问由于BYTE时隙			83	μs

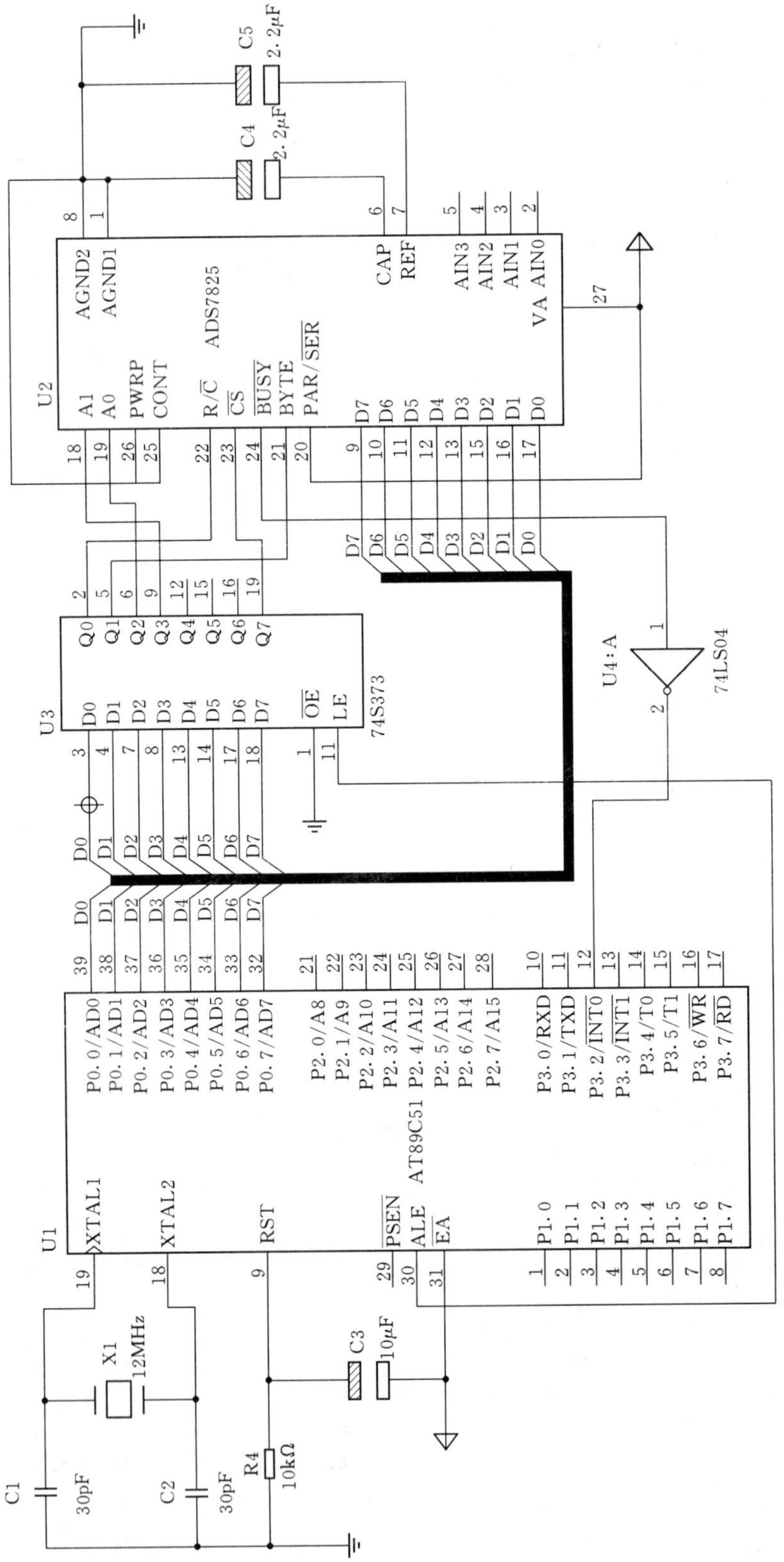

图 14.4　ADS7825 与微处理器并行接口典型电路

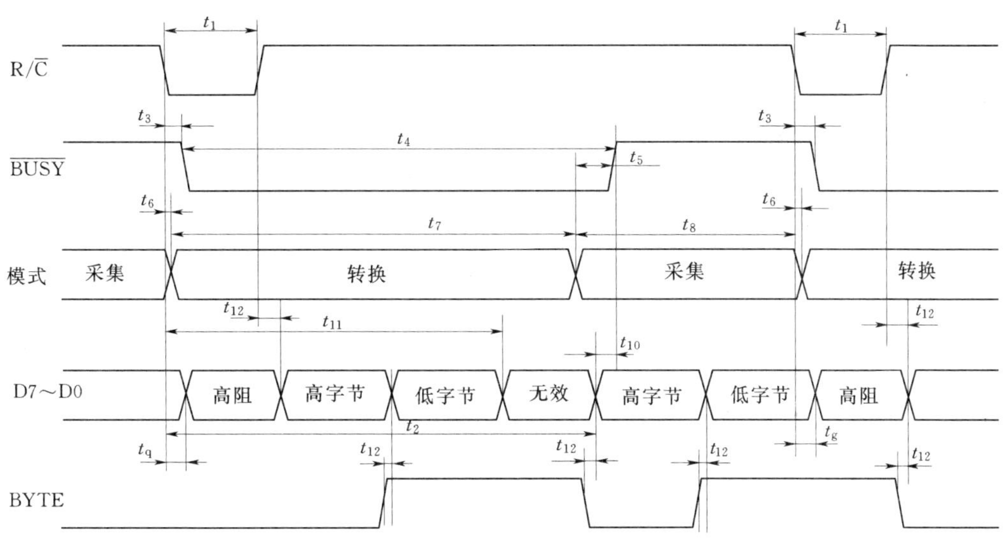

图 14.5　ADS7825 并行输出时序

14.2　模拟量输出接口技术

模拟量输出是靠数模转换器即 DAC 来完成的，DAC 是一种将数字信号转换成模拟信号的器件，其基本组成如图 14.6 所示。DAC 的输出是由数字输入和参考电源组合进行控制的。常用的 DAC 器件很多采用二进制或 BCD 码数字输入，以电流的形式输出信号。因此，电流输出型 DAC 需要用运算放大器将电流输出转换成电压输出，下面介绍 DAC 的一些基础知识和与微处理器的接口技术。

电源
数字输入
DAC 转换器
I_D
电流输出
I_O
参考电压 V_{REF}

图 14.6　DAC 组成框图

14.2.1　DAC 的性能指标和选择方法

14.2.1.1　DAC 的性能指标

DAC 的输出形式有电流型和电压型，输出极性可以是单极性，也可以是双极性。对于电流输出型 DAC，一般要外接集成运算放大器，用以将输出电流转换成输出电压，同时还可以提高负载能力。在实际应用中，一般选用电流输出型 DAC 来实现电压输出。

无论是分析或设计 DAC 接口电路，还是选购 DAC 芯片，都必须先弄清它们的性能指标，DAC 的主要性能指标如下。

1. 分辨率

分辨率（resolution）是指 DAC 能分辨的最小输出模拟增量，它反映了输出模拟电压的最小变化量。DAC 的分辨率定义为基准电压与 2^n 的比值，其中 n 为 DAC 的数据位数。

目前常用的 DAC 有 8 位、10 位、12 位、16 位等，对于这几种位数的 DAC，在给定基准电压 VREF＝5.12V 时，分辨率分别为 20mV、5mV、1.25mV 和 0.07825mV。一个 n 位的 DAC 所能分辨的最小电压增量定义为满量程值的 2^{-n} 倍。

分辨率通常也使用数字输入量的位数来表示。例如，8 位 D/A 转换器芯片 DAC0832 的分辨率为 8 位，10 位单片集成 D/A 转换器 AD7522 的分辨率为 10 位，16 位单片集成 D/A 转换器 AD1147 的分辨率为 16 位。

分辨率越高，转换时，对应最小数字量输入的模拟信号电压数值越小，也就越灵敏。

2. 转换精度

转换精度（accuracy）是指满量程时 DAC 的实际模拟输出值和理论值的接近程度。对 T 型电阻网络的 DAC，其转换精度与参考电压 V_{REF}、电阻值和电子开关的误差有关。例如，满量程时理论输出值为 10V，实际输出值为 9.99～10.01V，其转换精度为 ±10mV。通常 DAC 的转换精度为分辨率之半，即为 ±1/2LSB。

注意：精度和分辨率是两个截然不同的参数。分辨率取决于转换器的位数，而精度则取决于构成转换器各部件的精度和稳定性。

3. 偏移量误差

偏移量误差是指输入数字量为零时，输出模拟量对零的偏移值。这种误差通常可以通过 DAC 的外接 V_{REF} 和电位器加以调整。

4. 线性度

线性度（也称非线性误差）是指 DAC 的实际转换特性曲线和理想直线之间的最大偏差。通常，线性度不应超过 ±1/2 LSB。

5. 输入编码形式

输入编码形式是指 DAC 输入数字量的编码形式，如二进制码、BCD 码等。

6. 输出电压

输出电压是指 DAC 的输出电压信号范围。不同型号的 DAC，输出电压相差很大，对于电压输出型，一般为 5～10V，也有高压输出型的，一般为 24～30V。对于电流输出型的 DAC，输出电流一般为 0～20mA 左右，也有输出电流可达 3A 的大电流输出 DAC 器件。

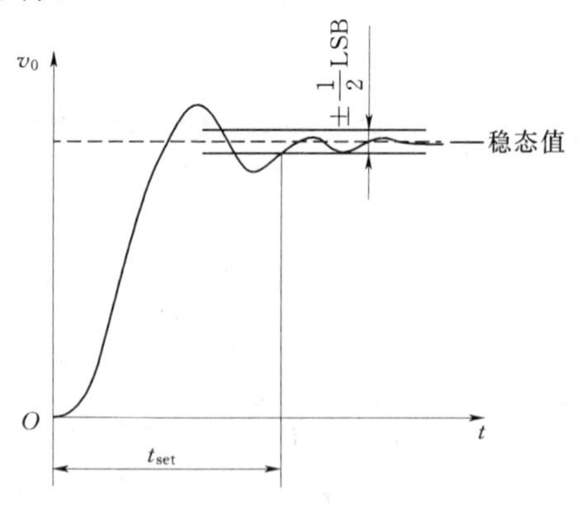

图 14.7　DAC 的转换时间

7. 建立时间

建立时间是指从输入的数字量发生突变开始，到输出电压进入稳定值相差 ±0.5LSB 范围内所需要的时间，如图 14.7 所示。DAC 的建立时间一般为几十纳秒至几毫秒。

电流输出型的 DAC 建立时间短。电压输出型的 DAC 建立时间主要决定于运算放大器的响应时间。根据建立时间的长短，可以将 DAC 分成超高速（小于 1μs）、高速（10～1μs）、中速（100～10μs）、低速（不小于 100μs）几档。

14.2.1.2 DAC的选择要点

选择和使用DAC需要重点考虑以下几方面内容。

1. 输入信号的形式

输入信号有并行和串行两种形式，根据实际需要进行选择。在实际应用中，大多采用并行输入。串行输入可以节省大量口线资源，但是转换速度较慢，适合在远距离数据传送中使用。

2. 分辨率和转换精度

根据对输出模拟量的精度要求来确定DAC的分辨率和转换精度。常用的是8位、10位和12位。在精度指标上，零点误差和满量程误差可以通过外部电路加以补偿，因此，选择时重点考察DAC的非线性误差。目前，市场上有一些新推出的带有自校准功能的DAC器件，可以作为精密仪器仪表的重点选择。

3. 建立时间

DAC转换的电流建立时间很短，一般为几十到几百纳秒之间。如果要转换为电压输出形式的DAC，加上运算放大器电路的延时，电压建立时间一般为几个微秒，一般都能满足应用系统的要求。

4. 转换结果的输出形式

DAC转换结果除了有电流输出型和电压输出型两种以外，还有单极性和双极性输出形式之分，不同DAC芯片的输出量程也不相同，可根据应用系统实际加以选择。

14.2.2 电流输出型8位D/A转换器DAC0832简介

DAC0832是常用的8位电流输出型并行低速数模转换芯片，采用+5～+15V单电源供电，基准电压为±10V，分辨率为$2^{-8}\times10V$，即±19.53125mV，电流建立时间不大于1μs，功耗为20mW。

14.2.2.1 DAC0832的内部结构及特点

DAC0832的内部结构框图如图14.8所示。

DAC0832采用CMOS工艺，主要特性如下。

(1) 具有两个输入数据寄存器，能够直接与8位微处理器相连接。

(2) 8位分辨率，能够直接与8位微处理器相连接。

(3) 电流输出，输出稳定时间为1μs。

(4) 可采用单缓冲、双缓冲和直接数字输入方式。

(5) 单一电源供电，典型功耗20mW。

(6) 低成本高性价比。

(7) 适用于精度要求不高的场合使用。

14.2.2.2 DAC0832引脚功能

DAC0832的引脚排列如图14.9所示，各引脚的功能如下。

$\overline{CS}$（第1脚）：芯片选择信号，低电平有效。

$\overline{WR1}$（第2脚）：输入寄存器的写选通信号。输入寄存器的锁存信号LE1由ILE（第19脚）、$\overline{CS}$、$\overline{WR1}$的“与”逻辑组合产生。当ILE为高电平，$\overline{CS}$为低电平，$\overline{WR1}$为负脉

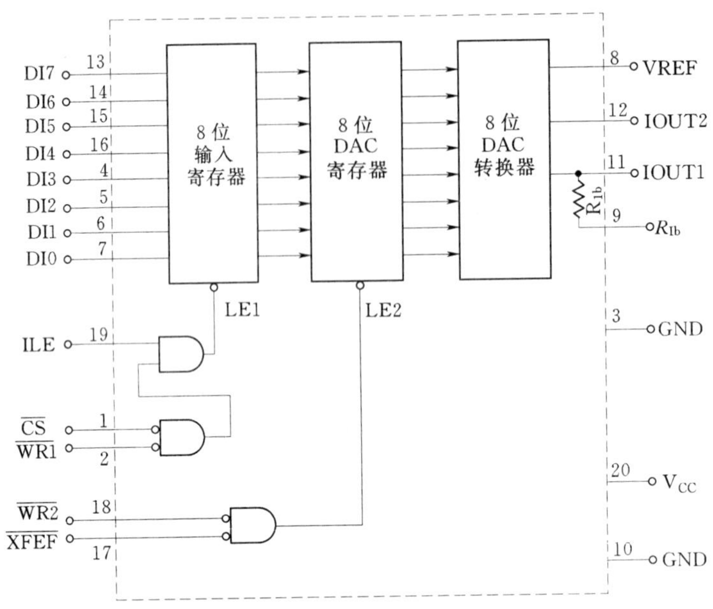

图 14.8　DAC0832 内部结构框图

引脚	名称	名称	引脚
1	$\overline{CS}$	V_{CC}	20
2	$\overline{WR1}$	ILE(BY1/BY2)	19
3	GND	$\overline{WR2}$	18
4	D13	$\overline{XFEF}$	17
5	D12	DI4	16
6	D11	DI5	15
7	D10	DI6	14
8	VREF	DI7	13
9	RFB	IOUT2	12
10	GND	IOUT1	11

DAC0832

图 14.9　DAC0832 引脚排列

冲时，LE1 上产生正脉冲；为高电平时，输入锁存器的状态随着数据输入线的状态变化，输入寄存器 LE1 的负跳变将输入数据线上的信息送入 DAC 寄存器中。

GND（第 3 脚）：模拟信号地。

DI3～DI0（第 4～第 7 脚）：输入数据低 4 位。

VREF（第 8 脚）：基准电压输入引脚，要求外接精密电压源。

RFB（第 9 脚）：反馈信号输入引脚，反馈电阻集成在芯片内部。

GND（第 10 脚）：数字信号地。

I OUT1、I OUT2（第 11～12 脚）：电流输出引脚。电流 I OUT1和 I OUT2的和为常数，I OUT1和 I OUT2随 DAC 寄存器的内容线性变化。单极性输出时，I OUT2通常接地。

DI7～DI4（第 13～第 16 脚）：输入数据高 4 位。

$\overline{\text{XFER}}$（第 17 脚）：数据传送信号，低电平有效。

$\overline{\text{WR2}}$（第 18 脚）：DAC 寄存器的写选通信号。DAC 寄存器的锁存信号 LE 由$\overline{\text{XFER}}$、$\overline{\text{WR2}}$的“与”逻辑组合产生。当$\overline{\text{XFER}}$为低电平时，$\overline{\text{WR2}}$输入负脉冲，则在 DAC 寄存器 LE2 上产生正脉冲；LE2 为低电平时，DAC 寄存器的输出和输入寄存器的状态一致，LE2 负跳变将输入寄存器的内容送入 DAC 寄存器中。

ILE（第 19 脚）：数据允许锁存信号，高电平有效。

V_{CC}（第 20 脚）：电源输入引脚。

14.2.3 DAC0832与微处理器接口设计

DAC0832与MCS-51微处理器有以下两种接口方法。

14.2.3.1 二级缓冲型接口方法

DAC0832可工作于双缓冲器方式，输入寄存器的锁存信号和DAC寄存器的锁存信号分开控制，这种方式适用于多路DAC转换器同步系统中。实际应用中，将数据从输入寄存器传送到DAC寄存器，可用三种不同的接口方法。

(1) 采用地址译码器输出端某两个地址信号，各进行一次写操作，由程序自动控制传送。

(2) 用MCS-51单片机的2条高位地址口线作为控制信号，由程序自动控制传送。

(3) 由外部控制电路提供选通脉冲。

图14.10是采用第二种方法实现的两路模拟量同步输出的MCS-51应用系统，图中省略了电源和接地引脚的连接。DAC0832-1输入寄存器的地址为DFFFH，DAC0832-2输入寄存器的地址为BFFFH，两个DAC0832的DAC寄存器的地址均为7FFFH，因此，这个电路可以控制两路模拟量的同步输出，可以用于需要二维同步控制的场合，例如图形放大器的XY偏转控制等。

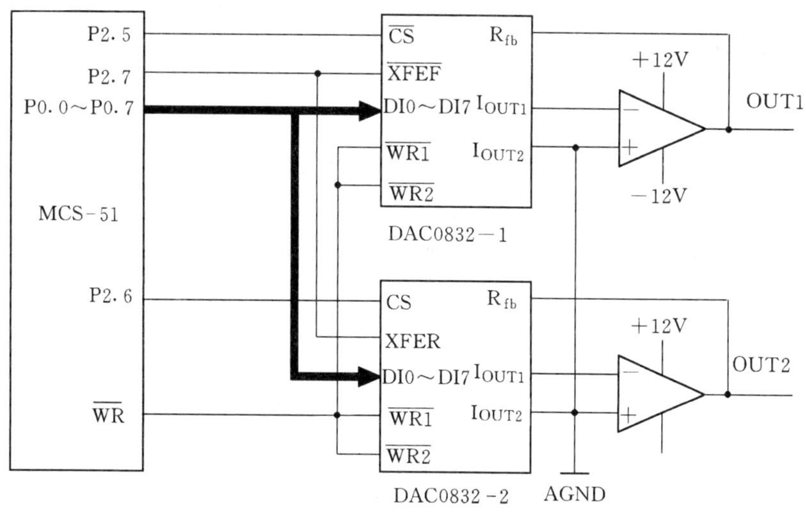

图14.10 DAC0832二级缓冲方式典型电路

14.2.3.2 单缓冲型接口方法

单缓冲型接口方法主要用于一路DAC或多路DAC不需要同步的场合，主要是把DAC0832的两个寄存器中任一个接成常通状态。图14.11是单缓冲型接口的典型应用电路。图中ILE引脚接高电平，片选信号$\overline{CS}$、数据传送信号$\overline{XFER}$都连接到高位地址线A15(P2.7)，输入寄存器和DAC寄存器的地址都是7FFFH，写选通信号$\overline{WR1}$、$\overline{WR2}$都和单片机的写信号$\overline{WR}$连接。CPU对DAC0832执行一次写操作，则把数据直接写入DAC寄存器，DAC0832的输出也将随之变化。

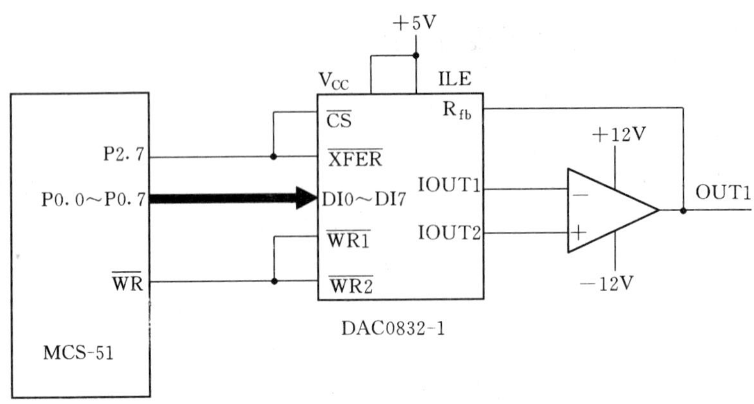

图 14.11　DAC0832 单缓冲方式典型电路

14.3　实训项目 9：四通道数据采集器设计

14.3.1　要求与目标

14.3.1.1　基本要求

（1）在 Proteus 环境下，设计基于 MCS－51 单片机（采用 AT89C51）电路的四通道数据采集器。

（2）要求采用四路 16 位高精度 ADC 芯片 ADS7825 完成对四路模拟量信号的采集，模拟电压信号采用电位器进行模拟，输入电压范围 0～10.24V。

（3）采用 Proteus 中的字符点阵液晶显示器 LM044L 作为输出器件，显示格式如图 14.12 所示。

（4）设计硬件电路并在 Keil μVersion 环境中编写 C51 程序，在 Proteus 中进行调试。

14.3.1.2　实训目标

（1）掌握 ADC 转换接口电路设计方法。

（2）进一步掌握点阵液晶显示器的程序设计方法和使用方法。

（3）掌握并行 ADC 程序设计方法。

（4）进一步熟悉和熟练掌握在 Keil μVersion3 中进行 C51 程序编辑、编译、排错和调试方法。

14.3.2　创建文件

14.3.2.1　在 Proteus ISIS 中绘制原理图

（1）启动 Proteus ISIS，新建设计文件 L14 _ 1. DSN。

（2）在对象选择窗口中添加如表 14.4 所示的元器件。

（3）在 Proteus ISIS 工作区绘制原理图并设置如表 14.4 中所示各元件参数，完整硬

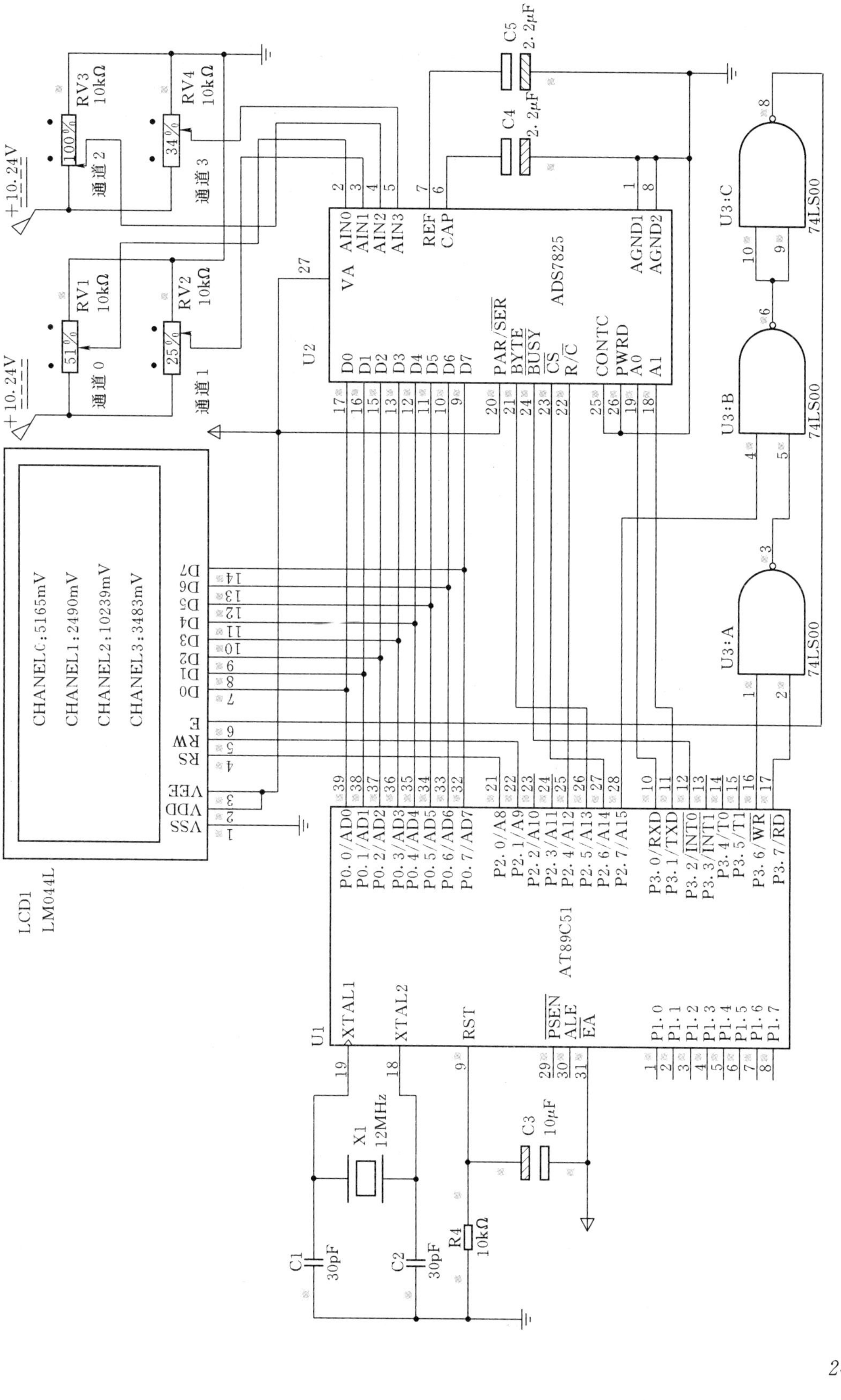

图 14.12 四通道数据采集器原理图

件电路原理图如图 14.12 所示。

表 14.4　　L14 _ 1 项目所用元器件

序号	器件编号	Proteus 器件名称	器件性质	参数及说明	数量
1	U1	AT89C51	单片机		1
2	U2	ADS7825	16 位 ADC		1
3	U3	74LS00	或非门		1
4	LCD1	LM044L	点阵字符液晶		1
5	C4、C5	CAP - ELEC	电解电容	2.2μF	2
6	R4	RES	电阻	10kΩ	1
7	C1、C2	CAP	电容	30pF	2
8	RV1～RV4	POT - HG	电位器	10kΩ	4
9	X1	XTAL	晶振	12MHz	1

14.3.2.2　在 Keil μVersion 中创建项目及文件

(1) 启动 Keil μVersion3，新建项目 L41 _ 1.UV2，选择 AT89C51 单片机，不加入启动代码。

(2) 新建文件 L41 _ 1.C，将文件添加入项目文件中。

14.3.3　硬件电路说明

14.3.3.1　ADS7825 引脚连接说明

ADS7825 与 MCS - 51 单片机的引脚连接关系见表 14.5 和图 14.12。通道选择由 P3.1 和 P3.0 组合控制，单片机 P2 口在传送高 8 位地址的过程中，对 ADS825 的控制命令也附加在其间，实现对 ADS7825 的启动转换以及数据读取等操作。

表 14.5　　ADS7825 主要引脚连接

ADS7825 引脚	连接至	链接说明
D0～D7	MCS - 51 P0.0～P0.7	数据总线
PAR/$\overline{SFR}$	+5V 电源	选择并行工作模式
$\overline{CS}$	MCS - 51 P2.6 (A14)	ADS7825 芯片选择
$\overline{BUSY}$	MCS - 51 P3.2	转换过程标志，高电平表明转换结束
BYTE	MCS - 51 P2.5 (A13)	转换结果高 8 位、低 8 位数据选择 BYTE=0：选择高 8 位数据 BYTE=1：选择低 8 位数据
R/$\overline{C}$	MCS - 51 P2.4 (A12)	读取/转换控制 R/$\overline{C}$=0：启动转换 R/$\overline{C}$=1：数据读取
CONTC	地	转换模式控制 CONTC=1：四通道连续转换模式 CONTC=0：程序控制转换模式

续表

ADS7825 引脚	连 接 至	链 接 说 明
PWRD	地	电源关闭控制 PWRD=1：电源关闭低功耗模式 PWRD=0：正常电源
AIN0～AIN4	电位器	通过电位器模拟外部输入模拟量信号
A1、A0	MCS-51 P3.1、P3.0	转换通道选择 A1A0=00：选择通道 0 A1A0=01：选择通道 1 A1A0=10：选择通道 2 A1A0=11：选择通道 3

14.3.3.2 ADS7825 地址确定

ADS7825 与 MCS-51 单片机的连接属于并行存储器扩展连接范畴，按照 ADS7825 的时序要求及存储器扩展地址确定方法，可以确定转换启动端口、高 8 位数据读取端口和低 8 位数据读取端口的地址。

（1）启动转换端口地址的确定。

地址信号	A15	A14	A13	A12	A11	A10	A9	A8	A7～A0
信号说明	LCD E	7825 $\overline{CS}$	7825 BYTE	7825 R/$\overline{C}$R	无关	无关	LCD R/W	LCD RS	无关
地址取值	1	0	0	0	1	1	1	1	11111111
取值说明	仅选中 ADS7825		高 8 位	启动转换	与 ADS7825 无关位				
十六进制地址值		8FFF							

（2）读取高 8 位数据端口地址的确定。

地址信号	A15	A14	A13	A12	A11	A10	A9	A8	A7～A0
信号说明	LCD E	7825 $\overline{CS}$	7825 BYTE	7825 R/$\overline{C}$R	无关	无关	LCD R/W	LCD RS	无关
地址取值	1	0	0	1	1	1	1	1	11111111
取值说明	仅选中 ADS7825		高 8 位	读取数据	与 ADS7825 无关位				
十六进制地址值		9FFF							

（3）读取低 8 位数据端口地址的确定。

地址信号	A15	A14	A13	A12	A11	A10	A9	A8	A7～A0
信号说明	LCD E	7825 $\overline{CS}$	7825 BYTE	7825 R/$\overline{C}$R	无关	无关	LCD R/W	LCD RS	无关
地址取值	1	0	1	1	1	1	1	1	11111111
取值说明	仅选中 ADS7825		低 8 位	读取数据	与 ADS7825 无关位				
十六进制地址值		BFFF							

14.3.4　软件设计说明

在本设计中，通过 P3.1 和 P3.0 端口设定转换通道，通过查询 ADS7825 的 $\overline{\text{BUSY}}$ 引脚状态读取转换结果。由于转换结果为十六位数据，因此需要分两次来分别读取转换结果的高 8 位和低 8 位数据，再将高 8 位和低 8 位拼合为 16 位数据，经过标度变换后输出到液晶显示器上。

14.3.4.1　主函数结构及 C51 代码

主函数主要完成液晶显示器的初始化、分通道数据采集及送显示任务，主函数流程及 C51 程序代码如图 14.13 所示。

14.3.4.2　数据采集函数结构及 C51 代码

数据采集函数 DataCollection（unsigned char Chanel）是带有形式参数的函数，Chanel 是待采集的通道号，取值范围为 0～3，采集的数据通过全局字符串指针 ss 带回。在 DataCollection 函数中，首先要确定要采集的通道，设定对应通道的 P3.1、P3.0 输出值，然后发出启动转换命令。启动转换后要不断查询转换结束标志，转换结束后分别读取数据的高 8 位和低 8 位，并拼接成 16 位数据，接着要进行整形数据到字符串的转换，这一点主要是为了满足字符液晶显示器的显示需要。DataCollection 函数流程如图 14.14 所示。

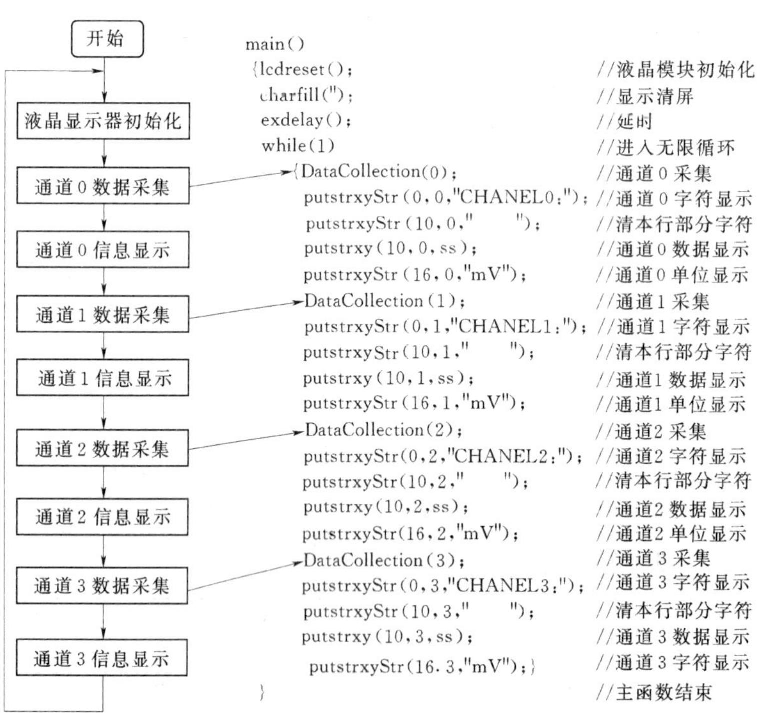

图 14.13　主函数流程及 C51 程序代码

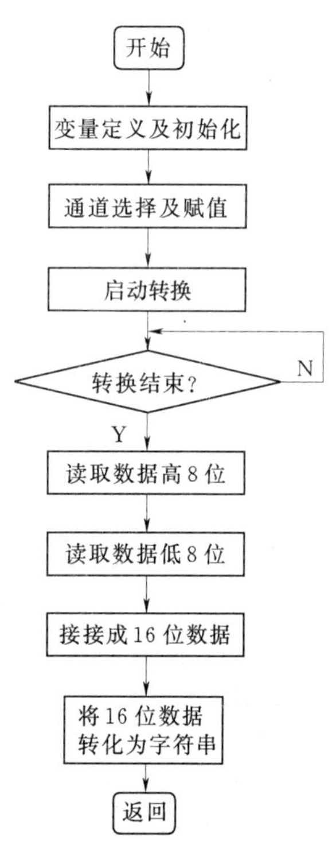

图 14.14　数据采集函数程序流程

数据采集函数 C51 程序代码如下。

```
void DataCollection(unsigned char Chanel)          //数据采集函数
{unsigned char i,k;                                 //循环变量定义
unsigned char ch;                                   //通道号变量定义
unsigned char lenx=0;                               //数据位数变量定义及初始化
unsigned int tn=0;                                  //转换后数据临时变量定义及初始化
unsigned char string[4][10];                        //四个通道数据转换后字符数组定义
unsigned int dataH=0;                               //转换数据高 8 位变量定义及初始化
unsigned int dataL=0;                               //转换数据低 8 位变量定义及初始化
unsigned int dataA=0;                               //拼接后 16 位结果变量定义及初始化
 for(i=0;i<=3;i++)                                  //字符数组循环赋初值
   {for(k=0;k<=9;k++)                               //循环为字符数组元素赋初值
      {string[i][k]=0;}                             //字符数组元素初始化
   }                                                //字符数组初始化结束
switch(Chanel)                                      //通道分之选择
   {case 0: P3_1=0;                                 //通道 0 时,A1=0
            P3_0=0;                                 //通道 0 时,A0=0
            ch=0;                                   //通道变量赋值 0
            break;                                  //跳出分支
   case 1: P3_1=0;                                  //通道 1 时,A1=0
            P3_0=1;                                 //通道 1 时,A0=1
            ch=1;                                   //通道变量赋值 1
            break;                                  //跳出分支
   case 2: P3_1=1;                                  //通道 2 时,A1=1
            P3_0=0;                                 //通道 2 时,A0=0
            ch=2;                                   //通道变量赋值 2
            break;                                  //跳出分支
   case 3: P3_1=1;                                  //通道 3 时,A1=1
            P3_0=1;                                 //通道 3 时,A0=1
            ch=3;                                   //通道变量赋值 33
            break;                                  //跳出分支
   default: ch=0;                                   //缺省,选择通道 0
            break;                                  //跳出分支选择
   }                                                // switch 分支语句结束
BUSY=1;                                             //置为转换标志
StartAN0=0;                                         //启动转换
 while(BUSY==0){;}                                  //等待转换结束
{dataH=ReadAN0H;                                    //读取转换后数据高 8 位
 dataL=ReadAN0L;                                    //读取转换后数据低 8 位
 dataH=dataH<<8;                                    //高 8 位数据左移 8 位,准备与低 8 位拼接
 dataA=(unsigned int)(dataH+dataL);                 //拼接成 16 位结果数据
 dataA= dataA * 0.3125;                             //标度变换
 tn=dataA;                                          //临时变量赋值
 if(tn==0)                                          //转换结果数据判断是否为 0
   {putstrxyStr(10,ch,"0000");}                     //结果为 0,在 LCD 上输出"0000"字符
```

```
  else                                              //结果不为0,执行下面语句体
   {while(tn! =0)                                   //临时数据不为0
      {tn=tn/10;                                    //除以10,取整数
       lenx=lenx+1;                                 //数据长度变量加1
      }                                             //数据长度循环检测结束
    for(i=0;i<lenx;i++)                             //为字符数组循环赋值
     {string[ch][lenx-i-1]=(char)(dataA%10)+0x30;   //整形数转换为字符,并存储在字符数组中
     dataA=dataA/10;                                //循环除10取整数部分
     }                                              //字符数组赋值结束
     string[ch][lenx]='\0';                         //添加结束符"\0"
     ss=string[ch];}                                //字符串指针赋值
   }                                                //转换结果字符串化结束
  exdelay();                                        //延时约300ms
}                                                   //数据采集函数结束
```

14.3.4.3 字符点阵液晶显示器 LM044L 函数说明

本项目所使用字符点阵液晶显示器与第 12 章介绍的液晶显示器完全相同，因此，第 12 章中关于液晶显示器的 C51 程序完全适用于本项目。为了能够显示转换后的数据，将原字符串显示函数 putstrxy（ ）修改为数据结果显示函数，重新命名字符串显示函数为 putstrxyStr（ ），这两个函数的函数体内容完全一致，只是这里的形式参数 * s 的存储类型不同，一个为 code 型，一个为 idata 型，输入程序时要加以注意，其他和显示相关的函数请参见显示接口技术及应用一章的相关内容。

```
void putstrxyStr(unsigned char cx,unsigned char cy,unsigned char code *s)    //在cx,cy位置写字符串函数
{                                                                             //函数开始
    CXPOS=cx;                                                                 //置当前X位置为cx
    CYPOS=cy;                                                                 //置当前Y位置为cy
    for( ; *s! =0; s++)                                                       //为零表示字符串结束,退出
    {   putchar(*s);                                                          //写1个字符
        charcursornext();                                                     //字符位置移到下一个
    }                                                                         //循环结束
}                                                                             //函数结束
void putstrxy(unsigned char cx,unsigned char cy,unsigned char idata *s)      //在cx,cy字符位置写结果函数
{                                                                             //函数开始
    CXPOS=cx;                                                                 //置当前X位置为cx
    CYPOS=cy;                                                                 //置当前Y位置为cy
    for(; *s! =0; s++)                                                        //为零表示字符串结束,退出
    {   putchar(*s);                                                          //写1个字符
        charcursornext();                                                     //字符位置移到下一个
    }                                                                         //循环结束
}                                                                             //函数结束
```

14.3.4.4 预定义及函数声明内容

```
#include <reg51.h>                                                            //资源包含文件
```

```
#include <intrins.h>                                              //内部函数包含文件
#include <stdlib.h>                                               //标准函数包含文件
#include <string.h>                                               //字符串函数包含文件
#include <ctype.h>                                                //字符函数包含文件
void exdelay(void);                                               //延时函数
void putstrxy(unsigned char cx,unsigned char cy,unsigned char idata *s);
                                                                  //显示数据结果
void putstrxyStr(unsigned char cx,unsigned char cy,unsigned char code *s);
                                                                  //显示字符串函数
void putstr(unsigned char code *s);                               //定位写字符串函数
void putchar(unsigned char c);                                    //定位写字符函数
unsigned char getchar(void);               //读字符函数
void charlcdpos(void);                     //字符位置定位函数
void charcursornext(void);                 //置字符位置为下一个有效位置函数
void lcdreset(void);                       //初始化函数
void delay3ms(void);                       //延时 3ms 函数
void lcdwc(unsigned char c);               //送控制字到液晶显示控制器函数
void lcdwd(unsigned char d);               //送控制字到液晶显示控制器函数
unsigned char lcdrd(void);                 //读 LCD 数据函数
void lcdwaitidle(void);                    //LCD 忙检测函数
void DataCollection(unsigned char);        //数据采集函数
unsigned char xdata LCDCRREG _at_ 0xc2ff;         //状态读地址 CS(P2.7)=1,RW(P2.1)=1,RS(P2.0)=0
unsigned char xdata LCDCWREG _at_ 0xc0ff;         //指令写地址 CS(P2.7)=1,RW(P2.1)=0,RS(P2.0)=0
unsigned char xdata LCDDRREG _at_ 0xc3ff;         //数据读地址 CS(P2.7)=1,RW(P2.1)=1,RS(P2.0)=1
unsigned char xdata LCDDWREG _at_ 0xc1ff;         //指令写地址 CS(P2.7)=1,RW(P2.1)=0,RS(P2.0)=1
unsigned char xdata StartAN0 _at_ 0x8fff;         //启动 ADS7825 转换
unsigned char xdata ReadAN0H _at_ 0x9fff;         //读转换结果高 8 位数据
unsigned char xdata ReadAN0L _at_ 0xbfff;         //读转换结果低 8 位数据
unsigned char data CXPOS;                         //LCD 列方向地址指针
unsigned char data CYPOS;                         //LCD 行方向地址指针
unsigned char idata *ss;                          //转换结果字符串指针变量
sbit P3_0=P3^0;                                   //ADS7825 通道选择 A0 预定义
sbit P3_1=P3^1;                                   // ADS7825 通道选择 A1 预定义
sbit BUSY=P3^2;                                   // ADS7825 忙信号预定义
```

14.3.5　编译及仿真运行

将编译生成的 L14 _ 1.HEX 加载至 Proteus 的单片机中，选择仿真运行，调节四个电位器，观察液晶显示器上显示的各通道数据变化情况，调节电位器使输入电压分别为 1024mv 和 0mv，观察转换结果并分析出现转换误差的可能原因。

第15章　智能化仪器仪表数据通信技术基础

智能化仪器仪表发展的方向之一就是网络化，而实现网络化的基本手段就是数据通信技术的应用。数据通信是通信技术和计算机技术相结合而产生的一种新的通信方式。

一般情况下，要在两地间传输信息必须要有传输信道，根据传输媒体的不同，有有线数据通信与无线数据通信之分，但它们都是通过传输信道将数据终端与计算机或者将位于不同地点的智能化仪器仪表联结起来，而使不同地点的数据实现软、硬件和信息资源的共享。

15.1　智能化仪器仪表串行数据通信基础

在通信领域内，有两种数据通信方式：并行通信和串行通信。串行通信是指使用一条数据线，将数据一位一位地依次传输，每一位数据占据一个固定的时间长度。这种通信方式只需要少数几条线就可以在系统间交换信息，特别适用于计算机或者基于计算机的智能化仪器仪表间的数据远距离传输。

15.1.1　串行通信的分类

串行通信可以分为同步通信和异步通信两类。同步通信是按照软件识别同步字符来实现数据的发送和接收，异步通信是一种利用字符的再同步技术的通信方式。

15.1.1.1　异步通信

在异步通信中，数据通常是以字符或字节为单位组成字符帧传送的。字符帧由发送端逐帧发送，通过传输线被接收设备逐帧接收。发送端和接收端可以由各自的时钟来控制数据的发送和接收，这两个时钟源彼此独立，互不同步。平时，发送线为高电平（逻辑“1”）状态，每当接收端检测到发送线上传送过来的低电平逻辑“0”，也就是字符帧中的起始位时，就知道发送端已开始发送数据，每当接收端接收到字符帧中的停止位时，就知道一帧字符已发送完毕了，这样，就实现了发送和接收的同步。

在异步通信中有两个比较重要的指标：字符帧格式和波特率，这两个指标可以由用户根据实际应用情况来改变和设定。

1. 字符帧

字符帧也称作数据帧，主要由四部分组成，分别是起始位、数据位、奇偶校验位和停止位，字符帧结构如图15.1所示。

（1）起始位：位于字符帧的开头，只占一位，始终为逻辑低电平，即逻辑“0”，表示发送端开始发送一帧数据。

(2) 数据位：数据位紧跟起始位后，可取5、6、7或8位，低位在前，高位在后。若传送的是ASCII字符，则常取7位作为数据位。

(3) 奇偶校验位：位于数据位之后，占一位，用于对字符传送作正确性检查，因此奇偶校验位是可选择的，共有三种可能，即奇校验、偶校验和无校验，由用户根据需要选定。

(4) 停止位：位于字符帧末尾，为逻辑“1”高电平，可取1、1.5、2位，表示一帧字符传送完毕。

(5) 空闲位：在串行通信中，发送端一帧一帧发送信息，接收端一帧一帧接收信息。两相邻字符帧之间可以无空闲位，也可以有若干个空闲位，空闲位必须为逻辑“1”。

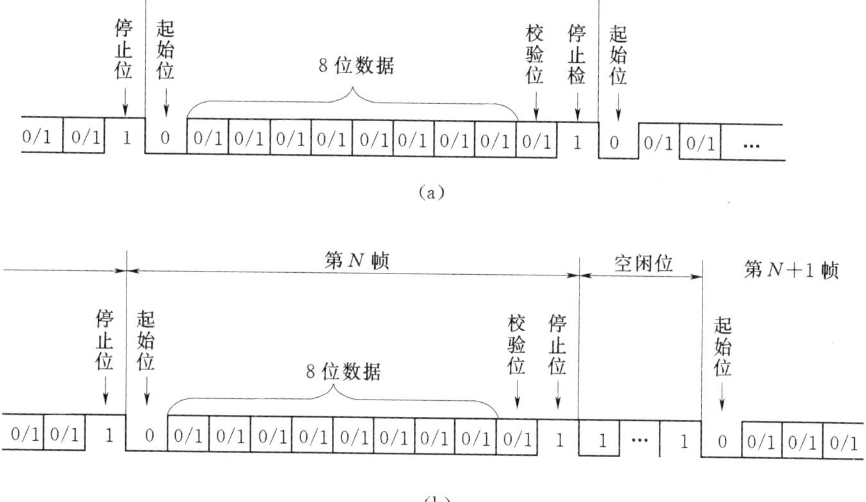

图15.1 异步通信字符帧格式

(a) 无空闲位字符帧；(b) 有空闲位字符帧

2. 波特率

波特率(BaudRate)是指每秒传输的符号数，若每个符号所含的信息量为1比特(即二进制数码的位数)，则波特率等于比特率。在计算机中，一个符号的含义为高低电平，它们分别代表逻辑“1”和逻辑“0”，所以每个符号所含的信息量刚好为1比特，因此在计算机通信中，常将比特率称为波特率，即：1波特＝1比特＝1位/秒(1bit/s)。例如：电传打字机最快传输率为10个字符/秒，每个字符包含11个二进制位，则数据传输率为：11位/字符×10个字符/秒＝110位/秒＝110波特(Baud)。计算机中常用的波特率是：110、300、600、1200、2400、4800、9600、19200、28800、33600、56kbit/s、1M、10M、100Mbit/s等。

异步通信就是按照上述约定好的固定格式，一帧一帧地传送。由于每个字符都要用起始位和停止位作为字符开始和结束的标志，因而传送效率低，主要用于中、低速通信的场合。

15.1.1.2　同步通信

同步通信是一种连续串行传送数据的通信方式，一次通信只传送一帧信息。这里的信息帧与异步通信中的字符帧不同，通常含有若干个数据字符，如图 15.2 所示。同步字符位于帧结构开头，用于确认数据字符的开始，数据字符位于同步字符之后，个数不受限制，由所需传送的数据块长度决定，校验字符有 1～2 个，位于帧结构末尾，用于接收端对接收到的数据字符的正确性校验。

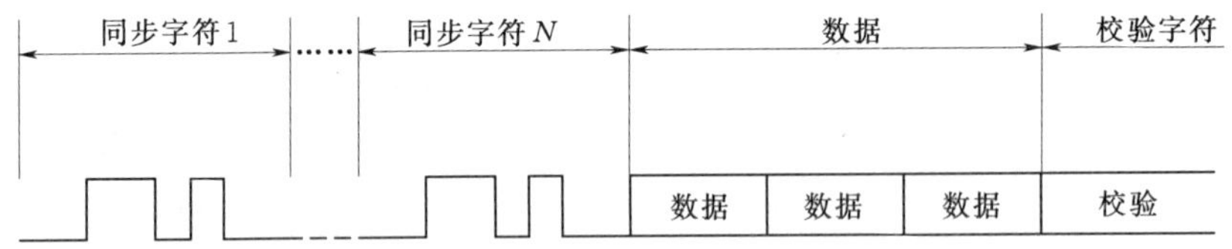

图 15.2　同步通信字符帧格式

由图 15.2 可见，在同步传输的一帧信息中，多个要传送的字符放在同步字符后面，这样，每个字符的起始、停止位就不需要了，额外开销大大减少，故数据传输效率高于异步传输，常用于高速通信的场合。但同步通信的硬件比异步通信要复杂。

15.1.2　串行通信的制式

按照数据传送方向，串行通信可分为三种制式。

15.1.2.1　单工制式

所谓串行通信的单工制式，是指信息只能单方向传输的工作方式。也就是说，甲、乙双方通信时只能单向传送数据，即发送方只能发送信息，接收方只能接收信息，发送方和接收方是固定的，数据信号只能从一端传送到另一端，信息流是单方向的。例如遥控、遥测等，就是单工通信方式，如图 15.3 所示。

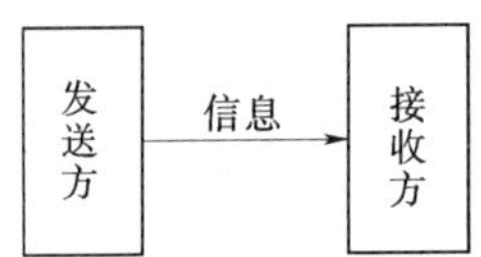

图 15.3　单工通信示意图

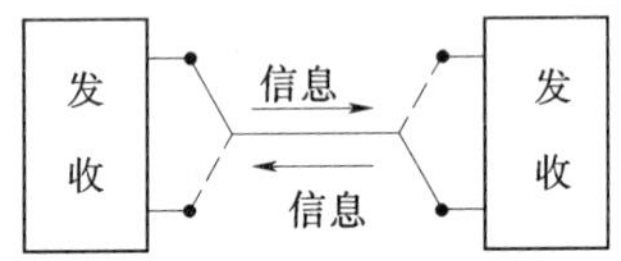

图 15.4　半双工通信示意图

15.1.2.2　半双工制式

半双工通信方式可以实现双向通信，但不能在两个方向上同时进行，必须轮流交替地进行。也就是说，通信信道的每一端都可以是发送端，也可以是接收端。但同一时刻里，信息只能有一个传输方向。如日常生活中的例子有对讲机通信等。半双工通信示意如图 15.4 所示。

15.1.2.3　全双工制式

全双工制式又称为双向同时通信方式，即通信双方可以同时发送和接收信息的信息交互方式。全双工方式下，两个通信站之间至少需要三条通信线，一条用于发送，一条用于接收和一条用于信号地，如图 15.5 所示。生活中全双工通

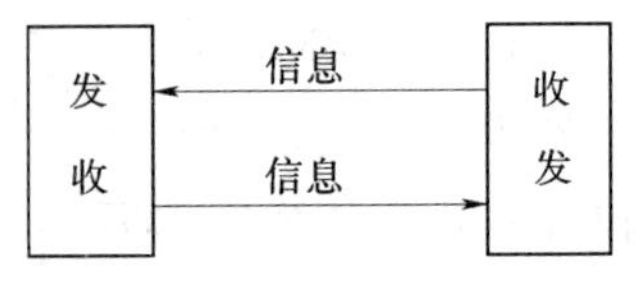

图 15.5　全双工通信示意图

信的例子非常多，如普通电话、手机等。

15.1.3 串行通信的常用接口标准

串行通信由于接线少、成本低，在数据采集和控制系统以及智能化仪器仪表中得到了广泛的应用。

串行通信接口标准经过使用和发展，目前已经有 RS-232C、RS-422A、RS-485 等多种标准，下面针对智能化仪器仪表中常用的几种串行通信接口分别加以介绍。

15.1.3.1 RS-232C 串行通信接口

RS-232C 是美国电子工业协会制定的一种串行物理接口标准。RS（Recommended Standard）代表推荐标准，232 为标识号，C 表示修改次数。

RS-232C 总线标准设有 25 条信号线，包括一个主通道和一个辅助通道。在多数情况下主要使用主通道，对于一般双工通信，仅需几条信号线就可实现，如一条发送线、一条接收线及一条地线。

RS-232C 标准规定的数据传输速率为每秒 50、75、100、150、300、600、1200、2400、4800、9600、19200bps。

1. 连接器引脚定义

RS-232C 标准并未定义连接器的物理特性，因此，出现了 DB-25、DB-15 和 DB-9等各种类型的连接器，其引脚的定义也各不相同。这里给出常用的 DB-25 和 DB-9 连接器引脚定义，见图 15.6 和表 15.1。

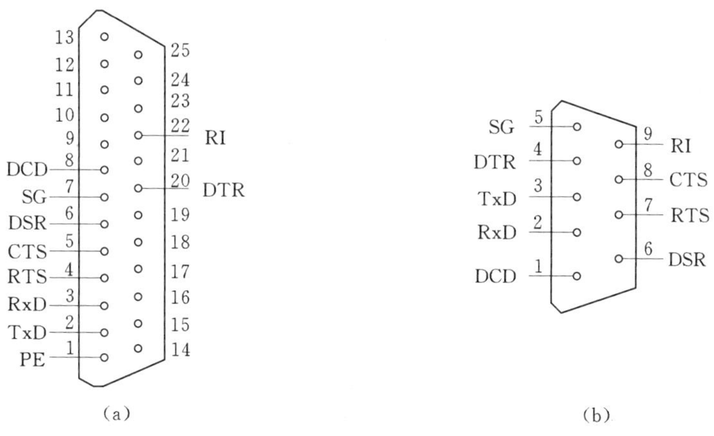

图 15.6 DB-25 和 DB-9 连接器引脚定义

(a) DB-25 连接器；(b) DB-9 连接器

表 15.1 RS-232C 接口信号

引脚号	符号	信号性质	功能说明
2 (4)	TXD	输出	数据发送
3 (2)	RXD	输入	数据接收
4 (7)	RTS	输出	请求发送

续表

引脚号	符号	信号性质	功 能 说 明
5 (8)	CTS	输入	清除发送
6 (6)	DSR	输入	数据通信设备准备好
7 (5)	SG	输入	信号地
8 (1)	DCD	输入	数据载波检测
20 (4)	DTR	输出	数据终端准备好
22	RI	输入	振铃指示

注 () 内为 DB9 连接器引脚号。

2. RS-232C 电气特性

RS-232C 采用负逻辑，即－3～－15V 表示逻辑“1”，＋3～＋15V 表示逻辑“0”，也就是当传输电平的绝对值大于 3V 时，电路可以有效地检查出来，介于－3～＋3V 之间的电压无意义，低于－15V 或高于＋15V 的电压也认为无意义，因此，实际工作时，应保证电平在±（3～15）V 之间。表 15.2 列出了 RS-232C 接口的主要电气特性。

表 15.2　RS-232C 主要电气特性

电气特性	参数范围	电气特性	参数范围
带 3～7kΩ 负载驱动器输出电平	逻辑 1：－3～－15V 逻辑 0：＋3～＋15V	接收器输入电压允许范围	－25～＋25V
		＋3V 输入时接收器的输出	逻辑 0
不带负载时驱动器输出电平	－25～＋25V	－3V 输入时接收器的输出	逻辑 1
输出短路电流	＜0.5A	最大负载电容	2500pF
接收器输入阻抗	3～7kΩ	最大传输距离	15m

3. RS-232C 使用注意事项

RS-232C 是常用的串行总线通信标准，在计算机和智能化仪器仪表中一般都提供 RS-232C 接口，在使用中要注意如下问题。

（1）RS-232C 标准规定，驱动器允许有 2500pF 的电容负载，通信距离将受此电容限制。例如，采用 150pF/m 的通信电缆时，最大通信距离为 15m；若每米电缆的电容量减小，通信距离可以增加。传输距离短的另一原因是 RS-232C 属单端信号传送，存在共地噪声和不能抑制共模干扰等问题，因此一般用于 20m 以内的通信。

（2）RS-232C 采用负逻辑电平，常用的微处理器（如 MCS-51）往往采用 TTL 正逻辑电平，电平范围也不相同，二者连接时要加以转换。

（3）在诸如读卡器与 PC 机之间的近距离通信时，不采用调制解调器，通信双方可以直接连接。这种情况下，只需使用几根信号线即可。最简单的情况，只需使用接收线、发送线和信号地线三条线，便可实现全双工异步通信。

15.1.3.2 RS-422A 串行通信接口

RS-232C 虽然应用比较广泛，但由于其传送速率低、通信距离短、信号容易被干扰、不支持多点通信等自身的缺点，限制了 RS-232C 在工控领域的应用。鉴于此，美国电子工业协会制定出 RS-422A 串行通信标准。

RS-422A 标准全称是“平衡电压数字接口电路标准”，它定义了接口电路的特性。除定义了双向收、发 4 条信号线外，实际上还定义了一条信号地线，共 5 条线。由于接收器采用高输入阻抗的发送驱动器，因此具有比 RS-232C 更强的驱动能力，允许在相同传输线上连接多个接收节点，最多可接 10 个节点，即一个主设备，其余为从设备，从设备之间不能通信，所以，RS-422A 支持点对多点的双向通信。RS422A 标准在发送端通过平衡传输驱动器，把逻辑电平变换成分别为同相和反相的一对差分信号，在接收端通过传输接收器把差分信号转换成逻辑电平，如图 15.7 所示。差分信号的差分电压低于某一阀值或高于某一阀值分别表示两个逻辑电平。在电气特性上，RS-422A 标准允许驱动器输出±（2～6V）信号，接收器检测的输入信号可低到±200mV。

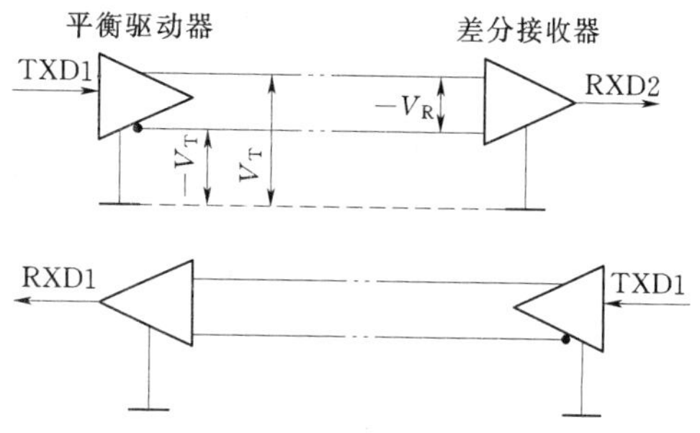

图 15.7 RS-422A 通信线路

RS-422A 的发送接口芯片将 TTL 电平的串行发送信号转换成一对差分信号送到 RS-422A总线，而 RS-422A 的接收芯片则将总线上的差分信号转换为 TTL 电平信号。总线由一根同相信号线和一根反相信号线构成，在线路连接时要注意区别，不能接错。平衡驱动器的两个输出端分别输出$+V_T$和$-V_T$的信号电平，故差分接收器的输入信号为

$$V_R=+V_T-(-V_T)=2V_T$$

两者之间不共地，这样既可削弱干扰的影响，又可获得更长的传输距离，允许更大的信号衰减。

RS-422A 的传输距离与传输速率有关。在传输速率不超过 100kb/s 时，传输距离可以达到 1200m；当传输距离超过 100kb/s 时，传输距离将缩短，当传输速率达到 10Mb/s 时，其传输距离仅为 10m 左右。

15.1.3.3 RS-485 串行通信接口

RS-422A 标准允许点对点的全双工通信，但是不能形成总线式网络。为了实现应用最少的信号线实现多点互联成网的需要，美国电子工业协会又推出了 RS-485 串行通信标准。RS-485 与 RS-422A 标准不同之处在于：两个设备相连时，RS-422A 为全双工方式，RS-485 为半双工方式；对于 RS-422A，数据线上只能连接一个发送器，而 RS-485 可以连接多个发送器，但在具体某一时刻，只能有一个发送器发送数据。

RS-485 采用差分信号负逻辑，+2～+6V 表示“0”，-6～-2V 表示“1”。RS-485 有两线制和四线制两种接线，四线制只能实现点对点的通信方式，现很少采用。现在多采用的是两线制接线方式，这种接线方式为总线式拓扑结构，在同一总线上最多可以挂接 32 个结点。在 RS-485 通信网络中一般采用的是主从通信方式，即一个主机带多个从机，如图 15.8 所示。

RS-385 网络需要终端匹配电阻，在总线电缆的开始和末端需要并接终端电阻。匹配

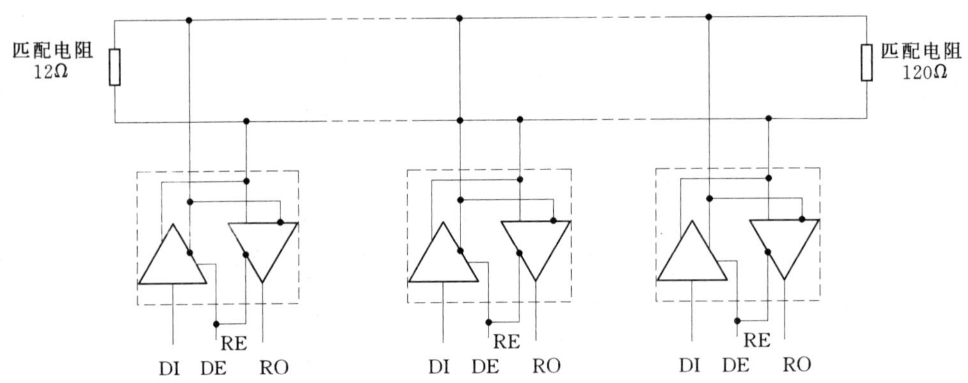

图 15.8　RS－485 总线多点互连原理图

电阻一般取 120Ω，相当于电缆特性阻抗的电阻，因为大多数双绞线电缆特性阻抗大约为 100～120Ω。

在构成 RS－485 总线网时，通常还需要注意以下几个问题。

1. 终端匹配与线路连接问题

根据 RS－485 网络的要求，匹配电阻应接在最远的站点上。但实际线路连接之后，不知道最远站点是哪一个，应该如何接匹配电阻呢？这主要是由于用户组成 RS－485 网时，没有遵循站点至总线的连线应尽可能短的原则。如果总线布线遵循这一原则，就不存在不知道哪个站点是最远的问题。如图 15.9（a）所示，在站点（1）离总线很远的情况下是不正确的连接方法，应改为如图 15.9（b）的接线法。

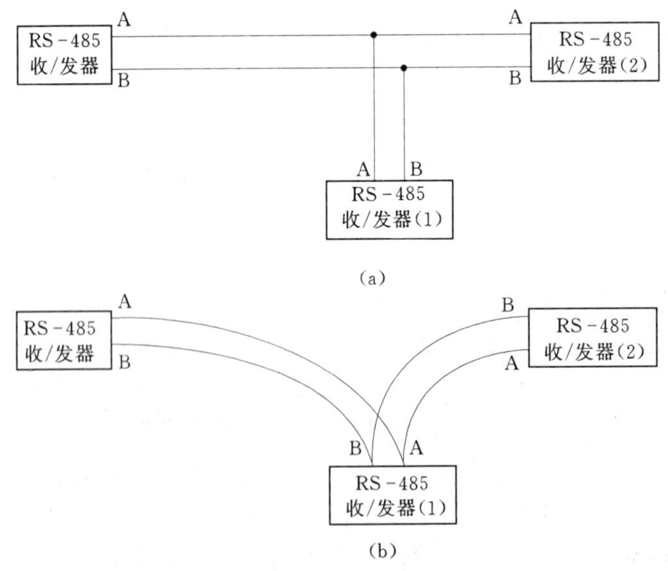

图 15.9　RS－485 网络的连接方法

(a) 不正确的连接方法；(b) 正确的连接方法

2. 接地问题

在 RS－485 通信网络中一般采用的是主从通信方式，即一个主机带多个从机。很多

情况下，连接RS－485通信链路时只是简单地用一对双绞线将各个接口的“A”、“B”端连接起来，而忽略了信号地的连接，这种连接方法在许多场合是能正常工作的，但却埋下了很大的隐患，这有两个原因。

（1）共模干扰问题：RS－485接口采用差分方式传输信号，并不需要相对于某个参照点来检测信号，系统只需检测两线之间的电位差就可以了。但人们往往忽视了收发器有一定的共模电压范围，RS－485收发器共模电压范围为－7～＋12V，只有满足上述条件，整个网络才能正常工作。当网络线路中共模电压超出此范围时就会影响通信的稳定可靠，甚至损坏接口。

（2）电磁辐射问题：发送驱动器输出信号中的共模部分需要一个返回通路，如果没有一个低阻的返回通道（信号地），就会以辐射的形式返回源端，整个总线就会像一个巨大的天线向外辐射电磁波。因此，在使用中最好设置一条信号地电缆，或者用双绞线的屏蔽层做信号地使用。

3. 传输距离问题

在使用RS－485接口时，对于特定的传输线路，从RS－485接口到负载，其数据信号传输所允许的最大电缆长度与信号传输的波特率成反比，这个长度主要是受信号失真及噪声等所影响。理论上，通信速率在100kbps及以下时，RS－485的最长传输距离可达1200m，但在实际应用中传输的距离也因芯片及电缆的传输特性有所差异。在传输过程中可以采用增加中继的方法对信号进行放大，最多可以加8个中继，也就是说，理论上RS－485的最大传输距离可以达到9.6km。如果需要更长距离的传输，可以采用光纤作为传播介质，收发两端各加一个光电转换器，多模光纤的传输距离是5～10km，而采用单模光纤可达50km的传输距离。

15.2　MCS－51的串行数据通信接口

MCS－51系列单片机配置了一个可编程的全双工串行通信接口。通过软件编程，它可以作为通用异步接收和发送器（UART），也可作为同步移位寄存器。其帧格式可以是8位、10位和11位，并能根据实际需要设置相应的通信波特率，使用上灵活方便。

15.2.1　MCS－51串行口结构

MCS－51单片机串行口结构如图15.10所示。它主要由数据缓冲寄存器SBUF、移位寄存器、控制寄存器TCON和波特率发生器等功能部件组成。其中，接收与发送缓冲寄存器SBUF占用同一个地址99H，虽然二者地址相同，但由于发送数据采用的是写指令，接收数据采用的是读指令，因此不会产生混淆。

15.2.2　串行口数据收发原理

15.2.2.1　发送数据

发送数据时，要发送的数据，通过内部累加器A送入发送缓冲器，在发送控制器控制下组成数据帧结构，并自动以串行方式从TXD（P3.1）输出，每发送完一帧数据，TI

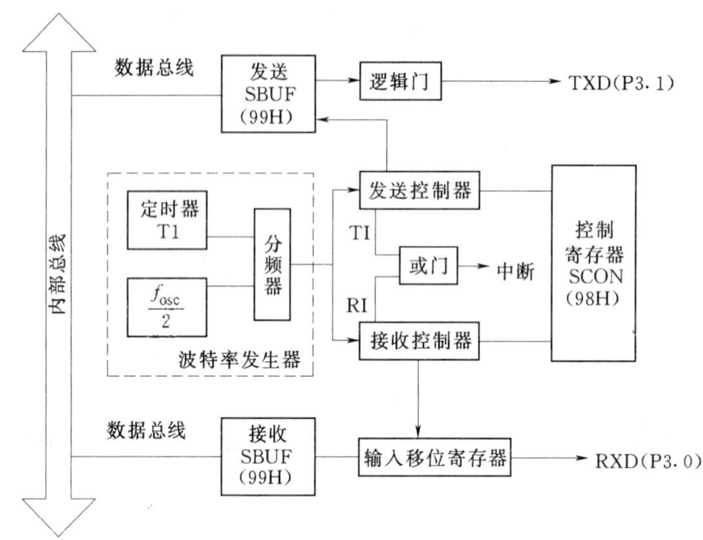

图 15.10　MCS－51 串行口结构框图

置位。通过中断或查询 TI 来了解数据的发送情况。需要注意的是，TI 只能用软件复位。采用 C51 通过串行口发送一个字符或一字节数据的函数如下。

```
void SendChar(unsigned char ch)          //通过串口发送 1 个字符函数
{SBUF=ch;                                //将字符或数据送入发送缓冲器
while(TI==0) ;                           //等待发送结束
TI=0;                                    //发送结束,TI 清零,为下次发送做准备
}                                        //函数结束
```

15.2.2.2　接收数据

CPU 通过 RXD（P3.0）接收数据，每接收完一帧数据，自动置位 RI，通过中断或查询 RI 来了解数据的接收情况，然后将接收缓冲器中的数据读回。RI 与 TI 一样，也只能用软件复位。采用 C51 通过采用中断方式接收一个字符或一字节数据的函数如下。

```
void RecieveChar(void) interrupt 4 using 3   //通过串口发送 1 个字符函数
{if(RI= =1)                                  //是否接收完一帧数据判断
    {RI=0;                                   //软件复位 RI
    ch=SBUF;                                 //从接收缓冲器读回数据
    read_flag=1;}                            //置位已读取标志
  else ;                                     //未接收完返回
}                                            //返回
```

15.2.3　串行口工作方式

MCS－51 系列单片机的串行口通过编程可以选择四种串行通信工作方式。

15.2.3.1　工作方式 0

串行口工作在方式 0 时，串行口作同步移位寄存器使用。以 RXD（P3.0）作为数据的

输入或输出端，TXD（P3.1）提供移位的时钟脉冲。以8位数据为一帧，从低位开始发送和接收，每个机器周期发送或接收1位，波特率为$f_{OSC}/12$。方式0发送和接收无起始位和停止位。发送过程从写SBUF寄存器开始，当8位数据传送完，TI被置位；接收过程中，当8位数据接收完，RI被置位，此时可通过读取SBUF，将串行数据读入，数据格式为

D0	D1	D2	D3	D4	D5	D6	D7

方式0常用于扩展I/O口。串行数据通过RXD输入或输出，TXD用于输出移位时钟。作为外接部件的同步信号，通过外接移位寄存器来实现单片机的接口扩展。例如，采用74LS164可扩展并行输出口，74LS165可用于扩展输入口。由于这种方式用得较少，我们不作详细的讨论。

15.2.3.2　工作方式1

方式1为10位为一帧的异步串行通信方式，方式1的数据帧内容为1个起始位、8个数据位和1个停止位，帧格式如下。

起始位0	D0	D1	D2	D3	D4	D5	D6	D7	停止位1

在方式1发送数据时，数据写入SBUF后，开始发送，此时由硬件加入起始位和停止位，构成一帧数据，由TXD串行输出。输出一帧数据后，TXD保持在高电平状态下，并将TI置位，通知CPU可以进行下一个字符或数据的发送。

在方式1接收数据时，当控制寄存器SCON的接收允许位REN＝1，且接收到起始位后，在移位脉冲的控制下，把接收到的数据移入接收缓冲器SBUF中，停止位到来后，把停止位送入控制寄存器SCON的RB8位中，并置位RI，通知CPU已接收完一个字符或数据。

15.2.3.3　工作方式2、3

方式2和方式3都是11位异步通信方式，只不过二者的波特率设置方法不同，方式2和方式3的帧格式为

起始位0	D0	D1	D2	D3	D4	D5	D6	D7	D8	停止位1

方式2和方式3在发送数据前，先设置控制寄存器SCON中的TB8，然后将要发送的数据写入SBUF即可启动发送。TB8被当做数据的第9位，自动叠加到数据帧的D8位上，这一位数据可以作为奇偶校验位使用，在多机通信系统中，该位也可以作为传送的是地址还是数据的特征标志位。

方式2和方式3在接收数据时，先设置接收允许标志位REN为1，使串行口处于允许接收状态。在满足该条件的前提下，再根据SM2的状态和所接收到的RB8的状态，决定接收完数据后是否置位RI位。

当SM2＝0时，不论RB8为0还是1，RI都被置1，串行口接收数据。

当SM2＝1，RB8＝1时，表明是多机通信，所接收的数据是地址帧，RI置1，串行口接收发送来的地址信息。

当 SM2＝1，RB8＝0 时，表明接收到的为数据帧，RI 不置 1，丢弃 SBUF 中所接收的数据帧。在多机通信系统中，只有与主机发送的地址相匹配的从机才进行数据的接收。

15.2.4　串行口的控制

与 MCS－51 单片机串行通信控制相关的特殊功能寄存器包括 SCON（串行控制寄存器）、PCON（电源控制寄存器）、SBUF（发送接收缓冲器）、IE（中断允许寄存器）、IP（中断优先级寄存器）和 TMOD（定时计数器工作方式寄存器）。下面通过介绍前面章节中还没有接触到 SCON 和 PCON 特殊功能寄存器，来说明串行口的控制方法。

15.2.4.1　串行控制寄存器 SCON

MCS－51 单片机串行通信方式的选择、接收和发送控制以及串行口的标志都由 SCON 特殊功能寄存器控制和指示，SCON 格式如下。

SM0	SM1	SM2	REN	TB8	RB8	TI	RI
工作方式选择位		多机通信控制位	接收允许标志位	发送数据第 9 位	接收数据第 9 位	发送中断标志位	接收中断标志位

SCON 特殊功能寄存器为可位寻址寄存器，其字节地址为 98H。下面对 SCON 中各位的含义加以进一步的说明。

（1）SM0、SM1：串行口工作方式选择位，具体工作方式见表 15.3。

表 15.3　　串行口工作方式设置

SM0	SM1	工作方式	SM0	SM1	工作方式
0	0	0	1	0	2
0	1	1	1	1	3

（2）SM2：多机通信控制位。当串行口工作于方式 2 和方式 3 时，作为发送端的主机设置 SM2＝1，并发送第 9 位数据 TB8＝1，以表明本帧数据为地址信息，用以寻找从机，以 TB8＝0 作为数据帧标志。SM2＝1 时，如果接收到的一帧信息中的第 9 位数据为 1，且原有的接收中断标志位 RI＝0，则硬件将 RI 置 1；如果第 9 位数据为 0，则 RI 不置 1，且所接收的数据无效。SM2＝0 时，只要接收到一帧信息，不管第 9 位数据是 0 还是 1，硬件都置 RI＝1。RI 由软件清零，SM2 也由软件置位或清零。方式 0 时 SM2 必须为 0。

SM2 位的具体作用归纳见表 15.4。

表 15.4　　SM2 在四种工作方式中的作用

工作方式	发送/接收	SM2	RB8	RI	申请中断否
方式 0		清 0			
方式 1	接收	置 1		接收到有效停止位时置 1	申请中断
方式 2 方式 3	发送	置 1			
	接收	置 1	1	置 1	申请中断
			0	不置 1	不申请中断
		清 0	1/0	置 1	申请中断

(3) REN：接收允许标志位。该位由软件置位或清零，REN=1，允许接收；REN=0，禁止接收。

(4) TB8：发送数据第 9 位。TB8 是方式 2 和方式 3 中要发送的数据第 9 位，需要由软件写入 1 或者 0。方式 0 中该位不使用。在多机通信系统中，TB8=0，表明主机发送的是数据，TB8=1，表明主机发送的是地址。

(5) RB8：接收数据第 9 位。方式 2 和方式 3 中，由硬件将接收到的第 9 位数据存入 RB8，方式 1 中，停止位存入 RB8 中，方式 0 不使用该位。

(6) TI：发送中断标志位。发送数据前必须用软件清零，发送过程中 TI 保持低电平 0，发送完一帧数据后，由硬件自动置 1。如果再发送，必须由软件再次清零。

(7) RI：接收中断标志位。接收数据前必须用软件清零，接收过程中 RI 保持低电平 0，接收完一帧数据后，由硬件自动置 1。如果再接收，必须由软件再次清零。

15.2.4.2 串行口波特率的设置

在基于 MCS-51 单片机的智能化仪器仪表通信过程中，波特率的设置以及波特率误差的大小直接影响通信的质量。MCS-51 单片机串行口波特率设置与串行口工作方式及定时计数器工作方式密切相关，涉及的特殊功能能寄存器包括 SCON、TCON、TMOD 和 PCON 等。

MCS-51 单片机串行口波特率与串行口工作方式的关系见表 15.5。

表 15.5 串行口工作方式设置

工作方式	功能描述	波特率公式	特 征
0	同步移位寄存器	$f_{OSC}/12$	固定波特率
1	10 位异步通信方式	$2^{SMOD}/32\times$T1 溢出率	可变波特率
2	11 位异步通信方式	$2^{SMOD}\times f_{OSC}/64$	固定波特率
3	11 位异步通信方式	$2^{SMOD}/32\times$T1 溢出率	可变波特率

在方式 1 和方式 3 中，使用了定时计数器 T1 作为波特率发生器。从前面学过的知识可知，定时计数器也有四种工作方式，因此，这里的 T1 可以工作在方式 0、方式 1 和方式 2，由于方式 2 具有自动重装载功能，所以，串行通信中波特率发生器所使用的定时计数器往往工作于方式 2。

T1 工作于方式 2 时的溢出周期为

$$\text{T1 溢出周期}=(256-\text{T1 初值})\times(1/f_{OSC})\times 12$$

则 T1 的溢出率为

$$\text{T1 溢出率}=\frac{1}{\text{T1 溢出周期}}=\frac{f_{OSC}}{12\times(256-\text{T1 初值})}$$

则在串行口工作于方式 1 和方式 3 时的波特率为

$$\text{方式 1 和方式 3 波特率}=\frac{2^{SMOD}}{32}\times\frac{f_{OSC}}{12\times(256-\text{T1 初值})}$$

式中：f_{OSC}为系统晶振频率；SMOD 为特殊功能寄存器 PCON 中的波特率倍增位，可由软件设置 SMOD 位为 1，使工作于方式 1、2、3 时的串行口波特率加倍。

在设计智能化仪器仪表通信系统时，我们所关心的往往是确定了通信波特率后，T1 初值的计算问题，从前面的公式可以看出，波特率和 T1 的初值与晶振频率有关，如果晶振频率选择不当，可能会造成求取的 T1 初值为非整数，这样势必造成波特率误差，影响通信的可靠性和效果。例如，在采用 12MHz 晶振的前提下，会有 9600bit/s、19200bit/s 等计算出 T1 初值为非整数，如果取临近的整数作为 T1 初值，则实际通信波特率的误差会很大。

在实际应用中，可以采用与 PC 机通信控制时钟（1.8432MHz）成整数倍的晶振作为单片机系统晶振。这样在计算装入 T1 的初值时，得到的恰好是整数值，不存在非整数误差问题，波特率也就比较精确和稳定了。例如，对于 9600bit/s，可以选用 11.0592MHz（11.0592＝6×1.8432）作为晶振频率，则可计算得到定时计数器 T1 的初值为 FAH。

基于 MCS－51 单片机和 11.0592MHz 晶振系统常用的波特率与 T1 初值对应关系见表 15.6。

表 15.6　　常用波特率与 T1 初值对照表

序号	波特率（bit/s）	T1 初值（十六进制）	SMOD	序号	波特率（bit/s）	T1 初值（十六进制）	SMOD
1	1200	E8H	0	4	4800	FDH	0
		D0H	1			FAH	1
2	2400	F4H	0	5	19200	—	0
		E8H	1			FDH	1
3	4800	FAH	0	6	62500（12MHz）	—	0
		F4H	1			FFH	1

15.2.4.3　特殊功能寄存器 PCON

PCON 本是用于电源控制的特殊功能寄存器，PCON 是可位寻址的特殊功能寄存器，其字节地址为 87H，PCON 的格式如下。

SMOD	—	—	—	GF1	GF0	PD	IDL
波特率倍增位				用户标志位	用户标志位	掉电控制	待机控制

其中，SMOD 为波特率倍增选择位。在串行口工作于方式 1、方式 2 和方式 3 时，串行通信波特率与 2^{SMOD}成正比。即，当 SMOD＝1 时，通信波特率可以提高 1 倍。

PCON 中的 PD 和 IDL 主要用于电源控制，这已在前面的章节中做过介绍，在此从略。GF1 和 GF0 是留给使用者的用户标志位，可以在软件编制时加以利用。

15.2.5　串行口的应用程序设计要点

仪器仪表间正确完成串行通信的关键是串行通信软件的编制，在进行串行通信程序设计时，数据的收、发可采用查询方式和中断方式完成，不管采用哪种方式都需要进行下列设置。

(1) 通信波特率设定。如果采用可变波特率时，应先计算T1的初值，并对T1进行相应的初始化设置。

(2) 串行通信工作方式设定。通过对SCON寄存器的设置，选择工作方式。如果是接收程序或双工通信方式，需要设置接收允许标志位REN=1，同时要将TI和RI清零。

(3) 发送和接收双方的数据格式约定。为保证发、收双方的协调，除双方的波特率要一致外，双方还可以设置一些其他约定，如约定以某个标志字符作为发送数据的起始，发送方先发这个标志字符，待对方接收到该字符并给以正确回应后，再正式发送数据。

15.2.5.1 查询方式程序设计流程

在查询方式下，发送方发送一个数据，然后查询TI状态，TI=1，表明数据已经发送完毕，TI清零后再发送下一个数据，直到所有的数据发送完毕。

接收方查询RI，当RI=1时，表明有一帧数据已被接收，程序控制读入已接收到的数据，RI清零后继续查询RI的状态，等待接收下一个数据，直到接收完所有数据。

采用可变波特率，方式1和方式3查询方式串行通信流程如图15.11所示。

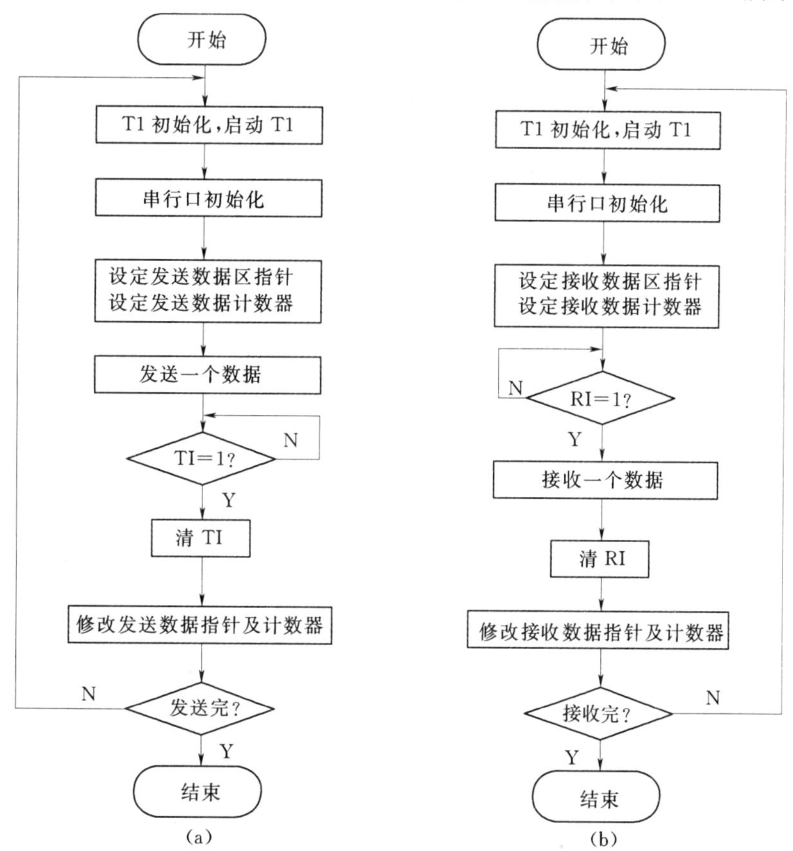

图15.11 串行通信查询方式流程图

(a) 查询发送；(b) 查询接收

15.2.5.2　中断方式程序设计流程

在中断开放的前提下，串行通信可以采用中断方式编程。对于发送程序，首先发送一个数据，等待 TI 中断，在中断服务程序中清除 TI 中断标志，再发送下一个数据，直到所有数据发送完毕；对于接收程序，当 RI 中断被响应后，在接收中断服务程序中接收一个数据，然后清除中断标志，等待下一次接收中断，直到所有数据接收完毕。

采用中断方式串行发送和接收的典型程序流程如图 15.12 和图 15.13 所示。

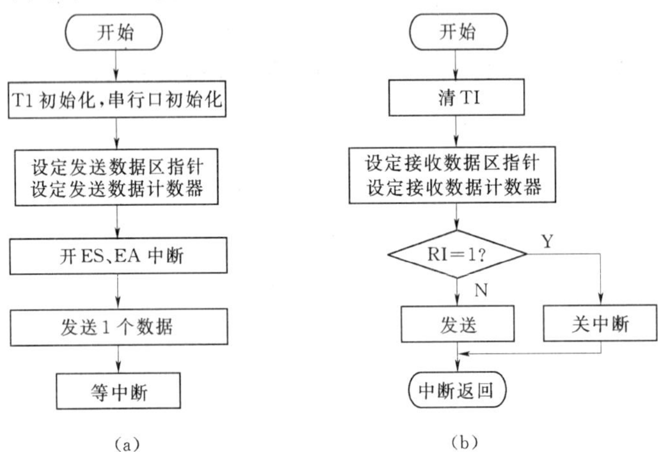

图 15.12　串行通信中断方式发送流程图

(a) 主程序；(b) 中断服务程序

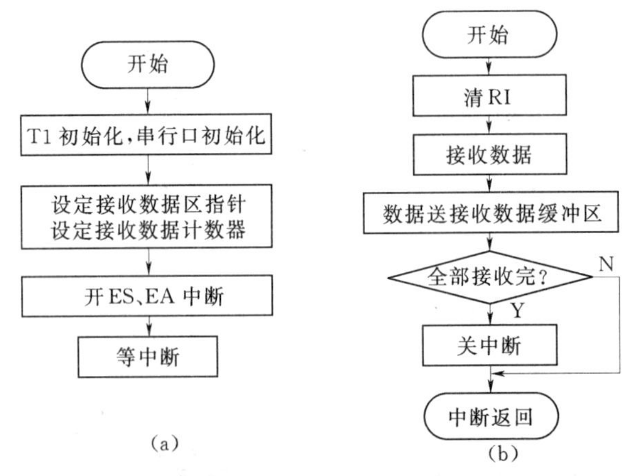

图 15.13　串行通信中断方式接收流程图

(a) 主程序；(b) 中断服务程序

15.3　ModBus 通信技术在智能化仪器仪表中的应用

目前，应用于智能化仪器仪表互连的总线形式有很多，在 CAN、FF、Profibus、ModBus 等众多的现场总线中，ModBus 是国内外仪器仪表厂商普遍支持的一种工业总线标准和协议。本节从应用的角度出发，探讨 ModBus 总线的特点和在智能化仪器仪表中实

现 ModBus 通信的方法。

15.3.1 ModBus 及其特点

15.3.1.1 ModBus 及其特点

ModBus 是由原 Modicon 公司（现 Shneider 公司）推出的一种开放式串行通信总线协议，由于得到众多仪表厂家的支持，正在成为智能化仪器仪表的现实工业标准。目前，多数智能化仪器仪表已利用该协议向用户提供通信接口。随着仪表和通信技术的发展，ModBus 总线技术也由标准型（Standard ModBus）发展到增强型（ModBus Plus，即MB+）。

Modbus 是一种串行异步通信协议，该协议是应用于电子控制器上的一种通用语言。通过此协议，控制器相互之间、控制器经由网络和其他设备之间可以通信，不同厂商生产的控制设备可以连成工业网络，进行集中监控。

Modbus 总线不需要特别的物理接口，支持传统的 RS-232C、RS-422A 、RS-485 和 Ethernet 标准接口，在智能化仪器仪表中使用的典型物理接口是 RS-485。

Modbus 总线协议定义了一个控制器能认识和使用的消息结构，而不管它们是经过何种网络进行通信的。它描述了控制器请求访问其他设备的过程、如何回应来自其他设备的请求，以及怎样检测错误并记录。制定了消息域格局和内容的公共格式。

ModBus 总线具有以下特点。

1. 标准、开放、免费

ModBus 串行总线协议是一个标准和开放的总线协议，用户可以免费、放心地使用，不用缴纳许可证费用，也不会侵犯知识产权。

2. 面向报文式结构，支持多种电气接口

ModBus 协议可以在各种通信介质上传送，如双绞线、光缆、无线射频等。与其他很多现场总线相比较，ModBus 的传输不需要专用的芯片和硬件，完全可以采用市售的标准器件实现，如采用 RS-232C、RS-485 等器件和微处理器便可构成基于 ModBus 总线的产品，可以有效地降低产品成本，是智能化仪器仪表组网的首选总线形式。

3. ModBus 的信息帧格式简单、紧凑

标准 ModBus 采用多节点主从式通信方式，信息帧结构简单紧凑，通俗易懂，用户使用容易，厂商开发简单。

4. 采用 ModBus 与 PLC 通信灵活方便

由于 ModBus 本身是 PLC 制造商 Modicon 公司推出的，协议本身具有 PLC 化的倾向，如在其功能代码中使用了诸如读线圈、写线圈等 PLC 术语，因此，采用 ModBus 与 PLC 通信具有方便灵活的特点。

15.3.1.2 ModBus 网络体系结构

标准 Modbus 接口采用的是 RS-232C 兼容的串行接口，它定义了连接口的针脚、电缆、信号位、传输波特率、奇偶校验等。

ModBus 是一个请求应答协议，并且提供功能码规定的服务。ModBus 控制器采用主-从方式进行通信，即由主设备启动和初始化传输过程，其他设备均为从设备。从设备根据

主设备的指令提供的数据作出相应反应。主设备可以单独和从设备通信，也可以广播方式和所有从设备通信。如果单独通信，从设备返回消息作为回应，如果是以广播方式发送的，则不做任何回应。ModBus 协议建立了主设备查询的格式。

设备（或广播）地址　功能代码　所有要发送的数据　错误检测域

从设备回应消息也由 ModBus 协议构成，包括确认要行动的域、任何要返回的数据和错误检测域。如果在消息接收过程中发生错误，或从设备不能执行其命令，从设备将建立错误消息并把它作为回应发送出去。

ModBus 协议可以方便地在各种网络体系结构内进行通信，如图 15.14 所示。

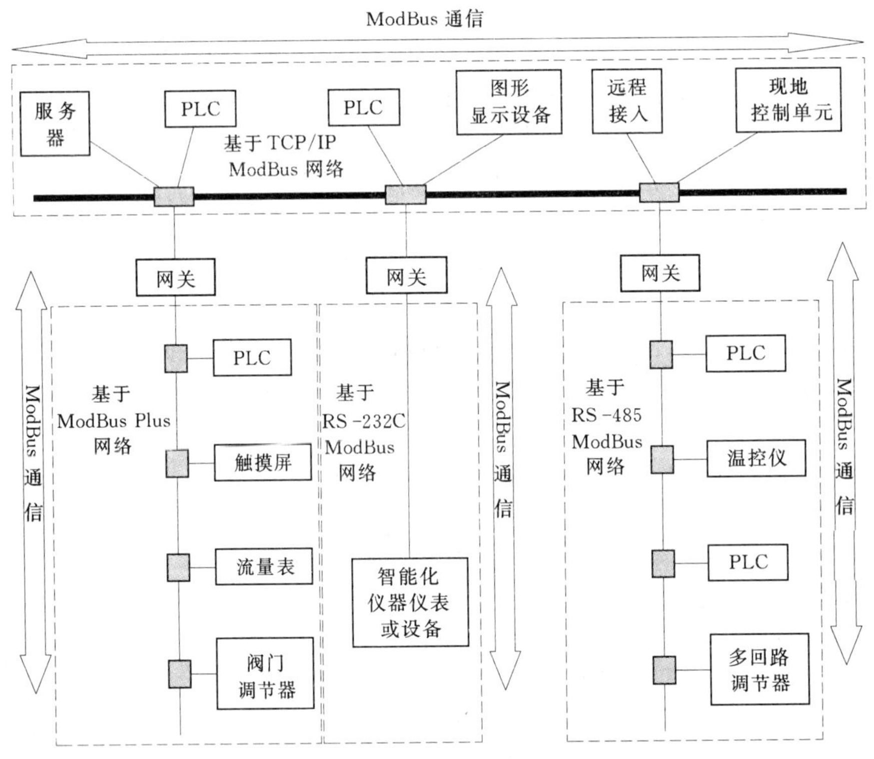

图 15.14　ModBus 网络体系结构示例

图 15.14 中的各种设备，如阀门调节器、温控仪、触摸屏等都属于基于 ModBus 的智能化仪器仪表，用 ModBus 协议来启动远程操作。同样的通信能够在基于串行链路和以太网 TCP/IP 的网络上进行。通过网关能够实现在各种使用 ModBus 协议的总线或网络之间的通信。

15.3.2　ModBus 信息传输方式

ModBus 定义了两种串行传输模式：RTU 模式和 ASCII 模式。各互连的 ModBus 设备只有处于同一通信模式下才能进行互操作。RTU 模式在支持 ModBus 的智能化仪器仪表和 PLC 等设备中得到了广泛的应用，下面重点以 RTU 模式为主加以说明。

15.3.2.1 ModBus RTU 传输模式

ModBus 以报文的形式传输信息。报文是网络中交换与传输的数据单元，报文包含了将要发送的完整的数据信息，也是网络传输的单位，传输过程中会不断地封装成分组、包、帧来传输，封装的方式就是添加一些信息段，这些字段就是报文头。

RTU（Remote Terminal Unit）即远程终端模式，这种模式的典型报文格式如下。

地址	功能代码	数据 1	…	数据 n	CRC 高字节	CRC 低字节
1B	1B	0～252B			1B	1B

报文中每个 8 位字节包含有两个十六进制字符。这种模式的主要优点是有较高的字符密度，在相同的波特率下，比 ASCII 模式有更高的数据吞吐量。在信息传输过程中，必须以连续的字符流传输每个报文。

RTU 模式中，每个字节由 11 位组成，包括 1 个起始位、8 个数据位、1 个奇偶校验位和 1 个停止位，格式如下。

起始	D0	D1	D2	D3	D4	D5	D6	D7	校验	停止

如果采用无校验格式，则校验位位置用停止位填充。最大的 ModBus RTU 报文长度为 256 字节。

传送设备将 ModBus 报文放置在带有已知起始和结束点的帧中。这就允许接收新帧的设备在报文的起始处开始接收，并且知道报文传输何时结束。

在 RTU 模式中，每条报文前至少需要 3.5 个字符时间的空闲间隔将各报文区分开来，添加了这 3.5 个字符间隔的报文序列，构成 ModBus RTU 的报文帧，如图 15.15 所示。

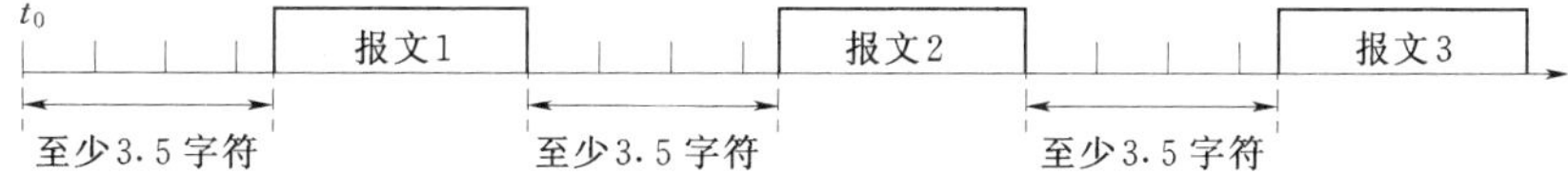

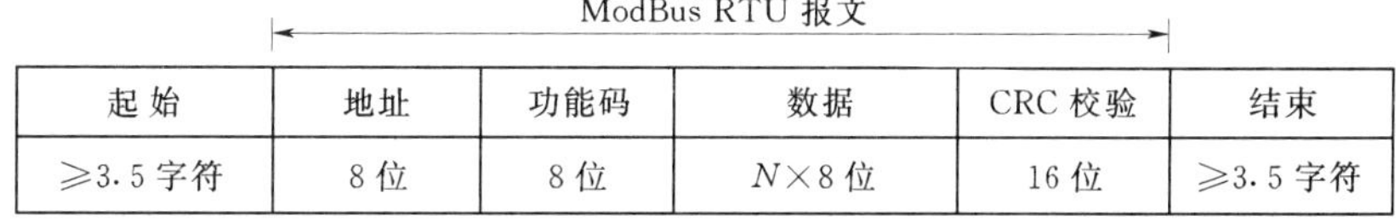

起始	地址	功能码	数据	CRC 校验	结束
≥3.5 字符	8 位	8 位	$N\times8$ 位	16 位	≥3.5 字符

图 15.15 ModBus RTU 报文帧结构

在每个报文的传输过程中，必须以连续的字符流发送报文内容，如果两个字符之间的空闲间隔大于 1.5 个字符时间，那么认为此报文不完整，接收方接收到不完整的报文，将做被丢弃处理，不完整的报文如图 15.16 所示。

在进行 ModBus RTU 模式程序设计时必须严格遵守这些时间要求和规定，否则将造成发送和接受的失败。

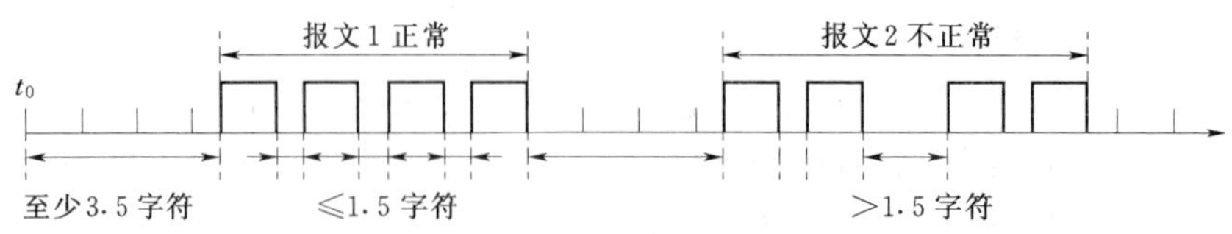

图 15.16　ModBus RTU 报文内时间间隔

15.3.2.2　ModBus ASCII 传输模式

当使用 ASCII（美国信息交换标准代码）模式进行 ModBus 串行通信时，用两个 ASCII 字符发送报文中的一个 8 位字节。这种通信方式一般只有在设备不支持 ModBus RTU 模式时才采用，ASCII 模式的报文帧如下。

起始符	地址	功能代码	数据 1	…	数据 n	LRC 校验	结束符
1 个字符	2 个字符	2 个字符	0～252 字符			2 个字符	2 个字符

在 ASCII 模式中，用“:”（其 ASCII 码的十六进制值为 3A）作为起始符，用“回车换行”（CRLF）（其 ASCII 码的十六进制值为 0D 和 0A）作为结束符。接收设备不断地监测总线上的“:”字符，当收到这个字符后，每个设备都接收报文的地址代码，地址相匹配的设备接收后续字符，直到接收到结束符为止。

在 ASCII 模式中，允许报文中字符的时间间隔达到 1s。如果出现更大的间隔，则正在接收的设备会认为出现了错误。

ASCII 模式中，每个字节由 10 位组成，包括 1 个起始位、7 个数据位、1 个奇偶校验位和 1 个停止位，格式如下。

起始	D0	D1	D2	D3	D4	D5	D6	校验	停止

如果采用无校验格式，则校验位位置用停止位填充。最大的 ModBus RTU 报文长度为 256 字节。

由于 ModBus ASCII 模式在智能化仪器仪表组网通信中使用的较少，这里不再占用过多的篇幅介绍。

15.3.3　ModBus 差错校验方法

标准 ModBus 通信采用了字符校验和帧校验两种数据校验方法来保证串行通信的可靠性。字符校验采用奇偶校验方式，帧校验采用 CRC 和 LRC 校验方式。

15.3.3.1　奇偶校验

奇偶校验是一种校验代码传输正确性的方法。根据被传输的一组二进制代码的数位中“1”的个数是奇数或偶数来进行校验。采用奇数的称为奇校验，反之，称为偶校验。采用何种校验是事先规定好的。通常专门设置一个奇偶校验位，用它使这组代码中“1”的个数为奇数或偶数。若用奇校验，则当接收端收到这组代码时，校验“1”的个数是否为奇

数，从而确定传输代码的正确性。

例如：如果 RTU 模式某一字符帧中包含的 8 个数据位是 11000101。这个字符帧中为“1”的位的总数为 4。如果使用偶校验，帧的奇偶位为 0，才能使为 1 的位数的总数仍然为偶数（4）；如果使用奇校验，这个字符帧的奇偶位为 1，才能使为 1 的位的总数为奇数（5）。

在 ModBus 通信中，发送方生成奇偶校验位附加在报文体中，接收方接收每个字符时都计算字符数据中为“1”的位的总数（ASCII 模式有 7 个数据位，RTU 模式有 8 个数据位），然后按照奇校验或偶校验的约定，对数据传输错误进行判断。

需要说明的是，奇偶校验智能检测到传输过程中一个字符帧中增加或丢失奇数个数据位的错误。例如，如果采用奇校验方式，某一字符帧含有 3 个为 1 的数据位，如果丢失了 2 个为 1 的数据位，那么结果仍然为奇数个为 1 的位。显然奇偶校验方式对于丢失 2 个数据位是无法正确判断的。

15.3.3.2 CRC 和 LRC 校验

1. CRC 校验

CRC 即循环冗余校验，是数据通信领域中最常用的一种差错校验方法，其特征是信息字段和校验字段的长度可以任意选定。

生成 CRC 码的基本原理是：任意一个由二进制位串组成的代码都可以和一个系数仅为“0”和“1”取值的多项式一一对应。例如：代码 1010111 对应的多项式为 $x^6+x^4+x^2+x^1+1$，而多项式 $x^5+x^3+x^2+x^1+1$ 对应的代码为 101111。

CRC 包含两个字节，是一个 16 位的二进制值。它由发送方计算后加入到报文中。接收方重新计算收到报文的 CRC，并与接收到的 CRC 值比较，如果两值不同，则传输有误。

CRC 的生成过程是：通过对一个 16 位寄存器预装载全 1 来启动 CRC 计算。然后，开始将后续报文中的 8 位字节与当前寄存器中的内容进行计算。仅每个字符中的 8 位数据位对 CRC 有效，起始位、停止位和奇偶校验位不参加 CRC 计算。

CRC 产生过程中，每个 8 位字符都单独和寄存器内容相异或（XOR），结果向最低有效位方向移动，最高有效位以 0 填充。LSB 被提取出来检测，如果 LSB 为 1，寄存器单独和预置的值异或；如果 LSB 为 0，则不进行异或操作。整个过程要重复 8 次。当最后一位（第 8 位）完成后，下一个 8 位字节又单独和寄存器的当前值相异或，最终寄存器中的值，就是 CRC 值。

下面的程序段是根据 CRC 生成原理编写的 CRC 生成函数，这里使用了全局变量 crcr、crcrL 和 crcrH，其中 crcr 为 16 位的预装载 CRC 寄存器，crcrL 和 crcrH 分别为生成的 CRC 的低 8 位和高 8 位。程序中的 commseg 数组用于存放接收到的报文数据，其数组元素个数需要根据报文长度来确定，commseg［0］为数据字节数。0xa001 是智能化仪器仪表 ModBus 通信中常用的固定预置码。

```
unsigned char crcrL,crcrH;           //CRC 低 8 位和高 8 位变量定义
unsigned char commseg[18];           //报文数据存储数组定义,长度视需要而定
unsigned int crcr;                   //16 位 CRC 预装载寄存器定义
```

```
void modbus_crc(void)                      //CRC 计算函数
{unsigned char i,j;                        //循环变量定义
crcr=0xffff;                               //CRC 寄存器初值
for(i=1;i<=commseg[0];i++)                 //按报文数据字节循环
  {crcr=crcr^commseg[i];                   //8 位数据与 0xffff 异或,结果存于 crcr 中
  for(j=1;j<=8;j++)                        //循环移位处理
    {                                      //for 循环开始
    if(crcr&1)                             //检测最低位是否为 1
      crcr=(crcr>>1)^0xa001;               //最低位为 1,将 CRC 寄存器与多项式 0xa001 异或
    else                                   //最低位为 0
      crcr=crcr>>1;                        //不进行异或预算,再次移位
    }                                      //8 次移位结束
  }                                        //所有数据字节处理完毕
  crcrL=(char)(crcr&0x00ff);               //获取 CRC 低 8 位
  crcrH=(char)(crcr>>8);                   //获取 CRC 高 8 位
}
```

上述计算方法占用 CPU 时间较多，为了提高 CPU 效率，也可以采用查表法来求取 CRC 值。这种方法的实质是将所有可能的 CRC 值都预先装入两个数组中，伴随着函数对数据的处理来简单地索引这些数组。一个数组含有 CRC 高位字节的所有 256 个可能的 CRC 值，另一个数组含有低位字节的所有可能的 CRC 值。

```
unsigned short CRC(puchMsg, usDataLen)     //查表法 CRC 计算函数
unsigned char * puchMsg ;                  //要进行 CRC 校验的报文数据指针
unsigned short usDataLen ;                 //报文数据字节数
{                                          //函数开始
  unsigned char uchCRCHi = 0xFF ;          //CRC 高位字节初始化
  unsigned char uchCRCLo = 0xFF ;          //CRC 低位字节初始化
  unsigned uIndex ;                        // CRC 循环中索引变量
  while (usDataLen--)                      //按数据字节数循环
  {                                        //循环开始
  uIndex = uchCRCHi ^ * puchMsgg++ ;       //计算 CRC
  uchCRCHi = uchCRCLo ^ auchCRCHi[uIndex} ;
  uchCRCLo = auchCRCLo[uIndex] ;
  }
  return (uchCRCHi << 8 uchCRCLo) ;        //返回 CRC 值
}                                          //函数结束
  /************************* CRC 高位字节值表 **********************************/
static unsigned char auchCRCHi[] = {
  0x00,0xC1,0x81,0x40,0x01,0xC0,0x80,0x41,0x01,0xC0,0x80,0x41,0x00,0xC1,0x81,0x40,0x01,0xC0,0x80,
  0x41,0x00,0xC1,0x81,0x40,0x00,0xC1,0x81,0x40,0x01,0xC0,0x80,0x41,0x01,0xC0,0x80,0x41,0x00,0xC1,
  0x81,0x40,0x00,0xC1,0x81,0x40,0x01,0xC0,0x80,0x41,0x00,0xC1,0x81,0x40,0x01,0xC0,0x80,0x41,0x01,
  0xC0,0x80,0x41,0x00,0xC1,0x81,0x40,0x01,0xC0,0x80,0x41,0x00,0xC1,0x81,0x40,0x00,0xC1,0x81,0x40,
  0x01,0xC0,0x80,0x41,0x00,0xC1,0x81,0x40,0x01,0xC0,0x80,0x41,0x01,0xC0,0x80,0x41,0x00,0xC1,0x81,
  0x40,0x00,0xC1,0x81,0x40,0x01,0xC0,0x80,0x41,0x01,0xC0,0x80,0x41,0x00,0xC1,0x81,0x40,0x01,0xC0,
```

```
    0x80,0x41,0x00,0xC1,0x81,0x40,0x00,0xC1,0x81,0x40,0x01,0xC0,0x80,0x41,0x01,0xC0,0x80,0x41,0x00,
    0xC1,0x81,0x40,0x00,0xC1,0x81,0x40,0x01,0xC0,0x80,0x41,0x00,0xC1,0x81,0x40,0x01,0xC0,0x80,0x41,
    0x01,0xC0,0x80,0x41,0x00,0xC1,0x81,0x40,0x00,0xC1,0x81,0x40,0x01,0xC0,0x80,0x41,0x01,0xC0,0x80,
    0x41,0x00,0xC1,0x81,0x40,0x01,0xC0,0x80,0x41,0x00,0xC1,0x81,0x40,0x00,0xC1,0x81,0x40,0x01,0xC0,
    0x80,0x41,0x00,0xC1,0x81,0x40,0x01,0xC0,0x80,0x41,0x01,0xC0,0x80,0x41,0x00,0xC1,0x81,0x40,0x01,
    0xC0,0x80,0x41,0x00,0xC1,0x81,0x40,0x00,0xC1,0x81,0x40,0x01,0xC0,0x80,0x41,0x01,0xC0,0x80,0x41,
    0x00,0xC1,0x81,0x40,0x00,0xC1,0x81,0x40,0x01,0xC0,0x80,0x41,0x00,0xC1,0x81,0x40,0x01,0xC0,0x80,
    0x41,0x01,0xC0,0x80,0x41,0x00,0xC1,0x81,0x40};
    /**************************** CRC 低位字节值表 ****************************/
static char auchCRCLo[] = {
    0x00,0xC0,0xC1,0x01,0xC3,0x03,0x02,0xC2,0xC6,0x06,0x07,0xC7,0x05,0xC5,0xC4,0x04,0xCC,0x0C,0x0D,
    0xCD,0x0F,0xCF,0xCE,0x0E,0x0A,0xCA,0xCB,0x0B,0xC9,0x09,0x08,0xC8,0xD8,0x18,0x19,0xD9,0x1B,
    0xDB,0xDA,0x1A,0x1E,0xDE,0xDF,0x1F,0xDD,0x1D,0x1C,0xDC,0x14,0xD4,0xD5,0x15,0xD7,0x17,0x16,
    0xD6,0xD2,0x12,0x13,0xD3,0x11,0xD1,0xD0,0x10,0xF0,0x30,0x31,0xF1,0x33,0xF3,0xF2,0x32,0x36,0xF6,
    0xF7,0x37,0xF5,0x35,0x34,0xF4,0x3C,0xFC,0xFD,0x3D,0xFF,0x3F,0x3E,0xFE,0xFA,0x3A,0x3B,0xFB,
    0x39,0xF9,0xF8,0x38,0x28,0xE8,0xE9,0x29,0xEB,0x2B,0x2A,0xEA,0xEE,0x2E,0x2F,0xEF,0x2D,0xED,
    0xEC,0x2C,0xE4,0x24,0x25,0xE5,0x27,0xE7,0xE6,0x26,0x22,0xE2,0xE3,0x23,0xE1,0x21,0x20,0xE0,0xA0,
    0x60,0x61,0xA1,0x63,0xA3,0xA2,0x62,0x66,0xA6,0xA7,0x67,0xA5,0x65,0x64,0xA4,0x6C,0xAC,0xAD,
    0x6D,0xAF,0x6F,0x6E,0xAE,0xAA,0x6A,0x6B,0xAB,0x69,0xA9,0xA8,0x68,0x78,0xB8,0xB9,0x79,0xBB,
    0x7B,0x7A,0xBA,0xBE,0x7E,0x7F,0xBF,0x7D,0xBD,0xBC,0x7C,0xB4,0x74,0x75,0xB5,0x77,0xB7,0xB6,
    0x76,0x72,0xB2,0xB3,0x73,0xB1,0x71,0x70,0xB0,0x50,0x90,0x91,0x51,0x93,0x53,0x52,0x92,0x96,0x56,
    0x57,0x97,0x55,0x95,0x94,0x54,0x9C,0x5C,0x5D,0x9D,0x5F,0x9F,0x9E,0x5E,0x5A,0x9A,0x9B,0x5B,0x99,
    0x59,0x58,0x98,0x88,0x48,0x49,0x89,0x4B,0x8B,0x8A,0x4A,0x4E,0x8E,0x8F,0x4F,0x8D,0x4D,0x4C,0x8C,
    0x44,0x84,0x85,0x45,0x87,0x47,0x46,0x86,0x82,0x42,0x43,0x83,0x41,0x81,0x80,0x40 } ;
```

2. LRC 校验

LRC 即纵向冗余校验，主要应用在 ModBus 的 ASCII 传输模式中。LRC 的计算比较简单，就是将报文中的所有数据字节进行丢弃进位的连续累加，结果仍是一个 8 位的二进制数，可应用的 LRC 计算函数如下。

```
static unsigned char LRC(auchMsg,usDataLen)
unsigned char * auchMsg ;                          //要进行计算的报文数据指针
unsigned short usDataLen ;                         // LRC 要处理的字节数量
{   unsigned char uchLRC = 0 ;                     // LRC 字节初始化
    while (usDataLen--)                            //按数据字节数循环
    uchLRC += *auchMsg++ ;                         //无进位累加
    return ((unsigned char)(-((char)uchLRC))) ;    //返回计算结果二进制补码
}                                                  //函数结束
```

15.3.4 ModBus 协议功能

ModBus 网络是工业通信系统，由可编程序控制器、计算机或其他智能化仪器仪表通

过公用线路或局部专用线路连接而成，其系统结构既包括硬件，也包括软件。它可应用于各种数据采集和过程监控。

ModBus 包括三类功能码，即公共功能码、用户定义功能码和保留功能码。其中公共功能码被确切地定义了功能，具有唯一性和一致性，也是各仪器仪表厂商所共同遵守的。表 15.7 给出了 ModBus 的公共功能码定义。

表 15.7　　ModBus 功能码说明

功能码	名　称	作　用
01	读取线圈状态	取得一组逻辑线圈的当前状态（ON/OFF）
02	读取输入状态	取得一组开关输入的当前状态（ON/OFF）
03	读取保持寄存器	在一个或多个保持寄存器中取得当前的二进制值
04	读取输入寄存器	在一个或多个输入寄存器中取得当前的二进制值
05	强置单线圈	强置一个逻辑线圈的通断状态
06	预置单寄存器	把具体二进制值装入个保持寄存器
07	读取异常状态	取得 8 个内部线圈的通断状态，这 8 个线圈的地址由控制器决定，用户逻辑可以将这些线圈定义，以说明从机状态
08	回送诊断校验	把诊断校验报文送从机，以对通信处理进行评鉴
09	编程	PLC 专用功能码
10	控询	PLC 专用功能码
11	读取事件计数	可使主机发出单询问，并随即判定操作是否成功
12	读取通信事件记录	可使主机检索每台从机的 ModBus 事务处理通信事件记录。如果某项事务处理完成，记录会给出有关错误
13	编程	PLC 专用功能码
14	探询	PLC 专用功能码
15	强置多线圈	强置数个连续逻辑线圈的通断
16	预置多寄存器	把具体的二进制值装入数个连续的保持寄存器
17	报告从机标识	可使主机判断编址从机的类型及运行的状态
18		PLC 专用功能码
19	重置通信链路	发生非可修改错误后，使从机复位于已知状态
20	读取通用参数	PLC 专用功能码
21	写入通用参数	PLC 专用功能码
22～64	保留	作扩展功能备用
65～72	保留	留作用户功能的扩展编码
73～119		非法功能
120～127	保留	内部使用
128～255	保留	留作异常应答

15.4 短距离无线通信技术简介

无线通信是利用电磁波信号可以在自由空间中传播的特性进行信息交换的一种通信方式，近些年信息通信领域中，发展最快、应用最广的就是无线通信技术。

无线通信技术给人们带来的影响是无可争议的。如今每一天大约有15万人成为新的无线用户，全球范围内的无线用户数量目前已经超过2亿。

无线传感网络技术是典型的具有交叉学科性质的军民两用战略高技术，可以广泛应用于军事、国家安全、环境科学、交通管理、灾害预测、医疗卫生、制造业、城市信息化建设等领域。无线传感网络是由许许多多功能相同或不同的微型智能化仪器节点组成的，每一个节点都由微处理器模块、数据采集模块、数据处理模块、无线通信模块和电源模块等组成。近年来，微电子机械加工技术的发展为传感器的微型化提供了可能，微处理器技术的发展促进了传感器的智能化，传统的传感器正逐步实现微型化、智能化、信息化、网络化，正经历着一个从传统传感器到智能传感器，再到嵌入式Web传感器的内涵不断丰富的发展过程。

2005年11月17日，国际电信联盟又正式提出了“物联网”(The Internet of things)的概念。通俗地讲，物联网就是“物物相连的互联网”，主要包含两层意思：第一，物联网的核心和基础仍然是互联网，是在互联网基础上的延伸和扩展的网络；第二，其用户端延伸和扩展到了任何物品与物品之间进行信息交换和通信。物联网的确切定义是：通过射频识别(RFID)、红外感应器、全球定位系统、激光扫描器等信息传感设备，按约定的协议，把任何物品与互联网连接起来，进行信息交换和通信，以实现智能化识别、定位、跟踪、监控和管理的一种网络。

“物联网”颠覆了人类之前物理基础设施和IT基础设施截然分开的传统思维，将具有自我标识、感知和智能的物理实体基于通信技术有效连接在一起，使得政府管理、生产制造、社会管理，以及个人生活实现互联互通，被称为继计算机、互联网之后，世界信息产业的第三次浪潮。

显然，要想构成物与物相连的物联网，不可能靠有线通信来实现，因此，物联网的底层技术便是智能化仪器与无线通信技术的有机结合。

15.4.1 常用短距离无线通信技术特点

短距离无线通信技术范围很广，一般意义上，只要通信收发双方通过无线电波传输信息，并且传输距离限制在较短的范围内，通常是几十米至几百米范围以内，就可以称为短距离无线通信。相对于远距离通信，短距离无线通信技术具有如下主要特征。

(1) 低成本是短距离无线通信的客观要求，因为各种通信终端的产销量都很大，要提供终端间的直通能力，没有足够低的成本是很难推广的。

(2) 低功耗是相对其他无线通信技术而言的一个特点，这与其通信距离短这个特点有关，由于传播距离近，发射功率普遍相对较低。

(3) 协议相对简单也是短距离无线通信的特征，有别于基于网络基础设施的无线通信技术。短距离通信终端之间采取对等通信，无须网络设备进行中转，因此空中接口设计和高层协议都相对比较简单。

目前，在智能化仪器仪表中常用的短距离无线通信技术有如下几种。

15.4.1.1　Wi-Fi (IEEE 802.11)

Wi-Fi (Wireless Fidelity) 即无线保真的缩写，曾被视为科技业余爱好者的玩具，但现在已开始崭露头角，成为互联网领域的一支重要力量。Wi-Fi技术与蓝牙技术一样，同属于在办公室和家庭中使用的短距离无线技术。该技术使用空闲的2.4GHz附近的频段，该频段目前尚属不用许可的无线频段。目前Wi-Fi可使用的标准有两个，分别是IEEE802.11a和IEEE802.11b，Wi-Fi技术突出的优势在于以下方面。

(1) 无线电波的覆盖范围广，基于蓝牙技术的电波覆盖范围非常小，半径大约只有15m左右，而Wi-Fi的半径则可达100m左右，办公室自不用说，就是在整栋大楼中也可使用。

(2) 虽然由Wi-Fi技术传输的无线通信质量不是很好，数据安全性能比蓝牙技术差一些，传输质量也有待改进，但传输速度非常快，可以达到11Mbps，符合个人和社会信息化的需求。

(3) 厂商进入该领域的门槛比较低。厂商只要在机场、车站、咖啡店、图书馆等人员较密集的地方设置"热点"，并通过高速线路将因特网接入上述场所。这样，由于"热点"所发射出的电波可以达到距接入点半径数十米至100m的地方，用户只要将支持无线LAN的笔记本电脑或PDA拿到该区域内，即可高速接入因特网。也就是说，厂商不用耗费资金来进行网络布线接入，从而节省了大量的成本。

15.4.1.2　超宽带通信UWB

UWB (Ultral WideBand) 是超宽带无线技术的缩写。UWB技术是一种使用1GHz以上带宽的无线通信技术，其通信速度可以达到几百Mbps以上。UWB的特点在于不使用载波，只在需要时发送出脉冲电波，因而大大减少了耗电量。UWB之所以能实现高速数据传输，正是因为这种脉冲的宽度能控制在1ns以下，但相对需要很宽的频带。

目前UWB还处于协议的标准制定阶段，但基于UWB的特点，它主要用于高速的数据传输，如数字家庭、高速流媒体传输上。UWB和Wi-Fi的定位并不完全一样，Wi-Fi的主要应用是让笔记本电脑接入互联网上，而UWB则更强调取代打印机、硬盘、机顶盒、手机、笔记本电脑、电视、音响系统之间的有线连接。UWB可以通过与USB、1394火线、高清晰多媒体接口等的"嫁接"，生产出"无线USB"、"无线1394"等产品。

15.4.1.3　近场通信NFC

NFC (Near Field Communication) 即近距离无线通信的缩写。由飞利浦公司和索尼公司共同开发，NFC是一种非接触式识别和互联技术，可以在移动设备、消费类电子产品、PC和智能控件工具间进行近距离无线通信。NFC提供了一种简单、触控式的解决方案，可以让消费者简单直观地交换信息、访问内容与服务。与RFID一样，NFC也是工作于13.56MHz频率，信息也是通过频谱中无线频率部分的电磁感应耦合方式传递，但两者之间还是存在很大的区别。首先，NFC是一种提供轻松、安全、迅速通信的无线连

接技术，其传输范围比 RFID 小，RFID 的传输范围可以达到几米、甚至几十米，但由于 NFC 采取了独特的信号衰减技术，相对于 RFID 来说，NFC 具有距离近、带宽高、能耗低等特点。其次，NFC 与现有非接触智能卡技术兼容，目前已经成为得到越来越多主要厂商支持的正式标准。第三，NFC 是一种近距离连接协议，提供各种设备间轻松、安全、迅速而自动的通信。与无线世界中的其他连接方式相比，NFC 是一种近距离的私密通信方式。第四，RFID 更多地被应用在生产、物流、跟踪、资产管理上，而 NFC 则在门禁、公交、手机支付等领域内发挥着巨大的作用。

15.4.1.4 蓝牙通信 BlueTooth

蓝牙是一种支持设备短距离通信（一般 10m 以内）的无线通信技术，能在包括移动电话、PDA、无线耳机、笔记本电脑、相关外设等众多设备之间进行无线信息交换。利用“蓝牙”技术，能够有效地简化移动通信终端设备之间的通信，也能够成功地简化设备与 Internet 之间的通信，从而使数据传输变得更加迅速高效，为无线通信拓宽了道路。蓝牙采用分散式网络结构以及快跳频和短包技术，支持点对点及点对多点通信，工作在全球通用的 2.4GHz ISM（即工业、科学、医学）频段，其数据速率为 1Mbps，采用时分双工传输方案实现全双工传输。

蓝牙技术是一项即时技术，它不要求固定的基础设施，且易于安装和设置，不需要电缆即可实现连接。近年来蓝牙技术得到了空前广泛的应用，集成该技术的产品从手机、汽车到医疗设备，使用该技术的用户从消费者、工业市场到企业等等，不一而足。低功耗、小体积以及低成本的芯片解决方案，使得蓝牙技术甚至可以应用于极微小的设备中。

15.4.1.5 红外线数据通信 IrDA

IrDA（Infrared Data Association）即红外数据协会的缩写，是一种低成本红外数据通信技术。IrDA 标准的无线设备传输速率已从 115.2kbps 逐步提高到 4Mbps、16Mbps。目前，支持它的软硬件技术都很成熟，在小型移动设备（如 PDA、手机和笔记本电脑等）上已被广泛使用，它具有移动通信所需的体积小、功耗低、连接方便、简单易用、成本低廉的特点。IrDA 只能在 2 台设备之间连接，并且存在有视距角等问题，因此，一般不会用于工业网络。

15.4.1.6 紫蜂通信 ZigBee

Zigbee（Zig Bee）在中国被译为“紫蜂”，它与蓝牙相类似，是一种新兴的短距离、低速率无线网络技术。这一名称来源于蜜蜂的八字舞，由于蜜蜂（Bee）是靠飞翔和“嗡嗡”（zig）地抖动翅膀的“舞蹈”来与同伴传递花粉所在方位信息，也就是说，蜜蜂依靠这样的方式构成了群体中的通信网络。ZigBee 的特点是近距离、低复杂度、自组织、低功耗、低数据速率、低成本、可靠性高、抗干扰能力强。主要适用于工业自动控制和远程控制领域，可以嵌入到各种智能化仪器仪表中。简单地说，ZigBee 就是一种便宜的、低功耗的近距离无线组网通信技术，主要用于传感控制和智能化仪器仪表中。

15.4.2 ZigBee 主要特点

15.4.2.1 ZigBee 的自身优势

相对于常见的无线通信标准，ZigBee 协议套件紧凑而简单，其具体实现的要求很低，例如 8 位微处理器 MCS－51 配置 32BK 的 ROM 就可以执行 ZigBee 协议。具体地说，ZigBee 技术具有如下特点。

1. 低功耗

在低耗电待机模式下，2 节 5 号干电池可支持 1 个节点工作 6～24 个月，甚至更长。这是 Zigbee 的突出优势。相比较，蓝牙能工作数周、Wi－Fi 可工作数小时。

2. 低成本

通过大幅简化协议，使 ZigBee 协议不到蓝牙的 1/10，降低了对通信控制器的要求。按预测分析，以 MCS－51 的 8 位微控制器测算，全功能的主节点需要 32KB 代码，子功能节点少至 4KB 代码，而且 Zigbee 免协议专利费，每块芯片的价格大约为 2 美元左右。

3. 低速率

Zigbee 工作在 20～250kbps 的较低速率下，分别提供 250kbps（2.4GHz）、40kbps（915 MHz）和 20kbps（868MHz）的原始数据吞吐率，满足低速率传输数据的智能化仪器仪表应用需求。

4. 短距离

ZigBee 通信的传输范围一般介于 10～100m 之间，在增加 RF 发射功率后，通信距离可增加到 1～3km，这指的是相邻节点间的距离。如果通过路由和节点间通信的接力，传输距离将可以更远。

5. 时延短

Zigbee 的响应速度较快，一般从睡眠转入工作状态只需 15ms，节点连接进入网络只需 30ms，进一步节省了电能。相比较，蓝牙需要 3～10s、WiFi 需要至少 3s。

6. 网络容量大

Zigbee 可采用星状、树状和网状网络结构，由一个主节点管理若干子节点。最多一个主节点可管理 254 个子节点，同时主节点还可由上一层网络节点管理，最多可组成 65000 个节点网络。

7. 安全性高

Zigbee 提供了三级安全模式，包括无安全设定、使用接入控制清单防止非法获取数据，以及采用高级加密标准的对称密码等，可以灵活地确定其安全属性。

8. 使用开放频段

ZigBee 采用直接序列扩频，工作在工业科学医疗（ISM）无需认证的免费频段上，其中 2.4GHz 适用于全球范围，915MHz 适用于美国，868MHz 适用于欧洲。

15.4.2.2　ZigBee 的自组织网络通信方式

ZigBee 采用了自组织网络技术，那么，什么是自组织网络技术呢？举一个简单的例子，当一队伞兵空降后，每人持有一个 ZigBee 网络模块终端，降落到地面后，只要他们彼此间在网络模块的通信范围内，通过彼此自动寻找，很快就可以形成一个互联互通的 ZigBee 网络。而且，由于人员的移动，彼此间的联络还会发生变化。因而，模块还可以通过重新寻找通信对象，确定彼此间的联络，对原有网络进行刷新，这就是自组织网。

在实际工业现场，由于各种原因，往往并不能保证每一个无线通道都能够始终畅通，就像城市的街道一样，可能因为车祸，道路维修等，使得某条道路的交通出现暂时中断，此时

由于我们有多个通道，车辆仍然可以通过其他道路到达目的地。而这一点对工业现场控制而言则非常重要。ZigBee 采用了动态路由技术，可以实时地规划到达目的地的通道路径。

所谓动态路由是指网络中数据传输的路径并不是预先设定的，而是传输数据前，通过对网络当时可利用的所有路径进行搜索，分析它们的位置关系以及远近，然后选择其中的一条路径进行数据传输。在我们的网络管理软件中，路径的选择使用的是“梯度法”，即先选择路径最近的一条通道进行传输，如传不通，再使用另外一条稍远一点的通路进行传输，以此类推，直到数据送达目的地为止。在实际工业现场，预先确定的传输路径随时都可能发生变化，或者因各种原因路径被中断了，或者过于繁忙不能进行及时传送。动态路由结合网状拓扑结构，就可以很好地解决这个问题，从而保证数据的可靠传输。

图 15.17 为典型的 ZigBee 网络结构图。

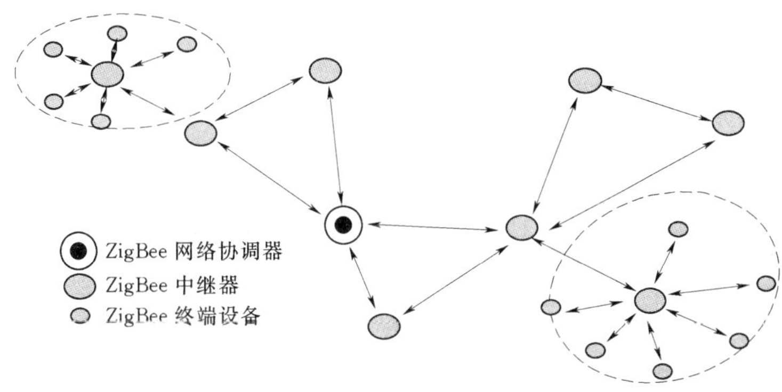

图 15.17 典型 ZigBee 网络结构

15.4.3 支持 ZigBee 技术的单片机 CC2430 简介

15.4.3.1 CC2430 内部结构

CC2430 单片机整合了 2.4GHz IEEE802.15.4/ZigBee RF 收发机和工业标准的增强型 MCS-51 单片机内核，能够满足以 ZigBee 为基础的 2.4GHz ISM 波段无线应用，及对低成本、低功耗的要求。

CC2430 在接收机传输模式下的电流消耗分别为 27mA 和 25mA，其睡眠模式及其与工作模式间具有超短的激活转换时间，这使得 CC2430 成为针对超长电池使用寿命应用的理想解决方案。CC2430 可用于 ZigBee 协调器、路由器及终端设备，结合 ZigBee 协议栈后，CC2430 是目前市面上最具竞争力的 ZigBee 解决方案之一，也是智能化仪器仪表实现短距离无线通信具有较高性价比的首选器件。

CC2430 的内部结构框图如图 15.18 所示。

针对 ZigBee 协议栈、网络和应用软件的执行对微处理器处理能力的要求，CC2430 包含一个增强型工业标准的 MCS-51 微处理器内核，运行时钟为 32MHz。由于更快的执行时间和通过除去被浪费掉的总线状态的方式，使得使用标准 MCS-51 指令集的 CC2430 增强型 MCS-51 内核，具有 8 倍的标准 MCS-51 内核的性能。CC2430 主要由如下功能块组成。

(1) CC2430 内部包含一个 DMA 控制器。

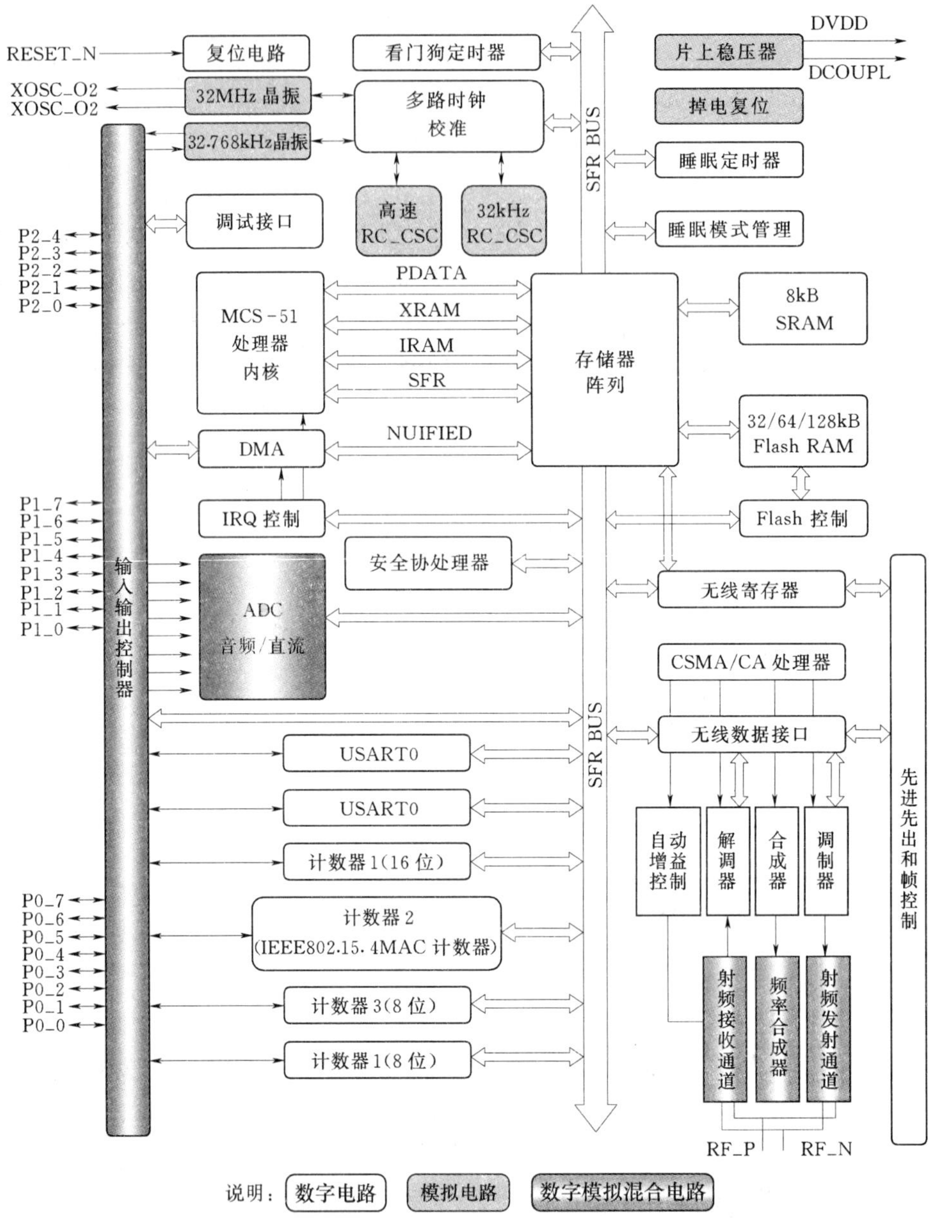

图 15.18　CC2430 内部结构框图

(2) 8kB 静态 RAM，其中 4kB 是超低功耗 SRAM。

(3) 32kB/64kB/128kB 可选的在线可编程片内 Flash RAM。

(4) 内部集成了 4 个振荡器用于系统时钟和定时操作，它们是：一个 32MHz 晶体振荡器，一个 16MHz RC 振荡器，一个可选的 32.768kHz 晶体振荡器和一个可选的 32.768kHz RC 振荡器。

(5) 内部集成了用于用户自定义应用的外设。

(6) 内部集成了一个 AES 协处理器，以支持 IEEE802.15.4 MAC 的安全运行，实现尽可能少的占用微处理器资源。

(7) 提供18个中断源，每个中断都被赋予4个中断优先级中的某一个。

(8) 调试接口采用两线串行接口，使用该接口可进行在线电路调试和Flash编程。

(9) 具有21个可灵活分配和可靠控制的一般I/O口。

(10) 内部包含四个定时器，其中一个是16位MAC定时器，用来为IEEE802.15.4的CSMA-CA算法提供定时以及为IEEE802.15.4的MAC层提供定时；另外还提供一个一般的16位和两个8位定时器，支持典型的定时/计数功能，例如，输入捕捉、比较输出和PWM等功能。

(11) 内部集成了实时时钟、上电复位电路、可编程看门狗电路。

(12) 内部集成8通道8～14位可选的ADC。

(13) 集成两个可编程USART通信接口，用于主/从SPI或UART操作。

(14) 为了更好地处理网络和应用操作的带宽，CC2430集成了大多数对定时要求严格的一系列IEEE802.15.4 MAC协议，以减轻微控制器的负担。主要包括以下方面。

1) 自动前导帧发生器。

2) 同步字插入/检测。

3) CRC-16校验。

4) 信号强度检测。

5) 连接品质指示。

6) CSMA/CA协处理器等。

15.4.3.2 CC2430引脚功能

CC2430芯片如图15.19所示，它采用7mm×7mm QLP封装形式，共有48个引脚。全部引脚可分为I/O口线引脚、电源引脚和控制引脚三类。

1. I/O端口线引脚

CC2430有21个可编程的I/O口，P0、P1口是完全的8位口，P2口只有5个可使用的位。通过软件设定一组SFR寄存器的位和字节，可使这些引脚作为通用的I/O口或作为连接ADC、计时器或USART部件的外围设备I/O口使用。

I/O口具有如下特性。

1) 可设置为通用I/O口，也可设置为外围I/O口。

2) 输入时有上拉和下拉能力，不需外接上拉或下拉电阻。

3) 全部21个I/O口都具有响应外部中断能力，需要注意的是，各I/O引脚的驱动能力上有差异，其中：①1～6脚（P1_2～P1_7），具有4mA输出驱动能力；②8、9脚（P1_0、P1_1），具有20mA的驱动能力；③11～18脚（P0_0～P0_7），具有4mA输出驱动能力；④3、44、45、46、48脚（P2_4、P2_3、P2_2、P2_1、P2_0），具有4mA输出驱动能力。

2. 电源引脚

7脚（DVDD），为I/O提供2.0～3.6V工作电压；

20脚（AVDD_SOC），为模拟电路连接2.0～3.6V的电压；

23脚（AVDD_RREG），为模拟电路连接2.0～3.6V的电压；

24脚（RREG_OUT），为25、27～31、35～40引脚端口提供1.8V的稳定电压；

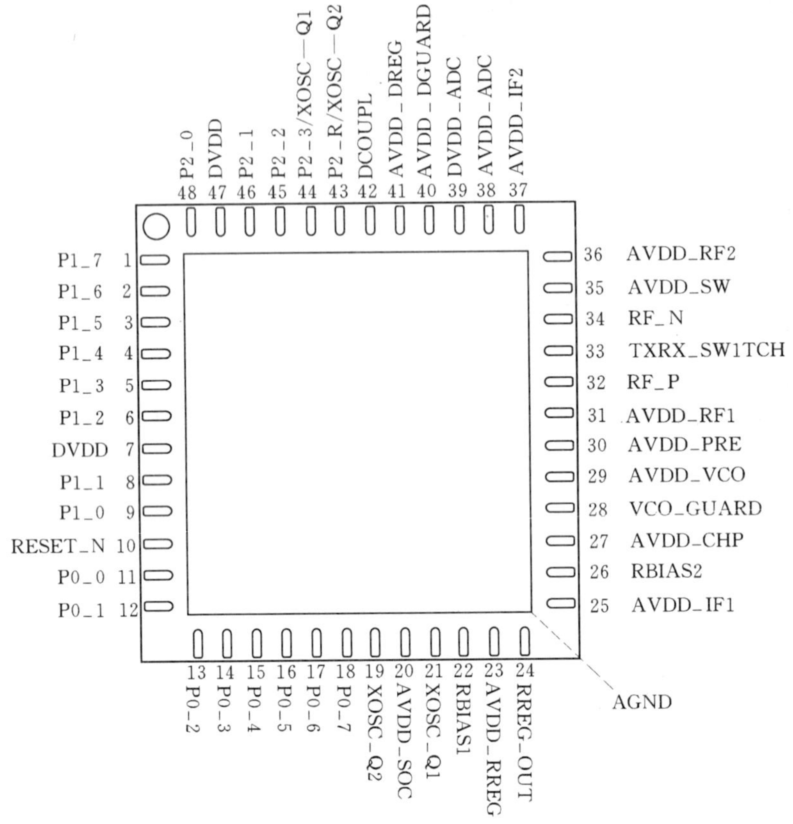

图 15.19　CC2430 芯片引脚

25 脚（AVDD _ IF1 ），为接收器波段滤波器、模拟测试模块等提供 1.8V 电压；

27 脚（AVDD _ CHP），为环状滤波器的第一部分电路和充电泵提供 1.8V 电压；

28 脚（VCO _ GUARD），VCO 屏蔽电路的报警连接端口；

29 脚（AVDD _ VCO），为 VCO 和 PLL 环滤波器最后部分电路提供 1.8V 电压；

30 脚（AVDD _ PRE），为预定标器、Div2 和 LO 缓冲器提供 1.8V 的电压；

31 脚（AVDD _ RF1），为 LNA、前置偏置电路和 PA 提供 1.8V 的电压；

33 脚（TXRX _ SWITCH），为 PA 提供调整电压；

35 脚（AVDD _ SW），为 LNA/PA 交换电路提供 1.8V 电压；

36 脚（AVDD _ RF2），为接收和发射混频器提供 1.8V 电压；

37 脚（AVDD _ IF2），为低通滤波器和 VGA 的最后部分电路提供 1.8V 电压；

38 脚（AVDD _ ADC），为 ADC 和 DAC 的模拟电路部分提供 1.8V 电压；

39 脚（DVDD _ ADC），为 ADC 的数字电路部分提供 1.8V 电压；

40 脚（AVDD _ DGUARD），为隔离数字噪声电路连接电压；

41 脚（AVDD _ DREG），向电压调节器核心提供 2.0～3.6V 电压；

42 脚（DCOUPL），提供 1.8V 的去耦电压，此电压不为外电路所使用；

47 脚（DVDD），为 I/O 端口提供 2.0～3.6V 的电压。

3. 控制引脚

10 脚（RESET _ N），复位引脚，低电平有效；

19 脚（XOSC _ Q2），32MHz 的晶振引脚 2；

21 脚（XOSC _ Q1），32MHz 的晶振引脚 1，或外部时钟输入引脚；

22 脚（RBIAS1），为参考电流提供精确的偏置电阻；

26 脚（RBIAS2），提供 43kΩ±1%精密电阻；

32 脚（RF _ P），在 RX 期间向 LNA 输入正向射频信号；在 TX 期间接收来自 PA 的输入正向射频信号；

34 脚（RF _ N），在 RX 期间向 LNA 输入负向射频信号；在 TX 期间接收来自 PA 的输入负向射频信号；

43 脚（P2 _ 3/XOSC _ Q2），第一功能为 P2 _ 3 端口，第二功能为 32.768kHz XOSC 2 脚；

44 脚（P2 _ 4/XOSC _ Q1），第一功能为 P2 _ 4 端口，第二功能 32.768kHz XOSC 1 脚。

15.4.4 基于 ZigBee 的火电厂温度监测系统总体方案设计

15.4.4.1 背景资料

电力是现代人类文明社会的必需品，而火力发电是电力生产的主要组成部分。现代化的火电厂是一个庞大而又复杂的生产电能与热能的工厂，主要由燃料系统、燃烧系统、汽水系统、电气系统和控制系统五大部分组成。在这五大部分中，需要监测设备或流体温度的部位在千点以上，例如，仅锅炉汽包壁温和水温监测点就达几十点；再如电气开关柜的母线接点、高压电缆接头等的温度测点数量更是庞大。据统计，电力系统发生事故原因中有相当一部分与发热问题有关。因此，火电厂设备及流体温度在线监测问题已经成为电力系统安全运行所急需解决的实际问题，是提高电力生产可靠性的迫切需要，对保障电力系统安全稳定运行具有十分重要的意义。

现有的火电厂测温系统根据数据传输方式有三类：普通电缆、光纤和无线传输。在火电厂中，机、炉、电设备布置分散，采用普通电缆连接各测温点存在走线过长、干扰严重、损耗大等不可克服的缺陷。虽然在火电厂 DCS 系统中已经普遍采用分布式测温方案，在现场设备附近就地布置智能测温终端，再将智能终端的数据通过工业通信网络传输至监控中心，但由于测温点数量较多，使得温度测量网络复杂又不利于维护。

光纤式温度在线监测装置是近几年发展起来的高精度温度测量形式，虽然采用光纤传导信号，可以不受高压和环境的干扰，测温精度高、性能稳定，但光纤具有易折、易断、不耐高温的特点，并且布线难度较大，造价也比较昂贵。

对于无线传输系统，高压电会产生很强的电磁场，对无线电波干扰很大，需要选择适当频率的无线网络。另外有些测温设备，如母线接点、电缆接头等，要用电池来供电，测温设备必须低功耗，能够长时间工作，且体积小，易安装。ZigBee 无线网络的低成本、短时延、免执照频段、高安全、近距离、低复杂度，低功耗等优点，可以满足火电厂测温的条件，是火电厂温度监测系统的一种创新形式。

15.4.4.2 总体方案设计思路

以 Zigbee 为无线传感器网络，以太网（或高速 RS－485）为骨干网，CC2430 低功耗无线单片机为传感器控制核心，低温段采用数字温度传感器 DS18B20，高温段采用热电偶或热电阻，组成无线温度测量系统，该系统主要由以下三部分构成。

1. 传感器节点

无线传感器节点负责采集监测点的温度数据，传感器出口即与 CC2430 单片机连接，由 CC2430 完成 ADC 变换，并把数据通过 ZigBee 网络发送。无线温度传感器节点是该网络的基本单元，它负责获取温度数据和数据的预处理，并将之传输到 ZigBee 网络管理器。无线温度传感器节点的核心是内部集成符合 IEEE802.15.4 标准的 2.4GHz CC2430 无线单片机。对于低温测点，CC2430 可以通过 I/O 口线直接连接数字温度传感器 DS18B20；对于高温测点，通过热电阻或热电偶将温度信号转换成电信号，经过预处理后，由 CC2430 的 ADC 通道转换成数字信号。CC2430 直接与传感器输出相连，减少了硬件布线成本和传感器节点的体积。

2. ZigBee 网络管理器

ZigBee 网络管理器也是区域数据传输中心，负责收集无线传感器节点发出的温度数据，并把所收集的数据上传到测温主机。

在该系统中，ZigBee 网络管理器集成了 ZigBee 网络中的网关和协调器的功能，具备至关重要的作用，一方面采用 ZigBee 无线网络方式与无线温度传感器节点连接，并且以固定的时间间隔对无线温度传感器节点进行测温以及读取它的工作参数，同时存入内存；另一方面采用工业现场总线或 ZigBee 中继传输方式与测温主机连接，ZigBee 中继受控于测温主机的命令而做出一系列的反映。具体功能包括接收并存储传感器数据、管理所管辖的 ZigBee 子网、报警、传输数据给测温主机、设定和修改终端工作参数、工作状态指示、时钟和看门狗等功能。

3. 管理系统

负责对数据接收终端进行工作参数设定，接收从系统中各个 ZigBee 网关终端上传的测温数据，并对数据保存、分析和管理等；测温数据可在系统实时数据库中作长期存储记录，供随时查询显示。

15.4.4.3　ZigBee 网络结构设计

ZigBee 网络有三种网络拓扑结构，即星状、树状和网状网络结构，如图 15.20 所示。

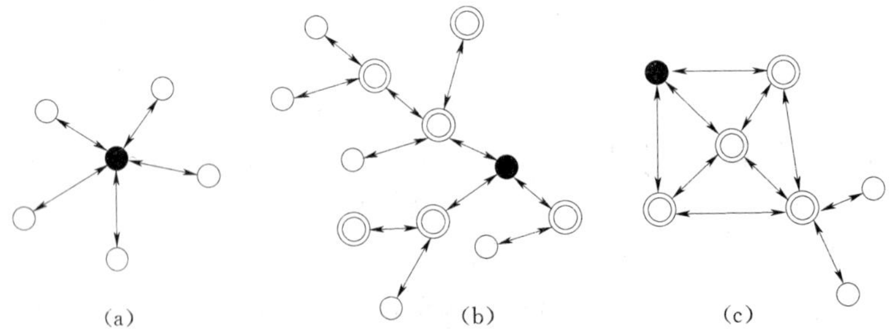

图 15.20　ZigBee 网络拓扑结构

(a) 星状网络拓扑；(b) 树状网络拓扑；(c) 网状网络拓扑

●—协调器；◎—路由器；○—终端

ZigBee 网络中存在三种逻辑设备类型：协调器、路由器和终端设备。ZigBee 网络由一个协调器以及多个路由器和多个终端设备组成。无论是哪一种网络拓扑结构，每个独立的网络

都有一个唯一的标识符，即网络号（PAN 标识符）。每个网络中都有唯一的一个协调器，它相当于现代有线局域网中的服务器，具有对本网络的管理能力，也是整个网络的核心。

路由器的主要功能是提供接力作用，能扩展信号的传输范围，路由器在一般情况下都处于活动状态，不应休眠。

终端设备用来完成具体的温度检测等功能，一般可以用电池供电，可以休眠和唤醒，以延长电池使用寿命。

ZigBee 网络的一个主节点可管理 254 个子节点，同时主节点还可由上一层网络节点管理，最多可组成 65000 个节点的 ZigBee 网络。

本例中，网络传感器需要大量分布，监控数据量大、实时性要求高。为提高骨干网的传输效率，减小无线网络传输信号碰撞，缩短延时时间，在设计该系统时把整个无线传感器网络分成多个子网，把蜂窝网络结构引入到 ZigBee 网络中，按照测点分部区域构建多个 ZigBee 子网络，如锅炉系统 ZigBee 子网、汽机系统 ZigBee 子网、发电机系统 ZigBee 子网和配电站 ZigBee 子网等，相邻区域使用不同的频率，不相邻区域可以使用相同的频率。IEEE 802.15.4—2003 协议共规定了 27 个通信信道，这里采用 2.45GHz 的 16 个通信信道，可以满足系统的需求，也不浪费无线频率资源。根据系统安装的情况和用户的配置，由 ZigBee 网络管理器负责进行管理。子网与监控管理系统之间的骨干网，根据工业现场条件采用工业现场总线或以太网等形式传输，也可以采用 ZigBee 中继方式将数据远传。

图 15.21 是系统的网络结构示意图。

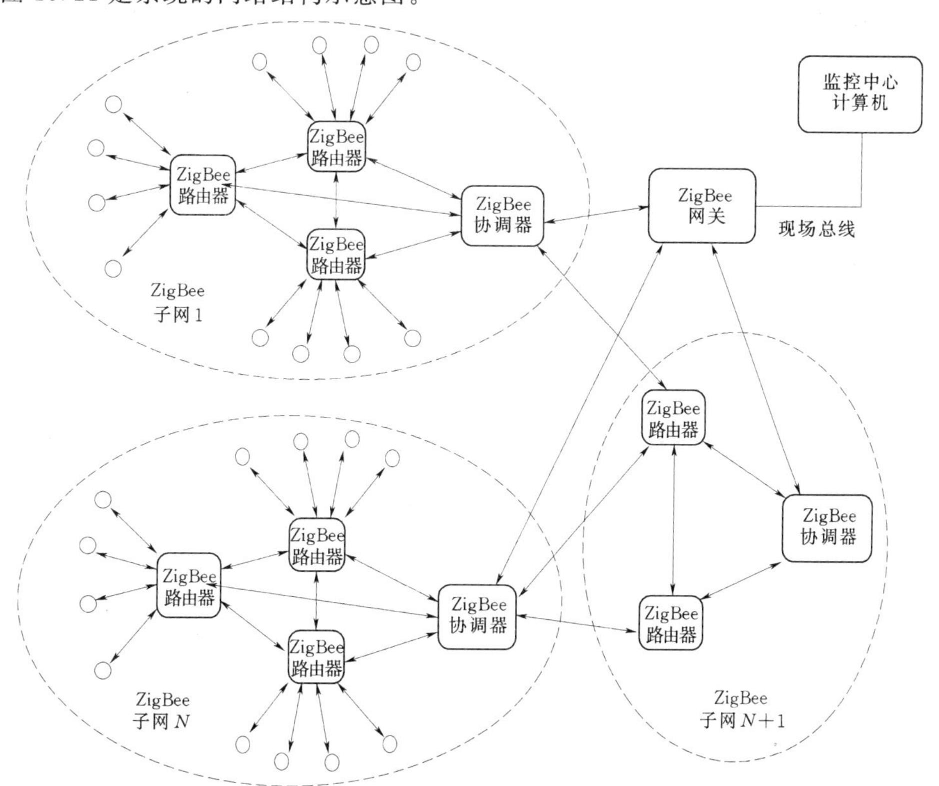

图 15.21 基于 ZigBee 的无线温度监测系统网络结构示意

15.4.4.4　无线温度测量终端设计要点

无线温度测量终端由 CC2430 为核心构成，CC2430 实现对测控电路的控制、A/D 转换（或数字温度传感器数据读取）、测量信息处理、电源控制、人机交互和 ZigBee 无线通信等功能。温度测量终端的硬件结构框图如图 15.22 所示。

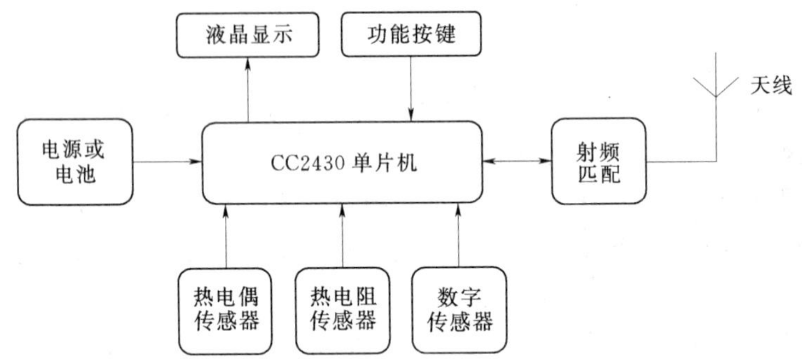

图 15.22　无线温度测量终端硬件结构框图

对于每个无线温度测量终端应满足如下要求。

（1）能够采用热电阻或热电偶温度传感器测量现场温度，并能对温度测量结果进行必要的修正和补偿。

（2）能够通过 CC2430 的 I/O 口连接 SPI 或 I^2C 总线的数字温度传感器，该类传感器主要用于温度较低的测点，如 DS18B20 的测温范围为－55～＋125℃，同时，允许相近温度测点用 DS18B20 总线组网。

（3）能够与相应 ZigBee 子网的网络协调器进行无线双向通信。

（4）对温度数据能够进行数据真伪识别、越限检查、标度变换等预处理，并添加越限等必要标识信息后向协调器传送。

（5）可以根据需要设置必要的人机接口电路，如液晶显示器和键盘等。

（6）具备看门狗、自动休眠唤醒等安全和节能手段。

（7）采用交流、直流和干电池多种供电方式，以适应不同测温现场的需求。

第 16 章 智能化仪器仪表的可靠性和抗干扰设计

智能化仪器仪表一般应用于工业测控现场，承担着监视或控制生产过程参数的任务，在运行过程中，可能会遇到高温、高湿、低气压、有害气体、冲击、振动、辐射、电磁干扰等各种复杂的环境因素，因此，智能化仪器仪表可靠性的重要性不言而喻。一旦智能化仪器仪表的工作不可靠，即使它有再丰富的功能、再强大的智能和再高的技术指标也无法发挥出来，因此，探讨和研究智能化仪器仪表的可靠性是至关重要的。

本章将简要地介绍可靠性和电磁兼容的基本概念，重点介绍提高智能化仪器仪表可靠性和抗干扰能力的具体方法。

16.1 智能化仪器仪表的可靠性设计

16.1.1 可靠性的基本概念

16.1.1.1 可靠性概念

从广义上讲，“可靠性”是指使用者对产品的满意程度或对企业的信赖程度。而这种满意程度或信赖程度是从主观上来判定的。为了对产品可靠性做出具体和定量的判断，可将产品可靠性定义为在规定的条件下和规定的时间内，元器件（产品）、设备或者系统稳定完成规定功能的程度或能力。

产品实际使用的可靠性称为工作可靠性。工作可靠性又可分为固有可靠性和使用可靠性。固有可靠性是产品设计制造者必须确立的可靠性，即按照可靠性规划，从原材料和零部件的选用开始，经过设计、制造、试验，直到产品出厂的各个阶段所确立的可靠性。使用可靠性是指已生产的产品，经过包装、运输、储存、安装、使用、维修等因素影响的可靠性。

这里的产品可以泛指任何系统、设备和元器件。产品可靠性定义的要素是三个“规定”，即：“规定条件”、“规定时间”和“规定功能”。“规定条件”包括使用时的环境条件和工作条件；“规定时间”是指产品规定了的任务时间，随着产品任务时间的增加，产品出现故障的概率也将增加，产品的可靠性将是下降的。因此，谈论产品的可靠性离不开规定的任务时间；“规定功能”是指产品规定了的必须具备的功能及其技术指标，所要求产品功能的多少和其技术指标的高低，直接影响到产品可靠性指标的高低。

可靠性的评价可以使用概率指标或时间指标，这些指标有：可靠度、失效率、平均故障间隔时间、平均失效时间和有效度等。

16.1.1.2　失效率“浴盆曲线”

失效率也称失效概率或不可靠度，是表征产品在规定条件下和规定时间内，丧失规定功能的概率。

电子元器件或设备的失效现象因工作阶段而异，可分为“早期失效期”、“偶然失效期”和“耗损失效期”三个阶段。早期失效期的失效率为递减形式，即新产品失效率很高，但经过磨合期，失效率会迅速下降；偶然失效期的失效率为一个平稳值，意味着产品进入了一个稳定的使用期；耗损失效期的失效率为递增形式，这是因为元器件或产品已接近于“额定寿命”，即产品进入老年期，失效率呈递增状态，产品需要进行升级或更新了。将失效率画成曲线形式，如图 16.1 所示，失效率曲线呈现出两头高、中间低的形状，恰似一个浴盆，因此，失效率曲线也被称作“浴盆曲线”。

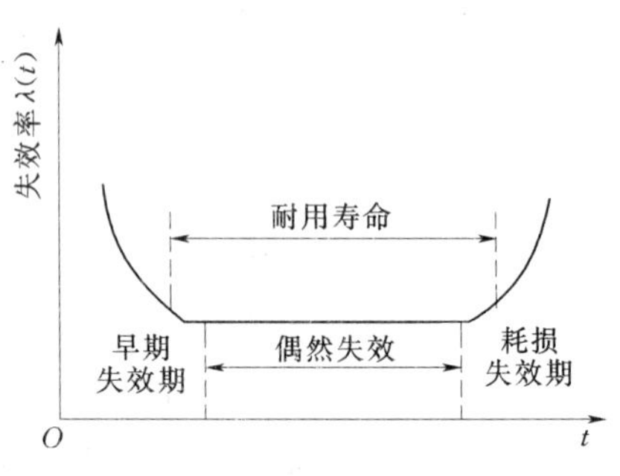

图 16.1　失效率“浴盆曲线”

16.1.1.3　可靠性研究的重要性

可靠性是与电子工业的发展密切相关的，其重要性可从电子产品发展的三个特点来加以说明。

（1）电子产品的复杂程度在不断增加。人们最早使用的矿石收音机是非常简单的，随之先后出现了各种类型的收音机、录音机、录放像机、通讯机、雷达、制导系统、电子计算机以及宇航控制设备等，复杂程度不断地增长。电子设备复杂程度的显著标志是所需元器件数量的多少。而电子设备的可靠性决定于所用元器件的可靠性，因为电子设备中的任何一个元器件、任何一个焊点发生故障都将导致系统发生故障。一般来说，电子设备所用的元器件数量越多，其可靠性问题就越严重，为保证设备或系统能可靠地工作，对元器件可靠性的要求就非常高、非常苛刻。

（2）电子设备的使用环境日益严酷，现已从实验室到野外，从热带到寒带，从陆地到深海，从高空到宇宙空间，经受着不同的环境条件，除温度、湿度影响外，海水、盐雾、冲击、振动、宇宙粒子、各种辐射等对电子元器件的影响，导致产品失效的可能性增大。

（3）电子设备的装置密度不断增加。从第一代电子管产品进入第二代晶体管，现已从小、中规模集成电路进入到大规模和超大规模集成电路，电子产品正朝小型化、微型化方向发展，其结果导致装置密度的不断增加，从而使内部温升增高，散热条件恶化。而电子元器件将随环境温度的增高，降低其可靠性，因而元器件的可靠性引起人们的极大重视。

可靠性已经列为产品的重要质量指标加以考核和检验。长期以来，人们只用产品的技术性能指标作为衡量电子元器件质量好坏的标志，这只是反映了产品质量好坏的一个方面，还不能反映产品质量的全貌。因为，如果产品不可靠，即使其技术性能再好也得不到发挥。从某种意义上说，可靠性可以综合反映产品的质量。

可靠性工程是一个综合的学科，它的发展可以带动和促进产品的设计、制造、使用、材料、工艺、设备和管理的发展，把电子元器件和其他电子产品提高到一个新的水平。正因为这样，可靠性已形成一个专门的学科，作为一个专门的技术进行研究。

16.1.1.4 可靠性的基本要素

可靠性包含耐久性、可维修性和设计可靠性三大要素。

1. 耐久性

产品使用无故障时间长或使用寿命长就是耐久性。例如，当空间探测卫星发射后，人们希望它能无故障地长时间工作，否则，它的存在就没有太多的意义了，但从某一个角度来说，任何产品不可能百分百不会发生故障。

2. 可维修性

当产品发生故障后，能够很快、很容易地通过维护或维修排除故障，就是可维修性。像自行车、电脑等都是容易维修的，而且维修成本也不高，很快能够排除故障，这些都是事后维护或者维修。而像飞机、汽车都是价格很高而且非常注重安全可靠性的产品，一般通过日常的维护和保养来延长它的使用寿命，这是预防性维修。产品的可维修性与产品的结构有很大的关系。

3. 设计可靠性

设计可靠性是决定产品质量的关键，由于人—机系统的复杂性，以及人在操作中可能存在的差错和操作使用环境等各种因素的影响，发生错误的可能性依然存在，所以设计的时候必须充分考虑产品的易使用性和易操作性，这就是设计可靠性。一般来说，产品越容易操作，发生人为失误或其他问题造成故障的可能性就越小；从另一个角度来说，如果发生了故障或者安全性问题，采取必要的措施和预防措施就非常重要。例如汽车发生了碰撞后，有气囊保护，那么对于智能化仪器仪表而言，某种故障发生后的应急与补偿措施就很重要。

16.1.2 可靠性设计任务和方法

16.1.2.1 可靠性设计任务

影响智能化仪器仪表可靠性的因素有内部因素和外部因素两方面。可靠性设计的任务就是针对这些内、外因素，采取相应的有效措施，以保证仪表的正常、可靠运行。

影响智能化仪器仪表可靠性的内部因素包括以下几方面。

1. 元器件的性能与可靠性

元器件是组成系统的基本单元，其性能好坏及其稳定性与仪表的性能和可靠性息息相关。在可靠性设计中，要对元器件进行老化筛选试验，剔除易发生早期失效的元器件，使批量元器件提前进入失效率稳定的使用工作期，从而提高整机额定可靠性。

2. 系统设计

系统设计包括硬件设计、软件设计和仪表结构设计三种。硬件设计中要求原理正确，参数适中，布局合理，冗余恰当。

3. 安装与调试

安装调试过程也是保证系统可靠运行的重要手段。如果安装工艺粗糙，调试不严格，也有可能影响产品的可靠性。

同时，运行环境中的某些外部因素也可能导致产品的可靠性降低。主要外部因素包括：电源电压的稳定性和电磁环境影响等外部电气条件；环境温度、湿度、海拔高度等外部空间条件；振动、冲击等外部机械条件等。

16.1.2.2　可靠性设计的一般方法

提高仪器仪表可靠性的方法有很多，这里仅就采用冗余技术、控制元器件可靠性和自诊断几方面加以说明。

1. 采用冗余设计提高可靠性

冗余技术是容错技术的基本手段之一，包括硬件冗余和软件冗余。所谓冗余设计，就是为完成规定的功能而额外附加所需的装置或手段，即使其中某一部分出了故障，但作为整体仍能正常工作的一种设计。冗余设计虽能大幅度提高系统的可靠性，但要增加设备的体积、重量、费用和复杂度，因此除了重要的关键设备，对于一般产品不采用冗余技术。在一些重要场合应用的智能化仪器仪表，可以采用两个微处理器芯片作为系统的核心控制器，一片工作，另一片待机备用，随时准备切换，以提高系统的可靠性，这就是冗余设计。

软件冗余设计是智能化仪器仪表设计中经常采用的方法。如可以采用重复执行某一操作或程序的方法，通过对两次执行结果的比较，确认系统工作是否正常。只有两次执行结果相同时，才进行下一步的操作。这种方法不需增加硬件投资，简单易行，不足之处在于降低了运行速度。

2. 控制元器件可靠性的措施

电子元器件的可靠性不仅取决于元器件本身固有的可靠性因素，而且还取决于用户所选择的工作条件、环境及其他各种使用条件等。使用不当往往是造成器件失效的主要原因之一。通过对系统设计、装配、调试、测试、试验和保管等各方面要求的分析，尽量做到保持器件的原有可靠性。

(1) 器件的降额使用。所谓降额使用，就是在低于额定电压和额定电流等条件下使用元器件。在设计时要留有充分的余地，这样就可以提高元器件的使用可靠性。这种方法主要用于电阻、电容等无源器件、大功率器件、电源模块和大电流、高电压器件等。

常用元器件降额使用的原则如下。

电容：对于电容器应在额定电压、频率范围和温度极限三个指标上降额使用，普通铝电解和无极性电容器一般在50%额定电压以下使用。

电阻：电阻应在额定功率、极限电压、极限应用温度三个指标上降额使用，一般在25%额定功率以下使用。

电感：电感和铁芯线圈应在额定电压60%以下使用。

晶体管：三极管应在额定功率、结温、集电极电流及各耐压指标上降额使用，一般在20%～30%额定功率内使用。

集成电路：集成电路应在结温和输出负载指标上降额使用，对于TTL器件要注意不能在耐压方面降额使用，因为TTL电路对工作电压要求比较严格，超出规定的范围，会引起功能的混乱。

(2) 优先选用集成度高的器件。选用集成度高的器件可以减少元器件的数量，使得印制线路板布局简单，减少焊接和走线，从而减少故障率和受干扰的概率，提高整体可靠性。一般性原则是：在设计电路时能选用集成器件就不要选用分立器件；能选用大规模集

成器件就不要选用小规模集成器件。

(3) 元器件的筛选。电子元器件在装机前应经过老化筛选。老化处理的时间与所用原器件的型号和可靠性要求有关，一般为 24h 或 48h。老化所施加的电流和电压应为额定值的 110%～120%，然后经过测试淘汰性能指标明显变化或不稳定的器件。

3. 采用自诊断技术提高可靠性

智能化仪器仪表一般都通过自诊断技术来判断自身的健康水平，及时检验出有故障的单元或模块，以便进行维修和更换。自诊断的范围包括 CPU、RAM、I/O 接口、通信端口等。自诊断和冗余技术相结合，还可以实现仪器仪表故障后的自修复。自诊断功能应在电路设计时和软件开发阶段就加以考虑，设计出自诊断所需要的硬件电路和专用软件。

4. 应用抗干扰措施提高可靠性

干扰是智能化仪器仪表的大敌。抗干扰设计应该贯穿于智能化仪器仪表从构思、设计、调试、试验和定型的整个过程。关于抗干扰设计的具体内容将在稍后的内容中介绍。

16.2 电磁兼容及抗干扰

首先，我们来分析一个电磁兼容问题的案例。某电厂汽轮发电机组在运行过程中，发现蒸汽温度仪表数据发生漂移跳变现象，检查仪表测量元件、接线端子、变送器和显示器等，均未发现异常，用摇表检查绝缘也正常。温度测量采用的是热电偶传感器，输出信号为 mV 弱电信号，电缆屏蔽采用单端接地，拆下单端接地，用摇表检查发现，屏蔽层存在接地现象，对该电缆进行拆线检查，发现在就地接线盒处电缆屏蔽层引出时有毛刺碰到金属电缆套管，造成屏蔽层双端接地现象，遂对电缆屏蔽层进行处理后恢复单点接地连接，温度漂移跳变现象消失。

这是一个典型的电磁兼容和干扰问题。热电偶等传感器输出的 mV 级模拟量信号对空间电磁信号的抗干扰能力很差，如果信号电缆屏蔽层两端同时接地，则两端的接地系统可能出现电位差，该电位差将会在屏蔽层上产生地环流，通过屏蔽层与芯线之间的耦合从而干扰信号回路，造成模拟量信号波动。取消屏蔽层的两端接地，则地环流消失，也就避免了对有用信号的干扰。

16.2.1 电磁兼容基本概念

16.2.1.1 电磁兼容性 (EMC)

国际电工委员会标准 IEC 对电磁兼容（EMC：Electromagnetic Compatibility）的定义是：系统或设备在所处的电磁环境中能正常工作，同时不对其他系统和设备造成干扰。

EMC 包括电磁干扰（EMI）和电磁耐受性（EMS）两部分，所谓电磁干扰，是机器本身在执行应有功能的过程中所产生的不利于其他系统的电磁噪声；而电磁耐受性是指机器在执行应有功能的过程中不受周围电磁环境影响的能力。因此，电磁兼容性是指设备或系统在其电磁环境中符合要求运行并不对其环境中的任何设备产生无法忍受的电磁干扰的能力。电磁兼容性包括两个方面的要求：一方面是指设备在正常运行过程中对所在环境产生的电磁干扰不能超过一定的限值；另一方面是指装置对所在环境中存在的电磁干扰具有一定程度的抵抗能力。

电磁兼容性也被人们通俗地称作抗电磁干扰或抗干扰。

16.2.1.2　电磁兼容的主要研究内容

20 世纪 80 年代兴起的电磁兼容学科主要是研究和解决干扰的产生、传播、接收、抑制机理及其相应的测量和计量技术，并在此基础上根据技术经济最合理的原则，对产生干扰水平、抗干扰水平和抑制措施做出明确的规定，使处于同一电磁环境的设备都是兼容的，同时又不向该环境中的任何实体引入不能允许的电磁扰动，具体包括如下几方面内容。

（1）电磁干扰特性及其传播耦合理论。

（2）电磁危害和分析。

（3）环境电磁脉冲及防护。

（4）信息设备电磁泄漏及防护技术。

（5）电磁兼容性标准和规范。

（6）电磁兼容性测量和试验技术：

（7）电磁兼容控制与设计。

（8）电磁兼容预测和分析。

（9）电磁对抗技术等。

16.2.1.3　电磁干扰及其影响

所谓电磁干扰（EMI：Electromagnetic Interference）是指任何能使设备或系统性能降级的电磁现象。

电磁干扰有传导干扰和辐射干扰两种。传导干扰主要是电子设备产生的干扰信号通过导电介质或公共电源线互相产生干扰；辐射干扰是指电子设备产生的干扰信号通过空间耦合把干扰信号传给另一个电网络或电子设备。

理论和实践表明，不管复杂系统还是简单装置，任何一个电磁干扰的发生必须具备三个基本条件：干扰源、传播途径和敏感设备。

在现代电子设备的复杂系统中，干扰源和干扰途径并不那么一目了然，有时一个元器件既是干扰源，又被其他信号干扰；有时一个电路中有许多干扰源同时作用，难分主次；有时干扰途径又可能来自几个渠道，既有传导干扰又有辐射干扰。

强烈的电磁干扰作用可以使电子设备的元器件性能降级或失效。例如，一般硅三极管发射极和基极间的反向击穿电压为 2～5V，且随温度的升高而下降，因此，电磁干扰中的尖峰电压常使三极管发射结和集电结击穿和烧毁。

16.2.1.4　电磁干扰源

从电磁干扰产生原因上可以将电磁干扰源分为自然干扰源和人为干扰源两大类，如图 16.2 所示。

自然干扰源主要来自于大气层的天电噪声、地球外层空间的宇宙噪声，它们既是地球电磁环境的基本要素的组成部分，同时又是对无线电通信和空间技术造成干扰的干扰源。例如：自然干扰源会对卫星、飞船的运行造成干扰；太阳黑子的爆发会对通信造成干扰等。

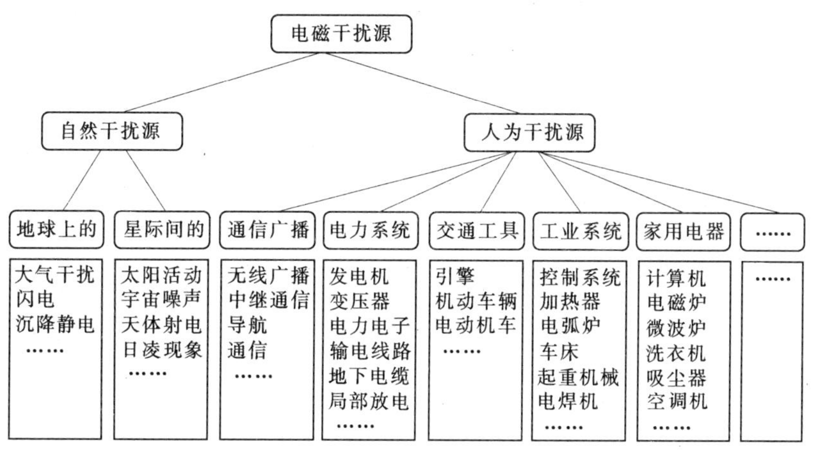

图 16.2 电磁干扰的主要来源

人为干扰源是由机电或其他人工装置产生的电磁能量干扰，其中一部分是专门用来发射电磁能量的装置，如广播电视、雷达和导航等无线电设备，这类设备被称为有意发射干扰源；另一部分是在完成自身功能的同时附带产生电磁能量的发射，如交通车辆、架空线路、照明器具、电动机械和家用电器等，这类设备被称为无意发射的干扰源。

电磁干扰的分类方法有很多，如周期性干扰和非周期性干扰等，这里不再赘述。

16.2.1.5 电磁干扰的传播途径

任何电磁干扰的发生都必然存在干扰能量的传输和传输途径。通常认为电磁干扰传输有两种方式：一种是传导传输耦合方式；另一种是辐射耦合方式，如图 16.3 所示。

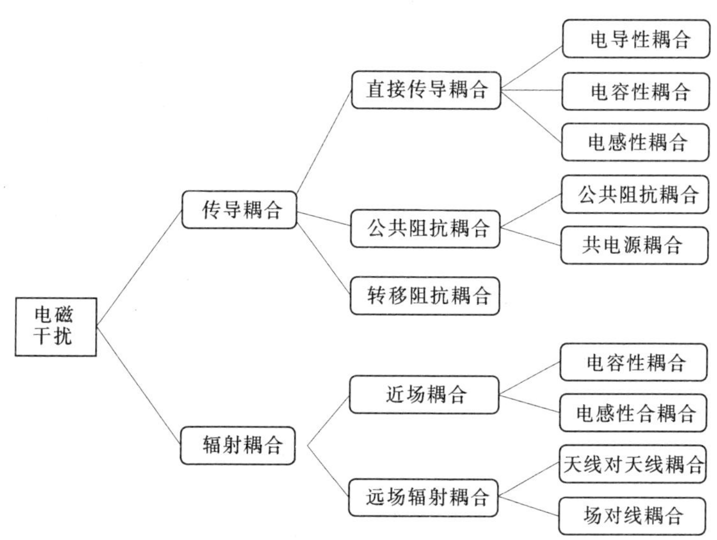

图 16.3 电磁干扰的传播途径

传导传输必须在干扰源和敏感设备之间有完整的电路连接，干扰信号沿着这个连接电路传递到敏感设备，发生干扰现象。这个传输电路可包括导线、设备的导电构件、供电电源、公共阻抗、接地平面、电阻、电感、电容和互感元件等。这里所说的敏感设备是对干扰对象的总称，它可以是一个很小的元件或一个电路板组件，也可以是一个单独的用电设备甚至可以是一个大型系统。

辐射传输是通过介质以电磁波的形式传播，干扰能量按电磁场的规律向周围空间发射。常见的辐射耦合有三种：天线对天线耦合，即一个天线发射的电磁波被另一个天线意外接收；场对线耦合，即空间电磁场经导线感应而耦合；线对线耦合，即两根平行导线之间的高频信号感应耦合。

在实际工程中，两个设备之间发生干扰通常包含着许多种途径的耦合。正因为多种途径的耦合同时存在，反复交叉耦合，共同产生干扰，才使电磁干扰变得难以控制。

16.2.2　电磁兼容控制策略

电磁兼容学科是在早期单纯的抗干扰方法基础上发展形成的，两者的目标都是为了使设备和系统达到在共存的环境中互不发生干涉，最大限度地发挥其工作效率。但是早期的抗干扰方法和现代的电磁兼容技术在控制电磁干扰策略思想上有着本质的差别。

单纯的抗干扰方法在抑制干扰的思想方法上比较简单，或者认识比较肤浅，主要的思路集中在怎样设法抑制干扰的传播上，因此工程技术人员处于极为被动的地位，哪里有干扰就在哪里就事论事地给予解决。当然，经验丰富的工程师也会采取预防措施，但这仅仅是根据经验局部地应用，解决问题的方法也是单纯的对抗式的措施。

电磁兼容技术在控制干扰的策略上采取主动预防、整体规划和“对抗”与“疏导”相结合的方针。人类在征服大自然各种灾难性危害中，总结出的预防和救治、对抗和疏导等一系列策略，在控制电磁危害中同样是极其有效的思维方法。

首先，电磁兼容性控制是一项系统工程，应该在设备和系统设计、研制、生产、使用与维护的各阶段都充分地予以考虑和实施才可能有效。

在控制方法上，除了采用众所周知的抑制干扰传播的技术，如屏蔽、接地、合理布线等方法以外，还可以采取回避和疏导的技术处理，如空间方位分离、频率划分与回避、滤波、吸收和旁路等，有时这些回避和疏导技术简单而巧妙，可以代替成本费用昂贵而质量体积较大的硬件措施，收到事半功倍的效果。

在解决电磁干扰问题的时机上，应该由设备研制后期暴露出不兼容问题而采取挽救修补措施的被动控制方法，转变成在设备设计初始阶段就开展预测分析和设计，预先检验计算，并全面规划实施细则和步骤，做到防患于未然。把电磁兼容性设计和可靠性设计，维护性、维修性设计与产品的基本功能结构设计同时进行，并行开展。

电磁兼容控制策略与控制技术方案可分为如下几类。

(1) 传输通道抑制：具体方法有滤波、屏蔽、搭接、接地等。

(2) 空间分离：地点位置控制、自然地形隔离、方位角控制、电场矢量方向控制。

(3) 时间分隔：时间共用准则、雷达脉冲同步、主动时间分隔、被动时间分隔等。

(4) 频率管理：频率管制、滤波、频率调制、数字传输、光电转换等。

(5) 电气隔离：变压器隔离、光电隔离、继电器隔离、DC/DC 变换等。

16.3 智能化仪器仪表的抗干扰措施

16.3.1 电源系统的抗干扰措施

16.3.1.1 电源系统的干扰源

来自于电源的干扰是智能化仪器仪表中最重要并且危害最严重的干扰源。通常智能化仪器仪表的电源都是由交流电网取得并经过变换后使用，电力网中的各种杂波干扰极易通过电源耦合到仪器仪表中。因此，对智能化仪器仪表的电源进行切实可行的抗干扰处理是极其必要的。

电源系统的干扰可分为由供电线耦合的干扰和电源本身产生的干扰，下面分别加以介绍。

1. 电源本身的干扰

一般来讲，仪器仪表采用的稳压电源本身就是一个干扰源。在由变压器、整流管、调整管组成的线性稳压电源内，因整流形成的单向脉冲电流，本身就会产生电磁干扰。如果采用开关电源，更要慎重地选择。因为开关电源是利用电子器件的高频开关来进行工作的，一般开关频率都在 20kHz 以上，电压和电流的急剧变化会产生很大的浪涌电压和其他各种噪声，形成一个较强的电磁干扰源，对仪器仪表的工作有很大的危害。

2. 供电线耦合干扰

供电线耦合干扰也有很多形式，这里简要介绍以下几种形式。

(1) 雷电干扰。雷电发生时会产生很大的雷电流和雷电场，这些都会对智能化仪器仪表的安全造成威胁。对于直击雷，雷击点将产生高达亿伏以上的高压，如果直击雷落在供电电缆上，将损坏供电电缆，造成雷击停电。

由于雷电本身是一连串的脉冲放电过程，在此过程中将产生很强的瞬变电磁场，其电磁发射可以通过电离层和空间传播到几千公里以外，雷电场的频谱达 100MHz，这种宽频带高幅值的电磁辐射可以通过供电电缆耦合到变压器的初级，也可以通过空间辐射直接进入系统，对智能化仪器仪表造成严重威胁。

(2) 高频感应干扰。实际上我们所生活的空间中充斥着各种电磁波，尤其是各种工业设备，如超声波、感应加热炉等，更是向空间辐射着高频电磁波。供电线路本身置于各类电磁波之中，就好像是一根接收天线，空间中的各种电磁波都会在其上产生感应电压，当数值达到一定程度时，就会对智能化仪器仪表造成干扰。

(3) 开关干扰。我们在开灯或关灯的过程中，有时会看到开关处有火花产生，这就是电弧的雏形，只不过因为照明线路电压比较低，电流也比较小，所以我们看到的只是瞬间的电火花。任何开关装置，在断开和闭合时都会产生瞬变，电路中的电流会发生很大的变化，也就产生一个幅值很大的电磁脉冲，这个电磁脉冲也会通过电源系统感应到智能化仪器仪表中，形成干扰。例如，工业控制中常用的交流接触器、断路器等，在分、合闸期间都会对电子装置产生电磁干扰。

(4) 电网干扰。电网的干扰主要包括电网电压的波动和浪涌等。

电网电压波动：如欠压、过压和突然停电等，都会对智能化仪器仪表造成影响。

浪涌：也叫突波，顾名思义就是超出正常工作电压的瞬间过电压。本质上讲，浪涌是发生在仅仅几百万分之一秒时间内的一种剧烈脉冲，如果这种脉冲的幅值过大，也会造成智能化仪器仪表电源的波动，从而导致仪器仪表不能正常工作。可能引起浪涌的原因有很多，如重型设备的启停操作、短路、电源切换操作或大型电动机的启停操作等。

16.3.1.2　电源系统抗干扰的基本方法

1. 交流电源滤波器的使用

采用交流电源滤波器是抑制电源噪声的有效方法，可以提高电子设备的抗干扰能力。

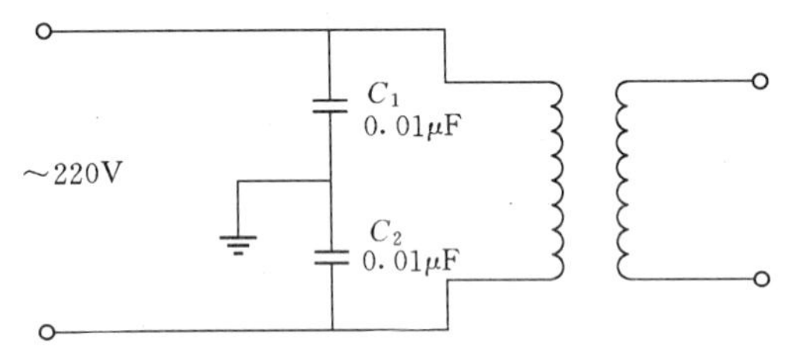

图 16.4　简单的电容滤波器

交流电源滤波器一般用在交流输入端或交流输出端，主要用来抑制 30MHz 以下频率范围的噪声。交流电源滤波器有电容式滤波器和电容电感式滤波器两种形式。图 16.4 所示是在智能化仪器仪表中常用而又简单有效的电容式滤波器，图中的电容 C1＝C2，取值为 0.01～0.02μF，耐压 400V 以上。

电容电感式滤波器具有更好的滤波效果，如图 16.5 所示，图中 100μH 电感与 0.1μF 电容组成高频率波器，用于抑制高频干扰；0.5H 电感和 10μF 电容组成低频滤波器，用以吸收电源电压畸变产生的谐波干扰；压敏电阻 RW 用于吸收线路过电压干扰。

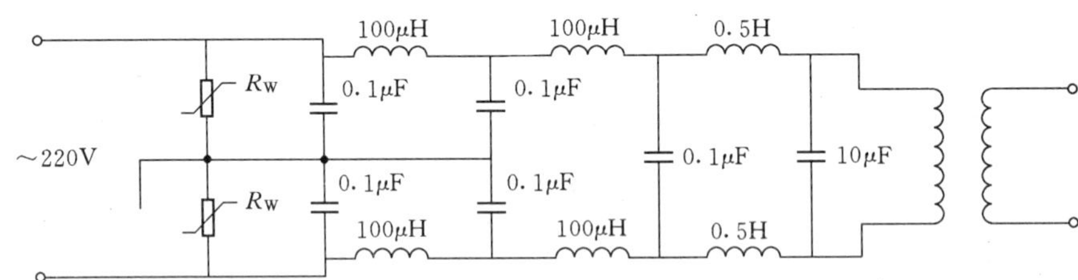

图 16.5　实用电容电感滤波器

在电源滤波中，还可以采用磁珠来吸收交流和直流侧的高频干扰信号。

磁珠由氧磁体磁心和电感线圈组成，磁珠把高频交流信号转化为热能，电感把交流存储起来，缓慢地释放出去。磁珠对高频信号有较大的阻碍作用，图 16.6 所示为磁珠实物照片。

铁氧体磁珠是目前应用发展很快的一种抗干扰组件，具有廉价、易用，滤除高频噪声效果显著的特点。

铁氧体磁珠不仅可用于电源电路中滤除高频噪声，还可广泛应用于其他电路，其体积可以做得很小。特别是在数字电路中，由于脉冲信号含有频率很高的高次谐波，也是电路高频辐射的主要根源，磁珠在这种场合也可以发挥抗干扰的作用。

图 16.6　磁珠实物照片

磁珠的单位是欧姆，而不是亨利，这一点要特别注意。因为磁珠的单位是按照它在某一频率下产生的阻抗来标称的，阻抗的

单位是欧姆。

2. 瞬变电压抑制器TVS的使用

TVS（Transient Voltage Suppressor）是瞬态电压抑制器的简称，实物如图16.7所示。

TVS是一种二极管形式的高效能保护器件。当TVS二极管的两极受到反向瞬态高能量冲击时，它能以10^{-10}～12^{-12}s量级的速度，将其两极间的高阻抗变为低阻抗，吸收高达数千瓦的浪涌功率，使两极间的电压箝位于一个预定值，有效地保护电子线路中的精密元器件，使其免受各种浪涌脉冲的损坏。由于TVS具有响应时间快、瞬态功率大、漏电流低、击穿电压偏差小、箝位电压较易控制、无损坏极限和体积小等优点，已广泛应用于计算机系统、通讯设备、智能化仪器仪表等各个领域。

图16.7 TVS实物照片

TVS有单极性与双极性之分，单极性TVS的特性与稳压二极管相似，双极性TVS管的特性相当于两个稳压二极管反向串联使用。双极性TVS一般用于交流电路中，单极性TVS一般用于直流电路中。

选用TVS主要考虑下面几方面因素。

(1) 单、双极性的选择，根据要保护的是交流电路还是直流电路，确定单、双极性。

(2) 所选用TVS的最大钳位电压值应低于被保护元器件所能承受的最高电压。

(3) TVS在正常工作状态下不要处于击穿状态，应该选用反相关断高于电路正常电的TVS。

(4) 通过估算电路可能承受的最大浪涌功率来选择TVS的功率。如果无法估算，则尽量选择功率较大的TVS。TVS在电源中的应用如图16.8所示。

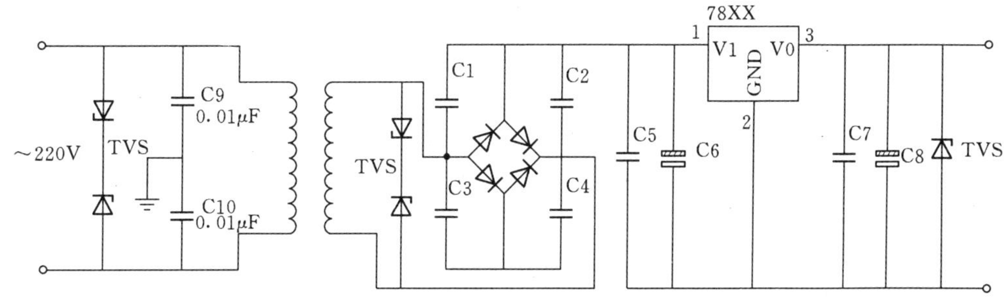

图16.8 典型稳压电源抗干扰措施

3. 直流侧滤波器的使用

普通的智能化仪器仪表一般采用自行设计的线性直流稳压电源供电。图16.8是采用三端集成稳压器构成的串联型直流稳压电源，由于电路使用元件少、接线简单、工作可靠、维护方便、成本低廉，在中、低端智能化仪器仪表中应用比较广泛。

为了提高电源的抗干扰能力，在整流电路的每个整流二极管上并接了0.01μF的电容C1～C4。C1～C4在这里起两个作用，一方面由于C1～C4电容对50Hz交流信号阻抗很大，对高频干扰很小，基本上可以滤除高频干扰信号；另一方面，在电路刚接通的瞬间，较大容量的滤波电容 C6 的充电电流很大，在没有 C1～C4 的情况下，全部电流都流过二极管，对二极管构成威胁。由于 C1～C4 两端的电压不能突变，在接通电路瞬间，C1～C4 处于短路状态，对二极管起到了分流作用，因而保护了二极管。

整流电路之后和三端稳压器输出端的电容 C5 和 C7，能够起到抑制瞬变噪声干扰的作用，用于改善负载端的瞬态响应特性。C6 和 C8 在这里起到滤波和改善输出纹波特性的作用。

4. 电源接地处理

对于由多个仪器仪表组成的测控系统来说，可能包含有不同性质的电源，如数字电源、模拟电源等，不同设备的供电电压、电流和功率也不尽相同，因此，合理地进行电源接地处理，不仅可以保证设备的正常工作，还可以很好地抑制干扰对系统的影响。

对电源的接地处理，可以采取如下措施。

（1）分别建立交流、直流和数字信号的接地回路。

（2）在接地平面上，电源接地和数字信号接地要互相隔离，以减少地线间的耦合。

（3）以尽可能直接的路径将电源地接到阻抗最低的接地体上。

（4）不要采用多端接地母线或接地环。

（5）交流零线必须与机壳地线绝缘，零线不能作为设备接地线使用。

16.3.2　主机系统的抗干扰措施

智能化仪器仪表的主机系统都由微处理器构成，大多工作于高频状态，不论是微处理器各输入输出过程通道，还是通信接口，都很容易受到来自各个方面的电磁干扰，因此，抗干扰设计应该贯穿于整个智能化仪器仪表的设计过程中。

智能化仪器仪表主机系统采取抗干扰措施的基本原则是：抑制干扰源、切断干扰传播路径和提高敏感器件的抗干扰性能。下面针对这三个方面加以说明。

16.3.2.1　抑制干扰源

抑制干扰源就是尽可能地减小干扰源的电压变化率（$\mathrm{d}u/\mathrm{d}t$）和电流变化率（$\mathrm{d}i/\mathrm{d}t$）。这是抗干扰设计中最优先考虑和最重要的原则，常常会起到事半功倍的效果。减小干扰源的 $\mathrm{d}u/\mathrm{d}t$ 主要是通过在干扰源两端并联电容来实现。减小干扰源的 $\mathrm{d}i/\mathrm{d}t$ 则是在干扰源回路串联电感或电阻以及增加续流二极管来实现。抑制干扰源的常用措施如下。

（1）继电器线圈增加续流二极管，消除断开线圈时产生的反电动势干扰。

（2）在继电器接点两端并接火花抑制电路，一般是 RC 串联电路，电阻一般选几千欧～几十千欧，电容一般选 0.01μF 左右。

（3）电路板上的每个集成电路芯片的电源和地引脚间都要并接一个 0.01～0.1μF 的高频电容，以减小集成电路对电源的影响，并且高频电容的布线应靠近电源端并尽量的粗和短，否则会影响效果。

（4）印制线路板布线时要避免 90°折线，90°的直角相当于一个发射天线，会向外辐射高频噪声，对其他电路造成高频干扰。

（5）如果控制中采用了可控硅原件，可控硅两端最好并接 RC 抑制电路，减小可控硅

开关过程中产生的干扰。

16.3.2.2　切断干扰传播路径的常用措施

(1) 充分考虑电源对整机的影响，可参照前面介绍的方法来处理电源，电源的抗干扰问题处理得好，整机的抗干扰问题就解决了一大半。

(2) 如果微处理器的I/O口用来控制电机等噪声器件，在I/O口与噪声源之间应加隔离电路，如增加π形滤波电路等。

(3) 注意晶振的布线。晶振与微处理器引脚应尽量靠近，用地线把时钟区隔离起来，晶振外壳应可靠接地。

(4) 设计线路板时要进行合理分区，如强、弱电信号分开区域布线；数字、模拟信号分开区域布线等，尽可能使干扰源远离敏感元件。

(5) 用地线把数字区与模拟区隔离，数字地与模拟地要分离设置，最后在一点接于电源地。

(6) 微处理器和大功率器件要采取单独接地处理，以减小相互干扰。大功率器件应尽可能放在电路板边缘。

(7) 在微处理器远传I/O口线、电源线，线路板连接线等关键部位使用磁珠、磁环、滤波器、屏蔽罩等抗干扰器件，可显著提高电路的抗干扰性能。

16.3.2.3　提高敏感器件的抗干扰性能

提高敏感器件的抗干扰性能，是指从敏感器件考虑，尽量减少对干扰噪声的拾取，以及从不正常状态尽快恢复的方法。常用提高敏感器件抗干扰性措施有以下几种。

(1) 印制板布线时尽量减少回路环的面积，以降低感应噪声。

(2) 印制板上的电源线和地线要尽量的粗，这样除可减少电源线和底线的压降外，更重要的是还可以降低干扰耦合的几率，如果可能应采用多层印制线路板设计。

(3) 对于微处理器闲置的I/O口引脚，最好做接地或接电源处理，不要使其处于浮空状态，以避免由于干扰产生数字逻辑的混乱。

(4) 对微处理器可使用硬件看门狗电路和电源监控电路，常用的如前面介绍过的DS1232和其他类似功能的芯片，如X25045等，看门狗电路的使用，可以避免微处理器的死机，大幅度提高整个电路的抗干扰性能。

(5) 在速度能满足要求的前提下，尽量降低单片机的晶振和选用低速数字电路。

(6) 非必须器件，集成电路尽量不用集成电路插座，直接焊在电路板上，可降低从集成电路引脚引入干扰的概率。

(7) 对于复杂系统的数据、地址总线应采用总线驱动器来提高总线的抗干扰能力，同时要考虑总线的负载平衡与时延等问题。

16.3.3　常用软件抗干扰措施

前面介绍的都是硬件电路上采取的抗干扰措施，但智能化仪器仪表的很多智能功能都是靠软件来实现的。在智能化仪器仪表中，软件的可靠性与硬件的可靠性是处于同样重要的地位的，这一点往往被人们忽视了。

由于篇幅所限，这里只能简单地介绍一些在实际应用中经常使用的软件抗干扰措施的

基本思路。

16.3.3.1　多次读入抗干扰

在智能化仪器仪表中，微处理器需要频繁地读入数据或状态，而且还要不断地发出各种控制命令或输出数据到执行机构，如继电器、控制电机等。如果在读入数据过程中出现干扰，可能造成错误的判断，并导致错误的执行结果。为了确保读入信息的准确无误，在读入数据或状态时，可以通过软件采取多次读入的方法来避免干扰的影响，如果读入的是数据，那么可以通过比较两次读取结果的数据偏差是否在允许范围内来判定读入数据的真实性；如果读入的是外部开关状态，则可以通过比较在规定时限内多次读入的开关状态是否一致来判定读入开关状态的真实性。

16.3.3.2　指令冗余抗干扰

这里所说的指令冗余主要是指指令重写，就是在对于程序流向起决定作用或对工作状态有重要作用的指令后边，人为地将指令重写。这种方法一般用在开关量输出控制上，以保证输出结果的正确性，因此，可以说指令冗余是动作冗余。例如，当要在某个输出口上输出一个高电平去驱动一个外部器件时，如果只发送一次“1”操作，那么，当干扰来临时，这个“1”就有可能被干扰变成“0”了。正确的处理方式是，由软件定期刷新这个“1”，这样，即使偶然受到干扰，也能恢复回来。指令冗余可以用在以下场合。

（1）微处理器输入输出口的动作。

（2）带锁存功能的 LED 或 LCD 的显示器。

（3）中断使能标志的设置。

（4）重要标志字和参数寄存器等。

16.3.3.3　软件陷阱抗干扰

微处理器在执行程序过程中，程序的走向由程序计数器 PC 的内容决定，一旦程序计数器 PC 受到干扰而发生非期望的改变，则程序就可能“跑飞”到其他地方执行，并产生非期望的执行结果。这时，就需要采取措施将“跑飞”的程序拉回来，使其纳入正确的执行轨道。制造软件陷阱就是解决程序“跑飞”的有效方法之一。

针对基于 MCS－51 单片机的智能化仪器仪表而言，软件陷阱就是用引导指令强行将捕获到的“跑飞”的程序引向复位入口地址 0000H 或处理错误的程序入口地址处。例如，在 MCS－51 未使用的程序存储区中间隔性地填入“0000020000”，则当程序“跑飞”到这个区域时，便会被自动的拉回到 0000H 处重新执行。这里“00”为空操作指令的机器码，“02”为无条件转移指令“LJMP”的机器码，“02”后面的“0000”是要转移的地址。

如果“跑飞”程序没有落到程序存储器的空白区，而是“跑飞”到了程序内部，又该怎么办呢？通常情况下，智能化仪器仪表的程序都采用模块化设计，程序执行过程就是各个模块的调用过程，我们可以将陷阱代码“0000020000”放置在各模块之间的空余单元内。在正常执行程序过程中不执行这些指令，当程序“跑飞”进入程序内的陷阱区，就会马上被拉回到正确轨道。

16.3.3.4　“看门狗”技术抗干扰

微处理器的程序计数器受到干扰而失控，引起程序的“跑飞”，也可能使程序陷入“死循环”之中。此时指令冗余技术、软件陷阱技术也无法使失控的程序摆脱“死循环”，

这时可以采用“看门狗（Watch Dog Timer)”技术使程序脱离死循环，强迫程序返回到复位状态，从0000H处重新执行。这一点对于无人看守的智能化仪器仪表非常重要。

“看门狗”有硬件“看门狗”和软件“看门狗”，关于硬件“看门狗”，在前面的相关章节中已经加以介绍，这里只对软件“看门狗”设计思路加以说明。

以MCS-51系列单片机为例。我们知道，在MCS-51内部有两个定时计数器，可以用这两个定时器来对主程序的运行进行监控。

简单的软件“看门狗”可以按如下步骤设计。

(1) 定时器T0设置为“看门狗”定时器。在初始化程序中设置T0的工作方式为方式1即16位定时器方式，并开启中断和定时功能。系统 $f_{OSC}=12MHz$，T0最大计数值为65535，T0输入计数频率是 $f_{OSC}/12$，则溢出周期为65536μs。

(2) 计算主程序循环一次的时间。考虑系统各功能模块及其循环次数，假定系统主程序的运行时间约为20ms。设置“看门狗”定时器T0定时30ms。主程序的每次循环都将复位T0的初值。如果程序进入“死循环”，而T0的初值在30ms内未被刷新，作为“看门狗”定时器使用的T0将产生溢出并申请中断。

(3) 设计T0中断服务程序。T0的中断服务程序只须一条指令，即在T0对应的中断向量地址（MCS-51单片机为000BH）写入无条件转移指令，把程序拉回到复位处，重新进行初始化并获得正确的执行顺序。

有些情况下，还可以使用两个定时计数器构成软件“看门狗”。例如，在主程序中对T0中断服务程序进行监视；在T1中断服务程序中对主程序进行监视；再用T0中断监视T1中断，从而保证系统的稳定运行。当然，这样构成的软件“看门狗”占用了过多的资源和时间，应该慎重使用。MCS-51系列单片机中有些型号内部已经增加了硬件看门狗电路，选择时应该加以注意。

智能化仪器仪表的硬件和软件抗干扰方法还有很多，如硬件抗干扰中的屏蔽技术、PCB版的布局与走线技术；软件抗干扰中的数字滤波技术、故障自动恢复技术等，本书不再一一讲解，读者在设计过程中可以参考相关书籍。

参 考 文 献

[1] 汪吉鹏. 微机原理与接口技术 [M]. 北京：高等教育出版社，2001.
[2] 江世明. 基于 Proteus 的单片机应用技术 [M]. 北京：电子工业出版社，2009.
[3] 周亦武. 智能仪表原理与应用技术 [M]. 北京：电子工业出版社，2009.
[4] 凌志浩. 智能仪表原理与设计技术 [M]. 上海：华东理工大学出版社，2003.
[5] 张元良. 智能仪表设计实用技术及实例 [M]. 北京：机械工业出版社，2008.
[6] 史键芳. 智能仪器设计基础 [M]. 北京：电子工业出版社，2007.
[7] 侯玉宝. 基于 Proteus 的 51 系列单片机设计与仿真 [M]. 北京：电子工业出版社，2008.
[8] 李群芳. 单片微型计算机与接口技术 [M]. 北京：电子工业出版社，2009.
[9] 蒋力培. 单片微机系统实用教程 [M]. 北京：机械工业出版社，2004.
[10] 窦振中. 基于单片机的嵌入式系统工程设计 [M]. 北京：中国电力出版社，2008.
[11] 黄涛等. 嵌入式无线互联系统开发从实践到提高 [M]. 北京：中国电力出版社，2007.
[12] 沙占友. 集成化智能传感器原理与应用 [M]. 北京：电子工业出版社，2004.
[13] 李朝青. PC 机与单片机 &DSP 数据通信技术选编 [M]. 北京：北京航空航天大学出版社，2003.
[14] 何力民. I^2C 总线应用系统设计 [M]. 北京：北京航空航天大学出版社，1995.
[15] 黄正瑾. CPLD 系统设计技术入门与应用 [M]. 北京：电子工业出版社，2002.
[16] 王爱英. 智能卡技术 IC 卡 [M]. 北京：清华大学出版社，2000.
[17] 陈德新. 传感器、仪表与发电厂检测技术 [M]. 郑州：黄河水利出版社，2004.
[18] 张洪润. 单片机应用技术教程 [M]. 北京：清华大学出版社，2003.
[19] 蔡朝洋. 单片机控制实习与专题制作 [M]. 北京：北京航空航天大学出版社，2006.
[20] 戴佳. 51 单片机 C 语言应用程序设计实例精讲 [M]. 北京：电子工业出版社，2006.
[21] 陈龙三. C 语言控制与应用 [M]. 北京：清华大学出版社，1999.
[22] 沙占友. 单片机外围电路设计 [M]. 北京：电子工业出版社，2004.
[23] 胡大可. MSP430 系列单片机 C 语言程序设计与开发 [M]. 北京：航空航天大学出版社，2003.
[24] 徐爱均. 单片机高级语言 C51 Windows 环境编程与应用 [M]. 北京：电子工业出版社，2001.
[25] 周润景. Proteus 在 MCS－51&ARM7 系统中的应用百例 [M]. 北京：电子工业出版社，2007.
[26] 石东海. 单片机数据通信技术从入门到精通 [M]. 西安：西安电子科技大学出版社，2002.
[27] 张靖武. 单片机系统的 Proteus 设计与仿真 [M]. 北京：电子工业出版社，2007.
[28] 张义和. 例说 51 单片机（C 语言版）[M]. 北京：人民邮电出版社，2008.
[29] 华镕. 从 Modbus 到透明就绪 [M]. 北京：机械工业出版社，2009.
[30] 马忠梅. 单片机的 C 语言应用程序设计 [M]. 北京：航空航天大学出版社，1997.
[31] 周润景. Proteus 入门与实用教程 [M]. 北京：机械工业出版社，2009.
[32] 李文仲. 短距离无线数据通信入门与实战 [M]. 北京：北京航空航天大学出版社，2006.
[33] 王晓明. 单片机的电动机控制 [M]. 北京：北京航空航天大学出版社，2002.
[34] 高守玮. ZigBee 技术实践教程 [M]. 北京：北京航空航天大学出版社，2009.
[35] 郑军奇. EMC 电磁兼容设计与测试案例分析 [M]. 北京：电子工业出版社，2010.
[36] 刘光斌. 单片机系统实用抗干扰技术 [M]. 北京：人民邮电出版社，2005.
[37] 王幸之. 单片机应用系统抗干扰技术 [M]. 北京：北京航空航天大学出版社，2000.

[38] D. 斯托尔. 工业抗干扰的理论与实践 [M]. 北京：国防工业出版社，1985.
[39] 马其祥. 强电线路的电磁影响与防护 [M]. 北京：中国铁道出版社，1989.
[40] 高攸纲. 电磁兼容总论 [M]. 北京：北京邮电大学出版社，2001.
[41] 陈淑凤. 电磁兼容实验技术 [M]. 北京：北京邮电大学出版社，2001.
[42] 白同云. 电磁兼容设计 [M]. 北京：北京邮电大学出版社，2001.
[43] 曹建平. 智能化仪器原理及应用 [M]. 西安：西安电子科技大学出版社，2008.
[44] 张剑平. 智能化检测系统及仪器 [M]. 北京：国防工业出版社，2009.
[45] http：//www. keil. com
[46] http：//www. sunman. com. cn
[47] http：//www. labcenter. com
[48] http：//www. windway. com
[49] http：//www. winbond. com